飞行器救生及个体防护技术

余 莉 主编

国防工业出版社

·北京·

内容简介

本书是在《飞行器救生及生命保障技术》(2009 年第 1 版)的基础上修改增删写成的。本书以理论分析、性能计算、工程应用为重点,全面介绍了飞行器救生和个体防护的基础知识、基本理论和基本方法,力求体现近年来相关领域的一些新概念、新理论、新方法和新设备,以满足航空航天领域人才培养、科学研究和产品研制的需要。

全书共分 13 章。第 1 章介绍救生及生命保障的基础知识;第 2 ~6 章主要介绍弹射座椅系统的原理、构造、性能分析、设计原则及试验方法;第 7 ~10 章主要介绍降落伞系统的原理、构造、性能分析、设计原则及试验方法;第 11、12 章介绍航天飞行器等多种救生方案及救生试验技术;第 13 章对个体防护技术进行了重点阐述。为了便于对基本内容的深入理解和应用,每章都配有一定数量的思考题与习题。

本书是一本实用性较强的专业书,可作为高等院校相关专业教学使用,也是本专业科技人员的重要参考书。

图书在版编目(CIP)数据

飞行器救生及个体防护技术/余莉主编. —北京:国防工业出版社,2015.5

ISBN 978-7-118-10070-9

Ⅰ. ①飞… Ⅱ. ①余… Ⅲ. ①飞行器—救生②飞行人员—个体防护 Ⅳ. ①V244

中国版本图书馆 CIP 数据核字(2015)第 088554 号

※

国防工业出版社出版发行

(北京市海淀区紫竹院南路 23 号 邮政编码 100048)

涿中印刷厂印刷

新华书店经售

*

开本 787 × 1092 1/16 **印张** 20¾ **字数** 473 千字

2015 年 5 月第 1 版第 1 次印刷 **印数** 1—3000 册 **定价** 38.00 元

国防书店:(010)88540777 发行邮购:(010)88540776

发行传真:(010)88540755 发行业务:(010)88540717

前　言

安全可靠的现代飞行器若发生故障,造成的危害非常巨大。如战斗机在飞行过程中,飞机被击中而不能正常飞行,甚至机体损坏,在这种情况下,为了保障飞行员的生命安全,飞行员必须立即离机、下降、着陆(或水面)、生存待援及最后返回基地。

飞行器救生技术就是在航空(航天)飞行器处于不可挽回的情况下,拯救飞行人员生命的一门比较新兴的学科。自20世纪40年代,德国开始研制弹射救生技术以来,弹射救生技术发展迅猛。过去,飞机在应急情况下,飞行员唯一的救生设备是救生伞。但是随着飞行速度的提高,飞行员根本无法出舱,即使出舱也会因为高速气流吹袭而致伤或致死。弹射救生技术,可利用动力将飞行员连同座椅一起从飞机弹射到安全距离之外,然后再开伞下降直至安全到达地面。

现代航空(航天)人员经历的飞行环境和人类的生存环境有很大的差异,为了保障人员的生命安全及生活需要,必须有完备生命保障系统的气密座舱,但是当座舱失去气密或飞行人员(或航天员)必须处在舱外环境时,舱内人员便会暴露在恶劣的舱外环境中,必须为飞行员提供防护高空低压、缺氧、热应激、碰撞、过载等性能的个人防护装备。

随着航空航天技术的发展,弹射救生技术也在不断完善和提高,新概念、新理论、新方法和新设备不断涌现。因此,有必要出版一本反映上述内容的教材,以满足航空航天领域人才培养、科学研究和产品研制的需要。

本书力求内容系统、完整和新颖,使读者能较好地将技术发展和工程应用相结合,深入理解飞行器救生及生命保障系统的专业知识,全书共分共分13章。第1章介绍救生及生命保障的基础知识;第2~6章主要介绍弹射座椅系统的原理、构造、性能分析、设计原则及试验方法;第7~10章主要介绍降落伞系统的原理、构造、性能分析、设计原则及试验方法;第11、12章介绍直升机、航天器等多种救生方案及救生试验技术;第13章对生命保障系统及个体防护技术进行了重点阐述。为了便于对基本内容的深入理解和应用,每章都配有一定数量的思考题与习题。

本书的出版获得了南京航空航天大学重点教材建设项目的资助,武艳老师对第13章进行了审阅和修改;研究生史献林、袁文明、姚向茹、吴琼、李元伟等对书稿的顺利完成做出了贡献,在此表示衷心感谢。

由于编者水平有限,书中难免有错误和不当之处,敬请读者批评指正。

作　者

2014年11月

目　录

第1章 概 论

1.1 航空救生系统及其发展

1.1.1 概述

研究航空救生规律及其应用的学科称为航空救生学。自从1783年人类第一次实现气球载人飞行后,便产生了航空应急救生问题。1903年,美国莱特兄弟首次实现了动力飞行,在飞机失事时,如何挽救飞行员的生命便提上了议事日程。

1797年,法国人贾克思·盖曼(Jacques Gamman)从1000m高的气球上用降落伞安全降至地面,这是人类第一次从航空器上跳伞;1917年,法国首先将降落伞应用于军用飞机并进行救生。第一次世界大战期间,约有800名气球观测员从失事的气球上跳伞成功获救。第二次世界大战中,降落伞已成为军用飞机必备的救生工具。随着飞行速度的不断提高,只靠飞行员的体力爬出座舱跳伞逃生越来越困难。当飞机飞行速度达到500km/h,飞行员必须借助外力才能应急离机救生。

现代飞机失事时,保证飞行员顺利离机并安全救生的重要工具是弹射救生装备,它包括离机设备减速下降设备和生存营救设备三大类型(图1.1)。其中离机设备包括弹射离机设备和非弹射离机设备(救生滑梯、火箭牵引系统等),图1.1中的前两个过程一般称为弹射救生过程。

图1.1 航空弹射救生三阶段

自从20世纪40年代德国开始研制弹射座椅并从高速飞机顺利救出飞行员以来,弹射救生技术的发展相当迅速。除了弹射座椅外,密闭座舱、分离救生舱、牵引火箭、热气球等救生系统也应运而生。密闭式救生系统虽然可以较好地解决高速气流吹袭的防护问题,但由于其成本和重量太大,目前还没有得到广泛应用和发展,主要仍为弹射座椅救生系统(包括弹射座椅和救生伞系统)。弹射座椅主要保证飞行员顺利弹离飞机;救生伞系统则保证飞行员安全着陆(或水面)。

1.1.2 弹射救生过程

当飞机失事时,飞行员采用应急离机措施,启动弹射座椅。在弹射座椅动力作用下,人椅系统迅速离机直至安全着陆。这个过程一般可划分为六个阶段。

(1) 弹射准备:飞行员决定弹离飞机,按要求做好弹射准备姿态。

(2) 抛座舱盖:飞行员操纵抛盖系统,抛掉座舱盖。

(3) 弹射离机:飞行员击发弹射弹,弹射机构把人椅系统弹离座舱。

(4) 稳定减速:人椅系统在空中作稳定减速运动。

(5) 人椅分离:飞行员与弹射座椅脱离,飞行员借助于主伞缓慢下降;

(6) 安全着陆。

以上是安全救生的一般过程(图1.2),这几个阶段是连续发生的。有的阶段非常短,例如抛盖和弹射,甚至可在0.1s的时间内迅速脱离弹射区;有的阶段则很长,例如乘主伞下降过程。另外,对于不同的弹射座椅,其救生过程略有区别。如为了节省救生时间,省去了抛座舱盖这一程序,而是在座椅上设计有穿盖器,直接穿盖弹射。在此不一一论述。

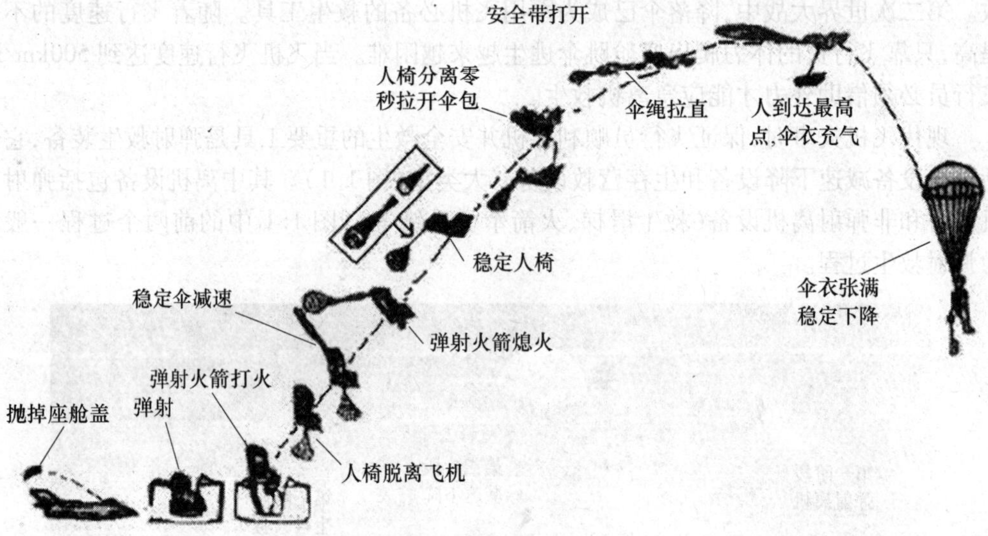

图1.2 弹射救生一般过程

在弹射救生过程中,弹射座椅使人椅系统顺利越过飞机垂直尾翼并使飞行员达到一定的救生高度和姿态,保证救生伞系统顺利工作,以达到安全救生的目的。

1.1.3 安全救生条件

纵观弹射救生过程,保证飞行员安全救生,必须满足两个基本条件,即:保证飞行员顺利脱离飞机和保证救生设备及个人防护装备可靠地工作。

1. 保证飞行员顺利离机

是否能安全、顺利地脱离飞机不仅取决于飞行速度、飞行高度、飞机布局、弹射系统的性能、当时的地理气象条件等各种客观因素,还与飞行员的身体素质和心理素质有关。因此,能否保证飞行员顺利脱离飞机,实际受很多因素的影响,但是从弹射救生的技术角度来讲,基本取决于下列因素是否能可靠地解决。

(1) 救生过程中的干扰问题。飞行员弹射离机时,会受到各种各样的干扰。例如,飞行员弹离飞机时,可能会碰到仪表板、座舱盖等飞机附属设备。能否顺利地避开这些障碍物,是飞行员能否顺利脱离飞机首先遇到的一个关键问题。

(2) 救生过程中的过载问题。飞行员高速弹离飞机时,会受到弹射过载、迎面气流的制动过载、开伞动载等过载作用。要安全地弹离飞机,必须保证所有过载均在人体许可的过载范围内。

(3) 救生过程中的稳定性问题。飞行员弹离飞机,会受到多种气动力及弹射力的作用。这些力一般不经过人椅系统的重心。这样,会产生旋转运动,若旋转加速度超过人体极限,飞行员便会死亡。因此,必须设计稳定性好的弹射座椅系统。

(4) 救生过程中的高速气流吹袭问题。飞行员高速弹离飞机时,高速气流的吹袭,会造成人体头颈和四肢的甩打,从而引起骨折甚至死亡。因此,不仅要提高救生系统的抗高速气流吹袭能力,也要对人体进行安全防护。

(5) 救生过程中的大气环境问题。飞机的工作大气环境差别很大,因此,飞行员在弹射离机时,也要遇到恶劣的大气环境。如由于缺氧、低压,飞行员可能死亡。因此,也要对飞行员进行安全防护。

从上述分析可以看出,飞行速度增加,将大大恶化救生条件,而座椅设计既复杂,又有一定的难度。在设计过程中,除保证应急离机外,还要保证便于操纵、满足其基本用途,再加上这类设备真实试验的困难,因此,解决这一问题的复杂性就显而易见了。

2. 保证救生设备可靠地工作

弹射救生设备主要包括弹射座椅和救生伞。对弹射座椅来讲,要保证其可靠工作,主要取决于下列条件:

(1) 弹射座椅的设计要绝对安全可靠,操纵简便,发生危险时可以使飞行员迅速脱离危险区,且弹射过载满足人体生理指标要求。

(2) 弹射座椅要有一定的弹射动力,能产生一定的弹射初速和弹射高度,迅速弹离飞机,越过垂直尾翼,离开危险区。

(3) 弹射座椅要具有一定的刚度,能承受一定的过载和旋转加速度。

(4) 弹射座椅要具有一定的稳定性,能保证飞行员的抗旋转加速度要求。

(5) 弹射座椅要有一定的气动阻力,能使人椅系统在空中迅速减速运动,具有良好的姿态,以保证救生伞能顺利开伞。

对于救生伞来讲,要保证其可靠工作,必须满足下列条件:

(1) 在较大的救生包线下均能可靠开伞。

(2) 足够的开伞高度,以保证救生伞开伞和减速到人体允许的着陆速度。

(3) 主伞要有一定的强度和较大的气动阻力,以保证伞工作可靠和人体的减速下降。

对于飞行速度不大于 300km/h 的飞机来说,用普通结构的救生伞也能保证离机后安全开伞。对于超声速飞机来讲,采用单伞系统常常无法保证上述开伞条件,常采用多伞系统进行减速下降,以保证飞行员的安全着陆速度。

综上所述,可以把飞机的弹射救生条件归结为下列几点:

(1) 弹射救生系统在工作过程中产生的过载,应保证在人体的许可过载范围内。

(2) 弹射救生系统要对飞行员的脸部、四肢等部位进行防护,以免受高速气流的吹袭。

(3) 弹射救生系统要有一定的稳定性要求。

(4) 弹射救生系统不仅能克服外界的干扰,也能防止飞行员与座椅之间的干扰。

(5) 能有最低的救生高度,以保证救生伞开伞及减速到允许速压范围。

1.1.4 救生系统发展及展望

1. 救生系统发展历程

航空救生系统自问世以来,先后出现了用于低速飞机上的救生伞系统;用于亚声速飞机、跨声速飞机的敞开式弹射座椅系统;用于超声速飞机的封闭式(半封闭式)弹射座椅系统;用于高超声速飞机上的弹射座舱和分离座舱系统。统计数据表明:密闭式弹射座椅的救生成功率低于敞开式弹射座椅,而分离救生舱的救生成功率与敞开式弹射座椅大体相当。但由于这两种救生设备的重量都很大(例如 B-1 飞机采用分离救生舱与敞开式弹射座椅相比,飞机重量增加 2268kg),成本和维护费用很大,因而未得到广泛应用。弹射座椅救生系统是当前应用最为广泛、最为可靠的救生工具。

第二次世界大战后,弹射座椅在英国、美国、苏联等国迅速发展,成为高速军用飞机必不可少的救生设备。按照弹射座椅的救生特点及性能,可以将弹射座椅划分为:第一代弹道式弹射座椅、第二代火箭弹射座椅、第三代多态程序控制弹射座椅以及尚在试验阶段的第四代自适应控制弹射座椅(表 1.1)。

表 1.1 弹射座椅发展阶段

阶段	主要特征	典型座椅 所装飞机	研制与使用时间					
			1950	1960	1970	1980	1990	2000
1	弹射筒为动力,解决高速飞行时救生	米格-15,F-86,歼五,歼六,歼七等						
2	增加助推火箭,解决低空救生问题	F-104,F-105,歼六Ⅰ,歼七Ⅱ,歼八等						
3	具有双态程序控制系统,解决低空不利姿态下救生	F-15,F-16,F-14,F-18,米格-29,苏27 (K-36)等						
4	具有可控推进系统,具有自适应救生能力,解决高速、超低空、不利姿态、高过载的救生	关键技术验证阶段						

第一代弹道式弹射座椅发展于 20 世纪 50 年代,采用弹射筒为弹射动力,即利用内弹道力学原理把人和座椅作为“炮弹”射出飞机座舱,使人椅系统获得一定的弹射初速,帮助人椅系统顺利越过飞机尾翼。第一代弹射座椅解决了飞机在较高速度情况下的应急离机问题,主要代表为英国马丁·贝克公司生产的 MK1 型座椅、MK5 型座椅,苏联米格-15、米格-17 飞机上的弹射座椅等。

第二代火箭弹射座椅发展于20世纪60年代，在第一代座椅的基础上，使用火箭作为弹射座椅的二级动力，在第一级动力弹射机构作用下把人椅系统推出座舱后，再由火箭继续推动人椅系统向上运动，使其具有更高的轨迹，以解决0－0弹射救生的问题，并可以在更高的飞机飞行速度（1100km/h）下应急弹射离机。

第三代多态程序控制座椅发展于20世纪70年代，其主要特点是采用了速度高度感应装置，根据应急离机的飞行速度以及高度，采用不同的救生程序，从而缩短了救生伞低速开伞的时间，提高了不利姿态下的救生成功率。目前装机服役的第三代弹射座椅以俄K－36系列、美ACESⅡ系列、英NACES（MK－14）为代表。

第四代弹射座椅的发展实际始于20世纪70年代末期，其主要特点是实现了人椅系统离机后的姿态控制，其关键技术是可控推力技术和飞行控制技术。第四代弹射座椅实质上是一个自动飞行器，主要解决高速弹射救生和不利姿态下的救生问题。由于第四代弹射座椅的关键技术风险性很大，虽然经过了20多年的研究（如MPES计划、CREST计划、第四代弹射救生技术的验证计划等），取得了很大进展，但至今尚未装机服役。

目前世界上较先进的服役弹射座椅主要有美国的ACESⅡ改型弹射座椅、英国马丁·贝克公司的MK16型弹射座椅及俄罗斯的K－36д－3.5型座椅。这些座椅的救生性能均大大提高、可靠性增强，整体性能介于第三代和第四代之间，又称为3.5代弹射座椅。现阶段，各国作战飞机装配的弹射座椅基本上属于第三代弹射座椅及3.5代弹射座椅。

2. 第四代救生系统特点

弹射座椅的四个发展阶段实质上反映了弹射救生系统的发展历程。美国早在20世纪80年代初就提出了第四代弹射座椅的设想，并开始了预研工作。第四代弹射座椅也可简称为自适应座椅。主要是利用自适应控制技术、推力控制技术、高速稳定技术和高速气流防护技术进一步扩大弹射救生包线。同时提高座椅的智能控制水平，提高不利条件下的救生成功率，减少不必要的伤亡。第四代弹射座椅有如下几个特点：

（1）提高救生性能包线及低空不利姿态下的救生能力。现代弹射座椅，除K－36具有1300km/h（保护头盔）和1400km/h（密闭式头盔）的安全弹射救生能力以外，尚不具备1200km/h以上的救生能力，尤其是低空高速飞行和复杂姿态弹射救生的能力。而在实际弹射时，飞机的飞行姿态大多处于不利姿态。在这些不利姿态下，飞机的离地高度至少应有60～180m才能保证安全弹射。但是现代飞机利用地形跟踪雷达，离地高度只有十几米，速度可达到1400km/h，这时可利用的救生时间只能以毫秒计算，如果不采取特殊的技术和措施，整个救生程序还没完成，人椅系统可能就已着地。据统计，80%的事故是处于低空复杂姿态。

（2）采用可控弹射动力技术。动力系统是弹救生系统好坏的重要标志。第四代弹射座椅不仅要保证弹射状态下的最佳轨迹，而且还要保证座椅的稳定性。必须采用自适应控制技术，其主要要求是：

① 可改变推力大小；

② 可改变推力时间；

③ 可改变燃烧时间；

④ 高频率的响应技术。

(3) 采用高速稳定技术。第四代弹射座椅要求采用非常灵敏的稳定方案,除继续采用以往的稳定方案外,还可采用多个自适应喷嘴,根据自适应控制系统的指令,可改变喷管推力的大小和方向,保持人椅系统的稳定性。并且可控制人椅系统的运动轨迹。

(4) 采用高速气流防护技术。要保证在更高的速度条件下安全救生,必须采用新的高速气流防护技术。同时相应开发出飞行员四肢、头部约束和胸腹部等部位的个人防护装备,因此高速气流防护技术已得到人们的普遍重视。高速气流防护技术是一个综合性的防护技术,不仅与座椅结构有关,而且与全体防护装备(如头盔、氧气面罩、服装等)也紧密相关,必须综合考虑,进行一体化研究。

(5) 向轻小型、低成本发展。提供重量轻、结构紧凑、成本低的弹射座椅是今后的发展方向。

(6) 向通用化、标准化、系列化发展。通用化、标准化、系列化是现代救生系统的主要设计目标之一,可以有效降低成本,提高可靠性和维修性。

(7) 个人防护装备向一体化方向发展,使个人防护装备不仅能够防止化学物质的侵蚀,并且在高过载、高空、高速也能提供可靠防护,在热负荷、冷水浸泡条件下,其防护性能也很好。

(8) 重视试验技术的发展。为了验证弹射救生系统的性能,除了原有的火箭滑轨试验技术外,必须强调新的试验技术的发展。如:①采用多轴火箭滑车,能模拟飞机俯冲、偏航、翻滚的弹射离机环境;②采用高性能的仿真假人,能像真人一样感受加速度和各种气动载荷,并具有信息传递和储存能力;③具有高速气流吹袭试验台,可以方便地考核救生系统的高速防护性能;④具有用于抗坠毁座椅试验的坠毁模拟系统试验等。

新型弹射座椅是在满足飞机发展的基础上出现的。目前弹射座椅的性能在两个方面落后于飞机性能要求:①没有完全满足飞机机动性能的要求,限制了飞机高性能的发挥;②没有满足飞机大速度的要求和低空不利姿态下的救生要求,即座椅的安全救生包线达不到飞机包线。因此,近期内新型弹射座椅将趋向这两个不同的方向发展。

航空救生技术既是一门新兴的科学技术,又是一门不断发展的人、机、环境系统工程。必须按系统工程的理论进行研究和发展。

1.2 航空救生基本概念

1.2.1 速度

1. 表速、真速、实际速度

大家都知道,目前一般都通过空速管来测定飞行速度,空速管的基本原理符合伯努利定理,即

$$P = P_0 + Q = \text{const}$$

式中:P 为总压;P_0 为静压;$Q = \frac{1}{2}\rho v^2$ 为动压。

空速管分别感受 P 和 P_0 的大小,测量的值为两者的差值,即动压。飞机的表速又称"仪表速度",指空速表指针直接指示的读数,用 v_b 来表示。

$$v_b = \sqrt{2Q/\rho_0} \tag{1-1}$$

飞机的真速指飞机相对于未扰动空气的速度，用 v_Z 来表示。若按理想状态考虑，则可得出

$$v_Z = \sqrt{2Q/\rho_H} \tag{1-2}$$

上面两式中，ρ_0 表示标准大气条件下，海平面上未扰动空气理想状态的密度。ρ_H 则表示标准状态下，相应高度上理想气体的密度。一般来说，飞机不可能在理想状态的气流中飞行。这时，可以设它所处气流的密度为 ρ_s，是该瞬时飞机所处环境的实际空气密度，这样就得到飞机的实际速度：

$$v_s = \sqrt{2Q/\rho_s} \tag{1-3}$$

空速管所测的动压应为 $Q = \frac{1}{2}\rho_s v_s^2$，则根据式(1-1)~式(1-3)，表速、真速、实际速度有如下关系：

$$\frac{v_b}{v_s} = \sqrt{\frac{\rho_s}{\rho_0}} \tag{1-4}$$

$$\frac{v_b}{v_z} = \sqrt{\frac{\rho_H}{\rho_0}} \tag{1-5}$$

因此，真速大于表速，且高度越高，两者相差越大。飞机飞行往往不可能在标准状态下，而是在真实条件下。一般来说，当温度接近15℃，压力接近标准大气的压力值，真速比较能反映飞机的实际飞行速度；而在冬天温度低、气压高的情况下，空气密度比较大，实际速度比真速小；在夏天温度高、气压低的情况下，空气密度比较小，实际速度比真速大。

2. 地速、空速、风速

救生系统质心相对于大地的速度称为对地速度（绝对速度），简称地速，以符号 $\boldsymbol{v}$ 表示。救生系统质心相对于未受扰空气（即远方空气）的速度称为对空速度（相对速度），简称空速，以 $\boldsymbol{u}$ 表示。空气的移动速度称为风速（牵连速度）以 $\boldsymbol{w}$ 表示。它们之间的关系是

$$\boldsymbol{v} = \boldsymbol{u} + \boldsymbol{w} \tag{1-6}$$

当大气为静止不动，即风速为0时，救生系统的地速与空速是一致的，它们统称为飞行速度。

1.2.2 飞行包线与救生包线

飞机机动飞行时，飞行速度、高度和攻角等因素必须综合考虑，它们形成的对飞机飞行限制的图形描写即为飞机的飞行包线。

图1.3为F/A-18E的飞行包线，实线表示最大推力，虚线表示军用推力。包线位置随着马赫数、高度的变化而变化。

在研究救生装置的性能时，必须将飞机救生装置的速度、高度、距离和攻角等因素统一综合考虑，它们形成的对可救生范围限制的图形描写即为飞机救生装置的救生包线。

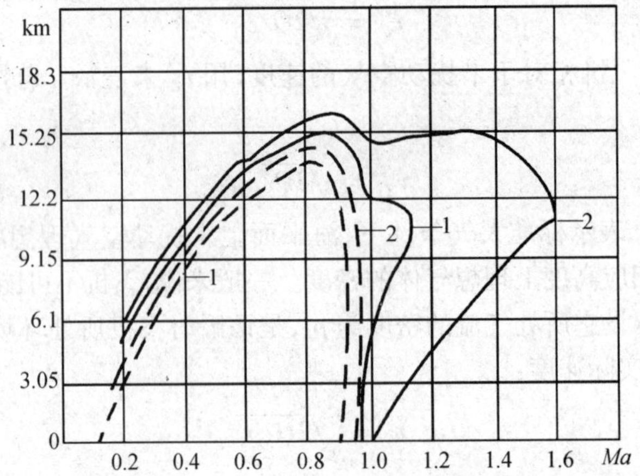

图 1.3 F/A－18E 的飞行包线

1—AIM－9、AIM－120AMRAAM 弹体各两枚，携 60% 燃料（总重 42200 磅）；

2—AIM－9（4 枚）、AIM－120AMRAAM（2 枚）、中置副油箱和吊舱、携 75% 燃料（总重 46500 磅）。

当前我国常用最低安全救生高度曲线来描述座椅的救生包线，当小于最低安全救生高度时，救生伞还来不及打开，不能可靠救生。图 1.4 为某型座椅弹射时飞机表速为 250km/h，飞机下沉率为 0，不同飞机俯冲角下（*A*、*B*、*C*）的救生包线图。

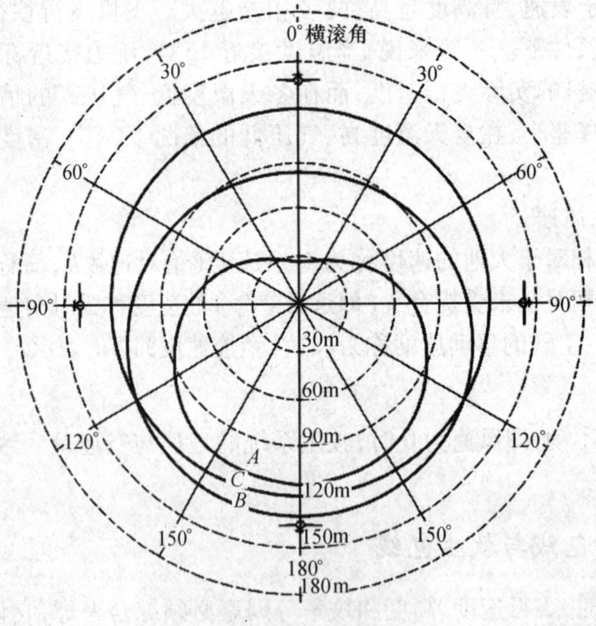

图 1.4 某型座椅救生包线图

A——俯冲角为 30°；*B*——俯冲角为 60°；*C*——俯冲角为 90°。

1.2.3 乘员百分数

根据人体测量学的统计方法，把人体某一测量数据，如人体体重，由小到大分成 100 个数段，用每一数段表示人体尺寸大小，则每一数段的数字称为乘员的百分位数。例如，人体重量的第5个数段称为第5百分位数，处于这个数段的乘员称为第5百分位数的乘员，他们属于瘦小型的乘员；而第95百分位数的乘员属于肥大型的乘员。根据计算要求选用不同重量的乘员。在工程设计和试验时，常采用第5百分位数和第95百分位数作为设计、试验标准。

1.3 救生系统工作的大气环境及其对人的影响

包围着地球的空气层，叫做大气。弹射座椅和救生伞都是在大气中工作的，要研究弹射救生系统，必须了解救生过程中的大气环境及对人体的影响。

1.3.1 温度环境

1. 地区、季节性的炎热和寒冷

现代航空活动范围已遍及整个地球的各个纬度和高层大气，活动的时间不分季节、白天和夜晚。因此，一次飞行中要遇到巨大的环境温差。比如从炎夏的北京飞到南极洲（此时正好是冬天），其温差可达到100℃以上。

1）高空低温

大气好比是空气的海洋，其温度并不是一成不变的。根据不同的气象条件和气温变化特征。大气可分为对流层、平流层、中间层、高温层和外大气层（图1.5）。

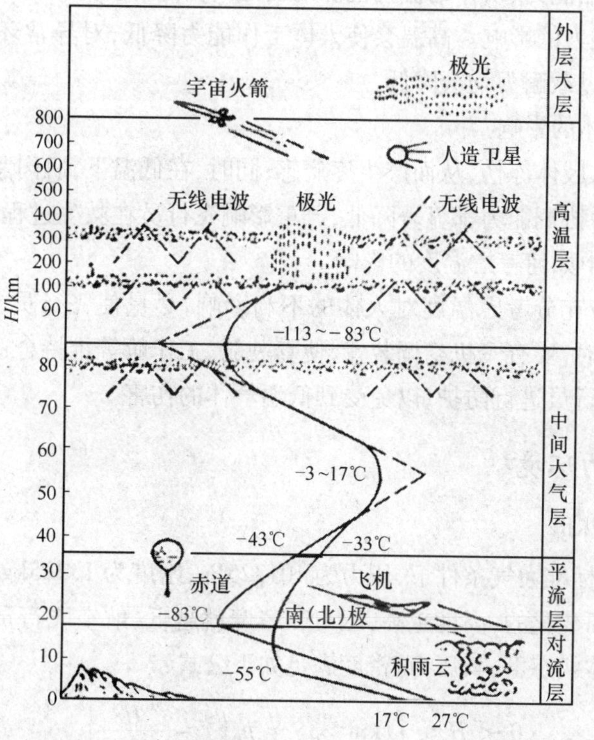

图1.5 大气分层图

航空飞机主要工作在对流层和平流层。在对流层，高度每增加100m，气温平均下降0.65℃。在平流层，气温虽然略有升高，但仍低于-30℃。因此，弹射离机到自由降落过程中，飞行人员将会受到严寒的侵袭。故高空低温是航空活动所遇到的主要“冷源”之一。

2）气动力加热

在航空活动中，高速飞行产生的气动力加热现象是一个特殊的问题。其加热程度与速度的平方成正比。

3）机舱的温室效应

由于座舱盖等均是由大面积的透明材料构成，因此会发生典型的“温室效应”。另外，现代高性能飞机装备的航空电子及电器设备数量大增，也是造成舱内温度升高的一个重要因素。

2. 温度环境对人体的影响

1）高温对人体的影响

(1) 循环、泌尿系统。高温会使人体大量出汗，势必引起肌体缺盐，细胞外钠离子降低，使水分迅速从肾脏排出，加重肾脏负担，甚至出现肾功能不全。细胞外体液减少，血液浓缩。在高温环境中继续工作，常会使动脉血压增加，加重心脏负担。

(2) 消化、神经系统。高温会导致食欲减退和消化不良。同时，神经系统表现为注意力不集中，肌肉收缩能力、动作的协调性和准确性均会降低。

(3) 对工作能力的影响。高温会使人体工作能力降低，对异常环境的耐受能力也降低。如缺氧耐力、过载耐力均会降低。

2）低温对人体的影响

低温会使人体肢体冻伤，从而产生疼痛感；同时，在低温下，肌肉紧张、关节僵硬、手的精细灵巧度及双手协调能力都显著降低，严重影响飞行员在救生过程中的救生能力。

3. 航空活动中如何考虑温度的影响

航空活动中应充分考虑温度对人体的不利影响，尽量使飞行员在温度舒适区工作。因此，在飞机设计时，要有飞机空调装置，使驾驶舱、工作舱等维持合适的温度范围。在弹离飞机后，要对飞行员进行防护，以免受到低温气体的伤害。

1.3.2 压力环境

1. 高空压力环境

在海平面上，标准大气条件下，压力为101325Pa，密度为1.225kg/m^3。大气的压力和密度均是随高度而变化的，高度越高，压力和密度就越低，航空飞行员一般工作在低压环境中。在理想气体状态下，其压力、密度满足如下公式：

$$0 < H \leq 11\text{km} \quad p_H = p_0\left(1 - \frac{H}{44300}\right)^{5.256}$$
$$\rho_H = \rho_0\left(1 - \frac{H}{44300}\right)^{4.256} \qquad (1-7)$$

$$11\text{km} < H \leqslant 30\text{km} \quad p_H = 22613\text{e}^{-\frac{H-11000}{6340}}$$
$$\rho_H = 0.3636\text{e}^{-\frac{H-11000}{6340}} \tag{1-8}$$

式中:H 为以海平面为零点的计算高度(m);p_H,ρ_H 分别为相应高度上的压力和密度(单位分别为 Pa,kg/m^3)。

2. 压力环境对人体的影响

大气压力降低对人体主要有两方面的影响:①大气中氧分压降低所引起的高空缺氧;②高空低气压对人体机理所产生的物理性影响。

1) 高空缺氧对人体的影响

空气压力降低,氧分压也随之降低,造成人体缺氧。一般有三种缺氧情况:

(1) 爆发性高空缺氧。一种瞬间发生的缺氧情况,发展迅速(仅为 0.1 ~ 1s),是一种程度极为严重的高空缺氧。

(2) 急性高空缺氧。持续时间为数分钟到几个小时的急性暴露缺氧。

(3) 慢性高空缺氧。长期或反复暴露于轻度或中度程度低氧环境下所造成的缺氧。

缺氧时,其症状常表现为头痛、视力模糊、恶心呕吐、肌肉无力、运动不协调、情绪反应异常、智力功能障碍以及气短、心悸、发绀等。在缺氧时,应对飞行员供给氧气,以保证正常工作。

2) 高空低压对人体的影响

(1) 高空胃肠胀气。胃肠中的气体仍近似服从理想气体状态方程,当压力降低时,体积膨胀,引起胃肠胀气。其主要症状表现为腹胀和腹痛。腹胀、腹痛又能反射性地引起植物性神经机能障碍,从而使人面色苍白、出冷汗、动脉血压下降甚至晕厥,严重影响飞行安全。

(2) 高空减压病。当气压降低时,溶解在体液或脂肪中的气体便呈过饱和状态,过多的气体游离出来,刺激神经系统和循环系统。其主要症状表现为皮肤痒痛、蚁走感或异常的冷热感觉,四肢疼痛无力;同时,胸痛并呼吸困难,有窒息感。在神经系统方面主要表现为视觉机能障碍(如复视、视觉模糊等)和头痛。

(3) 体液沸腾。人体结构组成,水分约占体重的 70%,当气压降到一定程度时,人的体液沸腾。主要症状表现在组织气肿(如整个身躯变粗、变大);蒸汽胸,引起胸内压过高,影响人体呼吸;血液被气泡所代替,影响血液循环,造成生命危险。

对于爆炸性减压,还会使人造成机械性损伤。如减压瞬间,飞行员可能刮出舱外或与外物碰撞,造成重伤。

另外,对于气压突然变化的场合,也会造成中耳及鼻窦的气压性损伤。主要是因为耳膜和鼻窦开口具有单向活门的作用。当外界气压增高时,气体不能进入腔内,使腔内形成较大负压。主要症状表现为:耳鸣、眩晕、恶心、甚至鼓膜破裂,造成永久性损伤;也可使鼻窦粘膜充血,产生疼痛。

3. 航空中如何考虑压力环境对人体的影响

航空过程中,压力过大的变化和低压环境都是对人极为不利的。因此,应尽力避免或对人体加以防护。比如设计环控座舱,使人在舒适压力区工作,弹射时,穿上防护服、抗荷服、防护头盔等,使人体免受伤害,同时救生设备装备救生用供氧系统。

1.4 航空救生装置的基本问题

1.4.1 救生过程中的干扰问题

救生过程中的干扰主要包括两部分:离机前的干扰和离机后的干扰。

1. 弹射离机前的干扰

当座椅弹射时,首先可能碰到的是飞行员周围的仪表板、操纵杆及其它附件设备、支架等。为了减少飞机的重量,座舱内常布置得非常紧凑,但却因此造成对弹射离机的障碍。如果飞行员在弹射前就做好充分准备,使自己处于正确的弹射位置,注意避开上述障碍物,则克服上述障碍是完全可能的。但是,在应急条件下,要做到这些却很不容易。如果飞行员未收腿就弹射,其小腿就有可能被截断。因此,较安全的办法是在弹射前清除弹射道路上的障碍。

座椅弹射道路上的另一障碍就是座舱盖。在正常情况下,打开座舱盖是需要一段时间的,因此几乎所有的高速飞机都安装有紧急抛盖装置。当前为了提高救生装置的低空救生性能,省去了抛盖弹射这一步骤,直接采用穿盖弹射。

2. 弹射离机后的干扰

弹射离机后的干扰主要包括三部分:弹射离机后与飞机的干扰;人椅系统脱离时的相互干扰;救生伞开伞过程中的干扰。

1) 与飞机的干扰

座椅弹出后与飞机的干扰是指座椅有与飞机相碰的危险。在高速飞行中由于气动力远大于座椅和飞行员的重量,因此,座椅轨迹主要决定于飞行速度和弹射出口速度,如果座椅与飞机的相对轨迹和飞机有交点,座椅便与飞机相碰。其中,座椅与飞机垂直尾翼相碰的可能性最大。

2) 人椅系统脱离时的干扰

人椅分离时,如果固定人的安全带和脚卡以及帮助飞行员迅速离开座椅的分离装置的工作程序先后不协调,这样就会伤害飞行员。同时,人椅分离后,由于人分离后姿势不当或座椅的不稳定性,很容易使人、椅相碰。为了避免人椅相碰,有的座椅上采用射伞方案,利用开伞力将人从座椅内拉出来,达到分离的目的,并防止了人椅相碰。

3) 救生伞开伞过程中的干扰

救生伞开伞过程中的干扰有下列两种情况:

(1) 引导伞与飞行员四肢或装备钩挂。由于飞行员离机后做无规则运动,引导伞与主伞伞衣不能顺气流方向拉出,使伞衣不能正常张满。

(2) 伞绳抽打伞衣。伞绳抽打伞衣后,会造成伞衣表面灼伤,以致撕破或熔化,影响降落伞工作;有时,伞绳抽打伞衣后,伞衣表面会被伞绳拉住,呈马鞍形。这样,伞衣最大截面积减小,会增大下降速度,造成着陆危险。

另外,多座飞机上飞行员进行弹射时,可能相互间轨迹交错发生碰撞,从而产生干扰。为了避免这种情况,要求按一定顺序进行弹射;或者,控制弹射方向,造成轨迹发散,防止空中干扰。

1.4.2 救生过程中的过载及其影响

1. 过载的概念和种类

1）过载的概念

过载是由于物体受到外力作用，做加速或减速运动时，实际作用在物体上的一种载荷。一般常将物体所受的惯性力与重力的比值称为过载，即

$$n = \frac{F}{G} \tag{1-9}$$

式中：n 为过载；F 为惯性力；G 为重力。

可见，过载也可以理解为以重力为单位的惯性力的值。由于 $F = ma$，$G = mg$，于是式(1-9)可写为

$$n = \frac{a}{g} \tag{1-10}$$

上式说明：过载也是物体运动加速度与重力加速度的比值。当物体运动方向和水平轴夹角为 θ 时（图1.6中，沿 F' 运动），物体的运动方程为

$$F = F' - G\sin\theta = ma$$

则

$$n = \frac{ma}{mg} = \frac{F'}{G} - \sin\theta \tag{1-11}$$

由此，做垂直向上运动时，物体的运动方程为

$$n = \frac{ma}{mg} = \frac{F'}{G} - 1$$

做水平运动时，由于重力在运动方向上的投影等于零，因此

$$n = \frac{ma}{mg} = \frac{F'}{G}$$

式中：F' 为作用在物体上的外力（不包括重力）。

由过载定义可知，过载是个无量纲矢量。它和惯性力一样与加速度的方向相反，即在物体做加速运动时，过载与运动方向相反；而在做减速运动时，与运动方向相同。

2）航空活动中常见过载类型

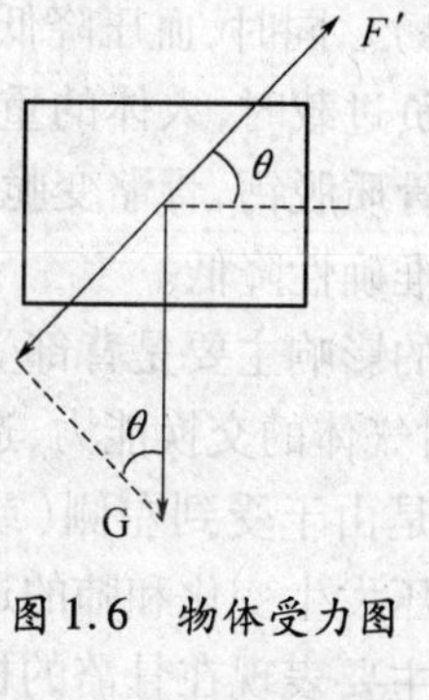

图1.6 物体受力图

(1) 按过载的作用方向分。对人体来说,过载的方向沿着躯干时,称为纵向过载;过载的方向从前向后或者相反时,称为横向过载;过载方向从右向左或从左向右时,称为侧向过载。为了便于研究讨论,我们还规定;纵向过载从头部向脚的方向为正;横向过载从胸部向背部方向为正;侧向过载,从右向左方向为正。反之,为负。见图 1.7。

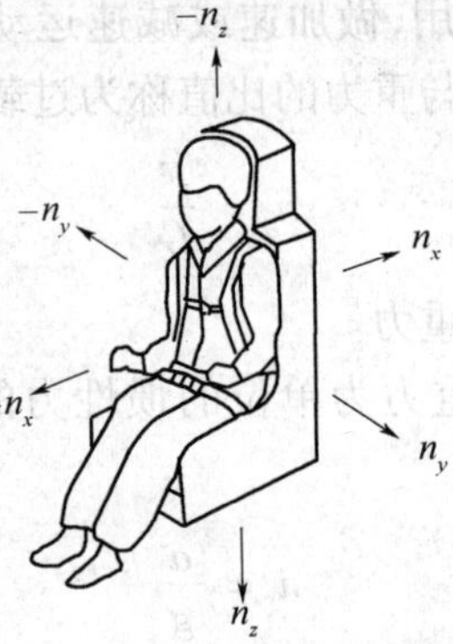

图 1.7 作用于人体的生理加速度坐标系统

(2) 按作用时间分。作用时间在 1s 以上的过载称为持续性过载,常发生在飞机起飞、着陆及特技飞行时。作用时间短于 1s 的过载称为冲击性过载,常发生在降落伞的开伞和跳伞员的着陆过程中。以 1s 作为上述二者的界限不是绝对的,有的学者主张以 2s 为界限,也有人主张以 0.2s 为界限。

(3) 按过载性质来分,有弹射过载、开伞动载、着陆过载等。

2. 过载对人体的影响及其耐受极限

1) 过载对人体的影响

人体是由骨骼、肌肉和内脏器官等组成的,骨骼系统是刚性结构,具有一定的强度,不易变形,起着支撑全身重量的作用,是人体承受过载的主要构件。肌肉附着骨骼上,它们在过载作用时起维持姿势的作用,也是受力构件。心、肺等内脏器官则以韧带及结缔组织悬垂在骨架中,它们在过载作用下会发生移位、变形。此外,人的循环系统中的血液也会受过载作用而影响其流动。

不同方向的过载对人的影响因素不一样。

(1) 纵向正过载:纵向正过载大于 4 时,四肢运动困难,头和躯干被压前倾;肺的呼吸能力减弱造成呼吸困难;内脏向下移位,出现不舒服的牵拉感觉,甚至出现疼痛;并有明显的视觉机能变化(视力模糊、黑视等)。同时,血压降低,意识迷失,目标判断不准确。

(2) 纵向负过载:当出现纵向负过载时,人体的重力被惯性力部分抵消,产生失重现象。失重会使人体重量降低,同时骨质脱钙,骨骼变脆;同时,上半身充血,出现红视现象;人的肌肉开始萎缩,神经系统运动准确性降低。

(3) 横向过载:横向过载对人的影响主要是背部受压或胸部受压,主要对人的呼吸系统和循环系统有影响。如改变肺对气体的交换能力,造成呼吸困难;心跳加快等现象。

(4) 侧向过载:侧向过载主要是由于受到左侧(或右侧)惯性力的作用,对人的影响不突出。主要表现为心脏移位,血压发生变化和肺的通气能力降低。

另外,冲击性过载对人的损伤主要表现在骨骼的机械损伤上。

2）过载的耐受极限和衡量指标

（1）过载大小。当其它因素均保持恒定的情况下，过载值越大，其影响和后果就越严重。过载值越高，人体耐受过载的时间越短，超过一定限度后将依次引起人体工作能力降低、生理机能障碍及病理性损伤等。在航空医学上，过载又常常采用“生理加速度”这个术语。目前在航空医学或飞机设计技术中要求过载对人体影响的数据大致如表1.2所列。

表1.2　过载对人体影响的数据

纵向过载（正向）		横向	
作用时间/s	耐受极限	作用时间/s	耐受极限
0.15	18～20	<0.16	50
1	7～8	<0.2	40
>12～20	4～5	1	25
负向耐受极限一般为正向值的1/2		>20	8～20

（2）过载作用时间。一般指从过载作用开始到终了的总时间（$0\sim t$），有时又指峰值的持续时间（$t_1\sim t_2$）。一般来说，过载值一定时，作用时间越长，影响越严重。作用时间短于0.2s的过载主要引起骨骼和其它组织的机械性损伤和破裂；作用时间超过0.2s，可能会引起心血管系统的反射性变化，轻者引起功能障碍，重者引起意识丧失。

（3）过载增长率。指单位时间内过载增长变化的速率。过载增长率越高，表明过载出现越突然，人体代偿反应来不及充分发挥，其影响越严重。对过载增长率的规定是正向纵向过载增长率不超过（250～300）/s；负向不超过（105～200）/s。横向正负过载均不超过（500～600）/s。

（4）过载作用方向。由于身体结构在方向性方面也具有许多特征，一般力的方向不同，其影响也不一样。因持续性加速度主要引起血液转移，而人的主要大血管是与身体纵向平行的，所以当过载与人的身体方向一致时，后果最严重。人体对横向过载的耐受能力最强。此外，还要看惯性力指向，指向头部者，最严重；指向足部，次之。

（5）其它因素合并作用。过载的影响因素还和其它许多因素有关，如过载作用次数；人在承受过载时的姿态以及当时人的生理和心理状态；另外，当时的环境情况（噪声、振动、缺氧、高温等）也对飞行员的耐过载能力有影响。

（6）动态响应指数（DRI）。动态响应指数表征了人体脊柱的最大动力压缩，它是衡量纵向过载的又一指标。动态响应指数从物理意义上来说，是把人体作为一种模拟的机械模型，带有质量、弹性和阻尼的集中参数。人体脊柱变形可用下列数学方程式描述：

$$\frac{d^2\delta}{dt^2}+2\rho\omega_n\frac{d\delta}{dt}+\omega^2\delta=\frac{d^2z}{dt^2} \tag{1-12}$$

式中：δ为弹性压缩（m）；ρ为模型阻尼率（人体取0.224）；ω_n为模型无阻尼的自然频率（人体取52.9rad/s）；t为时间（s）；g为重力加速度。

$$\frac{d^2\delta}{dt^2}+23.7\frac{d\delta}{dt}+2798\delta=\frac{d^2z}{dt^2} \tag{1-13}$$

$$\mathrm{DRI} = 285\delta_{\max} \tag{1-14}$$

对于承受多个方向的过载,可以采用多轴动态指数 MDRC 来描述。美国认为多轴动态响应指数满足下列方程式是安全的:

$$\mathrm{MDRC} = \sqrt{\left(\frac{n_x}{n_{xl}}\right)^2 + \left(\frac{n_y}{n_{yl}}\right)^2 + \left(\frac{n_z}{n_{zl}}\right)^2} \leqslant 1.0 \tag{1-15}$$

式中:n_x,n_y,n_z 分别为笛卡儿坐标系中,三个方向的过载值;n_{xl},n_{yl},n_{zl} 为相应方向的极限过载。如果超过 1.0,飞行员可能受伤致残,甚至死亡。上式有时也采用下式描述:

$$\mathrm{MDRC} = \sqrt{\left(\frac{n_x}{n_{xl}}\right)^2 + \left(\frac{n_y}{n_{yl}}\right)^2 + \left(\frac{\mathrm{DRI}}{\mathrm{DRI}_l}\right)^2} \leqslant 1.0 \tag{1-16}$$

3. 救生中的过载及其近似计算

1) 弹射离机过载

当发生危急情况时,飞行员在弹射筒(或火箭)推力作用下,迅速弹离飞机,此时,人椅系统所承受的过载称为弹射过载。人椅系统在弹射离机过程中受到弹射筒推力 F_k、人椅系统重力 G、座椅运动时所受的摩擦力 F_f 的共同作用,可列出如下方程:

$$\frac{G}{g}\frac{\mathrm{d}v}{\mathrm{d}t} = F_k - G\cos x - F_f \tag{1-17}$$

式中:x 为弹射座椅的运动倾角。

根据过载定义$\frac{\mathrm{d}v}{\mathrm{d}t} = ng$,在弹射行程内对上式进行积分,可得到弹射初速 v_{k0}:

$$v\mathrm{d}v = ng\mathrm{d}L$$

则

$$\frac{v_{k0}^2}{2} = g\int_0^{L_0} n\mathrm{d}L \tag{1-18}$$

$$\eta_s = \frac{\int_0^{L_0} n\mathrm{d}L}{n_{\max}L_0} \tag{1-19}$$

式中:L_0 为弹射机构的行程长度;v_{k0}为弹射出口速度(或弹射初速);η_s 为过载丰满系数(图 1.8)。

所以,弹射初速又可写为

$$v_{k0} = \sqrt{2g\eta_s n_{\max}L_0} \tag{1-20}$$

$$n_{\max} = \frac{v_{k0}^2}{2g\eta_s L_0} \tag{1-21}$$

所以,已知 v_{k0}时,最大过载值与 η_s 和 L_0 有关。增加 L_0 可以减少最大过载值,但是弹射机构的行程长度受机身尺寸限制。最有利的办法是提高弹射机构性能,增加丰满系数,保证过载特性曲线(图 1.8)正常均匀,避免随增随降。设计师为此设计了多弹弹射机构,多弹依次弹射工作,从而提高弹射初速,降低弹射最大过载。

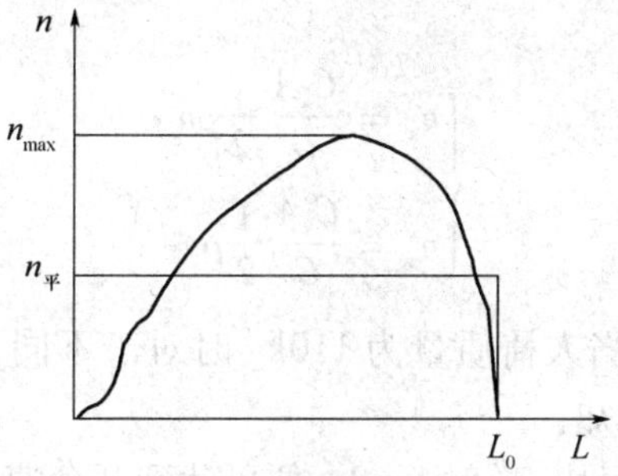

图 1.8　过载特性曲线

对弹射过载的分析主要有过载三要素及动态响应指数两种方法。过载三要素是指过载增长率、最大过载值和过载作用时间。

我们可以根据弹射动力装置的性能计算，得到弹射时弹射筒行程、人椅系统速度、加速度等参数的瞬态曲线，根据加速度最大值，便可求得最大过载值；根据上升期间加速度斜率变化求得过载增长率；过载峰值10%处的最大时间间隔点为过载作用时间。弹射过载三要素也可以根据过载曲线三角形近似图解法来处理，见图1.9。其具体步骤如下：

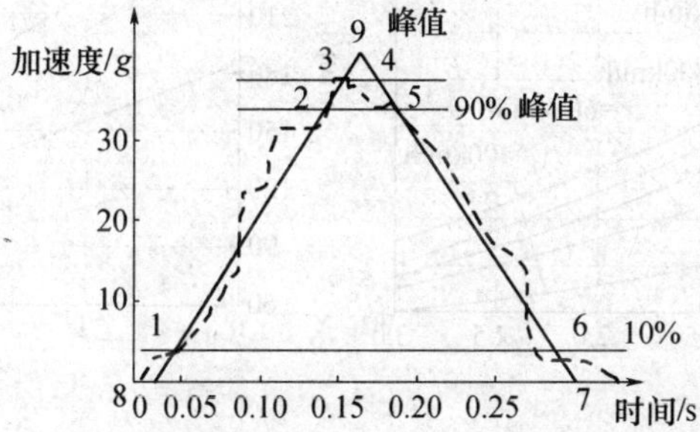

图 1.9　弹射过载曲线三角形近似法图解处理

(1) 在过载峰值3点10%及90%处作两条与基线平行的的线，与加速度—时间曲线相交于1、2、5、6四点。

(2) 连1、2，6、5点，并延长相交于点9，与坐标线相交于点8和点7。

(3) 从峰值处画一条平行线，与8－9连线相交于3，与7－9连线相交于4。

(4) 3－4相隔点时间为最大过载作用时间，8－9线斜率为过载增长率，7－8两点相隔时间为弹射弹作用时间，最大过载值即为峰值处点过载。

(5) 如果点9低于峰值，则用三角形近似法，超过三角形顶部部分可忽略不计。

动态响应指数目前被大多数国家采用，它比过载三要素法更为合理、科学。

2) 气动过载

座椅弹射离机后，受到各种气动作用引起的过载称为气动过载。其气动力在水平方向和垂直方向的投影为

$$\begin{cases} X = C_x A \dfrac{1}{2}\rho v^2 \\ Z = C_z A \dfrac{1}{2}\rho v^2 \end{cases} \tag{1-22}$$

所以

$$\begin{cases} n_x = \dfrac{C_x A}{G} \dfrac{1}{2} \rho v^2 \\ n_z = \dfrac{C_z A}{G} \dfrac{1}{2} \rho v^2 \end{cases} \tag{1-23}$$

图 1.10 ~ 图 1.12 表示当人椅质量为 110kg 时对于不同飞行速度和高度下，v，n_x，n_z 随时间的变化情况。据图可知：

（1）弹射后，速度下降很快，弹射 1 ~ 2s，便可达到开伞速度。

（2）速度越大，人体承受的气动过载也就越大，分析时，应选取最大速压作为过载分析依据。

（3）实际工作时，气动过载 n_x 比 n_z 大得多。因此，在分析气动过载时，只分析 n_x 对人体的影响。

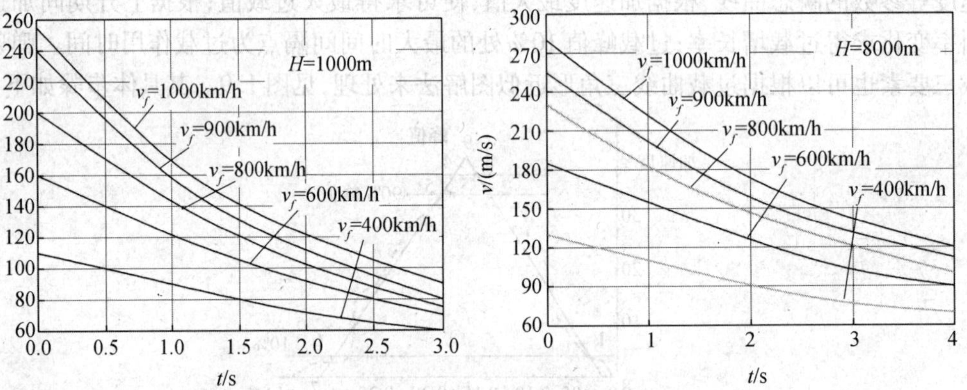

图 1.10　带人弹射座椅速度随时间的变化关系

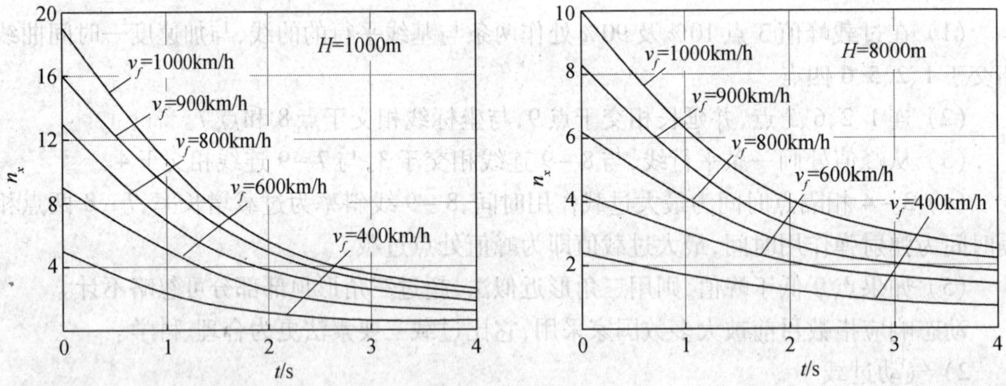

图 1.11　弹射后 n_x 与时间的关系

3）开伞动载

经弹射离机及人椅分离阶段后，飞行员下降到一定高度时，降落伞便自动打开。伞衣张开后，借助大面积的伞衣，使降落速度减慢。由于当时运动速度很大，而伞衣张开时间又极短，因而能产生很大的从头到脚的冲击性过载，称作开伞动载。换言之，“开伞动载”

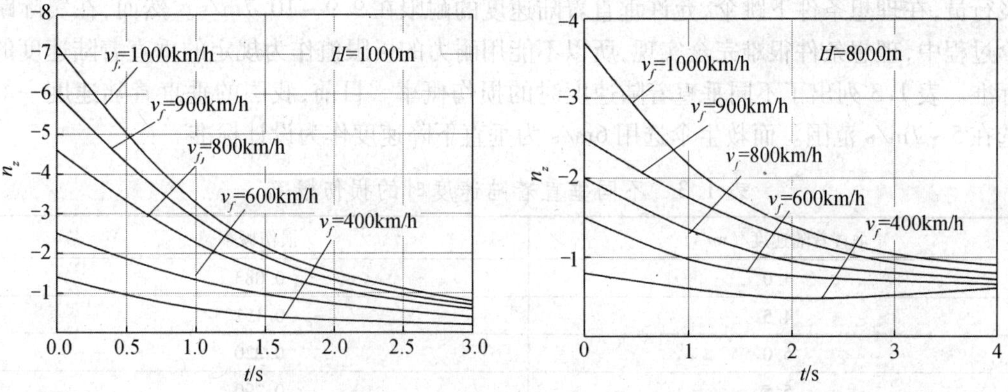

图 1.12 弹射后 n_z 与时间的关系

是指降落伞充气过程中,通过伞的背带系统作用于人体的冲击力。

开伞动载过大,可造成脊柱、肋骨骨折,四肢脱臼,甚至内脏受伤。受伤部位,多见于背带系统的着力部位。开伞冲击时有时有横向加速度的作用,将头向后推,可以造成颈部关节脱位,脊髓神经与血管破裂,可以引起严重中枢神经症状,或死亡。开伞后,如果在空中发生旋转,还易引起眩晕及定向障碍,使正确着陆发生困难。

另外,值得注意的是,近年来采用开伞枪加速开伞,使得开伞冲击力增大,在强大冲击性过载作用下,不仅直接造成机械性损伤,还可使供氧装备或其它防护装备破坏或脱落,造成严重后果。为此要加强高过载下,救生设备可靠性的研究。

4) 着陆过载

跳伞时飞行员在接地瞬间,由于运动速度骤然消失,使身体受到的冲击力叫做“着陆过载”(或“着陆动载”)。着陆冲击力的大小可按下式计算:

$$F = \frac{m_w v^2}{2s} \tag{1-24}$$

式中:F 为冲击力(N);m_w 为悬挂物体的质量(kg);v 为垂直着陆速度(m/s);s 为缓冲距离(m)。

由式(1-24)可知,影响着陆冲击力的因素主要有以下几方面:

(1) 跳伞员质量的影响。质量增加直接造成着陆冲击力增加;同时质量增加又会使着陆速度增加,从而间接造成冲击力的增加。如质量增加10%,冲击力增加20%。

(2) 地质的影响。在坚硬地面上着陆,缓冲距离短,速度消失快,则冲击力大。在松软地面或沙滩上着陆,缓冲距离长,速度消失慢,冲击力小。

(3) 着陆姿势的影响。在相同的垂直着陆速度下,不同的着陆姿态可使身体各部受的冲击力相差悬殊。各个国家都规定了各自的着陆姿态。如我国跳伞员在着陆过程中采用下蹲动作,因而使身体各部位发生相对位移,巧妙地形成一个自缓冲系统。而英国和美国则分别采取侧滚式和前滚翻式姿势。

(4) 着陆速度的影响。着陆速度大,冲击力大;反之亦然。垂直着陆过载的限值是根据着陆瞬间脊柱胸腰结合部受力情况推导出来的。据研究认为,该部受力超过5197N有可能导致损伤。从理论推导看出,飞行员对垂直着陆速度的耐力是很大的。例如70kg的飞行员,在理想条件下跳伞,允许垂直着陆速度的耐限在9.9~10.7m/s。然而,在实际跳伞过程中,理想条件很难完全实现,所以不能用耐力的极限值作为规定的垂直着陆速度的标准。表1.3列出了不同垂直着陆速度时的损伤概率。目前,我国的垂直着陆速度一般选在5~7m/s范围。而救生伞选用6m/s为垂直下降速度作为设计标准。

表1.3 不同垂直着陆速度时的损伤概率

垂直着陆速度/(m/s)	损伤概率
4.0	0.083
4.5	0.151
5.0	0.220
5.5	0.290
6.0	0.362
6.5	0.432
7.0	0.501
7.5	>0.5

1.4.3 救生过程中的稳定性及其影响

救生过程中,弹射座椅的稳定性是弹射救生的基本问题之一。

1. 人椅旋转的原因

人椅产生旋转的根本原因是由于外力矩的作用。座椅本身没有稳定性,而座椅的弹射机构通常安装在座椅靠背后面,弹射推力不通过人椅系统重心,产生座椅向前翻滚的力矩。另外,人椅系统离机后,所受到的各种气动压力的合力中心一般也在人椅系统重心之下,这也会使座椅向前转动。

同时人椅系统在下降过程中,由于力的不平衡,可以引起沿座椅竖轴的旋转,如人是水平下降,便有水平方向的旋转。如果高度越高,空气越稀薄,气动阻力越小,力稍有不平衡,这种旋转速度便会越快。另外,弹射救生外界条件变化很大,这也是造成人椅系统旋转的原因。

2. 旋转加速度的方向定义

加速度可使物体发生横滚、俯仰及偏航等转动,航空活动中,角加速度常用术语、符号对照表见表1.4,其旋转加速度方向定义示于图1.13中。

表1.4 角加速度常用术语、矢量符号对照表

飞机角加速度运动方向及名称		内脏所受惯性力影响	
		转动方向	矢量方向
横滚	向左横滚转	向右肩方向	$-R_x$
(roll)	向右横滚转	向左肩方向	$+R_x$
俯仰	向前纵向滚转(下俯)	向脊柱方向	$-R_y$
(pitch)	向后纵向滚转(上仰)	向胸骨方向	$+R_y$
偏航	向右转动	扭向左侧	$-R_z$
(yaw)	向左转动	扭向右侧	$+R_z$

3. 旋转的影响

1）旋转对救生装备的影响

快速旋转可使救生系统不能正常工作。如稳定伞与座椅缠绕，人椅系统便不能很好分离；或因旋转速度过大，甩掉防护设备（如供氧面罩、手套等），使飞行员遭受生命危险。

2）旋转对人体的影响

旋转对人的影响，主要表现为角加速度和径向加速度对人的影响。角加速度可以刺激人的前庭器官，引起植物神经反应；其症状与晕机症相似；径向加速度可影响血液的流动，使大脑缺血（或充血），可造成头晕、昏迷或者头痛出血。同时，还可引起定向障碍、视力模糊、恶心等。不同的旋转加速度，人体的耐受极限是不一样的，图 1.14 为以心脏为轴旋转时，人体的耐受曲线。当人体的旋转轴为髂脊连线部位时，人的耐受曲线如图 1.15 所示。

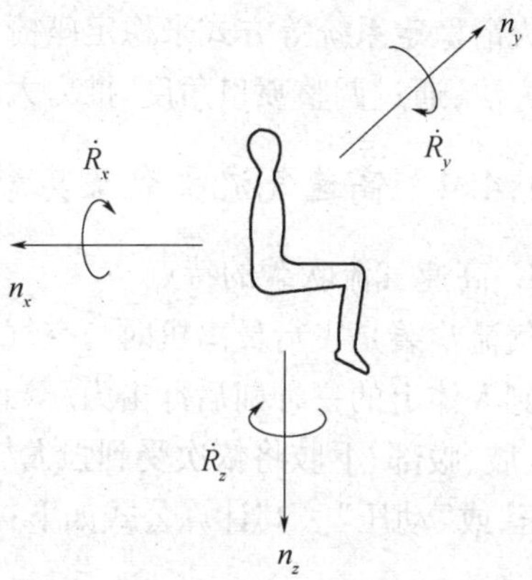

图 1.13　常用旋转加速度方向图

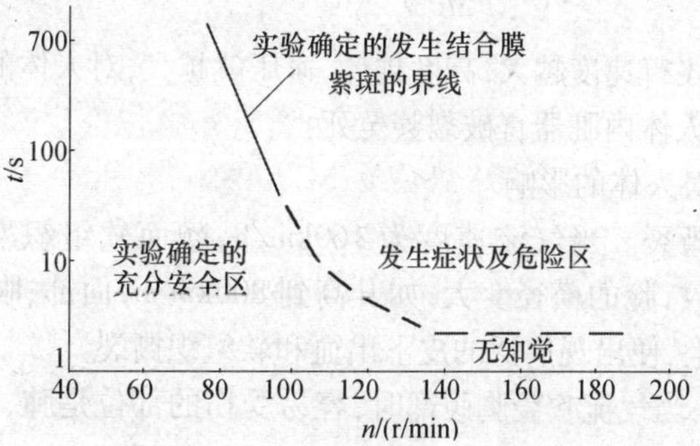

图 1.14　以心脏为轴的旋转耐受限

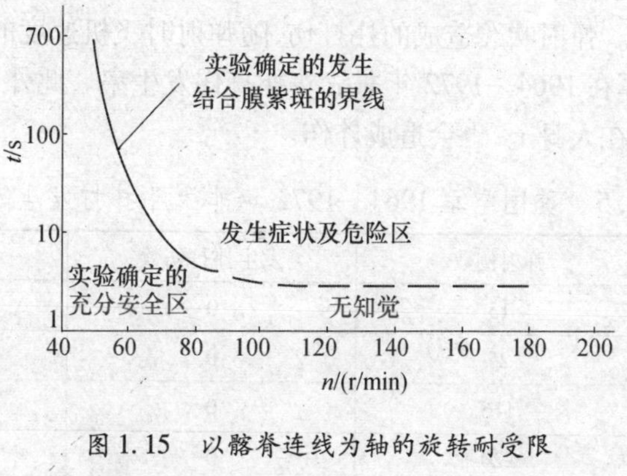

图 1.15　以髂脊连线为轴的旋转耐受限

4. 救生过程中如何考虑旋转的影响

目前，主要采用稳定座椅的方法来控制旋转。如在座椅上设计稳定板来减少旋转力矩;或者在射出主伞之前,先射出稳定伞稳定人椅系统。另外,还有采用稳定杆系统、陀螺微调火箭稳定系统等方式来稳定座椅。在将来第四代座椅中,有人建议采用可变推力矢量的方法,通过调整喷口角度、推力大小的方法来控制座椅的稳定性。

1.4.4 高速气流吹袭及其影响

1. 高速气流吹袭的特点

气流吹袭是飞行员离机时与空气相对运动的结果。它是在弹射击发几十毫秒内迅速作用到人体上的一种前后冲击力。当飞机高速飞行时,应急向上弹射瞬间,人的面部、胸部、上肢、腹部、下肢将依次受到强大气流的作用。由于高速气流作用而产生的压力称为"速压"或"动压"。其计算公式如下:

$$\begin{cases} \Delta p = \dfrac{1}{2}\rho v^2, Ma < 0.3 \\ \Delta p = p_0\left[\left(1 + \dfrac{k-1}{2}Ma^2\right)^{\frac{k-1}{k}}\right], 0.3 \leqslant Ma < 1 \\ \Delta p = p_0\left[\dfrac{166.9Ma^2}{\left(7 - \dfrac{1}{Ma^2}\right)^{2.5}} - 1\right], Ma \geqslant 1 \end{cases} \tag{1-25}$$

从上式可以看出,飞行速度越大,高度越低,速压就越大,对人体的影响也越大。从理论上讲,高速压可导致人体内脏器官破裂甚至死亡。

2. 高速气流吹袭对人体的影响

(1) 表层软组织撕裂。当气流速度为 160km/h,颜面软组织发生变形;当速度为 520km/h,颜面形成皱纹,脸的横径变大;如升高到 800km/h,面部、眼睑等处会有点状出血,升到 1000km/h 以上,便出现广泛的皮下出血和软组织撕裂。

(2) 胸腹部损伤。当气流吹袭胸腹部时,容易受伤的部位是肺、心、肝、肋骨和脑,其它内脏器官也有受伤的,但一般较轻且不普遍。

(3) 四肢损伤。气流的吹袭作用,可造成头部和四肢的运动。运动的头部和四肢撞击座椅,运动超过了四肢关节和颈椎的活动限度时,就会发生扑打伤或造成骨骼、关节、肌肉、韧带和肌健的损伤。弹射吹袭造成的扑打伤,随弹射时飞机速度的增加而增加。

表 1.5 为美国空军在 1964—1972 年非战斗扑打伤发生率。此外,由于气流吹袭会将飞行员的装具吹掉,打在人身上,也会造成外伤。

表 1.5 美国空军 1964—1972 年非战斗扑打发生率

弹射飞机速度/kn	弹射例数	发生扑打伤数	扑打伤百分数
0~49	15	0	0
50~99	25	0	0
100~149	116	0	0
150~199	220	0	0
200~249	279	6	2.2
250~299	148	4	2.7

（续）

弹射飞机速度/kn	弹射例数	发生扑打伤数	扑打伤百分数
300 ~ 349	108	9	8.3
350 ~ 399	45	8	18
400 ~ 449	44	14	32
450 ~ 499	16	5	31
500 ~ 549	18	8	45
550 ~ 600	4	4	100

3. 人体胸腹部对高速气流吹袭的限值

1）损伤程度分级

对人体胸腹部由气流吹袭造成的损伤程度进行分级，用 AIS 表示。AIS 共分六级：

0 级表示无伤；

1 级表示轻微损伤；

2 级表示中等程度损伤；

3 级表示重伤，但无生命危险；

4 级为严重损伤，对生命有一定威胁，但可以救活；

5 级为极重伤，死亡率很高，但有少数可能救活；

6 级为致命伤。

若高速气流吹袭造成的损伤程度达到 2 级，就应该特别重视对胸腹部的防护。

2）人体胸腹部的限值

人体胸腹部对高速气流的吹袭，可以用损伤程度 AIS 表示。损伤程度 AIS 与气流吹袭动压的关系可采用下式计算：

$$\mathrm{AIS} = -8.062 + 2.2279\ln\Delta p \tag{1-26}$$

式中，动压单位为 kPa。

在表速为 400km/h 弹射时，AIS 便达到了 2.2；表速为 850km/h 弹射时，AIS 值为 2.285；在表速为 1470km/h 弹射时，AIS 值更高达 3.0，这些均属于 2 级以上的损伤，应对胸腹部进行适当防护。

1.4.5 低空与高空救生问题

1. 低空救生概述

改进座椅低空救生性能是弹射救生一个非常重要的问题。弹射跳伞的统计资料表明，飞机失事时的飞行高度越低，就越难保证飞机上人员的应急救生。造成救生失败的主要原因是从弹射到主伞张满所需时间太长，弹射高度不够高，主伞还没张满，人已着地丧生。

另外，飞机事故主要发生在起飞和着陆阶段。如英国统计资料表明，喷气式飞机所发生的事故，在起飞和着陆阶段占 61%；非喷气式飞机在起飞和着陆时所发生的事故占 66%。美国资料也表明，在起飞和着陆时所发生的事故占总事故的 55% 左右。由此可以看出，低空救生是一个非常严重的问题。

理论分析和实践证实，弹射救生的成功率与弹射时的高度和速度有很大的关系。当速度一定时，死亡率取决于弹射高度，高度越低，死亡率越高。当高度一定时，死亡率取决于弹射速度，弹射速度越大，死亡率越高。

为了估计救生装置的低空救生能力，采用了“最低安全救生高度”的概念。最低安全救生高度是指在该高度以下，使用救生装置将得不到安全救生，也就是指飞机失事时，保证飞行员安全救生最低限度的飞机飞行高度。

采用“最低安全救生高度”，主要是因为弹射救生系统开始工作到降落伞张开直至稳定下降，需要一定时间，因而也就损失一定高度。这一损失高度具体受下面因素的影响：

(1) 飞机的机动飞行情况。

(2) 失事时的飞行速度。

(3) 准备弹射时所必需的时间。

(4) 弹射时座椅上升的高度。

(5) 允许打开救生伞伞衣的速度。

(6) 完全张满救生伞伞衣的时间。

图 1.16 表示了在其它所有条件相同时能够安全救生的范围与飞机机动飞行情况的关系。

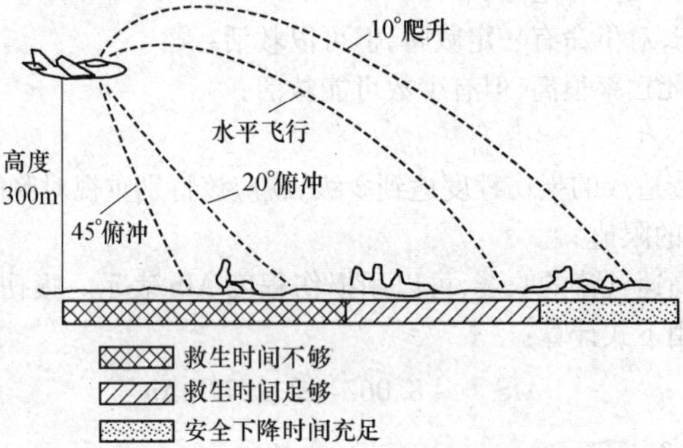

图 1.16 飞机的机动飞行情况对拯救飞行员可能性的影响

2. 最低安全救生高度

美国空军规范规定弹射座椅应具有表 1.6 所列的低空救生性能。

由表 1.6 可以看出，飞机俯冲角度、横滚角和下沉率越大，弹射救生就越困难，所需的最低救生高度就越高。例如飞机横滚 180°平飞姿态(即倒飞姿态)，要求最低的安全救生高度为 61m。座椅弹射出舱不是离开地面，而是弹向地面，如不及时后开救生伞，将很快导致飞行员撞地死亡。因此，改善弹射座椅的低空救生性能，不是增加弹射动力使之弹得更高，而是尽量缩短弹射启动到降落伞张满之间的时间。

表 1.6 美国空军规范对 MIL-9479 型弹射座椅的要求

飞机姿态			飞机速度/(km/h)	最低安全救生高度/m
俯冲	横滚角	下沉率		
平飞	60°	0	222	0
平飞	180°	0	278	61

(续)

飞机姿态			飞机速度/(km/h)	最低安全救生高度/m
俯冲	横滚角	下沉率		
平飞	0°	50.8	278	92
60°向下	0°	0	371	153
30°向下	0°	0	833	153
60°向下	60°	0	371	168
45°向下	180°	0	463	183

同时还可以看出,飞机速度越大,所需的最低安全救生高度就越高。这是因为水平分速越大,弹射轨迹的高度越低,同时加大了减速时间,因此为了把速度减到允许打开救生伞的速度,所损失的高度就越大。图1.17是弹射座椅相对飞机的相对轨迹图。

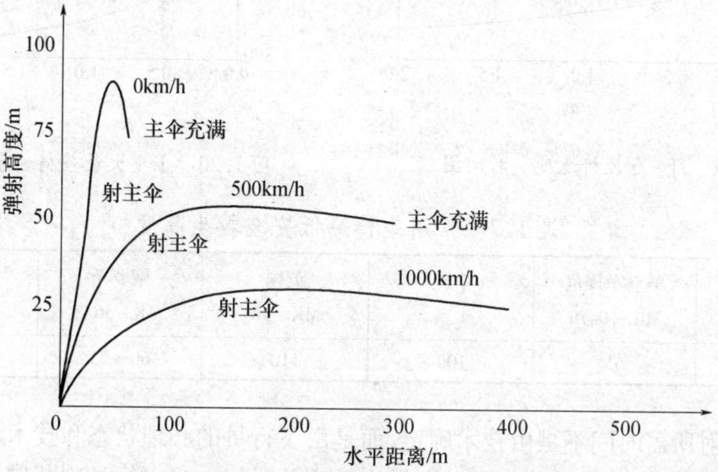

图1.17 弹射座椅的相对轨迹图

对现代飞机来说,把速度减低到允许打开主伞衣的时间约为1~2s。图1.18为地面试验时,不同的阻力特征把弹射装置速度降低到600km/h的减速时间与弹射瞬间飞机速度的关系。

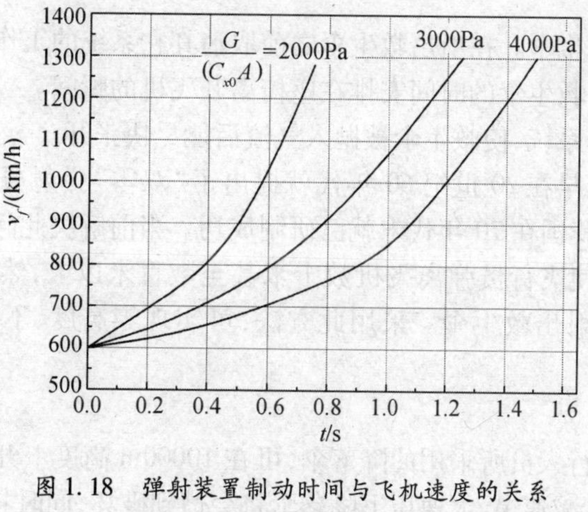

图1.18 弹射装置制动时间与飞机速度的关系

图 1.19、图 1.20 分别表示了歼－6 弹道座椅和Ⅰ型火箭座椅离机后座椅运动速度随时间的变化关系。

可以看出，弹射救生装置的减速性能越好，其低空救生性能也就越好。为了缩短从准备弹射到着陆速度所需的时间，工程师正不断改进弹射座椅的系统性能，缩短从弹射启动到主伞张满所用的时间。表 1.7 为目前世界常用的几种服役弹射座椅的最低安全救生高度的比较。

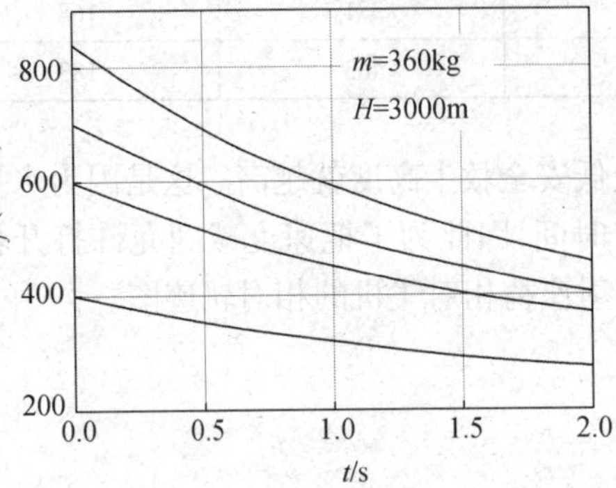

图 1.19　歼－6 座椅速度－时间图

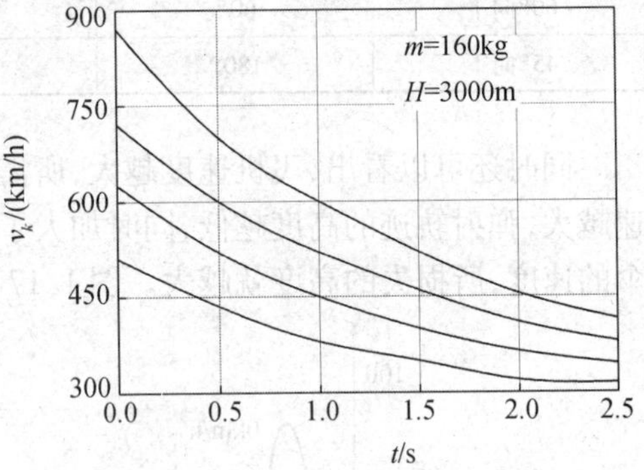

图 1.20　Ⅰ型火箭座椅速度－时间图

表 1.7　常用座椅最低安全救生高度　（单位：m）

美海军规范 MIL－18471F	美空军规范 MIL－9479	中国 4 型	英国 MK－10	俄罗斯 K－36	中国 HTY6 型
45	61	100	110	60～75	64.5

准备弹射所需时间不是由技术确定，而是由飞行员的心理状态和技术水平来确定的。即是建立在有效的、恰当的信息基础上做出反应的时间。当飞行员判断错误，耽误弹射救生的时机，在低空救生中将是非常致命的。

3. 低空救生的重要措施

（1）取消抛盖时间。采用穿盖弹射或采用微型爆炸索在弹射启动的同时将座椅盖的玻璃炸掉。

（2）尽快射出救生伞。在射出救生伞之前取消其它系统的工作，如射出稳定伞、稳定座椅等动作。将射出救生伞的时间安排在座椅离开飞机的瞬间。

（3）改进救生伞系统，使救生伞被抛入气流后能尽快张开。

世界上许多国家早在 20 世纪 60 年代就提出了“双零”弹射要求，即在零高度、零速度下要求弹射成功，我国在 70 年代末就已研制成功。当前解决此问题的主要方法是首先利用火箭多级弹射，使飞行员弹离飞机数十米甚至数百米以上，然后利用座椅稳定伞减速，再利用射伞机构射出救生伞。采用此方法，可实现零高度、不利飞行条件下的弹射救生。

4. 高空救生

原则上，拯救飞行人员所采用的降落伞，可在 10000m 高度上开伞。若在更高的高度上开伞，由于密度低，减速慢，大速压下降落伞将会遭到破坏，同时救生装置的高空稳定性较差。因此，在高于安全开伞的极限高度上弹射，要解决下列问题：①在座椅上需要有一个防止飞行员不适时打开主伞伞衣的专门气压装置；②还需要有从高空稳定下降的装置。高空弹射后，若有不能允许的大角速度旋转，飞行员可能死亡。

世界上大多数国家，为了从高空稳定下降而采用了专门的减速稳定伞。用于高空稳定下降的降落伞伞衣面积通常为 $1 \sim 3m^2$，伞衣由轻而透气的织物做成，一般为锥形。这样的伞衣能产生一定的减速作用，并保证弹射座椅从几十千米高空下降时有足够的稳定性。

稳定减速伞不是保证稳定下降的唯一设备。如果人椅系统具有低的重心位置，而且在下降时气动力矩也相当均衡，那么就足以保证从高空稳定地下降。

因此高空救生特别要注意由于密度低、速压大而造成的气动阻力、气动力矩大而引起的高过载和不稳定性问题。

1.4.6 着陆后的生存营救问题

2001 年 4 月 1 日，海军某部少校飞行员、中队长王伟同志，在执行捍卫国家主权的飞行任务中，战机被撞击损坏后，及时操纵座椅弹射离机，救生伞顺利张满，但经随后大规模的搜救工作，却未能被救回，使全国人民十分痛惜。这一事件充分说明在救生设备可靠工作后，着陆后的生存营救仍是一个关键问题，特别是海上救生和沙漠救生。

为了便于阐述有关问题，可以将弹射救生的全过程分成三个阶段来叙述。

第一阶段　弹射开伞阶段，此阶段从飞行员启动座椅弹射手柄，到人椅系统被弹离飞机，人、椅分离，救生伞张满。

第二阶段　着陆(水)自救阶段，此阶段从飞行员乘救生伞下降，到安全抵达救生船或安全地带，等待救援人员到达营救。

第三阶段　生存营救阶段，此阶段从飞行员浮出水面，爬上救生船，使用应急救生物品生存并呼救联络，直至营救人员到达将其救回。

第一阶段各项工作成败的关键在于“好”，即弹射座椅系统可靠性高，弹射救生设备的质量要好。

第二阶段各项工作成败的关键在于“准”，即飞行员在救生伞张满后的着水自救过程中，对救生装备的操作时机要准，操纵部位要准。这些操作无法通过目视观察，完全要通过肢体的感觉来完成。因此，加快我国海上救生技术的自动化程度迫在眉睫。除此以外，在这里特别强调以人为本，加强飞行员海上跳伞的训练问题。因为自动化程度再高的装备，总是要人能熟练地使用，如飞行员爬上救生船，就要有一定的技巧和较好的游泳水平，并要经过相当多的训练，而这些救生程序是很难实现自动化的。国外一些飞行海域大的国家，每年都要对飞行员进行海上跳伞的救生训练，这是需要我们借鉴的。

第三阶段工作成败的关键是“快”，即飞行员弹射跳伞后，首先呼救信号发出要快，要配置自动信标机及 GPS 等先进的求救联络装备。其次营救速度要快，要有健全有力的营救指挥系统和足够的高性能的营救装备，并逐步达到有重要飞行任务时，有专门的承担营救任务的飞机或战舰在相应的空、海域巡逻待命。

航空救生的目的是提高飞行员的遇险生存能力，挽救飞行人员生命，以维持部队战斗力。1989 年 6 月，在第 38 届法国巴黎航空博览会上，一架米格－29 飞机在进行低空机动飞行表演时，因失速而突然坠毁。在飞机触地前约 2.1s 时，飞行员使用火箭弹射座椅成功地进行了低空弹射。我们在发出感叹的同时，也面临一个严峻的挑战：如何做好军事战斗准备，加强航空救生建设，提高飞行人员的遇险生存能力。应从如下几个方面入手：

（1）大力加强航空救生和遇险生存知识的教育。

多方筹措资金，改善航空救生学的教学条件，更新救生器材设备。院校教员不仅要对航空军医进行航空救生、遇险生存知识的教育和培训，而且要下到基层部队对飞行人员进行航空救生的教育。通过举办航空医生进修班、遇险生存与营救培训班及筹建航空救生训练网站等，培养大批懂专业的航空军医及具有野外遇险生存能力的飞行员。

（2）加强飞行人员的航空救生训练。

充分利用现有的高科技手段，在航空救生领域开展科技练兵。航空救生是集弹射跳伞、生存求救、搜索营救为一体的系统工程。弹射跳伞包括弹射通道清除、飞行员约束、弹射动力装备、稳定减速、程序控制、开救生伞等工序；生存求救包括通信联络、利用生存物品等；搜索营救包括导航定位等，按照区域划分有海上、寒区、热带丛林、沙漠和高原救生几种。其中，地面弹射训练和飞行人员个人生存能力最为重要。在组织飞行人员地面弹射训练时，部队领导、组织者和航空军医必须做到：①高度重视，精心组织协调，这是弹射成功的重要因素之一；②明确意义，认真准备；③讲解示范，严密组织，确保安全。

要提高飞行人员的个人生存能力，除了要讲述遇险生存知识外，必须加强各种环境条件下的个人生存演练，使他们熟悉整个救生过程，掌握救生船、救生电台、联络用的烟管、海水染色剂、太阳反光镜、闪光器、信号枪、夜间用的冷光管、口粮、海水淡化剂、防风火柴、渔猎用具、急救药包、驱鲨剂、辨别方向用的罗盘等救生物品的使用方法，真正做到有备无患。

（3）加强航空救生新装备的研制，加快新技术的移植。

我国目前已经研制出新型的航空救生装备，其技术指标已达到西方发达国家现役救生装备技术水平，应尽快将其移植到我军主战机种上。同时，要加大对已有救生装备的改造力度，提高其可靠性。

（4）组建专门的搜索营救队伍，提高营救速度。

在后勤联勤的基础上，组建专门的搜索营救队伍，提高营救速度。从外军的编制体制和效果看，这一点非常必要。营救速度是救生成功与否的关键之一。第二次世界大战的统计资料显示，受伤的飞行员 24h 以后存活率减少 80%，未受伤的飞行员 3 天后存活率也明显下降。战后，随着营救组织的发展和营救器材的改进，营救速度大大加快。据美国空军统计，20 世纪 60 年代，5h 内可获救人数占 50%；20 世纪 70 年代，1h 内可获救依然达到 50%，而 4h 以内已达 97%。这说明及时营救是遇险者得以生存的重要因素。提高营救速度客观上要求打破原来的营救指挥体制，建立专门的战区搜索营救队伍。

（5）建立全国范围的航空救生网络。

这个网络应由陆、海、空、武警和地方联合组成，发挥综合技术优势。包括指挥系统、导航搜索定位系统、可视救援监视系统、通信联络系统、搜索营救装备等组成。一旦飞行员跳伞，安装在伞上的信标发射机首先自动发出求救信号。通过地面或空中信标接收网所得到的遇险信息，航空搜索营救网优化出最佳的营救方案，而后营救飞机出动。营救飞机通过导航搜索定位系统的卫星导航设备、机载定向设备迅速、准确地到达指定区域；通过通信联系系统及时了解被救人员的情况;通过可视救援监视系统等其他设备将遇险人员救出。

思考题与习题

1. 安全救生必须具备哪些条件？救生系统的发展经历了哪几个阶段？各有何特点？

2. 10km 高空,飞机所测得的表速为 1400km/h,则其真速为多少？简述飞行包线和救生包线的概念。

3. 救生过程中可能经历哪些干扰,应如何解决这些干扰问题？

4. 过载的概念是什么,救生中要克服哪些过载,是如何解决这些过载问题的？

5. 如何解决高速气流吹袭问题及救生稳定性问题？

6. 设某型弹射机构的丰满系数为 0.75,最大弹射过载为 20,试求当弹射机构的行程长为 0.9m 时,弹射出口速度是多少？若最大过载降低至 18,弹射机构行程增长至 1.66m,试问弹射出口速度又为多少？

7. 设某型弹射机构的丰满系数为 0.96,行程长度为 0.9m,弹射出口速度为 16m/s。试问最大弹射过载应为多少？

8. 设某飞行员从使用弹道座椅的飞机上弹射,弹射时的水平飞行速度为 850km/h,弹射出口速度为 17.5m/s,弹射时飞行高度为 1000m,人椅系统质量有 165kg,弹射座椅安装角为 17°,座椅阻力特征 $C_xA=0.5$。试问飞行员受到的最大制动过载 n_x 是多少？经过 1s 以后,制动过载 n_x 为多少？

第2章 弹射座椅构造

2.1 弹射座椅的功用与设计要求

2.1.1 弹射座椅的功用及其分类

弹射座椅功用应包括两个方面:①在飞机正常使用过程中,应使第3~98百分位数的飞行员都能操作使用飞机,飞行员可调节坐高使其眼睛处于设计眼位,以便观察仪表和设计瞄准,并在起飞、着陆时有良好的视界;②当飞机发生危急情况时,无论在地面还是在空中,要承受弹射动载并携带飞行员迅速离机。

弹射座椅的种类和形式十分繁多,现就其形式和特点讲述座椅的分类。

1. 按座椅应急离机方向分类

有向上弹射和轨迹发散弹射两种方式。一般采用向上弹射座椅。在双座(或多座)飞机中,为了防止座椅、座舱盖和飞行员之间的轨迹干扰,可采用轨迹发散技术(图2.1)或程序控制技术加以解决。

2. 按弹射动力装置分类

有弹道式弹射筒、助推火箭包和组合式弹射动力三种形式。弹道式弹射筒又有二级、三级、四级套筒式弹射筒之分,为了进一步提高效率,这些弹射筒上还装有一个或两个辅助弹。20世纪50年代末,弹射座椅上开始采用了弹射筒与火箭包构成的组合式弹射动力装置,我国的弹射动力装置多为组合动力装置。

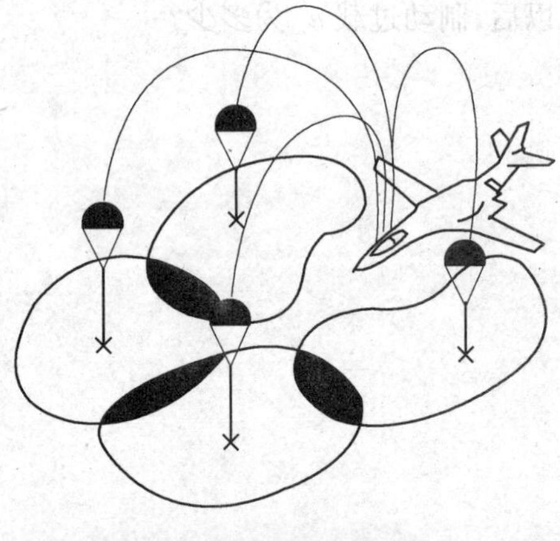

图2.1 轨迹发散技术

3. 按救生伞的安置形式分类

按救生伞的安置形式有坐伞、背伞和伞箱三种形式座椅。按开伞方式有非强制开伞(气动开伞,如绳拉开伞、伞拉开伞等)和强制开伞(如射伞枪开伞、射伞炮开伞等)两种形式座椅。坐伞座椅是将包装后的伞包安置在座椅椅盆内,并供飞行员乘坐。背伞座椅是将包装后的伞包安装在椅背上,并作为飞行员的靠垫。无论是坐伞座椅还是背伞座椅,均属于气动力开伞方式,开伞速度较慢,一般不具备零高度、零速度下的救生能力,低空救生性能较差。到了20世纪60年代,在采用火箭弹射动力的同时,采纳了强制开伞方式,大大提高了不利姿态条件下的低空救生能力。强制开伞形式一般将救生伞安置在头靠伞箱内。

4. 按座椅结构形式分类

有焊接结构、钣金铆接结构、铸件结构等。上述结构形式、工艺复杂，被逐渐淘汰，现在一般采用采用化学铣切的钣金结构和蜂窝结构来替代。

2.1.2 弹射座椅的设计要求

弹射座椅的设计应适应各种不同类型飞机的不同要求。综合起来，要求弹射座椅设计成救生性能最优、结构重量/强度比最佳、结构尺寸最小、可靠性最高、维护性和工艺性最好、配套的成件最少、成本最低的最优化座椅。但一般它们不可能同时满足。一般来说，弹射座椅应满足以下主要要求：

(1) 弹射座椅应乘坐舒适，工作方便，可适应不同身材飞行员使用。

(2) 弹射座椅应有足够的强度和刚度，能承受最大弹射过载。

(3) 座椅及附件应能承受高速气流所产生的制动过载，在人体胸背的最大过载不大于40，作用时间小于0.16s。

(4) 座椅应保证人体不受高速气流伤害，人的头颈部、脸部和四肢均应可靠地保护或固定。

(5) 人椅系统在高速气流中应有足够的稳定性，保持有利的姿态，避免人在不利方向承受巨大的制动过载；人椅系统在运动中不应有连续的旋转，其旋转角速度小于1.5rad/s。

(6) 座椅及其附件工作应安全可靠。

除上述各点，飞机在各种高度、速度和飞行姿态下使用时，应达到安全救生的目的。1983年美国海军颁布的《乘员应急离机系统军用规范》中的低空救生性能要求可作为弹射座椅设计的基本依据，见表2.1。

表2.1 单座飞机应急离机系统安全救生高度要求[①]

飞机速度条件			飞机横滚时，最低救生高度[②]			
空速[③] /(km/h)	俯冲角度 /(°)	下沉率 /(m/s)	0°	45°	90°	180°
0	0	0	0[④]	0	6	52
		10	0	0	21	61
		30	24	27	49	79
		51	52	53	67	91
241	0	0	0[④]	0	3	37
		10	0	0	9	49
		30	9	12	34	64
		51	34	37	52	82
417	0	0	0[④]	0	3	27
		10	0	0	6	34
		30	3	6	30	55
		51	27	34	49	70

（续）

飞机速度条件			飞机横滚时，最低救生高度②			
空速③ /(km/h)	俯冲角度 /(°)	下沉率 /(m/s)	0°	45°	90°	180°
1112	0	0	0④	0	12	43
		10	0	0	27	58
		30	9	15	55	85
		51	40	46	73	113
93	20	⑥	0⑤	0	21	58
	30	⑥	0	0	15	52
	60		0	6	21	40
	90		24	24	24	24
241	30	⑥	24	27	46	70
	60		64	67	76	88
	90		85	85	85	85
417	30	⑥	40	46	61	82
	60		91	94	101	116
	90		119	119	119	119
833	30	⑥	152	158	180	204
1112	30	⑥	171	174	201	229
	60		320	323	338	351
	90		387	387	387	387

注：① 在国际标准大气条件下，悬挂质量为132kg时，合速度应小于9m/s，垂直下降速度小于7m/s。无风条件下，乘员下降过程中摆动角以伞衣中心为锥顶的最大锥顶半角不大于15°。

② 应急离机系统启动时的飞机速度和姿态。

③ 沿飞机轴线测得的速度。

④ 当乘员在离地高度最少为6m时，伞衣至少完成第一次张满，对注①不作要求。

⑤ 此条件应能满足平行地面测得的飞机5.0*g*的减速度。

⑥ 在相应的速度和俯冲角下的飞机下沉率

2.1.3 弹射座椅的研制程序

研制新座椅的程序按照航空机载设备产品研制条例进行，主要包括确定研制任务、设计方案认证、初样的设计与试制、试样的设计与试制以及产品的设计与定型等几个环节。

弹射座椅新产品的研制任务一般是在新飞机方案酝酿过程中根据新飞机对弹射救生设备的要求，由上级下达给弹射座椅的研制单位。也可以根据弹射救生专业发展规划，由弹射座椅的研制单位提出新产品研制任务。研制任务确定后，编制研制工作进度表。

设计方案的论证是保证新产品取得满意成果的一个关键阶段。选中的方案不仅应保证性能、可靠性、可维护性等指标满足要求，并且应具有较好的经济效益。

初样研制的目的是考核设计原理及结构的正确性，包括初样设计、初样试制、初样试验、转型审批等几个环节。经过转型审批后，进入试样的设计与试制程序。

试样研制的目的是全面考核产品设计质量，作为设计定型的基础。试样研制过程中，如发现重大设计质量问题，经总设计师审定，须重新修订设计资料，重新进行试制和鉴定。

设计定型是完成型号产品研制任务的标志，其目的是作为新产品及元器件制定工艺、材料、制造、使用等方面的技术依据。

2.2 弹射座椅结构及座椅系统组成

根据弹射座椅的救生要求及未来第四代座椅的战术指标，将来的弹射座椅将类似为一个智能飞行器。因此，弹射座椅已成为现代飞机中结构比较复杂的部件之一。它一般包括下列子系统：①弹射座椅本体结构；②弹射通道清除系统；③弹射操纵点火系统；④乘员约束保护系统；⑤弹射动力装置；⑥稳定减速系统；⑦座椅程序控制系统；⑧信号传递系统；⑨救生伞回收系统；⑩救生包及伞氧系统。

2.2.1 弹射座椅的本体结构

弹射座椅的主要结构见图 2.2。其中本体结构包括骨架、椅盆、靠背和头靠等基本部分。另外，还有弹射导向装置以及根据防护要求而设置的扶手、脚蹬和座椅调整机构。作为主要受力机构的骨架在很大程度上决定了整个座椅的外形和结构。弹射座椅其它结构均安装在座椅本体结构上，图 2.3 为骨架及其载荷示意图。

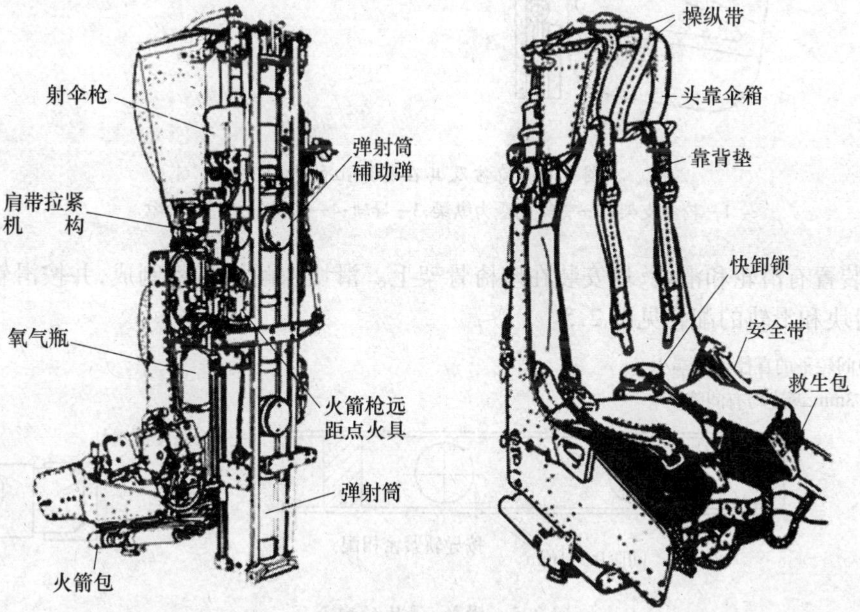

图 2.2　MK10 弹射座椅

骨架一般由铝合金制成，用来坐人、存放救生物品包或救生伞。有足够的强度和尺寸；内壁应光滑，有一定斜度，以便弹射后人椅能可靠分离。椅盆上常装有操纵机构、安全带系统和固定机构，这使得简单的椅盆组合件变得非常复杂。椅盆还可上下移动，见图 2.4。

靠背和头靠由各自的骨架和软垫制成，上面有包覆材料，使飞行员乘坐舒适。在弹射时，强迫拉紧机构拉紧肩带，使头部和背部紧贴在头靠和靠背上，保持正确弹射姿势。弹

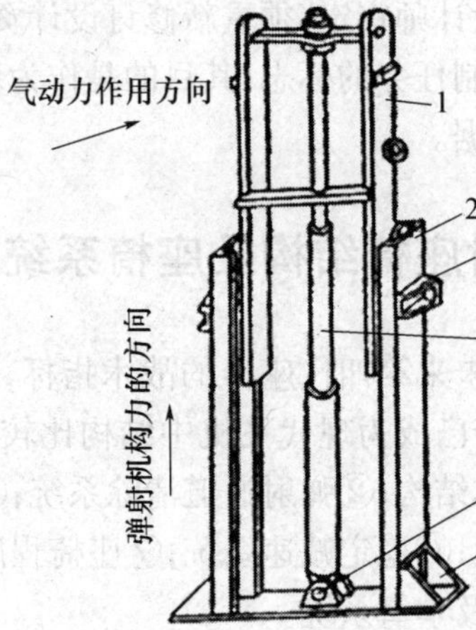

图 2.3　座椅骨架及其载荷示意图

1—座椅骨架;2—垂直槽钢 - 导轨;3—弹射机构;4—弹射机构的下支座;5—固定在机身骨架上的支座。

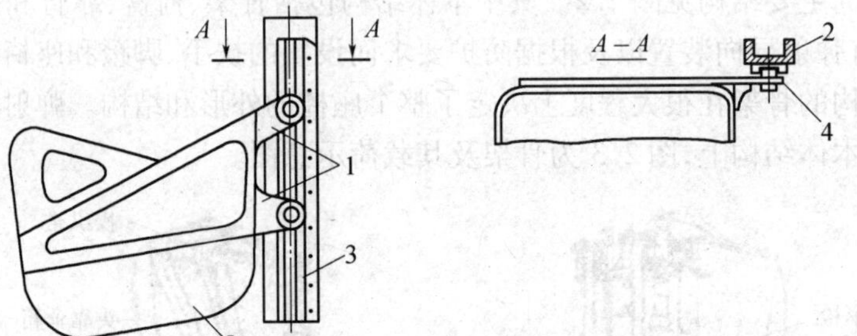

图 2.4　椅盆及其在骨架上的悬挂

1—椅盆支架;2—骨架的受力纵梁;3—导轨;4—滚动轴承;5—椅盆。

射导向装置有滑轮和滑块,均安装在座椅骨架上。滑块由耐磨材料制成,并按滑轨修配。滑轮、滑块和滑轨的配合见图 2.5。

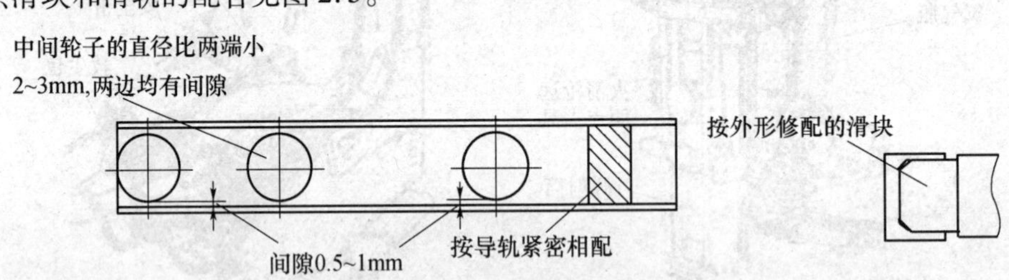

图 2.5　滑轮、滑块的配合图

座椅应能根据飞行员坐高进行调整,调整方法是将椅盆相对于头靠作上下调整或将头靠拆下,改变销钉位置的有级调整,调整量为 80 ~ 180mm。

2.2.2　弹射通道清除系统

1. 清除弹射通道的要求

清除弹射通道是飞机弹射救生的首要步骤。它要求将人椅系统弹射轨迹区内所有机构、设备全部清除,保证人椅与结构之间有必要的间隙,为人椅迅速离机创造必要的条件。对于向上弹射的救生系统,清除弹射通道就是抛掉飞行员头顶的座舱盖,它是弹射通道清除系统最主要的部分,因此常把清除弹射通道装置称为应急抛盖系统。其要求有:

(1) 座舱盖应迅速脱离弹射区。弹射区是指弹射时人椅系统运动的轨迹区域。座舱盖迅速脱离弹射区,可以保证人椅系统不与舱盖相碰,缩短弹射的延迟时间,争取救生时间和救生高度,提高弹射救生成功率。

(2) 舱盖抛放后不应损坏飞机的其它部分。当座舱盖抛放后,飞机仍应继续飞行,因此抛放的座舱盖不应损坏飞机的重要部件。

(3) 操作应简单安全可靠,缩短救生时间。为此操作手柄应置于便于操作的地方,并能一次操作成功。安全可靠是指应保证先抛盖后弹射,并有第二套辅助操作系统,而在地面及飞机正常飞行时应有保险装置,以防偶然触动而启动抛盖装置。

2. 应急抛盖系统

应急抛盖系统一般由舱盖分离装置、操纵系统和抛盖动力装置组成。

1) 舱盖分离装置

根据舱盖开启方式的不同,舱盖分离装置也有多种形式。舱盖的开启方式大致有三种:滑动式、侧翻式和折翻式。如图 2.6 所示。

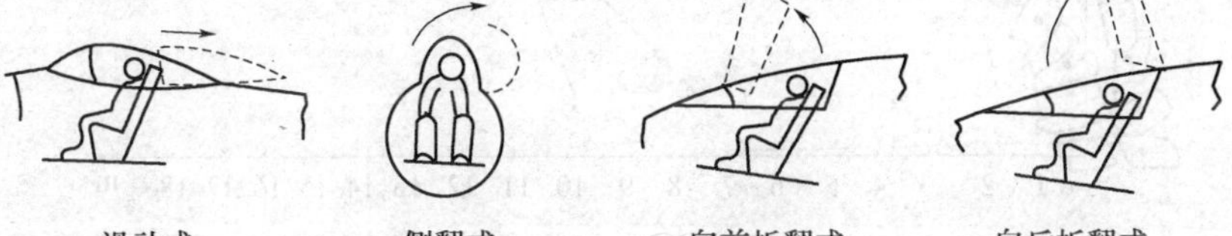

图 2.6 活动舱盖的开启方式

滑动式舱盖的应急抛放系统主要有两种方式:①舱盖带滑轮从滑轨内滑出而与飞机分离;②舱盖与滑轮分离,滑轮留在滑轨内,舱盖飞走。侧翻式舱盖常用于双座教练机或少数轻型轰炸机、战斗机上;折翻式舱盖常用在高速埋头座舱的战斗机和轻型轰炸机上。它们均是在飞机的一侧装有铰链或转轴,在另一侧装有锁及其把手。当应急抛盖时,打开舱盖锁,舱盖随即翻转并抛掉。如果转轴机构发生故障,还可剪断铝铆钉使钳口张开而抛盖。

2) 应急抛盖操纵系统

抛盖操纵系统完成传递信号或控制抛盖分离装置和抛放动力装置工作,一般由三部分组成:①操纵手柄(或按钮)及其机构;②动力源;③传动系统。按组成构件来分可以将操纵系统分为机械式、冷气式和燃气式三种。

机械式抛盖操纵系统由机械零件及机械软索组成,原理简单、工作可靠,但传动零件多、运动复杂、重量较大;冷气式操纵系统的动力源为高压冷气瓶。传动系统由冷气附件、管路及冷气作动筒组成,可在较大范围内工作;燃气式操纵系统的动力源为小型燃爆弹,其重量和体积比冷气式小,动作迅速且力量较大。

3) 抛盖动力装置

座舱盖在飞行中要承受向上的空气动力,同时还承受座舱增压载荷,这两种情况均有利于抛盖,因此,有的飞机不设专门的动力抛盖装置。但如要使舱盖有更大的离机速度,一般都装有抛盖动力装置。抛盖动力装置一般由抛放作动筒和动力源组成。动力源主要有冷气式、燃气式和火箭抛盖系统。高压冷气抛盖系统是利用压力为 1080 ~ 1275N/cm^2 的应急冷气气源通过一对抛放作动筒,将座舱盖抛放。应急冷气抛放需要高压冷气、应急活门、作动筒等多种部件,系统重量大,且结构复杂,容易发生故障,抛离弹射区时间较长。

燃气动力抛放具有力量大、建立最大压力时间短的优点,是当前较常采用的方案。利用抛盖弹产生的燃气,推动一对燃气作动筒来抛放座舱盖。它是在冷气抛盖的基础上发展起来的,也可与冷气抛盖一起使用。图 2.7 为双座飞机前后舱盖在地面零速度的抛盖轨迹和姿态,由燃气和冷气组合动力来抛放座舱盖,前后舱盖抛离弹射区的时间均约为 0.3s。

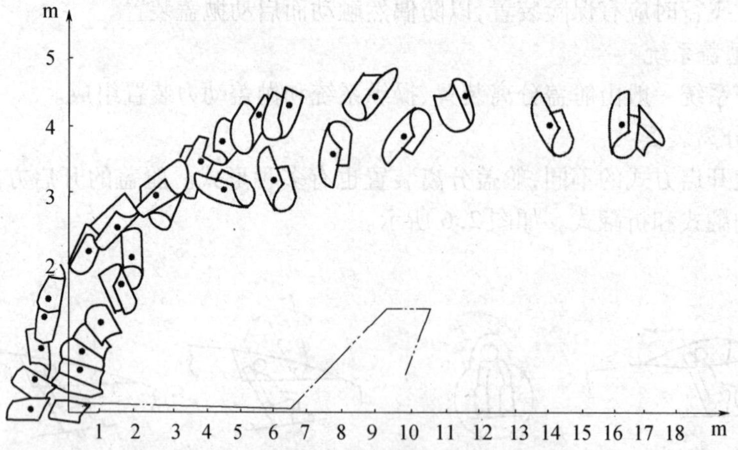

图 2.7 前后舱盖在地面零速度下的抛盖轨迹和姿态

对于重量和尺寸均较大的舱盖,可使用火箭抛盖装置。火箭抛盖装置抛放动力大、作用时间长,可使舱盖获得更大的速度。图 2.8 为火箭抛盖系统,该系统采用抛盖火箭发动机,可在 0.1s 时间内清除舱盖。

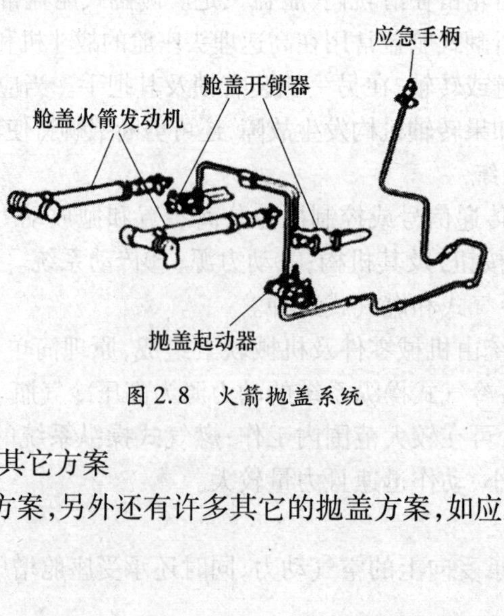

图 2.8 火箭抛盖系统

3. 清除弹射通道的其它方案

上述为常规的抛盖方案,另外还有许多其它的抛盖方案,如应急爆破、带离弹射等,下面分别加以论述。

1）座舱盖应急爆破

舱盖应急爆破系统由微型爆破索、起爆装置及固定和传动装置组成。微爆索是系统的主要部件，为一种特制的线状炸药，装填在外径约为2mm的铅锑合金管内，合金管外有玻璃纤维编织成的护套。图2.9为在舱盖玻璃上微爆索的固定、分布的一种方式。启爆装置由座椅向上运动击发雷管引爆，也可拉动启动手柄工作。

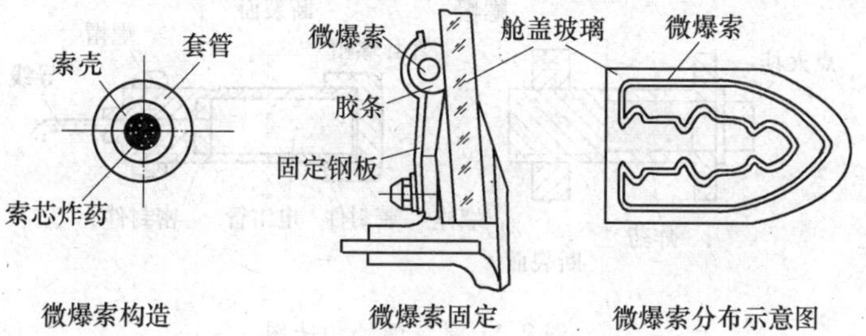

图2.9　微爆索的构造、固定和分布

2）穿盖弹射

当其它应急抛盖系统发生故障时，飞行员利用弹射座椅上的穿盖器，在座椅向上弹射时击穿舱盖玻璃而弹离飞机。由于没有了抛盖，节省了救生时间。但是这种方法可使飞行员受伤，所以要对飞行员进行防护。当前，由于对飞行员防护措施的提高，座舱正压的影响，以及在舱盖设计上，采用微爆索舱盖破坏系统。在穿盖弹射时，座舱盖沿着事先设计好的位置破碎，大大减小了对飞行员的损伤，又由于其减少了抛盖环节，对低空救生非常有利，正得到越来越多的利用。

3）带离弹射

带离弹射是在弹射时不抛掉座舱盖，而是利用座椅向上运动，将座舱盖顶起，并和座椅一起弹离飞机。苏联米格－21就采取这种系统（又称"CK"系统），图2.10为其工作过程。其优点是离机时间短，且可防止高速气流吹袭。但是系统复杂，虽节省了离机时间，但舱盖还须与座椅分离，延长了救生时间，在低空救生时，往往不能完成全套救生程序，同时也容易发生故障。因此，没有得到广泛应用。

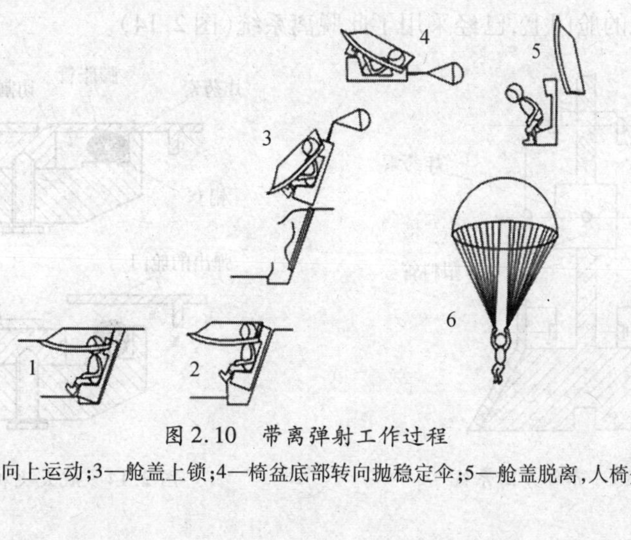

图2.10　带离弹射工作过程

1—准备弹射；2—座椅向上运动；3—舱盖上锁；4—椅盆底部转向抛稳定伞；5—舱盖脱离，人椅分离；6—开伞降落。

4）爆炸螺栓

爆炸螺栓内装有炸药，其构造如图 2.11 所示，在飞机上的安装情况见图 2.12。爆炸螺栓有预定的分离断面，能保证爆炸后在该处分离。正常情况下起连接作用；应急情况下，由传爆索或电脉冲同时引爆各个螺栓，将舱盖与机身分离，把舱盖抛掉。爆炸螺栓爆炸后虽然不产生碎片，但螺栓头也会伤人，因此需要加以防护。

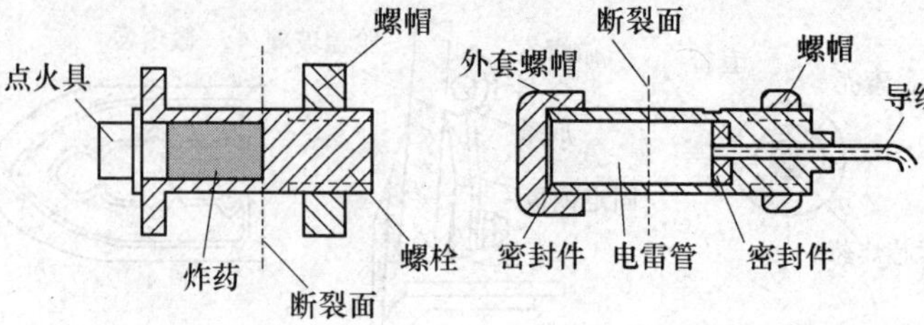

图 2.11 爆炸螺栓构造图

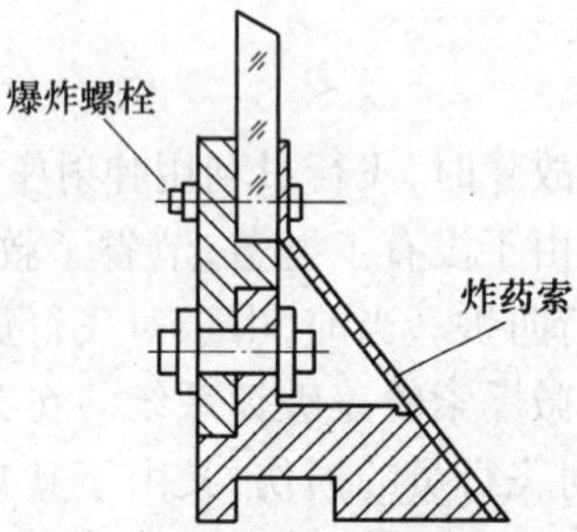

图 2.12　爆炸螺栓在舱盖上的安装

5）齐普分离系统

齐普分离系统是一种无污染的爆炸分离系统，其工作时不产生碎片，具有冲击波小、同步性好、可靠性高的优点。目前齐普分离系统共有两类。一类是高强度塑料套管内装有炸药；另一类是在爆炸索外面包有塑料套或铝套，然后再包上扁平钢套。当起爆时，高压气体使套管膨胀，使结构断裂分离，其爆炸产物不会外泄，图 2.13 为这种系统的原理图。在航天飞机的舱门上，已经采用了此脱离系统（图 2.14）。

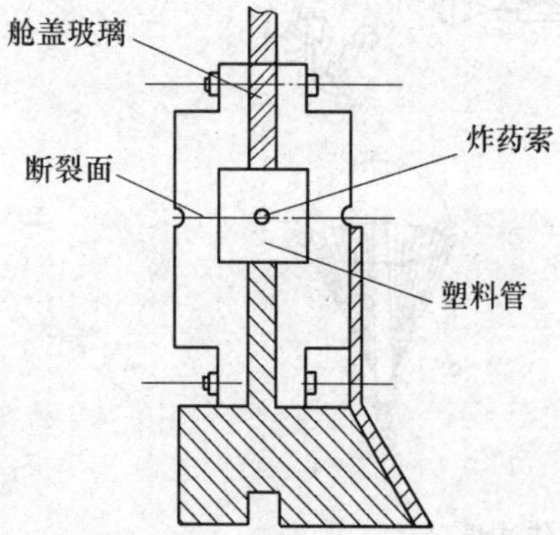

图 2.13　齐普分离系统

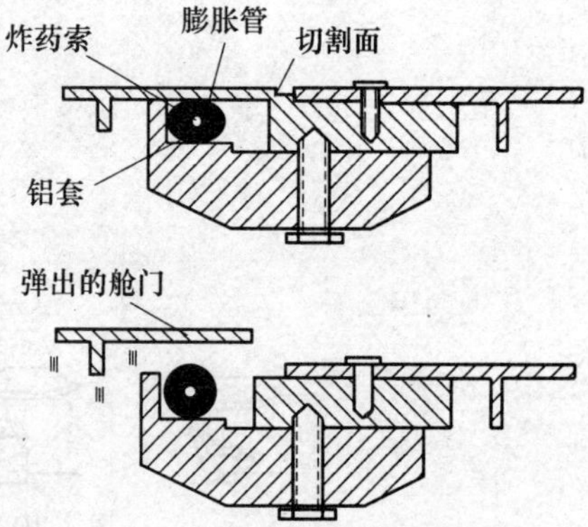

图 2.14　航天飞机舱盖系统

综上所述，清除弹射通道是保证弹射救生安全的必要条件，有多种方案可供选择，为了保证安全可靠，常采用两种或多种方案清除弹射通道。

2.2.3 弹射操纵点火系统

弹射点火系统是启动弹射座椅动力装置的一套操纵系统，不仅要保证弹射操作的正确可靠，更重要的是要保证按预先规定的弹射工作程序，各个系统按顺序及时工作。通常的工作顺序大致是：拉紧安全带—抛盖—弹射—保护—稳定装置工作—人椅分离—开伞—着陆。当然，不同的座椅有不同的工作程序。

为了保证预定的工作程序，以防飞行员错误操作，在先后工作的系统之间常设计有联锁装置，使操纵动作按顺序自动进行。同时，为了安全可靠，还有一套手动应急操作系统，一般为机械式。其操作控制系统一般由操纵手柄、传动系统、动力部分、联锁(保险)装置等组成。

操纵控制手柄的操纵动作不宜过多，以缩短救生时间，增加系统可靠性。手柄应安排在便于操作的部位。其作用是启动抛盖和弹射装置。按手柄的位置可分为三类，见图2.15。

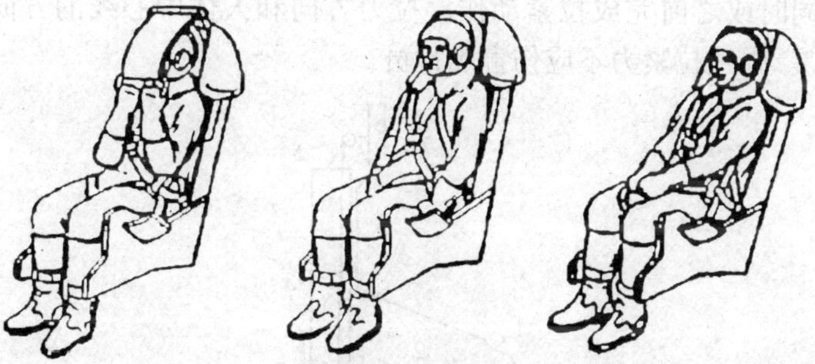

图2.15 操纵手柄

(1) 面帘操纵系统：位于头上方。拉出面帘时，面帘滚动带动其它传动件，而使弹射系统工作。这种系统操作行程较长，一次操作便可产生多个动作。一般用在没有专用头盔的飞行情况，可以很好地对脸部进行防护。

(2) 扶手操作系统：一般安装在左右扶手上。这种姿势产生历史最久，应用也最广泛。但飞行员必须戴有头盔，且手的动作不够好，在高速飞行时，易被气流吹开。

(3) 中央操纵系统：安装在座椅椅盆前，飞行员两腿之间，又称下位操作系统。这种操作工作行程也长，一次操作可操纵抛盖和弹射。且手的位置较好，不易被气流吹开。自问世以来，便被广泛地加以应用。

2.2.4 乘员约束保护系统

乘员约束保护系统主要包括弹射座椅的安全带系统及座椅的约束保护系统。

1. 弹射座椅的安全带系统

1) 安全带的功用和要求

一般飞行员座椅均有安全带。它可以将飞行员牢固地连接在座椅上，保证在各种飞行状态(包括倒飞)下不离开座椅；在飞机强烈制动时，可保证飞行员不向前倾倒，撞在仪表板或驾驶杆上。弹射座椅的安全带系统除具备上述功能外，还应保证飞行员弹射救生时具有正确的弹射姿态，并保证飞行员牢固固定在座椅上弹离飞机。

2）安全带组成

安全带一般由一对肩带、一对腰带和一根裆带组成（图 2.16）。肩带经头靠下面的滚筒向下弯折，连接在强迫拉紧机构上。腰带和裆带分别固定在座椅两侧和椅盆前沿。一般在右腰带上装有安全带，肩带、腰带和裆带端头的环扣均能牢靠地插入锁中锁住。安全带锁在人椅分离时可自动或手动打开。自动开锁器安装在座椅上，一般采用时间和高度机构控制。

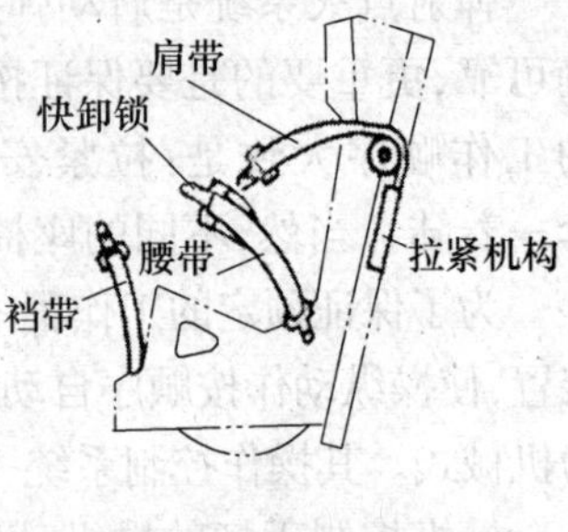

图 2.16 安全带系统

3）强迫拉紧装置

强迫拉紧机构（图 2.17）是弹射座椅安全带系统的重要部件。在正常飞行时，拉紧装置应允许飞行员肩部自由活动；弹射时应能自动拉紧肩带，使飞行员处于最佳弹射姿态。拉紧装置有弹簧机构或火药燃气式机构，见图 2.18 和图 2.19。强迫拉紧装置应保证在抛盖的同时或之前完成拉紧动作。拉力方向和人体中心线的方向夹角不应小于 90°或大于 105°。强迫拉紧力不应伤害飞行员。

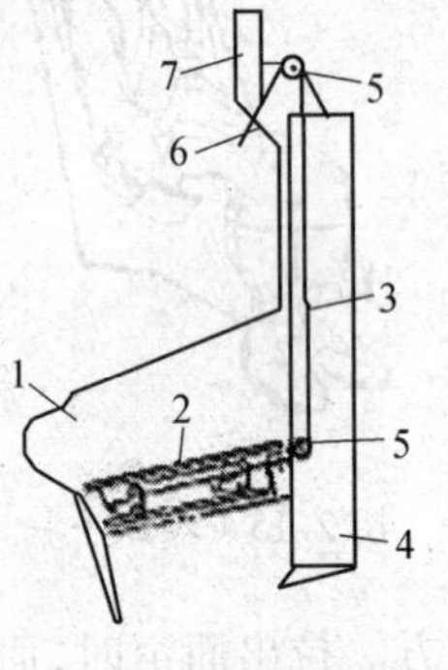

图 2.17 拉紧机构示意图

1—椅盆；2—比例机构托盘；3—钢索；4—座椅骨架纵梁；5—滑轮；6—上部固定点；7—头靠。

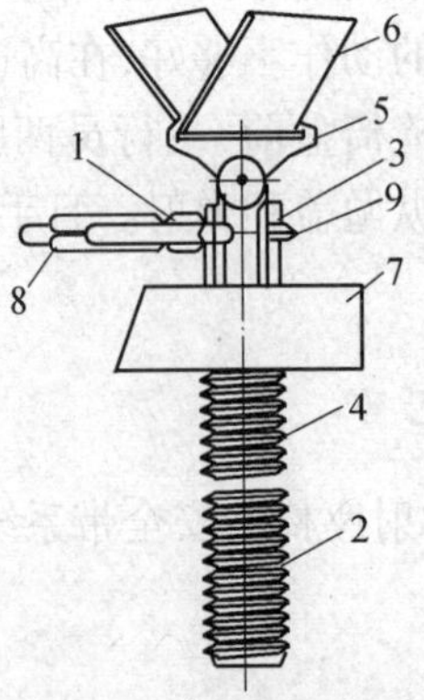

图 2.18 弹簧式强迫拉紧机构

1—止动装置弹簧；2—滑动圆筒；3—导向螺钉圆筒；4—弹簧；5—扣环；6—带子；7—座椅横梁；8—止动销；9—导向螺钉。

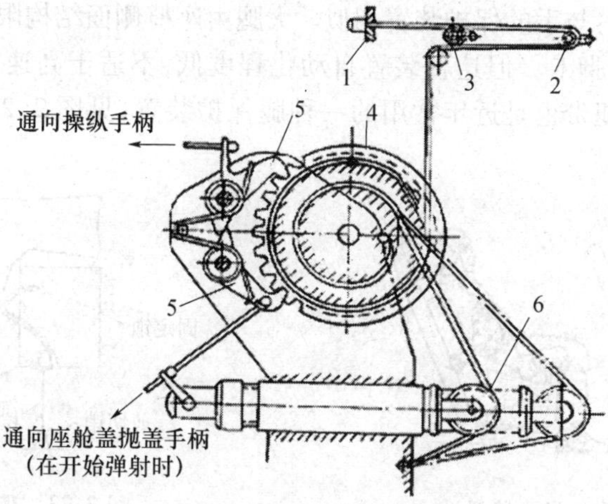

图 2.19　火药燃气拉紧机构

1—带系统的上位锁;2—扣环;3—张紧环;4—鼓轮;5—制动摇臂;6—滑轮。

2. 弹射座椅的约束保护装置

弹射座椅进入高速气流后,飞行员很难用自己的体力将四肢保持在预定位置上,因此会发生四肢甩打拉伤。同时高速气流对脸部和头部的吹袭,也会造成脸部、头颈部受伤。因此必须有专门的保护装置。

1) 脸部保护装置

脸部是在高速气流作用下最易受伤的部位。目前的防护主要是防护面帘、面罩和保护头盔,见图 2.20。

2) 头部保护装置

在弹射时低头或头颈部偏斜均会造成头颈部损伤,因此头部的固定很重要。目前常将头靠做成 V 形或凹形,以保证飞行员头部在凹槽内。有的座椅还设计了头部限位装置,如图 2.21 所示。

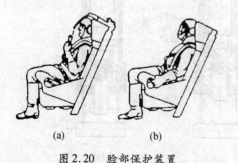

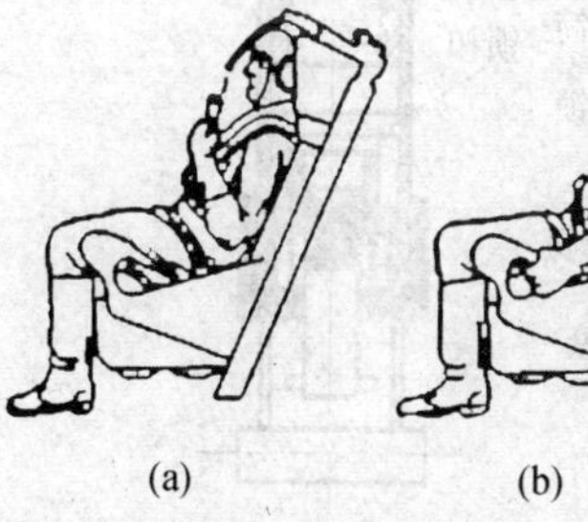

图 2.20　脸部保护装置

(a) 面帘;(b) 头盔。

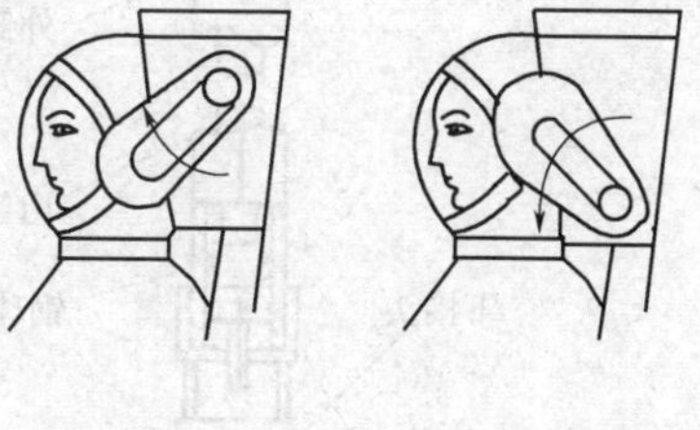

图 2.21　头部保护板示意图

3) 四肢保护装置

手保护装置可分为软式和硬式两种。硬式保护装置为护板或弓形卡,限制手臂移动。软式利用纺织物或柔软的网挡住手臂或利用充气气囊固定肩臂,见图 2.22。不论硬式还是软式,平时都不能妨碍飞行员工作。弹射时,应能及时伸出、展开或充气,可靠地保护手臂。

腿—脚保护装置:与手的保护装置相似。大腿由座椅侧面结构限制不向外分开;脚的保护装置采用脚蹬和脚卡。但这种装置自动化程度低,不适于高速飞机的弹射座椅,目前,常采用脚索。限腿带也是近年常用的一种腿保护装置,见图2.23。这种方法安全可靠、工作自动、应用较广。

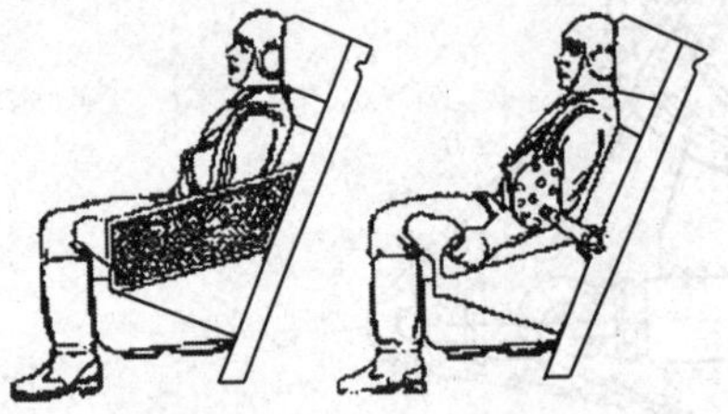

图2.22 手的保护装置

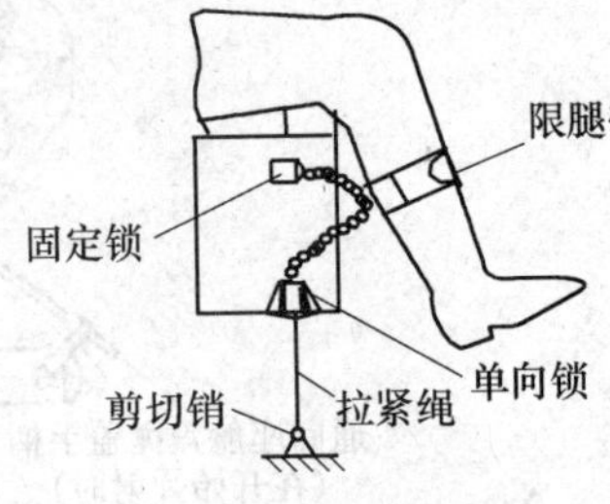

图2.23 限腿带装置

2.2.5 弹射动力装置

弹射动力装置为弹射座椅提供动力,是弹射座椅最重要的部件之一。现代弹射座椅的动力装置主要有三类:火药燃气弹射动力装置、火箭弹射动力装置和组合式弹射动力装置。

1. 火药燃气式弹射动力装置

1) 简单式(一级)弹射机构

简单式弹射机构的构造如图2.24所示,由内筒、外筒、打火机构、钢珠锁及上、下接头等基本部分组成。弹射弹装在机构上部,击发后产生的高压燃气将活塞向下推,打开钢珠锁,内筒在燃气压力推动下携带座椅向上运动,迅速离机。

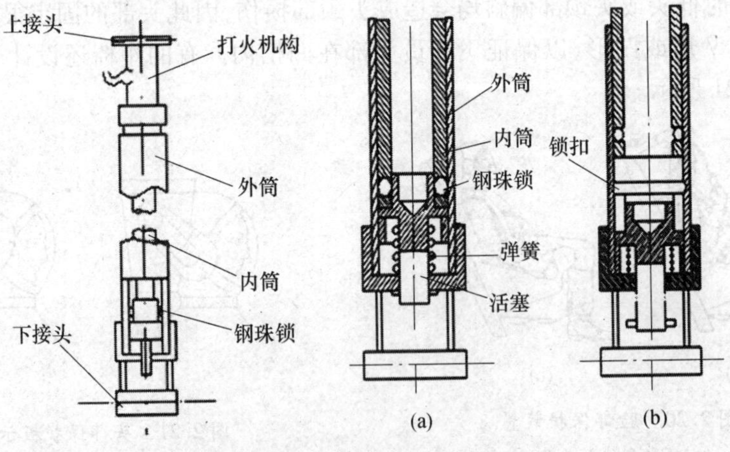

图2.24 简单式弹射机构

(a) 锁闭;(b) 打开。

2) 套筒式(二级以上)弹射机构

由于飞机座舱结构高度和加工工艺的限制,简单式弹射机构行程有限,弹射初速不能满足高速弹射救生的要求,因而发展了套筒式弹射机构,其构造如图2.25所示。

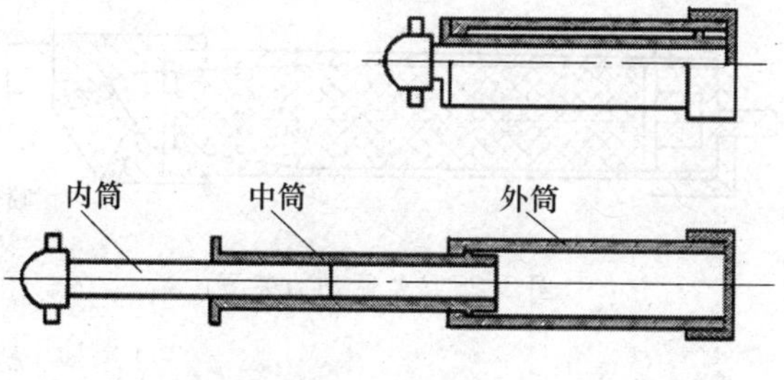

图 2.25　套筒式弹射机构

套筒式弹射机构多为二级、三级两种。二级式弹射机构比简单式多了一个中筒，增加了弹射的行程。二级弹射机构的行程可达 1.8m 左右，三级弹射机构的行程增至 2.5m。其弹射初速可达到 25m/s 以上。但是弹射筒越多，行程越长，由于迎面气流作用所产生的弯曲变形越大，影响弹射初速和方向，因而弹射筒的级数不能无限增加。

3）多弹弹射机构

火药燃气式弹射机构工作时，机构内部容积变化很大，这就影响了燃气压力的变化。一般在弹射开始 0.06s 时间内压力增加很快，并在 0.06～0.09s 左右达到最大值，此时座椅获得最大速度。而在此后的行程中，由于座椅移动速度大，机构内部容积迅速增加，导致燃气压力急剧下降。这样，座椅在后一段行程没有得到充分加速。为了克服这一缺点，可采用多弹弹射，其结构如图 2.26 所示，仅在外筒横侧上加一个补充弹的弹舱。补充弹可维持整个行程持续加速。但是补充弹的设置（位置或大小）必须经过严格计算，以维持好的弹射性能曲线。

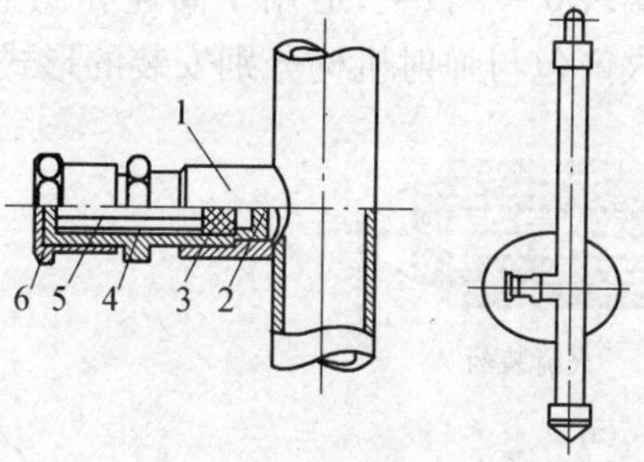

图 2.26　双弹弹射机构

1—接头；2—隔膜；3—引火剂；4—弹舱；5—补充弹；6—螺盖。

2. 火箭弹射动力装置

火箭动力装置构造如图 2.27 所示，主要由壳体、喷管、药柱、点火药和点火装置等部分组成。由于其构造简单，工作时推力大，非常有利于低空弹射和高速救生（而这正是弹射座椅性能好坏的重要标志）。因此火箭动力装置目前基本上被弹射座椅所采用。但是，火箭推力大，容易引起人椅系统不稳定。因此，对火箭推力的偏心距大小、喷口的角度均要仔细计算，一般应装有稳定系统。

火箭动力装置因其推力大，在高速飞行器中还可用于密闭救生舱的分离，见图 2.28。

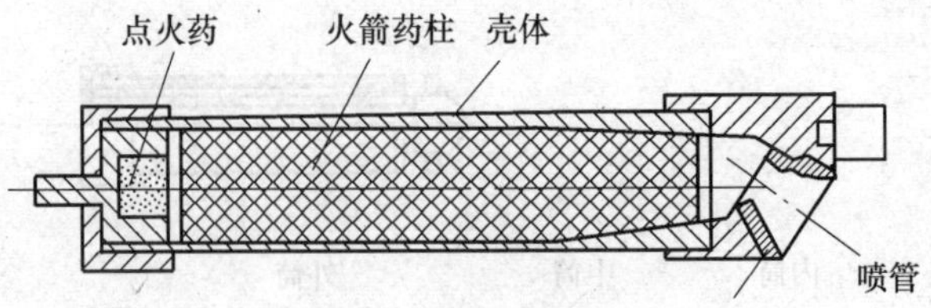

图 2.27　火箭动力装置

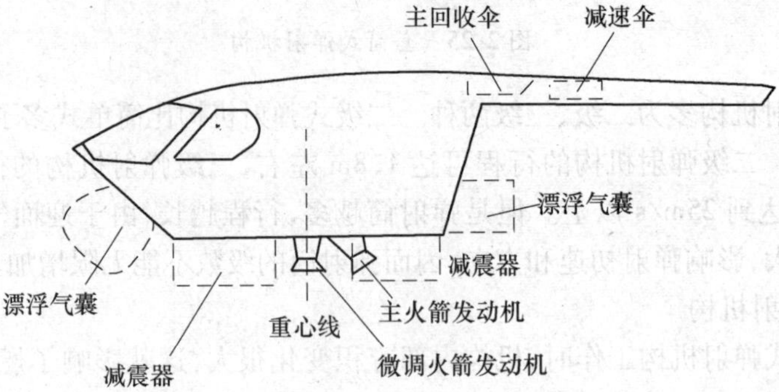

图 2.28　B-1 飞机分离救生舱

3. 组合式弹射动力装置

随着飞机速度的不断提高，要求弹射速度和轨迹高度也相应增加，单纯套筒式弹射机构已经不能满足座椅性能要求。目前，大多采用火药燃气和火箭动力组合的弹射动力装置。它的工作分为两个阶段：①弹射弹工作阶段；②火箭包工作阶段。座椅离机后，火箭推力还能继续使它加速，能实现 0-0 救生，适用于高速和低空弹射救生。其结构形式很多，有串联式、并联式，还有火箭包与弹射机构分别安装的形式，见图 2.29。

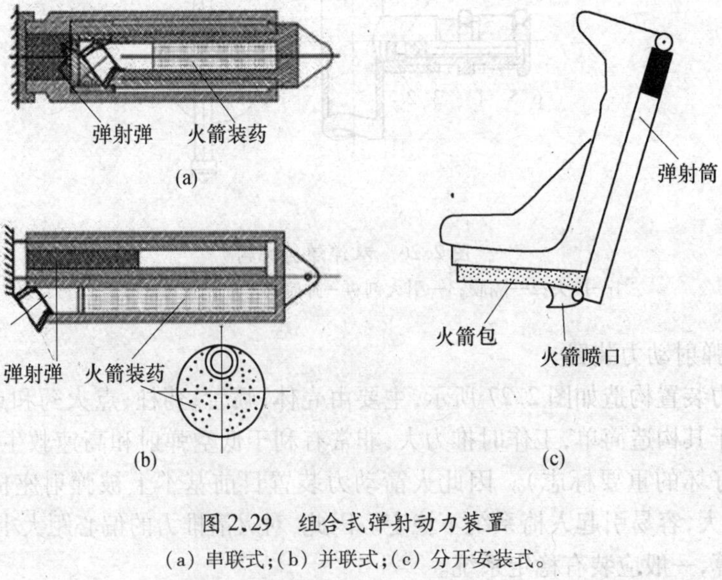

图 2.29　组合式弹射动力装置

(a) 串联式；(b) 并联式；(c) 分开安装式。

2.2.6 稳定减速系统

通常,没有稳定装置的座椅进入高速气流后是极不稳定的。当飞行速度小于800km/h时,座椅由于不稳定产生的最大旋转角速度为1.5 ~2 rad/s。气流速度增加,旋转角速度也增加。过大的角速度会使飞行员耐过载能力下降,失去知觉甚至死亡。座椅旋转还会造成人椅分离和开伞的困难。因此必须装有稳定装置。其主要功能有:将人椅系统稳定在最佳姿态附近,并保证旋转角速度不超过人体的耐受极限;同时还可将人椅系统减速到允许人椅分离或开主伞的速度,以缩短救生时间。目前稳定装置主要有以下几种:

1. 稳定板系统

飞机上弹射座椅多采用活动式稳定板,其安装方式如图2.30所示。稳定板能在Z轴和Y轴两个方向上稳定座椅,工作可靠,使用维护方便。但是其面积固定不变,低速时稳定作用不大。有的设计师设计了充气式减阻后体装置,既起稳定作用,又能减小座椅在高速下的阻力,同时,还能改善系统侧向的稳定性。

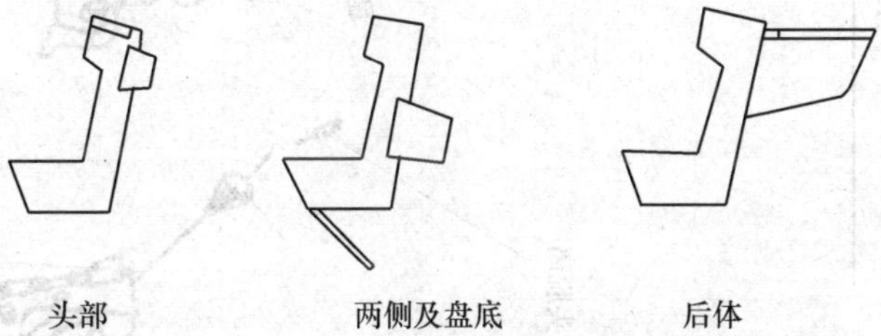

图2.30 稳定板安装位置

2. 稳定减速伞

稳定减速伞一般为多伞系统。稳定伞装在座椅头部,开伞后能使人向后倾倒,稳定在适当位置,并使人椅减速。图2.31为采用稳定伞的三伞制系统工作过程示意图。

稳定伞系统重量小,稳定和减速作用均很好,能满足低空弹射救生的要求,并可适应不同的救生速度。目前大多数弹射座椅均采用稳定伞系统,有时将它与稳定板或其它稳定方案混合使用,效果较好。

3. 稳定杆系统

稳定杆装置安装在座椅背后两侧,其构造为套筒式结构,可伸缩,在弹射时由火药燃爆力将各级套筒伸出。杆的末端装有较小的稳定片,可起俯仰偏航稳定作用。图2.32为带稳定杆的旋转火箭弹射座椅。弹射后稳定杆使座椅稳定在顺气流方向,由火箭动力将座椅送到更高的高度上。

4. 达特系统

这是一种绳稳定装置,主要用于保证弹射最初阶段的稳定性。达特系统所产生的拉力作用在座椅上与弹射动力作用方向相反,所产生的力矩,可在横滚和俯仰方向上起稳定作用,使座椅保持直立姿态。一般用在火箭弹射座椅上。图2.33为达特系统工作示意图,由拉绳和机械摩擦制动装置组成。当座椅向上运动时,如出现俯仰或横向姿态变化,刹车装置就调节控制绳的松紧度,使座椅向反方向转动,达到控制座椅姿态的目的,直到控制绳拉断为止。

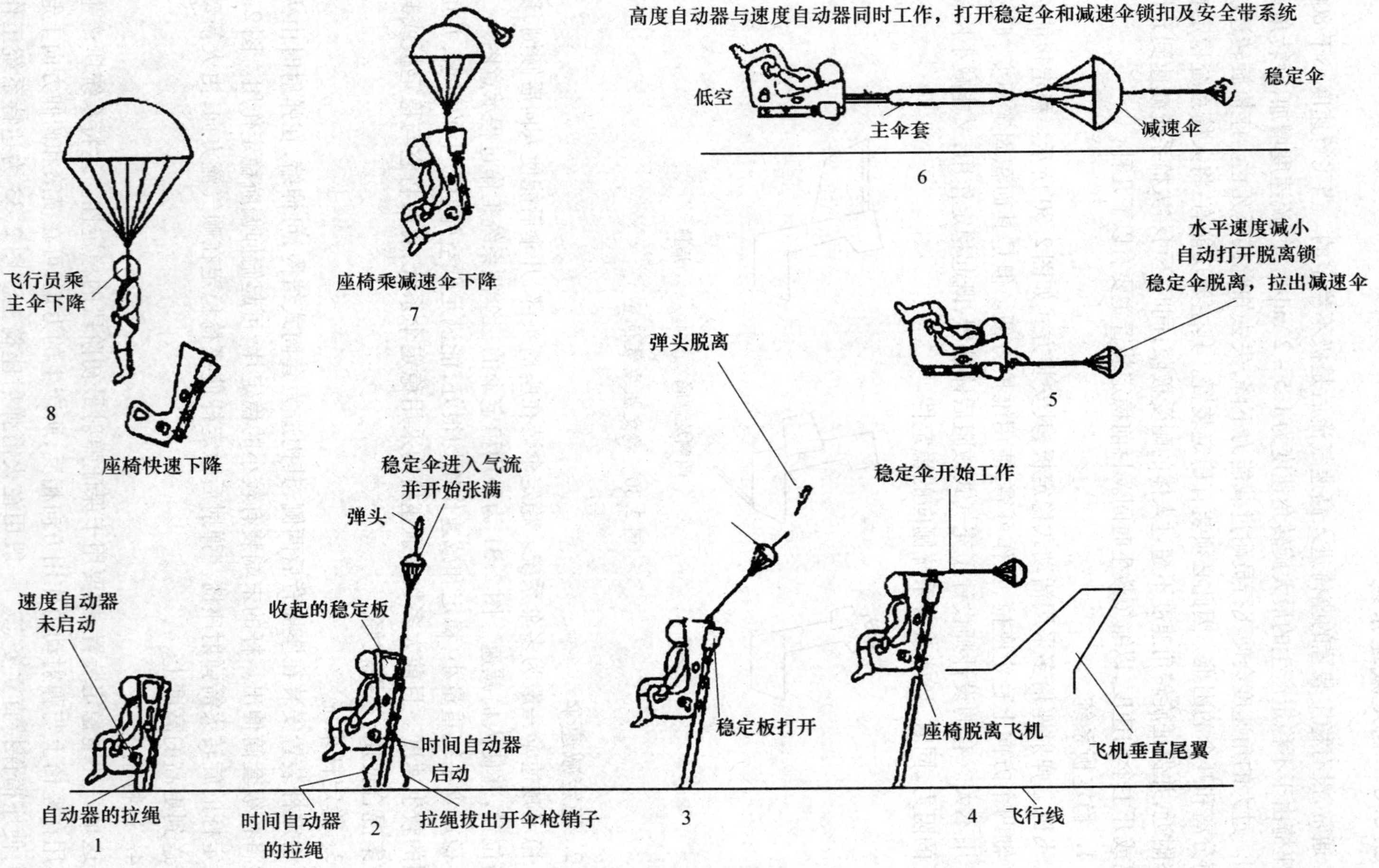
高度自动器与速度自动器同时工作，打开稳定伞和减速伞锁扣及安全带系统
低空
主伞套
减速伞
稳定伞
6
水平速度减小
自动打开脱离锁
稳定伞脱离，拉出减速伞
5
飞行员乘
主伞下降
8
座椅快速下降
座椅乘减速伞下降
7
弹头脱离
稳定伞开始工作
稳定伞进入气流
并开始张满
弹头
收起的稳定板
速度自动器
未启动
时间自动器
启动
稳定板打开
座椅脱离飞机
飞机垂直尾翼
自动器的拉绳
1
时间自动器
的拉绳
2
拉绳拔出开伞枪销子
3
4
飞行线

图 2.31 采用三伞制系统工作过程

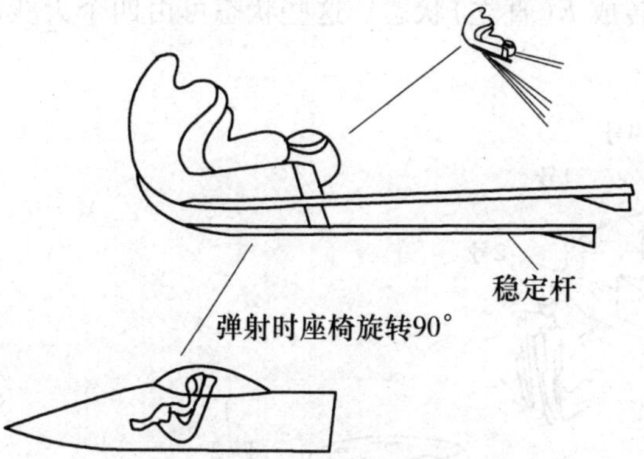

图 2.32 带稳定杆的超声速 B 型座椅

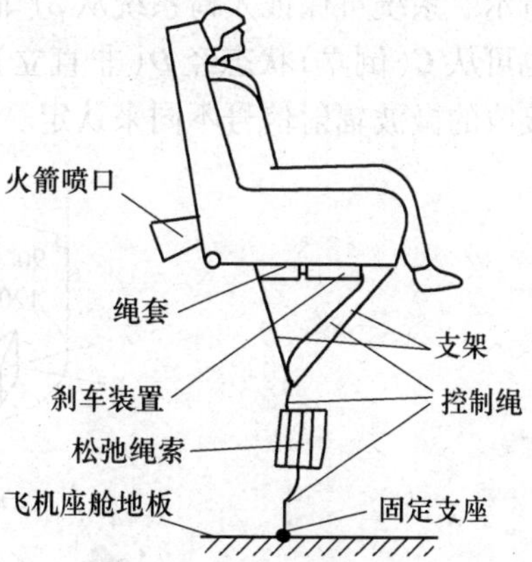

图 2.33 达特稳定系统

5. 陀螺微调火箭稳定系统

陀螺火箭稳定系统利用火箭的惯性来控制微型火箭的推力方向，产生稳定力矩来稳定座椅，见图 2.34。陀螺处于稳定锁定位置时，微型火箭推力线通过人椅系统的重心。当座椅受到干扰，发生俯仰时，陀螺就会使稳定火箭转动，使之不通过重心，产生修正力矩，使座椅恢复到正常状态。这种方案是高速弹射座椅稳定性的良好方案，已用于多种座椅，有广阔的发展前途。

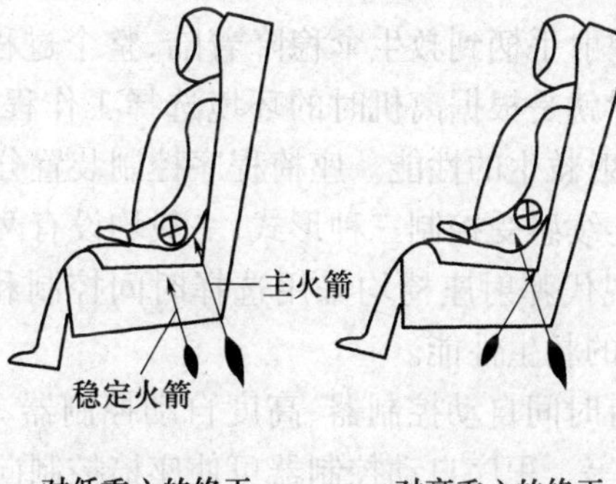

图 2.34 陀螺稳定火箭座椅

稳定火箭座椅是反作用力式稳定装置，不依靠气动力，所以低速弹射座椅也可以采用此方案。同时，也可以采用多个稳定火箭，并采用自动控制系统或电脑调节方案，使座椅的稳定方案进一步智能化，稳定性能进一步提高。

6. 微波辐射式姿态控制系统

微波辐射式姿态控制系统又称立姿制导系统（图 2.35）。它利用大自然电磁辐射差异来判断座椅姿态，并控制火箭动力，使之获得最佳救生轨迹。因此它不仅在平飞时可获得稳定，在各种不利姿态下，也容易获得最佳姿态。该系统在座椅上部安装了一个四天线阵。4 号天线方向向上，接收顶上的微波辐射，1、2、3 号天线在水平面上均匀分布。座椅上还配有微波辐射接收机、信号处理系统和自动驾驶仪。球形火箭发动机安装在座椅底座下，其喷口可做二自由度的调整，由液压作动筒和伺服阀控制。其工作原理如图 2.35

所示。系统可保证人椅系统从A(非直立)状态转成B(直立)状态。如是倒飞行弹射时，也可从C(倒立)状态经D(非直立)状态转成E(直立)状态。这些状态可由四个天线所接收的微波辐射信号不同来认定。

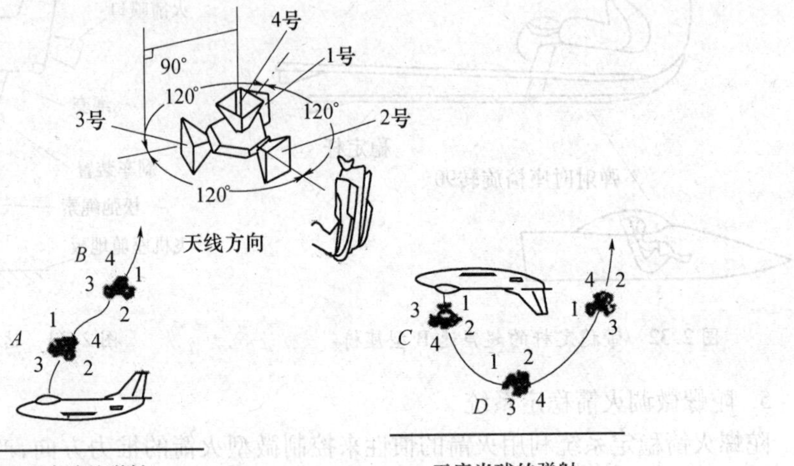

图 2.35　微波辐射式立姿制导系统

2.2.7　座椅程序控制系统

弹射座椅自乘员操纵弹射手柄到救生伞稳降着陆，整个过程均是通过程序控制装置自动进行的。程序控制装置就是根据离机时的环境选择工作程序的装置，它是安全救生的关键部件，并直接影响弹射救生的性能。座椅程序控制装置分为固定时间控制、选择时间控制和根据离机状态的连续感受控制三种形式，一般均设有两套或三套的设计余度，以保证弹射程序正常工作。现代弹射座椅均采用选择时间控制和连续感受控制这两种形式，以提高低空不利姿态下的救生性能。

自动控制装置的种类有时间自动控制器、高度自动控制器、过载自动控制器、速压自动控制器、程序自动控制器等。程序自动控制器可使座椅控制向智能化方向发展。

时间自动控制器多采用机械式钟表机构，也可采用延时雷管或电子延时器工作。常用于控制弹射机构、稳定装置、保护装置等部件工作，也可用来人椅分离和打开降落伞。

高度自动控制器用高度膜盒作为传感元件，通过感受该高度上的气压来进行工作，一般用于救生伞及稳定伞的开伞控制。

图 2.36 为某型座椅双态控制器延迟时间示意图，该双态控制器(预定工作高度设定为 3000m)和高度控制器结合在一起工作。其工作程序如下：

(1) 当高度小于 3000m，按图 2.36 的控制曲线进行延时作动，射出救生伞。

(2) 当高度大于 3000m，先按图 2.36 的控制曲线进行延时，人椅系统乘稳定伞下降；待下降至 3000m 时，立即作动，射出救生伞。

速压自动控制装置需在座椅上安装皮托管，利用皮托管感受座椅的飞行速度，通过速度膜盒控制锁销工作，从而对伞系统进行开伞控制。速度越大，延迟开伞时间越长。过载自动控制器由过载开关及执行机构组成。过载开关感受弹射时的过载值，高速时，过载开

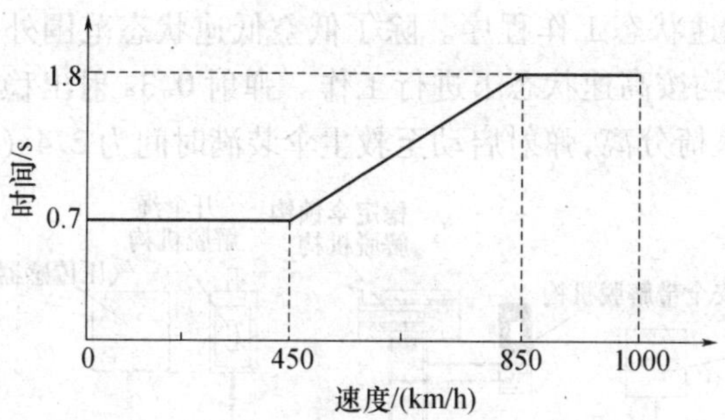

图 2.36 某双态控制器延迟时间示意图

关控制锁销工作，从而实现对主活塞的控制，并控制伞系统工作。

图 2.37 为三重速度感受系统控制器，即左皮托管感受、右皮托管感受和过载感受。气流经左皮托管感受后，由电气传感器转换成点火或不点火信号，如果感受的速度低于 463km/h 时，电信号传入状态选择器，使燃爆弹点火，燃爆弹作动器从主活塞柱中抽回锁销 1，解除主活塞柱的运动限制；右侧皮托管感受的气流进入速度膜盒，与膜盒外的静压产生压力差，当速度大于 463km/h 时，膜盒端面上的锁销 2 伸出，锁住主活塞柱。过载感受的主要元件为 *G* 值开关，当应急离机时，人椅系统产生的气动阻力产生的减速过载由 *G* 值开关感受。高速时，*G* 值开关向前摆，并推动 *G* 值开关的锁销 1 向前移动与主活塞柱啮合，使主活塞柱制动而不工作。同时，该系统还配有高度膜盒，超过设定高度时，膜盒全自动的锁销 3 插入主活塞柱啮合位置上，使之不能正常工作。电气传感器也配有高度膜盒，以控制速度选择信号。

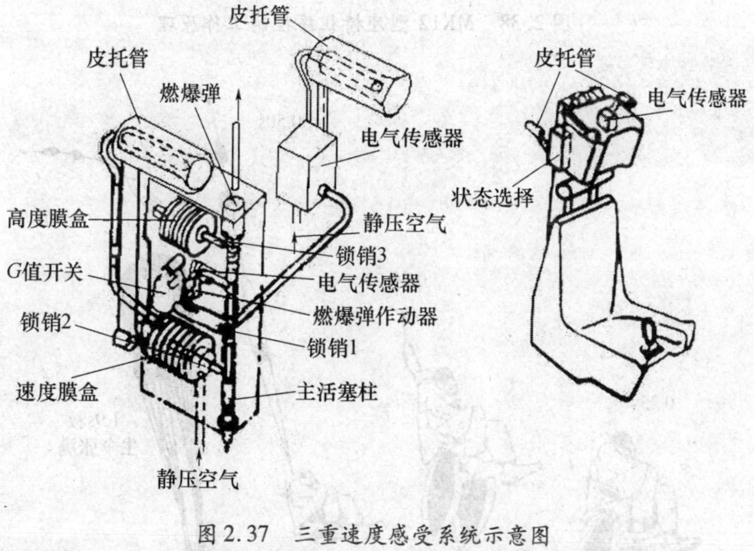

图 2.37 三重速度感受系统示意图

图 2.38 为 MK12 型座椅程序工作原理图。该系统由延迟时间为 0.3s 的射伞枪、气压传感器、开伞绳解脱机构、稳定伞锁钩解脱机构、安全带解脱机构、电气传感器、延迟 1.3s的定时解脱装置、肩带锁、燃爆机构、状态选择器等部件组成。当弹射离机速度小于 463km/h，高度低于 2135m 时，按低空低速状态工作。弹射后 0.3s 射出稳定伞并拉出救生伞，随即人椅分离，救生伞张满。弹射启动至救生伞装满的时间为 1.9s。图 2.39 为

MK12 型座椅低空低速状态工作程序。除了低空低速状态范围外，在高度低于 5000m 的其它高度、速度范围均按高速状态下进行工作。弹射 0.3s 射出稳定伞，1.3s 释放稳定伞随即射出救生伞并人椅分离，弹射启动至救生伞装满时间为 2.4s（图 2.40）。

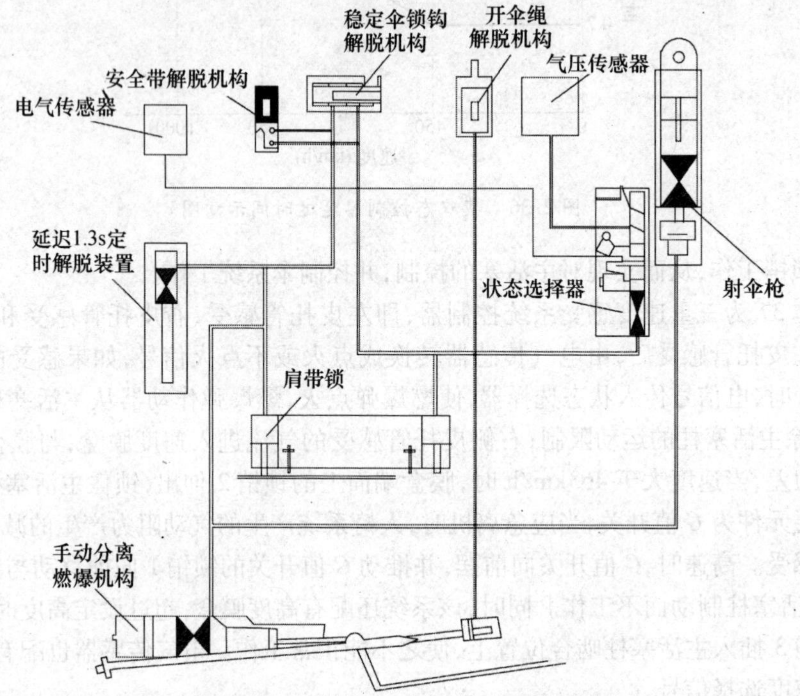

图 2.38 MK12 型座椅程序控制工作原理

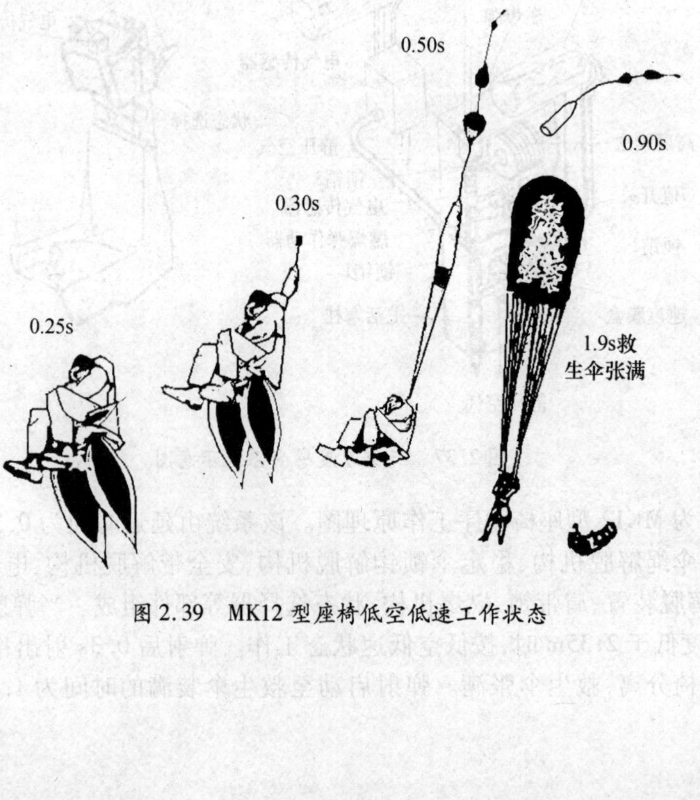

图 2.39 MK12 型座椅低空低速工作状态

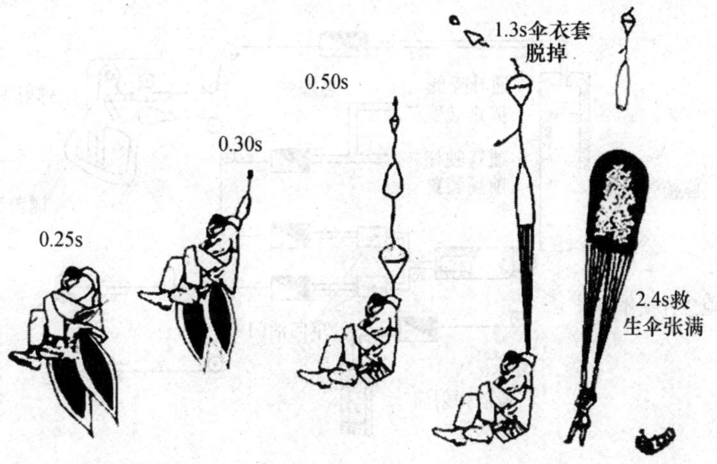

图 2.40　MK12 型座椅高速工作状态

随着飞机性能不断提高，弹射救生系统也越来越完善，操纵控制系统自动化程度越来越高。目前在这一领域有很多工作可做。采用自动控制装置不仅可以简化操纵动作，缩短救生时间，而且只有自动控制系统才能满足飞机越来越复杂的救生条件和各种要求。

2.2.8　信号传递系统

信号传递系统是将程序控制装置等部件传来的信号（一般有力和行程）按既定的路线输给相应的执行机构以完成全部救生程序的系统，常和动力部分（提供动力）联系在一起，可分为冷气式、机械式、燃气式、导爆管式、电子线路式几种形式。由于冷气式动力较小，至 20 世纪 70 年代就已很少使用。

机械式操纵系统有软式、硬式及混合式三种。软式应用较多，采用钢索滑轮传动。其操纵原理见图 2.41。燃气式操纵系统利用高压燃气推动工作部分工作，系统由燃爆弹、击发装置、管路、单向活门、燃气作动筒等组成，其工作原理见图 2.42。由于机械式和燃气式信号传递系统布局复杂，重量大，可靠性和可维护性较差，所以在现代弹射座椅中也已逐步淘汰。

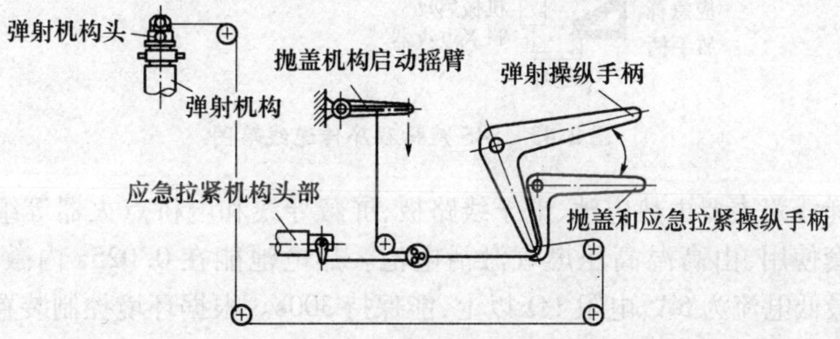

图 2.41　机械式操纵系统

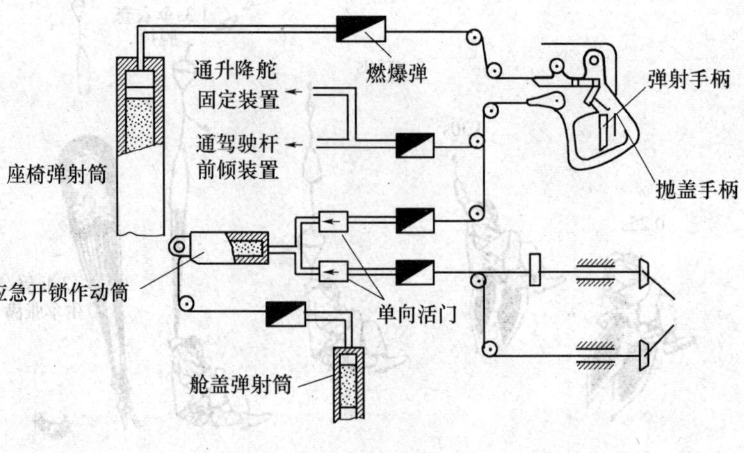

图 2.42 燃气式操纵系统

导爆管传递系统已在美国 S4S 座椅上获得应用，如图 2.43 所示。该座椅使用的导爆管称为 TLX，爆轰传递速度为 1981m/s，导爆管单位长度质量为 23.8g/m，末端输出一种高强度压力脉冲，既可使弹药中火药点火，又可用来起爆。导爆管式信号传递系统具有传爆迅速、重量轻、传爆安全可靠的特点，大大提高了救生性能。

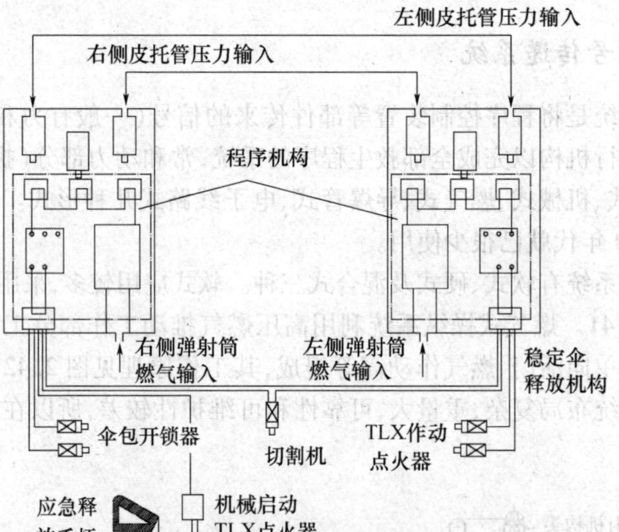

图 2.43 S4S 座椅程序传递线路图

电子传递线路主要由热电池、电子线路板、屏蔽导线和电桥点火器等组成，并与环境控制装置配套使用，由高温高压燃气激活电池。热电池能在 0.025s 内激活，提供 10～35V 电压。最低电流为 5A，电阻 1Ω 以上，能保持 300s。根据环境控制装置的信号，由线路板按预定救生程序使电桥点火器工作来完成整个弹射救生程序。电子传递信号已在美国 ACES－Ⅱ座椅上获得应用。

2.2.9 救生伞回收系统

救生伞是当飞机出现应急情况时,为拯救飞行员生命、保证其安全着陆的救生工具,是一种重要的人用伞系统。救生伞的开伞方式有气动开伞、射伞枪开伞和射伞炮开伞。英国马丁·贝克公司长期采用三伞制开伞,即由射伞枪将稳定伞射出展开,由程序控制装置控制释放稳定伞和乘员约束保护系统,由稳定伞拉出救生伞并展开。中国的 HTY－4 型座椅采用双弹单管射伞枪将救生伞射出,射伞枪的弹头连接引导伞,射伞后引导伞拉脱救生伞的伞衣套,救生伞在拉直过程中先拉直伞衣。上述两种开伞方式虽然不同,但均属于顺拉开伞。

图 2.44 为美国 ACES－Ⅱ座椅的伞箱。它是由射伞炮射出整个伞包,先拉直伞绳后再拉出救生伞并展开,属于倒拉开伞方式。

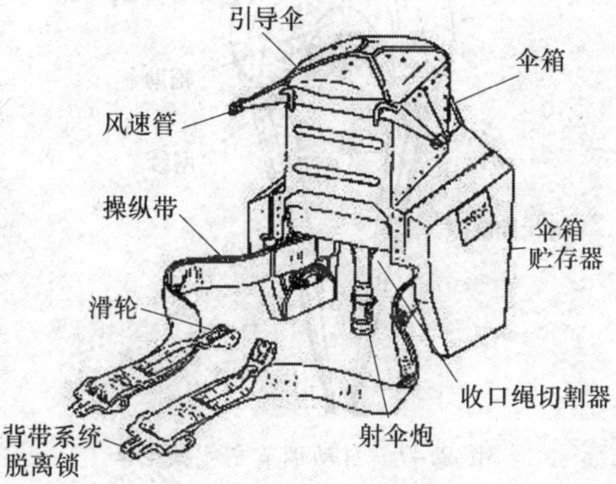

图 2.44 ACES－Ⅱ型座椅伞箱

救生伞是在飞机出现应急情况时,为拯救飞行员生命而使用的唯一减速救生工具(无备份伞系统),开伞姿态复杂,开伞速度、高度范围很大,开伞迅速。这些特点导致救生伞可靠性要求极高,设计较为苛刻。

图 2.45 为八门活动幅救生伞,伞衣为圆锥形,伞衣上开有左右对称的 8 个门,每个门上都缝有一定尺寸的活动幅,门的下部留有一定尺寸的缝。在初始充气阶段,活动幅增加了伞衣迎风面,有利于气流进入伞衣,加快了开伞过程;伞衣张满稳降后,改善了流经伞衣的流场,增大了迎风面,提高了救生伞的稳定性和阻力系数。

图 2.46 为纵向开缝救生伞,伞衣沿辐射方向对称分布 8 条缝分成 8 个扇形伞衣幅。由于采用开缝结构,延长了充气过程,减小了高速开伞动载;伞衣张满稳定后,仍有气体从缝中流出,改善了人伞系统的下降稳定性。

图 2.47 为自动调节充气救生伞,该伞在伞衣底边处装的一直径 1.22m 的辅助伞,辅助伞由网状控制绳与主伞伞绳相连,网状控制绳在中心点汇交并通过穿过辅助伞顶孔的中心定位绳与主伞伞衣顶孔绳相连。自动调节充气救生伞通过辅助伞保证伞衣进气口的形状和面积,达到控制伞衣进气口张开速度的效果。

图 2.45　八门活动幅救生伞

图 2.46　纵向开缝救生伞

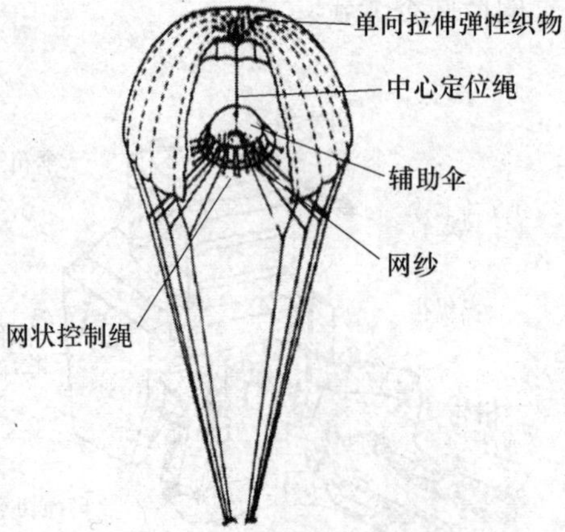

图 2.47　自动调节充气救生伞

图 2.48 为气动锥形救生伞，该伞在伞衣上部装有上部绳，从伞衣顶孔到操纵带间装有定力拉断绳，能够加快开伞；下部开有两个用以增加水平速度、改善稳定性和操纵性的操纵缝。该伞最大的特点是低空低速性能好，开伞快。

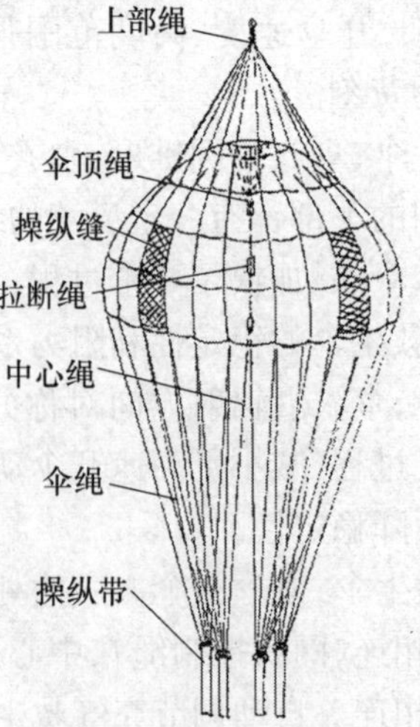

图 2.48　气动锥形救生伞

2.2.10 救生包及伞氧系统

救生包是乘员携带的必要物品包，内装各种应急救生物品，在降落于海上、沙漠、丛林和寒区之后还可保证其生存、获救。救生包安放在座椅上，它对乘员弹射离机后，能否迅速返回或在这些特定的区域内维持生命、等待营救起着重要的作用。

座椅救生包有坐式伞包和背式伞包两种，现代弹射座椅均采用坐式救生包。坐式救生包按结构形式又有全硬式（图2.49）和半硬式（图2.50）两种。图2.50中的救生包，外部装有应急供氧器，内部装有救生船和救生物品包。救生包上部是由玻璃钢制成的救生包盒盖，应急供氧器上配有乘员座垫，乘员乘救生伞下降，救生包先着陆（水）。

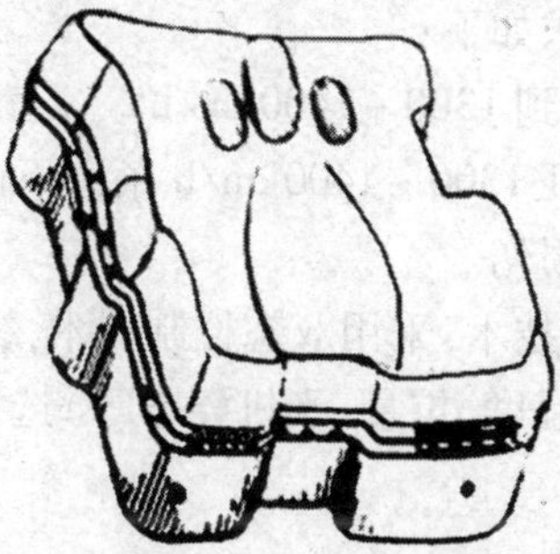

图2.49 硬式救生包

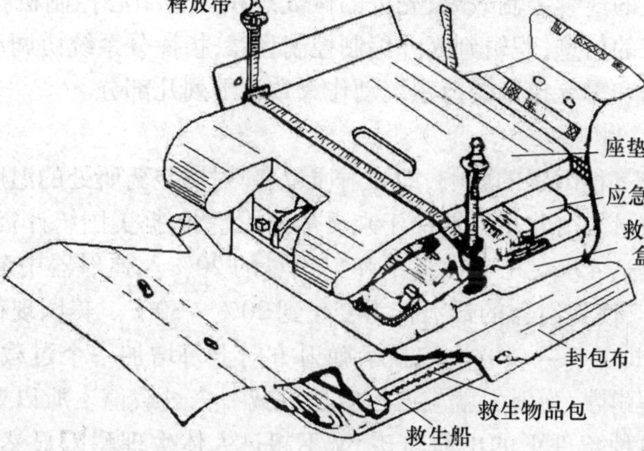

图2.50 半硬式救生包

救生包的设计要求主要是：

(1) 应具有一定的体积，能安放救生船及相应特定区域的救生物品。

(2) 坐式救生包应为乘员提供坚固而又舒适的支撑；背式救生包除提供乘员背部舒适支撑外，不应使乘员在飞行中背部受力。

(3) 应能承受全副装备乘员的弹射过载、飞行过载和气流吹袭载荷，不影响救生物品的使用性能。

(4) 在弹射离机乘员安全回收时，救生包应能自动开包，救生船应能自动充气。应装有手动开包的操纵手柄，其位置和结构应方便乘员操纵。

2.3 弹射座椅的自适应控制技术

新型弹射座椅是在满足飞机发展的基础上出现的。自从20世纪40年代中期，德国人首先把弹射座椅用作军用飞机飞行员的救生装备以来，到目前为止，弹射座椅经历了第一代弹道式弹射座椅、第二代火箭弹射座椅、第三代多控制弹射座椅的发展阶段，目前正在进入具有自适应救生能力的第四代弹射座椅发展阶段。第四代弹射座椅实质上是一个自动飞行器，预计在相当一段时间内，世界各国军用飞机救生系统仍以敞开式弹射座椅为主要救生工具，其性能发展要求如下：

（1）救生性能包线将扩大到1300～1400km/h。

（2）高速防护技术：要保证1300～1400km/h条件下的救生，必须采用新的高速防护措施，以减少乘员受高速气流损伤。

（3）推广使用自适应控制技术：采用双态控制技术，缓解高低开伞的矛盾。根据不同弹射离机条件（如速度、高度、温度、重量、飞机姿态等）选择不同弹射离机程序，控制推力矢量，使座椅具有适应能力。

（4）向轻小型、低成本发展。

（5）向通用化、标准化、系统化发展。

要实现上述目标，其核心技术是采用自适应控制技术。

为了达到自适应的连续控制效果，先进的微处理机作为中心控制机构是必要的。它采集各种传感器传来的信息，逻辑判断并编制控制程序，指挥分系统协调动作。微处理机需要采集的座椅数据和需要控制的分系统动作大致在下列几部分。

1. 弹射动力的控制

弹射器的性能受三种因素的影响，即弹射质量、弹射器装药所处的温度环境以及弹射时飞机过载。弹射质量的变化主要取决于乘员重量的差别，据美国统计资料，第1～99百分位数乘员重量差可达45kg，几乎占整个弹射重量的20%。弹射器中装药是在－54～71℃温度范围内工作，使弹射器的最大推力变化到20%～30%。美国现役飞机的机动过载变化范围约为14，即－4～＋10g。飞机沿弹射方向上每增加一个过载，为了保证弹射过载不超过人体生理耐限，弹射力就应该相应地少减一个过载值。所以要用一种固定性能的弹射器来满足各种条件下的出舱轨迹，又不超过人体生理耐限显然是十分困难的。又如，在飞机作过载飞行情况下的低空弹射，应该增加弹射力，以保证弹射轨迹不致于与尾翼相碰或救生伞未张满即触地而造成人员死亡。但增加弹射力会增加受伤概率。在不同的条件下，为了保证弹射过载既满足人体的要求，又能实现安全救生，研制能量可分级控制的弹射器，并由微处理机选择控制，是今后应发展的一项新技术。

2. 人椅系统姿态控制

控制人椅系统姿态的目的是使作用在人体上的加速度值不超过人体生理耐限。弹射离机后，作用在人体上的过载主要是由气动力引起的。在1300km/h当量空速下，人椅系统由迎面气流产生的减速过载值已接近人体生理极限，所以其它两个方向的过载必须保持在最低水平，即人椅系统的姿态必须保持稳定，其摆动范围最好不超过±5°。当速度降低后，其稳定要求就可以相应放宽。常用的人椅系统稳定措施是稳定伞。但经验表明，出舱后人椅系统承受最大减速时，稳定伞往往还没有张开，起不了稳定作用。所以应研究其它新技术，如气动力稳定面或推力大小及方向可调的姿态控制火箭。在ACES－Ⅱ型座椅上，已采用了由陀螺控制的微调火箭，用以控制出舱后初始阶段飞行中人椅系统的纵向稳定，已获得了一定的经验。在下一代弹射座椅上应该实现三向控制，并且一直到救生伞伞绳拉直为止。

3. 弹射轨迹控制

弹射轨迹控制的任务有：①使座椅离开飞机；②在多座飞机上使乘员轨迹发散，避免碰撞；③在低空弹射时，使轨迹离开地面，避免冲撞着地。设计不同的控制火箭装置，研制相应的传感器，通过微处理机的程序控制，自动操纵座椅的飞行状态，达到轨迹控制的任务是可以完成的。在现役的弹射座椅上，为了使座椅离开飞机，采用了火箭助推器；为了使乘员轨迹发散，采用了侧向火箭推力器。因此，火箭控制技术是计划的重点研究课题之一。控制座椅轨迹离开地面、避免冲撞着地是提高低空救生成功率的重要措施。美国海军研制的立姿制导系统，装到弹射座椅上后，能使座椅的轨迹自动转向天顶方向。该系统已研制成功。它所采用的遥感技术的传感器将会被新一代弹射座椅所引用。

4. 回收系统的控制

回收系统需要控制的有三个方面：①选择有利的开伞时机；②缩短开伞时间；③控制开伞方向。

根据救生伞的开伞特点，选择有利的开伞时机是弹射座椅研制中的主要课题之一。虽然已经从一个固定延迟时间改进到按三种高度状态来控制，但仍不是最佳方案。新一代的弹射座椅应该按不同情况自动选择最有利的开伞时机。例如座椅安装立姿制导系统后，在低空救生中并不要求弹射后立即开伞，而是应该延迟一段时间，在轨迹转到离地最高时开伞就最为合适。

开伞时间一到，要求开伞过程尽快完成。从回收系统开始工作到伞绳拉直所用的时间最好不超过0.5s，因为在这个时间内开伞始终处在平行于轨迹的顺风方向。缩短开伞时间一般应对救生伞结构进行必要的改进。

当救生伞开伞时，控制座椅姿态使救生伞载荷的作用方向与乘员脊椎相平行，是减少乘员受伤的必要措施。弹射事例表明，救生伞的开伞动载如果偏斜脊椎方向，将会导致乘员的脊椎弯折，还可能造成人伞缠绕。用上述同样的控制火箭技术措施来控制座椅方向也能够达到要求。

5. 约束系统的控制

约束系统除在1300km/h当量空速弹射下乘员面对气流吹袭和减速过载时要保证乘员安全外，还应在飞机过载作用下，能将乘员保持或回复到正确的坐姿。在飞机高过载情况下经常发生乘员向某个方向被甩离座位。这时，约束系统应能自适应地将乘员拉回到正确位置，这种自适应的动作可由乘员来启动。另外，头部的支撑条件需要改进，即头靠与头盔应很好配合，头盔应由几个方向支撑而不是一点支撑。

弹射座椅的自适应控制技术涉及面较广，难度较大，解决了上述问题，将大大提高弹射座椅的安全救生包线，提高救生水平。

思考题与习题

1. 弹射座椅的分类方式有哪些？根据座椅的设计要求，总结出座椅的最低安全救生高度有哪些规律？

2. 弹射座椅应满足哪些主要要求？叙述弹射座椅系统的结构组成，各完成哪些功能？

3. 弹射救生自适应控制技术的关键技术是什么，要完成哪些方面的控制？

4. 清除弹射通道的方式有几种？简要说明各种方式的工作原理和主要装置。

5. 弹射座椅的保护装置有哪些？各有何形式？你是否能改进或提出新的保护方案？

6. 稳定装置有何重要性？常用的稳定装置有哪些？比较其优缺点。

7. 救生伞有哪些工作特点？要保障其可靠性的措施有哪些？

第3章 弹射动力装置

3.1 弹射救生系统动力装置的应用与发展

3.1.1 弹射救生系统动力装置的发展与特点

自1944年德国研制成功装有火药动力装置的弹射座椅以来，以火药为动力能源的机构在座椅上的运用得到迅速发展。早期的弹射动力装置为弹射筒，是一种套筒式弹射机构，弹射初速约为20m/s，工作时间为0.2～0.3s。随着飞机速度的提高，为了使座椅在大速度弹射时能越过垂直尾翼，必须提高弹射初速。可以采用增加弹射动力或增加弹射行程来实现，增加弹射动力会造成过载过大，增加弹射筒行程会造成弹射筒弯曲变形，因而也不是总见效的。

提高弹射高度最根本的办法是在弹射筒的基础上增加助推火箭，当前常用的助推火箭有两种：①火箭包；②椅背火箭。

另一种重要的火箭弹射动力装置是组合式弹射动力装置。它兼有火箭包和弹射筒的功能，而且重量轻。由于其火箭喷口轴线与火箭弹射器轴线成一斜角，火箭推力有一向前的水平分量，可以减小人椅系统的制动过载，在低空小速度下有利于降落伞的展开和张满。

同时，以火药、烟火剂、炸药为能源的动力装置在座椅的许多子系统中得到了广泛的运用，如伞用射伞枪、射伞炮，能在救生系统中尽快打开稳定伞、救生伞。有的座椅还采用小型固体火箭发动机来拉开和展开降落伞。

现代弹射座椅是一种自动化程度很高的装置。在应急情况下，飞行员只需拉动弹射手柄，随后的弹射通道清除、座椅弹射、稳定伞射出、救生伞展开、人椅分离等一系列程序均自动进行。在这一系列过程中，常采用燃气燃爆系统来传递动作信号。这种系统中，起爆器是一个压力源，输出高压燃气，燃爆弹装有延时机构，以达到不同的延时效果；通过导管输送高温高压燃气可以启动火药动力装置的点火机构，也可作为推动活塞运动的能源。

燃气起爆系统工作可靠，但管路长，热损失大，另外导管的弯曲和布局对燃气流动也有影响。为了克服这些缺点，在有些座椅上采用塑料导爆管来传递动作信号。这种塑料导爆管带有钢丝编织的外套，塑料管内壁附有极薄的混合炸药，起爆后以这种炸药产生的冲击波来传递信号使火箭动力装置工作。

另外，在约束系统中还采用火药肩带拉紧机构，使飞行员在弹射时保持良好的坐姿，以提高承受弹射过载的能力；在救生伞系统中，采用弹药驱动的伞绳切割器来切断收口绳；在弹射通道清除系统中采用火药驱动的舱盖推冲器或抛盖火箭等。因此，在弹射救生系统中，要大量用到火药动力系统。

上述救生系统中的火药动力装置有以下几个特点：

(1) 高性能。弹射救生系统要求动力装置体积小、重量轻,火药动力装置将进一步向高性能方向发展。

(2) 高可靠性。火药动力装置工作正常与否直接影响到飞行员弹射救生的成败,因此对火药动力装置的设计、制造、试验和检验都有严格的要求,火药动力装置应具有在90% 置信水平下高于 99.9% 的可靠度。

(3) 多功能。火药动力装置朝多功能方向发展,如弹射动力装置的外部构件可以作为座椅结构的主要承力件。而动力源本身,也常具有多种功能,如 ACES - Ⅱ型座椅的火箭弹射器除为座椅提供弹射动力外,还可输出燃气通往程序控制器以启动热电池。

(4) 发展推力矢量控制技术。推力矢量控制技术是发展第四代座椅的关键技术,利用电脑控制火箭推力,提高救生包线,将大大提高弹射救生水平。

3.1.2 弹射救生系统动力装置的分类

在弹射救生系统中的动力装置按其工作原理可分为以下几类:

(1) 冲程装置。以火药燃气为工质,依靠燃气的膨胀,在一定的冲程内推动活塞或载荷做功。如弹射筒、火箭弹射器助推器、舱盖推冲器等都属于此类。

(2) 火箭。以火药燃气通过喷管膨胀加速流出,产生反作用推力对被运载体做推进功。如火箭包、椅背火箭、风向开伞火箭、抛盖火箭等。

(3) 燃气发生装置。以火药燃烧生成的高温高压燃气,使其它火药动力装置的点火机构工作,或对其它装置进行充气增压。各种用途的起爆器均属于此类,燃气导管常和它配套使用。

(4) 爆炸装置。它在工作过程中发生爆轰,以爆轰波传递能量,使另一种火药动力装置的点火机构工作,或使另一种机械结构按预定的要求破坏。用于座椅信号传递系统的塑料导爆管和用于爆破飞机座舱盖的微型爆破索均属此类。

火药动力装置按其用途分为:

(1) 座椅弹射动力装置。用于在应急情况下将座椅迅速弹离飞机的动力装置,有弹射筒、火箭包、椅背火箭等。

(2) 座椅子系统的火药动力装置。主要包括开伞动力装置、约束动力装置、程序控制动力装置、轨迹发散动力装置等。

(3) 弹射通道清除动力装置。用于在应急情况下破坏或抛掉飞机座舱盖,清除弹射通道。

3.2 火药基本知识

弹射救生系统的动力装置大多为火药动力装置,要获得动力装置的内弹道性能,首先必须了解火药的基本知识。

3.2.1 火药的种类

火药可以分为有烟火药和无烟火药两大类。有烟火药是一种机械混合火药,黑色火药就是其典型代表。黑色火药由硝酸钾、硫和炭组成,燃烧时会产生很大的烟雾,并留下不少残渣。机械混合物构成的火药,由于其结构上的特点,燃烧不是完全有规律,特别是在密度很小时,则完全没有规律。而且这种火药的能量较小,目前已不作为发射药,仅仅作为点火药和传火药。

弹射弹所用的火药属于无烟火药类。目前常用的无烟火药有两种:一种是硝化纤维(主要是硝化棉),该火药是由硝化纤维胶化而成;另一种是硝化甘油,是用硝化甘油胶化硝化棉而成。它们又称为胶体火药,其特点是燃烧很有规律,能以平行层进行燃烧,因此可以通过药柱的形状来控制火药的燃烧面积和燃烧量。

硝化棉是棉花(或木质纤维)经硝酸和硫酸的混合酸硝化处理后获得的,其外形和棉花相似,能溶解于多种有机溶济中,形成胶体溶液,溶剂少、温度低时也可形成固态胶体。硝化棉火药的标准颜色是灰绿色,质地较硬;而硝化甘油呈褐色,比较柔软,易于弯曲。

3.2.2 火药的主要物理化学特征量

火药的主要物理化学特征量有:

(1) 热值 Q_w(kJ/kg),又称为爆热,即燃烧 1kg 火药,形成的气体冷却到 15℃时所放出的热量。热值代表火药的做功能量。

(2) 比容 v_1(m^3/kg)即燃烧 1kg 火药所形成的气体,在 101.32kPa(760mmHg)压力和 273K(0℃)温度状态下所占的气体体积,气体体积越大,所做的功也越大。

(3) 燃烧温度 T_1(K),又称为爆温,即火药燃烧时形成气体瞬间所具有的温度。燃烧温度越高,能量越大。

(4) 火药密度 ρ(kg/m^3),火药质量和体积的比值,即单位体积的火药质量。

3.2.3 火药的弹道特征量

火药在定容条件下燃烧时,决定火药气体最大压力 p_{max} 和压力增加速度 dp/dt 的参量,统称为弹道特征量。这些特征量有的取决于火药的物理化学特性,有的取决于火药的形状和尺寸,主要有:

(1) 火药力 f(kJ/kg),即 1kg 火药燃烧所生成的气体,在温度达到燃烧温度 T_1 时,并在恒定大气压下膨胀所做的功。该功决定于比容和火药的燃烧温度。

由定义可知:

$$p_a v_1 = R \cdot 273$$

由火药力的定义可知:

$$f = pv = RT_1 = \frac{p_a v_1}{273} T_1 \tag{3-1}$$

式中:p_a 为对应于 v_1 的压力(101.32kPa);R 为火药气体常数(kJ/(kg·K));v 为火药气体在压力 p 下的比容(m^3/kg)。

(2) 余容 a (m^3/kg),指 1kg 火药气体中,火药气体本身所占体积的大小。

当火药在火炮中燃烧时,会产生很大的压力,使气体密度变化很大,以至于气体分子容积不能忽略,所以气体状态方程应修正为

$$p(v - b) = RT \tag{3-2}$$

b 约等于气体分子本身所占体积的 4 倍。试验表明:当压力小于 39×10^4kPa 时,余容可当作常量。压力大于此值后,余容即随压力增大而减小。

(3) 火药燃烧速度 u(m/s),指火药的燃烧线速度,即火药的燃烧面向火药内部推进的速度。它取决于火药的成分和周围气体的温度和压力。在弹射机构内可以假设燃气温度不变,火药燃烧速度 u 只随压力增加而增加。燃烧速度与压力的关系可表示成

$$u = A + Bp \tag{3-3}$$

或

$$u = u_1 p^a \tag{3-4}$$

式中:p 为无因次压力,即将压力除以 98.1kPa;A、B、u_1、a 在一定初温下均是常数,u_1 为燃速系数,它表示在 98.1kPa 压力下,火药的燃烧速度。燃烧指数 a 小于 1。

火药初温对燃烧速度有一定的影响,主要表现在 u_1 的变化上,有时也影响指数 a 值,但在一般的弹射机构中,a 的变化远小于 u_1 的变化。

上述三个特征量均与火药的性质有关。

(4) 火药的形状。火药的形状和尺寸也是决定弹道性质的重要因素之一。调整火药的形状和尺寸可以获得合适的燃烧速度和规律。弹射机构和火箭包的火药通常是圆柱形的。一般将截面形状不同的药柱分成三类,每类在燃烧方法都有明显的特色。

① 内外面燃烧类。最简单的如圆柱形药柱,弹射弹常用这种药柱,它燃烧时,内外面同时燃烧,当端面不燃烧时,其燃烧面积总保持常数,即

$$A_i = \pi(d + D)h \tag{3-5}$$

式中:A_i 为药柱的燃爆面积(m^2);d,D 为药柱的内外直径(m);h 为药柱的长度(m)。

当药柱长度远大于其厚度时,可以认为药柱燃烧面积为常数。

② 外面燃烧类。实心药柱只在外面燃烧,如某些要求冲量大的火箭,它的燃烧形式是从外面开始燃烧,向药柱中心开始推进,因此是一种减面燃烧。

③ 内面燃烧类。如果药柱外表面涂以不燃烧的保护剂,管状药柱只从内表面向外表面燃烧,这时燃烧面积是不断增加的,又称增面燃烧。

不同类型的药柱有不同的燃烧规律,应根据火药动力装置工作要求来选择和设计药柱类型及截面形状。

(5) 火药装填密度 Δ(kg/m^3),即装药质量和火药燃烧室容积的比值。对于弹射机构,是指火药质量和弹射机构起始自由容积之比。火药装填密度可影响火药燃烧压力和压力增长速度,是火药装填条件的特征量。

3.3 弹射动力装置的结构与性能

弹射过载是弹射救生装置的重要参数,它是由弹射动力产生的,弹射过载不得超过人体耐受极限。因此,需要研究弹射动力装置的动力特性,计算出弹射时人椅系统所能承受的最大过载值、过载作用时间和过载增长率,以确保弹射时人员的安全。计算弹射动力装置的性能,还可以了解动力装置内压力变化情况,对于弹射机构的强度计算也是不可缺少的重要数据。同时,为了获得弹射初速,也必须研究弹射动力装置的性能。

综上所述,弹射动力装置性能计算包括弹射机构运动参数计算、机构内火药燃气压力计算、弹射初速和弹射过载计算等内容。

3.3.1 弹射筒装置结构与性能计算

1. 弹射筒装置的结构及工作过程

这种机构(图3.1)借助于火药气体的力量,将载人座椅从飞机座舱中弹出。外筒1固定在机身上,弹射机构的接头2形成支点。内筒3带着坐有飞行员的座椅一起在外筒内滑动。具有轴颈支座的螺帽4,同样铰接在座椅支座5上。弹射弹6安装在内筒3内。弹射时,火药气体首先张满内筒3的内部空间,然后通过筒底的孔进入像“炮筒”一样的外筒内。由于外筒不能相对飞机运动,因此内筒就与座椅一起开始移动。火药气体对内筒3的作用,实际上在内筒下端离开外筒的瞬间便停止了。

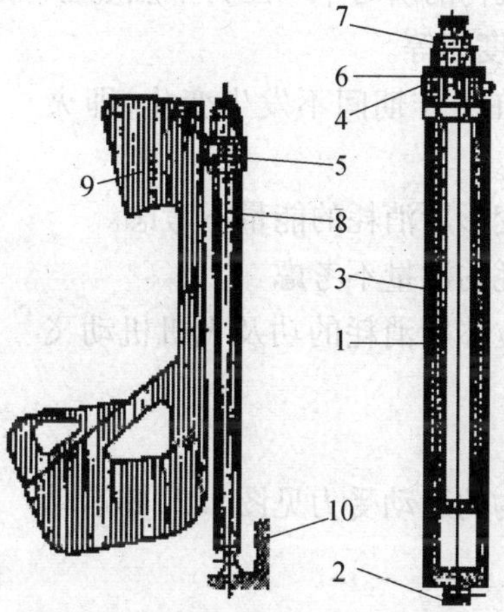

图3.1 弹射机构示意图

1—外筒;2—弹射机构接头;3—内筒;4—轴颈支座;5—座椅支座;6—弹射弹;7—弹射机构头部;8—弹射机构;9—座椅;10—飞机上的支座。

弹射时,弹射筒内发生的现象可以分成如下几个时期:

(1) 前期。弹射时飞行员操纵弹射手柄,拔出弹射机构打火销使撞针撞击弹射弹火帽,底火药击发,引燃点火药,在高温高压作用下,弹射弹药柱着火,弹射机构压力增加。但此时压力还不能克服物体重力,人椅系统还没有开始运动,火药是在定容积内燃烧的。

(2) 第一时期。弹射机构内火药燃气压力达到一定值后,人椅系统即开始沿导轨运动。此时压力值满足以下不等式(x为弹射座椅的安装角,见图3.2):

$$p_0 \geqslant \frac{G}{A}\cos x \tag{3-6}$$

第一时期是从弹射座椅开始运动起,到火药燃烧结束为止。这一时期为弹射机构的主要工作时期。在这个时期的开始,弹射座椅的速度还不大,燃气量的增加比弹射机构容积的增加快得多,弹射筒压力不断增加,并达到最大值。但弹射筒压力的增加又会使速度增加,从而使容积迅速增加,虽然火药还在燃烧,但筒内容积增加太快,筒内压力就下降了。

(3) 第二时期。当火药全部燃烧完后，燃气量就不再增加，但筒内容积增加太快，弹射机构内的压力会继续作用在其工作面积上，使座椅继续作加速运动。这一时期可简化成绝热膨胀过程。

(4) 第三时期。当弹射筒内外筒分离后，内筒内的气体向大气喷出，外筒的气体在一定距离内仍将对座椅起作用，这一时期称为气体的后效作用时期，时间很短，作用也不大，实际计算中常常不作考虑。

弹射机构的工作情况各不相同，有的机构只有第一时期，甚至第一时期还没有结束，弹射机构就分离了，应根据具体情况确定计算内容。

2. 弹射筒装置的性能分析

1）基本假设

为了推导弹射机构内弹道基本方程，采用如下假设：

(1) 弹射弹火药在弹射机构的瞬时平均压力下燃烧，并服从几何燃烧规律，即火药以平行层燃烧，且各方向燃烧速度相等。

(2) 燃烧生成物的成分在工作期间不发生变化，即火药力和余容均为常数。

(3) 弹射机构的漏气和变形所消耗的能量不考虑。

(4) 火药气体移动所消耗的能量不考虑。

(5) 飞机因弹射发生的位移所消耗的功及飞机机动飞行所造成的影响均不考虑。

2）运动微分方程

不考虑摩擦力的弹射机构的运动受力见图3.2，其运动微分方程如下：

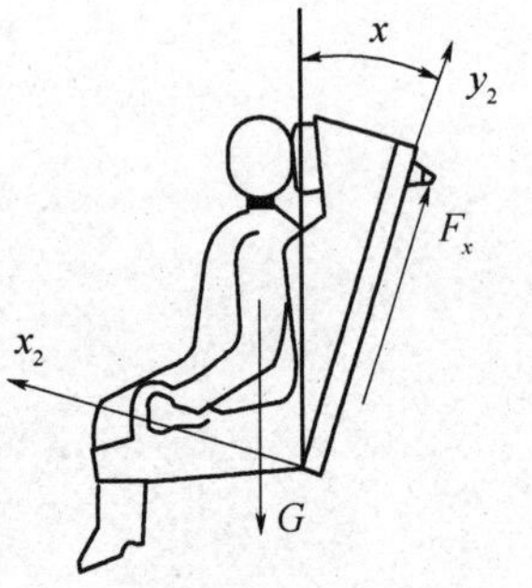

图3.2　座椅在导轨上受力图

$$m\frac{\mathrm{d}v}{\mathrm{d}t} = F_x - G\cos x \tag{3-7}$$

式中：$F_x = pA$。

如考虑摩擦力的影响，可有如下运动微分方程：

$$m\frac{\mathrm{d}v}{\mathrm{d}t} = pA - F_f - G\cos x \tag{3-8}$$

假设摩擦力与压力成比例，即

$$F_f = \left(\frac{k_1}{1+k_1}\right)pA \tag{3-9}$$

上式代入式(3-8)，得

$$\frac{\mathrm{d}v}{\mathrm{d}t} = \frac{g}{(1+k_1)G}pA - g\cos x \tag{3-10}$$

式中：k_1 为摩擦修正系数，一般由试验测得。

将上式在弹射机构全行程进行积分，则得

$$\int_0^{t_m}\frac{\mathrm{d}v}{\mathrm{d}t}\mathrm{d}t = \frac{g}{(1+k_1)G}\int_0^{t_m}pA\mathrm{d}t - g\cos x\int_0^{t_m}\mathrm{d}t \tag{3-11}$$

可得

$$
\begin{cases}
v_{k0} = \dfrac{g}{(1+k_1)G}\displaystyle\int_0^{t_m} pA\mathrm{d}t - (g\cos x)t_m \\
k_1 = \dfrac{g\displaystyle\int_0^{t_m} pA\mathrm{d}t}{G(v_{k0}+gt_m\cos x)} - 1
\end{cases}
\tag{3-12}
$$

式中:v_{k0}为弹射机构开始分离时的速度,又称弹射初速;t_m 为弹射机构工作时间。

通过测得的压力—时间曲线,进行积分,测得弹射初速,从而得到摩擦修正系数 k_1。

3)压力微分方程

根据式(3-8),速度、压力均为未知量,方程不封闭,因此必须知道压力微分方程,从而解得弹射运动方程。

气体压力方程可根据气体状态方程来定,即

$$
pw = G_y RT \tag{3-13}
$$

式中,压力 p、容积 w、燃烧火药量 G_y 均随时间而变化,将以上两式对时间 t 微分,就得到燃气压力微分方程:

$$
\frac{\mathrm{d}p}{\mathrm{d}t} = \frac{1}{w}\left(RT\frac{\mathrm{d}G_y}{\mathrm{d}t} - p\frac{\mathrm{d}w}{\mathrm{d}t} + G_y R\frac{\mathrm{d}T}{\mathrm{d}t}\right) \tag{3-14}
$$

上式中,温度 T、容积 w、燃烧火药量 G_y 均为未知量,必须得到它们的关系,以使方程闭合。

4)气体生成方程

弹射机构的气体压力上由火药量所产生,火药量越多,压力越大,假设弹射筒的压力是均匀的,作用于弹射筒的压力即火药的燃烧压力。由前述可知,弹射筒火药的燃烧速度为

$$
u = u_1 p^a
$$

若弹射药柱共 N 根,药柱的内、外径分别为 d、D,药柱长度为 h,当端面不燃烧时,弹射弹的总燃烧面积为常数,即

$$
A_f = N\pi h(D+d) \tag{3-15}
$$

如果端面燃烧,由于药柱长度远大于药柱厚度,其燃烧面积也可近似看成常数,这样火药的燃烧量(即火药的生成量)为

$$
A_f G_{\sec} = \frac{\mathrm{d}G_y}{\mathrm{d}t} = \rho u A_f = \rho u_1 p^a A_f \tag{3-16}
$$

5)温度微分方程(能量微分方程)

燃气膨胀做功的能量来自火药燃烧释放的能量 E。这部分能量除用于提高座椅的动能和势能外,还用于克服摩擦力做功和能量损失。

$$
E = C_P G_y(T_1 - T) = \frac{G}{2g}v_{k0}^2 + GL\cos x + \int_0^L F_f \mathrm{d}l + E_h \tag{3-17}
$$

式中:Q_A 为热功当量(4.1868kJ/kcal);C_v 为火药气体的平均定容比热(kcal/(kg·K));T_1 为火药燃烧温度(爆温);L 为弹射筒的全行程(m);E_h 为散热能量损失。

其中:$\int_0^L F_f \mathrm{d}l = \int_0^L \frac{k_1}{1+k_1} pA\mathrm{d}l$。

将式(3 - 12)代入式(3 - 17),得

$$\int_0^L F_f \mathrm{d}l = \frac{k_1 G}{2g}(v_{k0}^2 + 2gL\cos x) \tag{3-18}$$

散热能量损失可以近似地认为正比于运动部分的动能,即

$$E_h = k_2\left(\frac{G}{2g}v_{k_0}^2\right) \tag{3-19}$$

将以上结果代入能量平衡方程,得

$$\begin{aligned} E &= Q_A C_v G_y (T_1 - T) \\ &= \frac{G}{2g}v_{k0}^2 + GL\cos x + \int_0^L F_f \mathrm{d}l + E_h \\ &= (1 + k_1 + k_2)\frac{Gv_{k_0}^2}{2g} + (1 + k_1)GL\cos x \end{aligned} \tag{3-20}$$

上式可以解出任意时刻的火药气体温度,它与燃烧药量和行程有关。有时为了简化计算,常采用等温假设,即认为在弹射机构的整个运动过程中,燃气温度不发生变化,其温度可按下式计算:

$$\frac{T}{T_1} = \left(\frac{w_{k0}}{w_{cp}}\right)^{\alpha} \tag{3-21}$$

式中:w_{k0}为弹射弹自由容积;w_{cp}为弹射机构平均容积,即起始容积和终了容积的平均值;α为弹射弹容积比指数,根据试验确定,一般取 0.12 左右。

6)容积变化方程

弹射机构的容积符合下述规律:

$$w = w_{k0} + Al$$

所以

$$\frac{\mathrm{d}w}{\mathrm{d}t} = A\frac{\mathrm{d}l}{\mathrm{d}t} = Av \tag{3-22}$$

至此,弹射机构的所有方程全部导出。式(3 - 10)、式(3 - 14)、式(3 - 16)、式(3 - 21)、式(3 - 22)可以组成封闭方程组,从而求得各参数值。

7)内弹道控制方程组及计算

由前述导出的运动方程、压力微方程、气体生成方程、能量方程及容积变化方程,可构成弹射机构的动力学封闭数学方程。上述方程采用数值方法求解,可得到各未知参数,其初始条件分别为:

$$\begin{cases} l|_{t=0} = 0 & \left(\dfrac{\mathrm{d}l}{\mathrm{d}t}\right)\Big|_{t=0} = 0 \\ v|_{t=0} = 0 & \left(\dfrac{\mathrm{d}v}{\mathrm{d}t}\right)\Big|_{t=0} = 0 \\ w|_{t=0} = 0 & \left(\dfrac{\mathrm{d}w}{\mathrm{d}t}\right)\Big|_{t=0} = 0 \\ p|_{t=0} = \dfrac{G}{A}\cos x & \left(\dfrac{\mathrm{d}p}{\mathrm{d}t}\right)\Big|_{t=0} = \dfrac{1}{w}(RTA_f\rho u_1 p^a - Ap_0 v_0) \\ G_y|_{t=0} = \dfrac{p_0 w_0}{RT} & \left(\dfrac{\mathrm{d}G_y}{\mathrm{d}t}\right)\Big|_{t=0} = \rho u_1 p_0^a A_f \end{cases} \tag{3-23}$$

按计算方法对微分方程编入计算机程序，并输入各初始值，即可求出所需要的各参数，得到 G_y-t、$w-t$、$p-t$、$v-t$、$L-t$、$a-t$（或 $n-t$）曲线，从而对弹射过载进行计算。

3.3.2 火箭包装置结构与性能计算

1. 概述

随着飞机飞行速度的增加，要扩大弹射座椅的使用范围，必须改变弹射机构的设计方案。为了提高低空救生性能，必须增加弹射初速。

最初人们提高弹射初速的方法，仅是通过提高弹射机构的弹射行程，从而获得较高的弹射初速。但是过大的弹射机构长度，会使得座椅进入气流后，弹射机构会发生弯曲，初速的增加也有限。进一步增加弹射初速的办法是采用火箭助推器，在救生系统中将采用固体火箭作为动力装置的弹射座椅称为第二代弹射座椅，以区别于仅采用弹射筒作为动力装置的第一代弹射座椅。

火箭助推器和弹射机构的联合动力装置，有组合形式（如串联式、并联式），也有二者单独分开的形式，见第 2 章。而作为单独形式的火箭助推器，有单管式的，也有多管式的。单管式的火箭助推器本身是一个圆柱形的腔室，在腔室中装有固体燃料和点火装置，内腔室和喷嘴（一个或几个）相连通。多管式的火箭助推器由一些装有固体燃料的圆柱体腔室组成，燃气经集气管通向一个或几个喷嘴，集气管与所有的腔室都相通。不管组成形式如何，其工作原理及每一个工作单元都是相似的。以下以最简单的火箭助推器来介绍其结构。

固体火箭工作单元结构简单，主要由燃烧室、主装药、点火器和喷管组成，如图 3.3 所示。

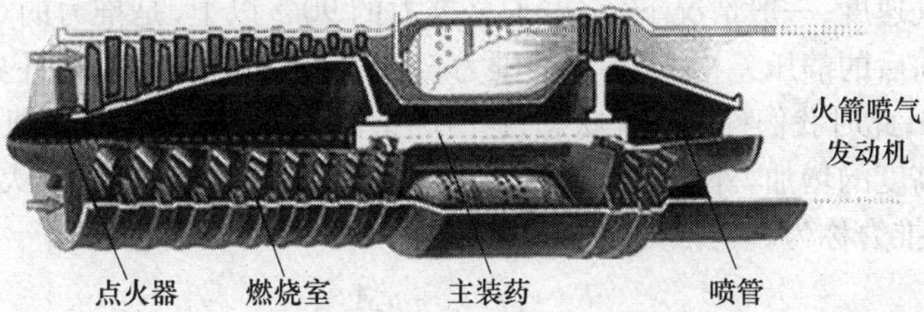

图 3.3 固体火箭的组成

燃烧室是贮存推进剂的容器，又是进行燃烧的空间。它应有足够的容量和承受高温高压的能力。燃烧室一般为圆柱形，有的火箭发动机燃烧室呈球形或椭球形。燃烧室大部采用高性能合金钢制成，也有采用铝合金、钛合金、玻璃钢材料的。燃烧室内与高温燃气接触的面要粘涂隔热材料，以防止壳体材料过热而损坏。

主装药由固体推进剂制成，其中包括燃料、氧化剂和其他组元，是固体火箭工作的能源和工质源。主装药具有一定的几何形状和尺寸，其燃烧表面的变化必须保持一定的规律，才能实现预期的推力方案。为了保证燃烧表面的变化规律，需要对装药表面的某些部分用阻燃层包覆，防止其参与燃烧。

点火器的功用就是点燃主装药，使发动机顺利启动。它由发火管和点火药组成。发火管接受启动信号而发火，然后点燃点火药。点火药燃烧产生最初的高温高压燃烧产物，包围主装药的燃烧表面，将主装药点燃，主装药的推进剂燃烧，产生大量高温高压燃气。燃气进入喷管，膨胀加速，以很高的速度向后喷射出去，从而产生反作用推力。这就是固体火箭的工作过程。

固体火箭发动机的性能和工作参数很多，在此仅介绍几个主要参数，如推力、工作时间、总冲和比冲等，以使读者对它们的物理概念和某些计算公式有初步了解。

2. 火箭发动机工作推力

火箭推力是火箭发动机的主要性能参数。火箭发动机工作时作用在发动机全部表面（内、外表面）上的气体压力的合力称为火箭推力。如果用 F_n 和 F_w 分别表示内、外面上气体的作用力，则整个火箭的推力为

$$F = F_n + F_w \tag{3-24}$$

通常以喷管出口的边缘作为内、外表面的分界线。现在来研究如图 3.4 所示的火箭发动机压力分布图。图中，$c-c$ 为喷管入口截面，$e-e$ 为出口截面，$t-t$ 为喷管临界截面。

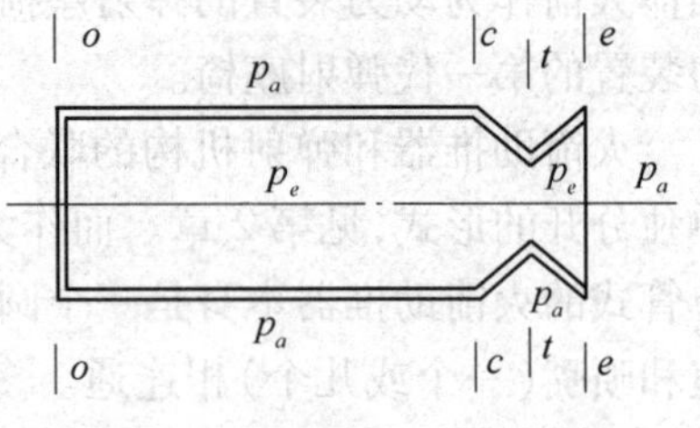

图 3.4　火箭发动机压力分布图

根据动量定理，可以求得

$$F_n = \dot{m}u_e + p_eA_e \tag{3-25}$$

$$F_w = -p_aA_e \tag{3-26}$$

所以推力计算公式为

$$F = \dot{m}u_e + (p_e - p_a)A_e \tag{3-27}$$

由此可见，推力的组成可以分成两项，第一项 $\dot{m}u_e$ 称为动推力，其大小取决于燃气的质量流量和喷气速度，一般情况下，它占了总推力的90%以上，是推力的重要组成部分；第二项由喷口前后的静压差构成，称为静推力，当喷管出口处压力等于外界大气压时，静推力这一项为0，此时我们称为设计状态，这时的推力称为特征推力 F_T（即等于动推力）。

随着工作高度的增加，外界大气压力渐渐减小，推力则渐渐增大，若火箭在真空中工作，这时的火箭推力称为真空推力 F_v：

$$F_v = \dot{m}u_e + p_eA_e \tag{3-28}$$

一般情况下，火箭出口压力不等于环境压力，为了简化公式，推力公式可简化成

$$F = \dot{m}u_{ef} \tag{3-29}$$

式中：u_{ef}为等效喷气速度。

3. 喷气速度

如前所述，喷气速度 u_e 对火箭推力有很大影响。为了计算喷气速度，须研究燃气在喷管中的膨胀流动过程。我们作如下假设：

（1）喷管中的流动是一维定常流。

（2）喷管中的膨胀流动过程是理想的等熵流动过程，忽略燃气对管壁的传热和摩擦。

（3）忽略燃气在膨胀过程中的成分变化，并认为燃气的定压比热是常量。

这样，燃气流动的能量方程可以写为

$$h + \frac{1}{2}u^2 = h_0 \tag{3-30}$$

式中：h 为单位质量气体所具有的焓；h_0 为气流速度绝热滞止到零时，单位质量气体所具有的焓，又称滞止焓。

以下角标 c 表示喷管入口截面，下角标 e 表示喷管出口截面，能量方程可以写为

$$h_c + \frac{1}{2}u_c^2 = h_e + \frac{1}{2}u_e^2$$

因为

$$u_c \ll u_e$$

令 $h_c = h_0$，且 $h = C_p T$

所以

$$u_e = \sqrt{2(h_0 - h_e)} = \sqrt{2C_p(T_c - T_e)} = \sqrt{2C_p T_c\left(1 - \frac{T_e}{T_c}\right)}$$

由等熵条件

$$\frac{T_e}{T_c} = \left(\frac{p_e}{p_c}\right)^{\frac{k-1}{k}}；\text{而 } C_p = \left(\frac{k}{k-1}\right)R = \left(\frac{k}{k-1}\right)\frac{R_0}{M}$$

所以

$$u_e = \sqrt{\left(\frac{2k}{k-1}\right)\frac{R_0}{M}T_f\left[1 - \left(\frac{p_e}{p_c}\right)^{\frac{k-1}{k}}\right]} \tag{3-31}$$

由上可知：燃气速度与燃烧温度 T_c、平均分子量 M、压力比 p_e/p_c 有关。提高燃烧温度可提高喷气速度，但燃烧温度过高，可能会造成喷管材料烧蚀、燃烧产物离解等问题。平均分子量越小，单位质量燃料产生的气体体积越大，喷气速度越高。压力比的大小反映了燃气在喷管中的膨胀程度，压力比越小，膨胀进行得越充分，便有更多的热能转换为动能，可获得更高的喷气速度。如果喷管出口压力为 0，此时燃气的全部热能转换为喷气的动能，喷气速度达到极限值，称为极限喷气速度，用 $u_{\text{lim it}}$ 表示，其表达式为

$$u_{\text{lim it}} = \sqrt{2h_0} = \sqrt{2C_p T_c} = \sqrt{\frac{2k}{k-1}RT_c} \tag{3-32}$$

实际喷气速度不可能达到极限喷气速度，二者比值为

$$\frac{u_e}{u_{\text{lim it}}} = \sqrt{1 - \left(\frac{p_e}{p_c}\right)^{\frac{k-1}{k}}} \tag{3-33}$$

由此可以看出，$1-(p_e/p_c)^{(k-1)/k}$ 表示喷管能量转换过程中热能利用的程度，它在数值上为喷管的热效率，小于 1。一般火箭发动机喷气速度与极限速度之比为 0.65～0.75。

4. 质量流量

由式(3-29)可知，质量流量也是影响推力大小的重要参数，是固体火箭工作的重要参数。根据喷管理论，质量流量可表示成如下公式：

$$\begin{aligned}\dot{m} &= \rho v_{cr} A_t \\ &= \left(\frac{2}{k+1}\right)^{\frac{k+1}{2(k-1)}} \sqrt{kp_0\rho_0}A_t = C_D p_c A_t\end{aligned} \tag{3-34}$$

式中：$C_D = \sqrt{k}\left(\frac{2}{k+1}\right)^{\frac{k+1}{2(k-1)}} / \sqrt{RT_c}$ 称为流量系数，其中，$p_0 = p_c$，$\rho_0 = \rho_c$。流量系数反映了燃

烧产物的热力学性质，如将质量流量、推进速度代入式(3－28)，可得推力公式如下：

$$F = p_c A_t \left\{ \sqrt{k} \left(\frac{2}{k+1} \right)^{\frac{k+1}{2(k-1)}} \sqrt{\frac{2k}{k-1}\left[1-\left(\frac{p_e}{p_c}\right)^{\frac{k-1}{k}}\right]} + \frac{A_e}{A_t}\left(\frac{p_e}{p_c}-\frac{p_a}{p_c}\right) \right\}$$
$$= C_F p_c A_t \tag{3－35}$$

C_F 称为推力系数，表示喷管性能的参数，是一个无因次系数，它主要受压力比和面积比的影响。

5. 工作时间和总冲量

固体火箭的性能除推力外，工作时间也是一个重要的参数。火箭工作时间是指它产生推力的全部时间。固体火箭典型的推力—时间曲线如图 3.5 所示。通常以推力升到最大推力的 10% 为起点，下降到最大推力的 10% 为终点，这两点之间的时间间隔即为工作时间。

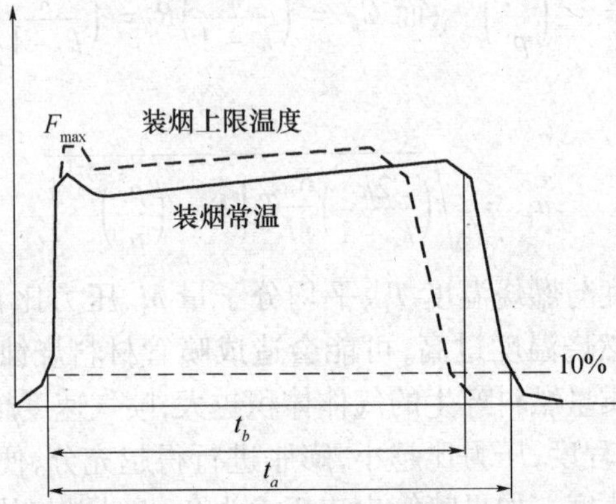

图 3.5　固体火箭典型推力—时间曲线

除了工作时间外，工程上还常用到装药燃烧时间，它指点火启动到烧完为止的时间，不包括拖尾段(即燃烧结束后的推力下降过程)。因此，燃烧时间比工作时间短。

火箭发动机的总冲量(又称总冲)是推力对工作时间的积分，用 I 表示，即

$$I = \int_0^{t_a} F\mathrm{d}t \tag{3－36}$$

平均推力为

$$\overline{F} = \frac{\int_0^{t_a} F\mathrm{d}t}{t_a} = \frac{I}{t_a} \tag{3－37}$$

总冲是火箭发动机的重要性能参数，它综合反映了火箭动力工作能力的大小。火箭发动机的比冲量(比冲)是单位质量推进剂所产生的冲量，即

$$I_s = \frac{I}{M_p} \tag{3－38}$$

比冲也是火箭重要质量指标之一。当总冲一定时，比冲高说明火箭的重量及尺寸小，火箭质量好。对于固体火箭内弹道计算的其它方面内容，专门有火箭发动机内弹道学研究阐述，可参考其它相关书籍。

3.4 弹射动力装置的试验技术

试验是弹射动力装置设计、研制、生产过程的重要手段。弹射动力装置的试验项目可分为弹道试验、结构强度试验和环境试验三种。强度试验包括静力学强度试验和动力学强度试验两类。环境试验内容比较多,有振动试验、冲击试验、坠落试验、温度(湿度、高度)冲击试验、高(低)温试验、盐雾试验、霉菌试验、尘埃试验、冰冻状态点火试验、水下点火试验等。弹道试验是各项试验做得最多,也是最关键的一类试验。

弹道试验要测量的参数有推力、压强、初速、过载和时间等,可通过地面静止弹射试验获得,主要试验装备有弹射架、座椅、沙坑和测试仪器。弹射架为一个供座椅运动导向的刚性结构,其上方为两条倾斜平行的导轨。试验时,采用过载传感器测量弹射过载;弹射初速是间接测量得到的,在弹射行程终点相隔 100mm 处放置两个测速靶,记录到达两个测速靶的时间,便能计算出弹射初速。推力是弹射动力装置的重要性能参数,推力油缸是测量推力的重要设备。它是一个精密配合的活塞和油缸的组合件,推力作用在活塞上,挤压油缸内的油使油缸增压,通过测量油缸内的压强来计算推力。压强测量一般是采用各种压强传感器来获得。

弹射动力装置的弹道试验伴随有高压高温爆发性化学反应,有一定的危险性,在试验时要特别注意安全。如果发生故障,应首先断开点火火源,再逐步排除故障。

思考题与习题

1. 弹射动力装置有哪些类型? 各有何工作特点?
2. 弹射筒动力装置和火箭包工作装置和工作原理有何不同? 分析它们的异同点。
3. 计算弹射机构的内弹道特性。

已知参数:人椅系统,$G=160\text{kg}$,$x=17°$;

弹射机构,弹射行程为 1.7m,弹射弹容积截面积为 45cm^2;

弹射弹,$N=7$,$D=1.6\text{cm}$,$d=0.6\text{cm}$,$h=1.5\text{cm}$,$\rho=1.6\text{kg/dm}^3$,弹射弹容积比指数$\alpha=0.14$;

燃速系数 $u_1=0.055\text{cm/s}$($p=98.1\text{kPa}$ 时),燃烧指数:$a=0.75$,$T=3000\text{K}$,$R=0.3486\text{kJ/(kg·K)}$。

计算要求:

(1) 确定 $t=0$ 时的各参数及其导数;

(2) 编写计算机程序计算出各参数及其导数随时间变化数据,并给出它们随时间的变化数据及曲线;

(3) 确定弹射初速、最大过载及最大压力数据。

第4章　救生系统的坐标系及坐标转换

4.1　坐标系及坐标转换

4.1.1　转换矩阵推导

两个右手直角坐标系可以通过几个连续旋转重合在一起。在这种情况下，为了使得坐标系重合，可以通过多种旋转方法实现，即旋转方式不是唯一的。同时，知道了两个坐标系绕一定的坐标轴连续旋转而重合，就可以很简单地用初等旋转矩阵的乘积表示它们之间的转换矩阵，通过转换矩阵可以实现坐标系之间的变换。

定义：设给定若干个坐标系之间的转换矩阵：

$\boldsymbol{C}_{(1)}^{(2)}$——从第一个坐标系转换到第二个坐标系；

$\boldsymbol{C}_{(2)}^{(3)}$——从第二个坐标系转换到第三个坐标系；

⋮

$\boldsymbol{C}_{(k-1)}^{(k)}$——从第 $k-1$ 个坐标系转换到第 k 个坐标系。

则从第一个坐标系到第 k 个坐标系的转换矩阵可由上述这些矩阵的乘积求得：

$$\boldsymbol{C}_{(1)}^{(k)} = \boldsymbol{C}_{(k-1)}^{(k)} \cdots \boldsymbol{C}_{(2)}^{(3)} \boldsymbol{C}_{(1)}^{(2)}$$

设新坐标系 $ox_2y_2z_2$ 是由原始坐标系 $ox_1y_1z_1$ 绕 z_1 轴旋转 θ 角而得到的(图4.1(a))。在此情况下，新坐标系 $ox_2y_2z_2$ 的单位向量([1,0,0],[0,1,0],[0,0,1])可以在坐标系 $ox_1y_1z_1$ 中表示为

$$\boldsymbol{e}_1 = [\cos\theta, \sin\theta, 0]$$

$$\boldsymbol{e}_2 = [-\sin\theta, \cos\theta, 0]$$

$$\boldsymbol{e}_3 = [0,0,1]$$

因此，从坐标系 $ox_1y_1z_1$ 到坐标系 $ox_2y_2z_1$ 的转换矩阵为如下形式的初等转换矩阵：

$$\boldsymbol{C}_z(\theta) = \begin{bmatrix} \boldsymbol{e}_1 \\ \boldsymbol{e}_2 \\ \boldsymbol{e}_3 \end{bmatrix} = \begin{bmatrix} \cos\theta & \sin\theta & 0 \\ -\sin\theta & \cos\theta & 0 \\ 0 & 0 & 1 \end{bmatrix} \tag{4-1}$$

当原始坐标系绕 y_1 轴旋转 θ 角时(图4.1(b))，可用类似的方法求得转换到新坐标系的转换矩阵为

$$\boldsymbol{C}_y(\theta) = \begin{bmatrix} \cos\theta & 0 & -\sin\theta \\ 0 & 1 & 0 \\ \sin\theta & 0 & \cos\theta \end{bmatrix} \tag{4-2}$$

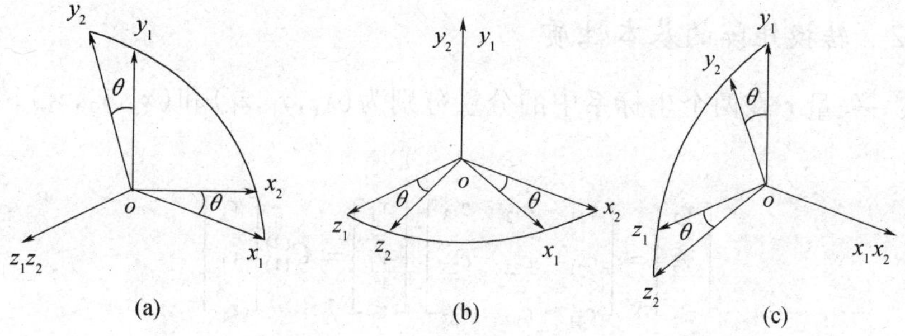

图 4.1 坐标系的基本转换

或者当绕 x_1 轴旋转 θ 时(图 4.1(c)),转换矩阵为

$$\boldsymbol{C}_x(\theta)=\begin{bmatrix}1 & 0 & 0\\0 & \cos\theta & \sin\theta\\0 & -\sin\theta & \cos\theta\end{bmatrix} \tag{4-3}$$

若坐标系 $ox_2y_2z_2$ 相对于坐标系 $ox_1y_1z_1$ 的位置由三个欧拉角 φ,ϑ 和 γ 转换给定,则坐标系 $ox_2y_2z_2$ 可以通过坐标系 $ox_1y_1z_1$ 按如下的次序连续绕过三个欧拉角得到(图 4.2):

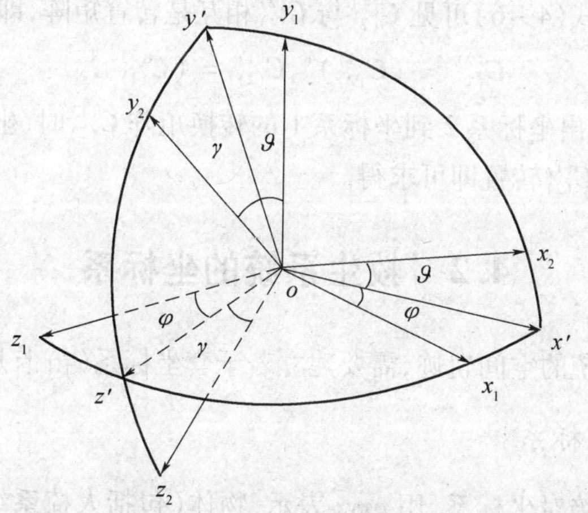

图 4.2 坐标转换图

(1) 坐标系 $ox_1y_1z_1$ 绕 y_1 轴旋转 φ 角,成为 $ox'y_1z'$。

(2) 坐标系 $ox'y_1z'$绕 oz'轴(而不是绕 oz_1 轴)旋转 ϑ 角,成为 $ox_2y'z'$。

(3) 坐标系 $ox_2y'z'$绕 ox_2 轴(而不是绕 ox_1 轴)旋转 γ 角,得到 $ox_2y_2z_2$。

于是,从坐标系 $ox_1y_1z_1$ 转移到 $ox_2y_2z_2$ 可以表示为一些辅助坐标系的连续转换,而这些辅助坐标系是由每一次初等旋转得到的。应用定义可以得到坐标系 $ox_1y_1z_1$ 到 $ox_2y_2z_2$ 的转换矩阵:

$$\boldsymbol{C}_{(1)}^{(2)}=\boldsymbol{C}_x(\gamma)\boldsymbol{C}_z(\vartheta)\boldsymbol{C}_y(\varphi) \tag{4-4}$$

式中:$\boldsymbol{C}_x(\gamma)$,$\boldsymbol{C}_z(\vartheta)$,$\boldsymbol{C}_y(\varphi)$为与式(4-3)、式(4-1)、式(4-2)相对应的初等转换矩阵。

4.1.2 转换矩阵的基本性质

设:某一矢量 $\boldsymbol{r}$ 在两个坐标系中的分量分别为 (x_1,y_1,z_1) 和 (x_2,y_2,z_2),它们的关系为

$$\begin{bmatrix} x_2 \\ y_2 \\ z_2 \end{bmatrix} = \begin{bmatrix} c_{11} & c_{12} & c_{13} \\ c_{21} & c_{22} & c_{23} \\ c_{31} & c_{32} & c_{33} \end{bmatrix} \begin{bmatrix} x_1 \\ y_1 \\ z_1 \end{bmatrix} = \boldsymbol{C}_{(1)}^{(2)} \begin{bmatrix} x_1 \\ y_1 \\ z_1 \end{bmatrix} \tag{4-5}$$

转换矩阵的各个元素,实际上是各轴之间的方向余弦,即

$$c_{11} = \cos(x_1,x_2),c_{12} = \cos(y_1,x_2),c_{13} = \cos(z_1,x_2)$$
$$c_{21} = \cos(x_1,y_2),c_{22} = \cos(y_1,y_2),c_{23} = \cos(z_1,y_2)$$
$$c_{31} = \cos(x_1,z_2),c_{32} = \cos(y_1,z_2),c_{33} = \cos(z_1,z_2)$$

利用上述方向余弦,可以写出

$$\begin{bmatrix} x_1 \\ y_1 \\ z_1 \end{bmatrix} = \begin{bmatrix} c_{11} & c_{21} & c_{31} \\ c_{12} & c_{22} & c_{32} \\ c_{13} & c_{23} & c_{33} \end{bmatrix} \begin{bmatrix} x_2 \\ y_2 \\ z_2 \end{bmatrix} = \boldsymbol{C}_{(2)}^{(1)} \begin{bmatrix} x_2 \\ y_2 \\ z_2 \end{bmatrix} \tag{4-6}$$

比较式(4-5)和式(4-6)可见 $\boldsymbol{C}_{(2)}^{(1)}$ 与 $\boldsymbol{C}_{(1)}^{(2)}$ 相互是转置矩阵,即

$$\boldsymbol{C}_{(1)}^{(2)} = (\boldsymbol{C}_{(2)}^{(1)})^{\mathrm{T}},\boldsymbol{C}_{(2)}^{(1)} = (\boldsymbol{C}_{(1)}^{(2)})^{\mathrm{T}} \tag{4-7}$$

根据该性质,在求出坐标系 2 到坐标系 1 的转换矩阵 $\boldsymbol{C}_{(2)}^{(1)}$ 时,坐标系 1 到坐标系 2 的转换矩阵 $\boldsymbol{C}_{(1)}^{(2)}$ 只需对 $\boldsymbol{C}_{(2)}^{(1)}$ 转置即可求得。

4.2 救生系统的坐标系

为了研究物伞系统的空间轨迹,需要建立若干套坐标系(笛卡儿右手坐标系)。

4.2.1 地面坐标系

地面坐标系又称绝对坐标系,用 $oxyz$ 表示,物体(包括人椅系统、物伞系统、飞机)的地面坐标系固定于大地。它的原点 o 选取在地面上的某一点,不随物体的运动而运动。ox 轴指向物体运动方向,oy 轴铅垂向上,oz 轴垂直于 oxy 平面,指向右,三轴构成右手坐标系。因为不考虑大地的旋转,所以此坐标系可以看作是惯性坐标系。物体的位置和姿态以及速度和角速度等都是相对于此坐标系来衡量的。

若把原点放在物体质心,而坐标轴始终平行于地面坐标系的 ox、oy、oz 轴,则这样构成的坐标系 $ox_dy_dz_d$ 称为物体牵连的地面坐标系。当仅关心坐标系的方位,而不关心原点位置时,此坐标系也可以简称为地面坐标系。

4.2.2 相对坐标系

相对坐标系用 $o_1x_1y_1z_1$ 表示,是与飞机固连的移动直角坐标系。取其原点在开始瞬间与地面坐标系 $oxyz$ 的原点重合。o_1x_1 轴与 ox 轴平行,方向向后。o_1y_1 轴方向垂直向

上,并在开始瞬间与 oy 轴重合。o_1z_1 轴垂直于 $o_1x_1y_1$ 平面并指向飞机的左翼。此坐标系主要用于计算物体的相对轨迹。

4.2.3 体轴坐标系

在救生系统中,体轴坐标系涉及三类坐标系,分别为人椅系统体轴坐标系(一般用 $o_2x_2y_2z_2$ 表示)、物伞系统体轴坐标系(一般用 $o_sx_sy_sz_s$ 表示)和飞机体轴坐标系(一般用 $o_tx_ty_tz_t$ 表示)。

(1) 人椅系统体轴坐标系($o_2x_2y_2z_2$):其原点 o_2 选在人椅系统重心上,与人椅系统固连,属于活动坐标系。o_2x_2 轴和 o_2y_2 轴相互垂直,都处于人椅系统的纵向对称平面内,o_2y_2 指向飞行员的头部,与弹射轴线相平行。o_2x_2 轴指向飞行员的正前方;o_2z_2 轴垂直于 $o_2x_2y_2$ 平面,指向人椅系统的右侧。

(2) 物伞系统体轴坐标系($o_sx_sy_sz_s$):物伞坐标系 $o_sx_sy_sz_s$ 固连于物伞系统。原点 o 选取在物伞系统质心位置;o_sy_s 轴为主轴指向伞衣压力中心;o_sx_s 为纵轴,垂直于 o_sy_s 轴指向运动方向($o_sx_sy_s$ 平面为物伞系统对称平面);o_sz_s 轴为横轴,垂直于 $o_sx_sy_s$ 平面。

(3) 飞机体轴坐标系($o_tx_ty_tz_t$):其固连于飞机,原点 o_t 在飞机质心。纵轴 o_tx_t 轴平行于机身轴线或平行于机翼平均气动弦,指向前方。竖轴 o_ty_t 轴在飞机对称平面内,垂直于 o_tx_t 轴,指向上方。横轴 o_tz_t 轴垂直于飞机对称平面,指向右方。

4.2.4 气流坐标系

气流坐标系又称速度坐标系。在救生系统中,气流坐标系涉及两类坐标系,分别为人椅系统气流坐标系(一般用 $o_cx_cy_cz_c$ 表示)和物伞系统气流坐标系(一般用 $o_qx_qy_qz_q$ 表示)。通常作用在物体上的空气动力是在此坐标系内分解成阻力 Q(沿 x 轴负向)、升力 P 和侧力 R。

(1) 人椅系统气流坐标系($o_cx_cy_cz_c$):坐标原点 o_c 选在人椅系统重心上,与人椅系统固连,随着人椅系统一起运动,属于活动坐标系。o_cx_c 轴沿人椅系统空速矢量 $\boldsymbol{u}$;o_cy_c 轴在人椅系统对称平面内垂直于 o_cx_c 轴,并指向上;o_cz_c 轴垂直于 $o_cx_cy_c$ 平面,指向人椅系统的右侧。

(2) 物伞系统气流坐标系($o_qx_qy_qz_q$):气流坐标系 $o_qx_qy_qz_q$ 的原点选取在物伞系统质心;o_qx_q 轴沿物伞系统空速 $\boldsymbol{u}$ 的矢量方向;o_qy_q 轴在物伞系统对称平面内垂直 o_qx_q 轴;o_qz_q 轴垂直于 $o_qx_qy_q$ 平面。

4.2.5 航迹坐标系

航迹坐标系用 $o_hx_hy_hz_h$ 表示。同理,救生系统中航迹坐标系也涉及人椅系统的航迹坐标系和物伞系统的航迹坐标系两类坐标系。

(1) 人椅系统的航迹坐标系:坐标原点 o_h 选在飞机重心处,o_hx_h 轴沿人椅系统地速矢量 $\boldsymbol{v}$;o_hy_h 轴处于包含矢量 $\boldsymbol{v}$ 的铅垂平面内,垂直于 o_hx_h 轴,指向上方;o_hz_h 轴垂直于 $o_hx_hy_h$ 平面,指向人椅系统右侧。

(2) 物伞系统的航迹坐标系:航迹坐标系 $o_hx_hy_hz_h$ 的原点在物伞系统质心。o_hx_h 轴沿物伞系统地速矢量 $\boldsymbol{v}$,o_hy_h 轴在包含矢量 $\boldsymbol{v}$ 的铅垂平面内,垂直于轴 o_hx_h,指向上方;

$o_h z_h$ 轴垂直于铅垂平面 $o_h x_h y_h$。

4.3 坐标系的角度关系及转换矩阵

为分析方便,本节以物伞系统为对象来论述各坐标系之间的关系。

4.3.1 地面坐标系与体轴坐标系之间的关系

它们之间的关系可用以下三个角度来表示(图 4.3)。

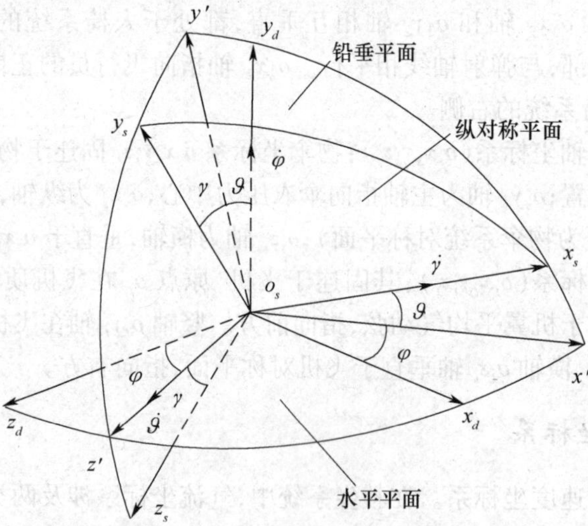

图 4.3 体轴坐标系与地面坐标系之间的关系

偏航角 φ:物伞 $o_s x_s$ 轴在水平面 $o_s x_d z_d$ 上的投影线与 $o_s x_d$ 轴之间的角度。如果按右手法则绕 $o_s y_d$ 轴从 $o_s x_d$ 轴转到该投影线,φ 为正。

俯仰角 ϑ:物伞 $o_s x_s$ 轴与水平面 $o_s x_d z_d$ 之间的角度。当 $o_s x_s$ 轴向上方倾斜时,ϑ 为正。

滚转角 γ:物伞纵对称平面 $o_s x_s y_s$ 与包含 $o_s x_s$ 轴的铅垂平面之间的角度。如果按右手法则绕 $o_s x_s$ 轴从铅垂面转到纵对称平面,γ 为正。

角 φ、ϑ、γ 决定了物体的空间姿态。地面坐标系 $o_s x_d y_d z_d$ 可以依次经过下列三次转动,达到与物伞体轴坐标系 $o_s x_s y_s z_s$ 重合:

(1) 绕 y 轴转过 φ 角,成为 $o_s x' y_d z'$。

(2) 绕 z' 轴转过 ϑ 角,成为 $o_s x_s y' z'$。

(3) 绕 x_s 轴转过 γ 角,达到与 $o_s x_s y_s z_s$ 重合。

参考式(4-4),相应的转换矩阵为

$$\boldsymbol{C}_d^t = \boldsymbol{C}_x(\gamma)\boldsymbol{C}_z(\vartheta)\boldsymbol{C}_y(\varphi)$$

结合式(4-1)、式(4-2)、式(4-3),可求出由地面坐标系到与物伞体轴坐标系的转换矩阵

$$\boldsymbol{C}_d^t = \boldsymbol{C}_x(\gamma)\boldsymbol{C}_z(\vartheta)\boldsymbol{C}_y(\varphi)$$

$$
= \begin{bmatrix} 1 & 0 & 0 \\ 0 & \cos\gamma & \sin\gamma \\ 0 & -\sin\gamma & \cos\gamma \end{bmatrix} \begin{bmatrix} \cos\vartheta & \sin\vartheta & 0 \\ -\sin\vartheta & \cos\vartheta & 0 \\ 0 & 0 & 1 \end{bmatrix} \begin{bmatrix} \cos\varphi & 0 & -\sin\varphi \\ 0 & 1 & 0 \\ \sin\varphi & 0 & \cos\varphi \end{bmatrix}
$$

$$
= \begin{bmatrix} \cos\vartheta\cos\varphi & \sin\vartheta & -\cos\vartheta\sin\varphi \\ -\cos\gamma\sin\vartheta\cos\varphi + \sin\gamma\sin\varphi & \cos\gamma\cos\vartheta & \cos\gamma\sin\vartheta\sin\varphi + \sin\gamma\cos\varphi \\ \sin\gamma\sin\vartheta\cos\varphi + \cos\gamma\sin\varphi & -\sin\gamma\cos\vartheta & -\sin\gamma\sin\vartheta\sin\varphi + \cos\gamma\cos\varphi \end{bmatrix} \tag{4-8}
$$

对于人椅系统体轴坐标系($o_2x_2y_2z_2$)与地面坐标系之间的三个角度定义与上面类似，只需改相应的下标，分别是φ_y、ϑ_y、γ_y；飞机的体轴坐标系($o_tx_ty_tz_t$)与地面坐标系之间的三个角度分别为φ_f、ϑ_f、γ_f，它们的转换矩阵也和式(4-8)类似。同理，以下涉及的关于人椅和飞机的其他角度都可以按照此法写出。

4.3.2 地面坐标系与航迹坐标系之间的关系

它们之间的关系可用以下两个角度来确定(图4.4)：

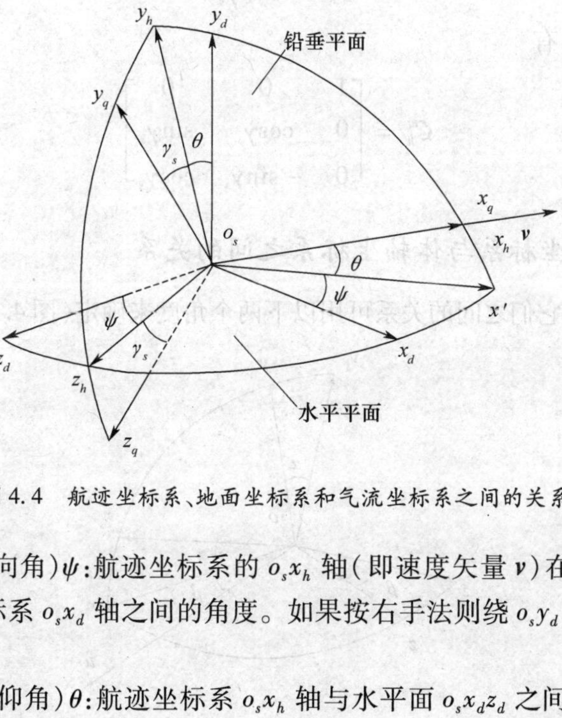

图4.4 航迹坐标系、地面坐标系和气流坐标系之间的关系

航迹偏转角(航向角)ψ：航迹坐标系的o_sx_h轴(即速度矢量$\boldsymbol{v}$)在水平面$o_sx_dz_d$上的投影线x'与地面坐标系o_sx_d轴之间的角度。如果按右手法则绕o_sy_d轴从o_sx_d轴转到该投影线，ψ为正。

航迹倾斜角(俯仰角)θ：航迹坐标系o_sx_h轴与水平面$o_sx_dz_d$之间的角度。当速度矢量$\boldsymbol{v}$向上方倾斜时，θ为正。

角ψ、θ决定速度矢量$\boldsymbol{v}$在空间的方向。地面坐标系$o_sx_dy_dz_d$可以依次经过以下转动，达到与物伞航迹坐标系$o_sx_hy_hz_h$重合：

(1) 绕o_sy_d轴转过ψ角，成为$x'y_dz_h$。

(2) 绕o_sz_h轴转过θ角，达到与$o_sx_hy_hz_h$重合。

参考式(4-4)，相应的转换矩阵为

$$
\boldsymbol{C}_d^h = \boldsymbol{C}_z(\theta)\boldsymbol{C}_y(\psi)
$$

结合式(4-1)、式(4-2),可求出由地面坐标系到物伞航迹坐标系的转换矩阵

$$\boldsymbol{C}_d^h = \begin{bmatrix} \cos\theta\cos\psi & \sin\theta & -\cos\theta\sin\psi \\ -\sin\theta\cos\psi & \cos\theta & \sin\theta\sin\psi \\ \sin\psi & 0 & \cos\psi \end{bmatrix} \tag{4-9}$$

4.3.3 航迹坐标系与气流坐标系之间的关系

它们之间的关系可以由速度矢量的滚转角(简称速度滚转角)γ_s 来确定(图 4.4)。

速度矢量的滚转角 γ_s:无风情况下,物伞系统纵对称平面 $o_sx_sy_s$ 与包含速度矢量 $\boldsymbol{v}$(即包含 o_sx_q 轴)的铅垂平面之间的角度,也就是物伞气流轴 o_sy_q 与物伞航迹轴 o_sy_h 之间的角度。如果按右手法则绕 o_sx_q 轴从铅垂平面转到物伞纵对称平面,则 γ_s 为正。

如果把物伞航迹坐标系 $o_sx_hy_hz_h$ 绕 o_sx_h 轴(即绕速度矢量 $\boldsymbol{v}$)转过 γ_s 角,就成为物伞气流坐标系 $o_sx_qy_qz_q$。

因此,由物伞航迹坐标系到物伞气流坐标系的转换矩阵为

$$\boldsymbol{C}_h^q = \boldsymbol{C}_x(\gamma_s)$$

参照式(4-3),有

$$\boldsymbol{C}_h^q = \begin{bmatrix} 1 & 0 & 0 \\ 0 & \cos\gamma_s & \sin\gamma_s \\ 0 & -\sin\gamma_s & \cos\gamma_s \end{bmatrix} \tag{4-10}$$

4.3.4 气流坐标系与体轴坐标系之间的关系

对于物伞系统,它们之间的关系可用以下两个角度来确定(图 4.5):

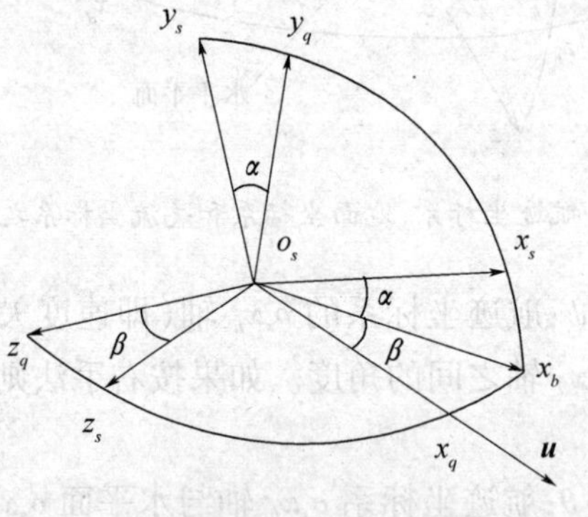

图 4.5 气流坐标系和体轴坐标系之间的关系

迎角 α:物伞体轴坐标系 o_sx_s 轴与空速矢量 $\boldsymbol{u}$ 在物伞纵对称平面 $o_sx_sy_s$ 上投影的夹角。若速度矢量 $\boldsymbol{v}$ 相对于物伞系统的 $o_sx_sz_s$ 平面而言偏向下方,则 α 为正。

侧滑角 β:物伞气流坐标系 o_sx_q 轴(空速矢量 $\boldsymbol{u}$)与物伞纵对称平面 $o_sx_sy_s$ 之间的夹角。若空速 $\boldsymbol{u}$ 偏向物伞的右侧(即向右侧滑),则 β 为正。

物伞气流坐标系 $o_sx_qy_qz_q$ 可以依次经过以下转动,达到与物伞体轴坐标系 $o_sx_sy_sz_s$ 重合:

(1) 绕 $o_s y_q$ 轴转过 β 角,成为 $o_s x_b y_q z_s$。

(2) 绕 $o_s z_s$ 轴转过 α 角,达到与 $o_s x_s y_s z_s$ 重合。

因此,由物伞气流坐标系到物伞体轴坐标系的转换矩阵为

$$\boldsymbol{C}_q^t = \boldsymbol{C}_z(\alpha) \cdot \boldsymbol{C}_y(\beta)$$

代入式(4-1)、式(4-2),得

$$\boldsymbol{C}_q^t = \begin{bmatrix} \cos\alpha\cos\beta & \sin\alpha & -\cos\alpha\sin\beta \\ -\sin\alpha\cos\beta & \cos\alpha & \sin\alpha\sin\beta \\ \sin\beta & 0 & \cos\beta \end{bmatrix} \tag{4-11}$$

4.3.5 地面坐标系与气流坐标系之间的关系

依据上述方法,可知地面坐标系与物伞气流坐标系之间的转换矩阵为

$$\boldsymbol{C}_d^q = \boldsymbol{C}_h^q \cdot \boldsymbol{C}_d^h$$

代入式(4-10)、式(4-9),可得

$$\boldsymbol{C}_d^q = \begin{bmatrix} \cos\theta\cos\psi & \sin\theta & -\cos\theta\sin\psi \\ -\cos\gamma_s\sin\theta\cos\psi + \sin\gamma_s\sin\psi & \cos\gamma_s\cos\theta & \cos\gamma_s\sin\theta\sin\psi + \sin\gamma_s\cos\psi \\ \sin\gamma_s\sin\theta\cos\psi + \cos\gamma_s\sin\psi & -\sin\gamma_s\cos\theta & -\sin\gamma_s\sin\theta\sin\psi + \cos\gamma_s\cos\psi \end{bmatrix} \tag{4-12}$$

思考题与习题

1. 坐标系的转换矩阵表示何含义?转换矩阵的转置矩阵又表示何含义?
2. 救生系统中要遇到哪些坐标系统?它们之间的关系如何?
3. 救生系统中有哪几类体轴坐标系?它们之间异同点是什么?
4. 航迹坐标系和气流坐标系的关系如何?
5. 依据4.2节定义,假设各坐标系的欧拉角均不为0,试推导重力在人椅体轴坐标系上的分量。

第5章　弹射座椅性能计算

5.1 概　述

5.1.1 弹射座椅性能研究手段

弹射座椅性能研究主要包括试验研究、理论分析和数值模拟三种方法。

弹射座椅试验包括风洞试验、火箭滑车试验以及空中弹射试验等。风洞试验条件可以严格控制,测量精确,可在短时间内获得大量数据,主要缺点是受风洞直径限制,试验数据受支撑干扰和洞壁效应影响,一般用于弹射座椅气动参数的测量。地面火箭滑车弹射试验属于动态试验,试验可以重复进行,模拟情况真实,流场相对干扰较小,但是滑车试验时的速度难以控制,存在一定的地面效应。空中弹射试验与前两种方法相比,试验结果更接近真实情况,可以揭示地面试验存在的问题,是弹射装备设计定型不可缺少的一个环节,但是空中弹射试验费用高,存在一定危险性,一般采用假人进行试验。

理论分析法主要是在试验基础上,运用基本定理、原理和数学分析方法,建立描述问题的数学方程,确定相应的边界和初始条件求得解析解。但是由于弹射救生这一问题的复杂性,理论分析方法必须与试验测试数据相结合,大多数问题还比较难直接获得解析解。

随着计算机技术的迅猛发展,数值计算及各种模拟仿真方法日趋成熟,为研究弹射座椅的救生性能提供了新的途径。该方法根据研究的物理问题建立弹射座椅性能分析的数值模型,采用数值计算方法进行求解,得到弹射座椅的飞行性能、气动性能等工作特性。这种方法可以获得大量的数值信息,有助于理论机理的分析,一定程度上减少试验的盲目性,已经成为弹射座椅型号改进、设计、研究、性能分析、优化设计的重要手段。对于试验条件难以实现的工况,该方法更是成为最为主要的研究手段。

试验方法一定程度上会受到设备和条件的制约,且周期长,需要大量的人力、物力和财力,但反映了较为真实的物理实际情况,能够较准确地得到弹射座椅的救生性能数据;数值模拟由于模型、算法等原因,计算准确性需要相应的试验研究进行验证,但该方法较为经济,可以一定程度上节省研制费用,缩短研制周期。在弹射座椅研制分析中,常常多种方法结合应用。

5.1.2 弹射座椅性能研究主要内容

弹射座椅是飞行员救生最为关键的装备,主要研究内容包括如下几个方面:

1. 气动性能研究

弹射救生工作的程序基本确定后,只有当人椅系统的气动特性有了明显提高或改善时，弹射救生系统的救生性能才会有提高。例如俄罗斯的 K－36 系列弹射座椅上采用的导流板、抬腿机构和硬式稳定杆加稳定伞的形式改善了人椅系统的气动特性，从而提高了座椅的俯仰和偏航稳定性，加强人体对高速气动载荷的防护能力，使该座椅能在1400km/h的表速下成功救生，大大提高了包线范围。

座椅的气动性能是飞行轨迹计算、性能分析的重要依据，对人椅系统的减速性能、稳定性能等都有很大的影响，对于座椅的研制极为重要。人椅系统气动力与外形结构、速度、气动角度均有很大的关系。座椅气动性能研究主要采用风洞试验和数值模拟两种方法。

风洞试验可以较快地得到座椅六自由度的气动参数，图 5.1 为国内某型座椅模型风洞试验和美国 F－106 座椅模型试验六自由度下的气动参数。这两款座椅结构外形相近但并不完全相同，因此它们有相似的气动规律，但气动系数值并不完全相等。

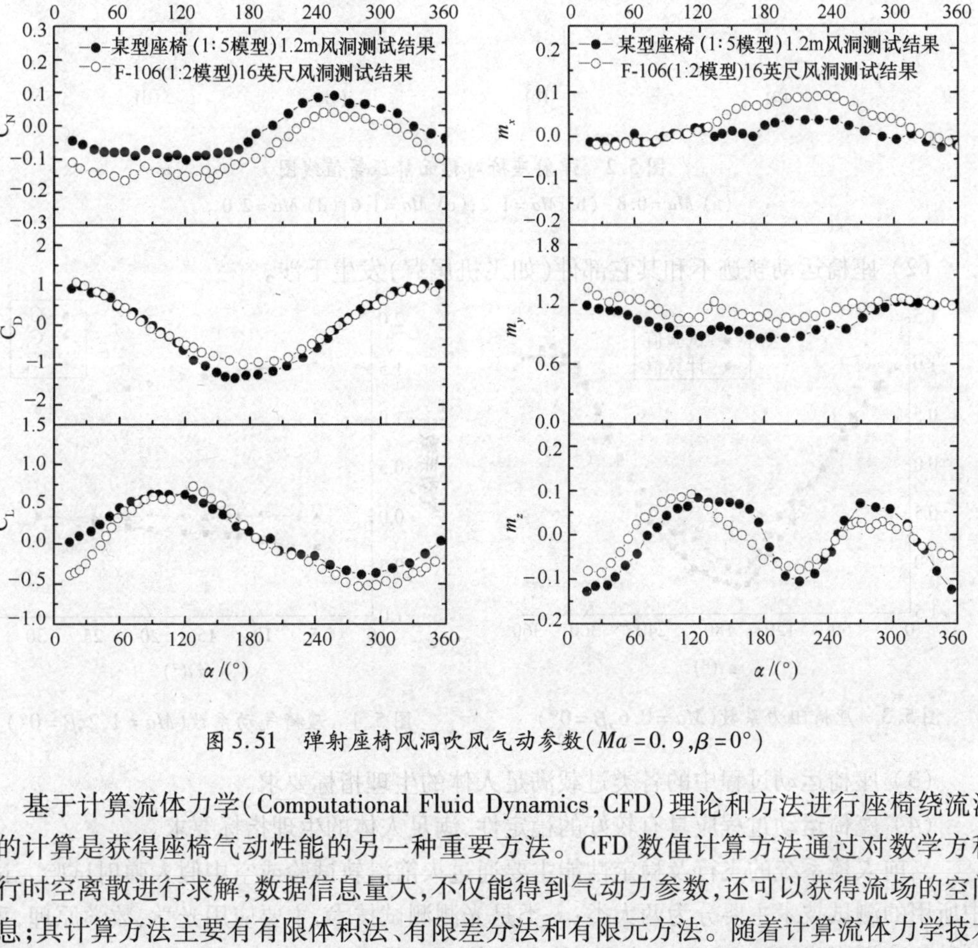

图 5.51　弹射座椅风洞吹风气动参数（$Ma=0.9,\beta=0°$）

基于计算流体力学（Computational Fluid Dynamics，CFD）理论和方法进行座椅绕流流场的计算是获得座椅气动性能的另一种重要方法。CFD 数值计算方法通过对数学方程进行时空离散进行求解，数据信息量大，不仅能得到气动力参数，还可以获得流场的空间信息；其计算方法主要有有限体积法、有限差分法和有限元方法。随着计算流体力学技术的日益发展，目前全世界有几十种求解流场问题的分析软件，FLUENT、CFX、PHOENICS就是其中的典型代表。图 5.2 为通过数值计算方法得到的座椅绕流流场结构，图 5.3 为数值计算结果和风洞试验测试结果的比较，图 5.4 则为三维方向的气动力系数数值计算结果。

2. 飞行及稳定性能研究

座椅的飞行及稳定性能直接关系到设备和人员的安全，是衡量火箭弹射座椅性能的重要指标之一。座椅弹射飞行过程中的减速及稳定性能不仅受气动力的影响，还受到火箭包推力的影响，应该满足如下要求：

（1）具有很好的减速性能，能尽快达到救生伞安全开伞要求。

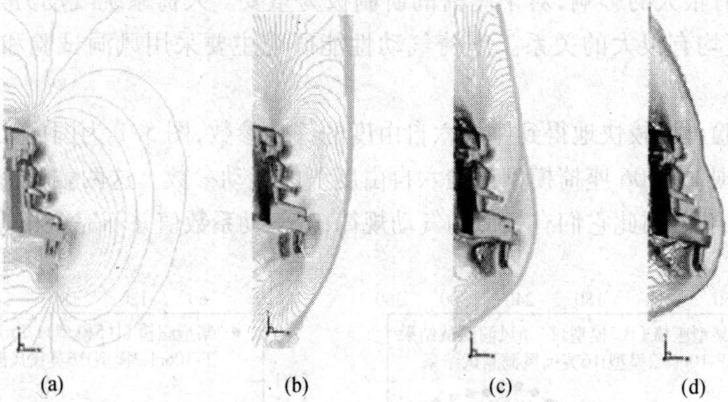

图 5.2　弹射座椅对称面静压等值线图

(a) $Ma=0.8$; (b) $Ma=1.2$; (c) $Ma=1.6$; (d) $Ma=2.0$。

（2）座椅运动轨迹不和其它部件（如飞机尾翼）发生干涉。

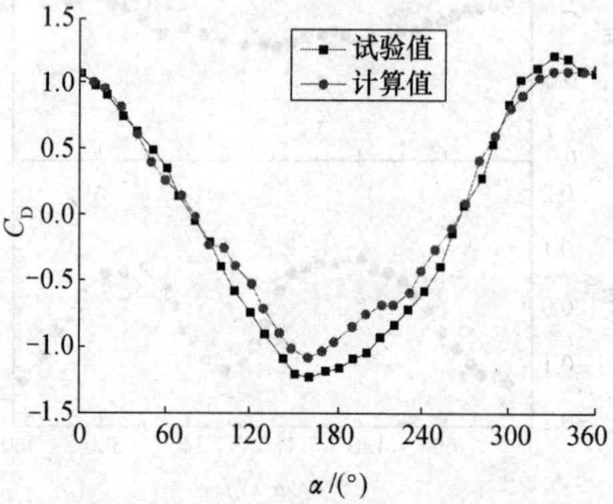

图 5.3　座椅阻力系数（$Ma=0.6,\beta=0°$）

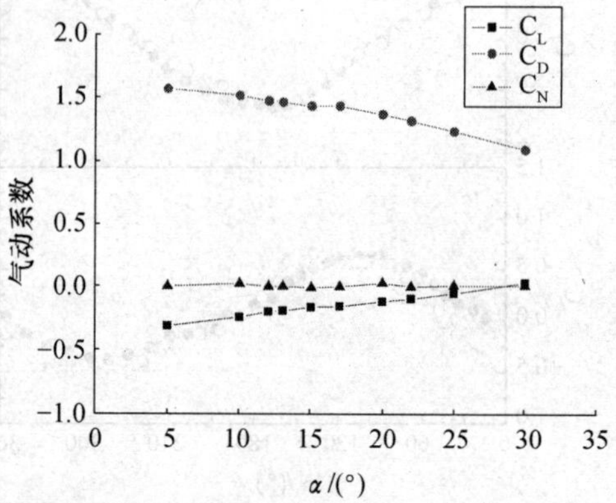

图 5.4　座椅气动系数（$Ma=1.2,\beta=0°$）

（3）座椅运动过程中的各类过载满足人体的生理指标要求。

（4）座椅运动过程应具有较好的稳定性，满足人体的生理指标要求。

当前人椅系统的飞行及稳定性能主要通过火箭滑轨试验或空中假人弹射试验。试验中所用的测试技术主要分为两大类：一类是光测测试技术，主要应用光学、数学原理，采用各种高速摄影机，按一定要求布局，并在最佳的环境条件下对滑车及试验件的弹道（轨迹）、各特征点的速度、高度、姿态等进行数据采集；另一类是电测测试技术，主要应用电学、数学原理对滑车、试验件的位移、速度、加速度、角速度、角加速度等运动参数，试验件内部的机械、电气、计算机、能量传输等各种程序的执行参数及动态载荷等进行数据采集、处理和给出最后结果。

在弹射救生过程中，人椅系统所受的作用力非常复杂，有的全过程均存在（如重力、气动力），有的发生时间很短（如弹射动力），有的随姿态、速度一直发生着变化（如气动力），只有各种类型的力、力矩描述准确，才能保证数值计算的准确性。弹射过程中的飞行轨迹及稳定性情况也可以通过计算机仿真或数值计算得到，在已知气动力的基础上，对人椅系统建立动力学方程，通过数值求解获得其轨迹、姿态变化情况。

3. 强度性能研究

为适应空中飞行的特殊需要，弹射座椅应具备较好的舒适性和抗过载能力，且弹射或坠机时座椅不能被破坏，这就要求弹射座椅必须有足够的强度。国家军用标准对于弹射座椅设计强度有具体的要求，即救生系统在弹射离机复杂环境条件下应能按正常程序工作，不得损坏个人装备、伤害乘员和降低救生系统性能。具体来说，弹射座椅结构强度必须满足如下两点要求：

（1）座椅系统各附件在承受较大的冲击载荷时，不会丧失功能或意外启动。

（2）在冲击载荷的用下座椅结构变形小，座椅与机舱和舱内其它构件仍维持协调关系。

由于弹射座椅结构及其冲击情况的复杂性，也由于计算条件的限制，目前国内主要通过试验方法测试弹射座椅的强度性能，包括静力学试验及各类动态试验，主要对座椅及其附件的的应变、力、位移、曲率、裂缝等参数进行测量。弹射座椅的静力学试验和其它设备的静力学试验没有什么区别，主要是研究平衡状态下，座椅各组成附件的受载及变形情况；而动态试验包括碰撞试验、疲劳试验、弹射试验、高速气流吹袭试验等。

座椅的强度计算应该以应急弹射作为计算工况，根据作用的施加载荷对座椅进行应力应变的计算。作用在座椅上的载荷主要有弹射动力和气动力，弹射动力和飞行速度、姿态没有关系，而气动力则受速度、姿态影响很大；同时上述两类载荷有加载非常迅速，座椅在弹射、减速飞行过程中，气动力又是动态变化的，导致座椅的强度计算非常复杂。当前座椅强度计算常用的分析软件有 ANSYS、NASTRAN、LS－DYNA 等，通过这些软件，可以对座椅的受载情况及结构变形进行分析。

5.2 人椅系统的气动特性

人椅系统的气动特性是进行救生系统性能计算的重要依据之一，因此在介绍性能计算之前，先介绍人椅系统的气动特性。

人椅系统的几何外形是不规则的钝头体，其外形受人体尺寸、人椅相对位置等因素的影响；人体穿戴的服装既不光滑又容易变形，这些因素均导致了人椅系统气动特性的复杂性。

5.2.1 人椅系统的物理特征

表 5.1 列出了国外几种典型弹射座椅的物理特征。

表 5.1 弹射座椅的物理特征

飞机座椅型号	空座椅正面投影面积 A_g/m^2	人椅系统正面投影面积 A_g/m^2	乘员百分位数/%	人椅系统质量/kg	参考长度（当量型号直径）/mm	人椅系统重心(C.G.)距座椅参考点(SRP)的位置/mm		
						X_2	Z_2	Y_2
F-100	0.621	0.642	5	131.36	904	113	-1.52	251
F-100	0.621	0.644	95	163.79	904	137	+0.76	305
F-101	0.633	0.706	5	143.14	948	100	-1.52	261
F-101	0.655	0.766	95	173.76	988	105	-0.51	261
F-102	0.547	0.600	5	122.88	874	94	-4.06	213
F-102	0.547	0.665	95	154.93	920	115	+4.83	256
F-105	0.670	0.700	5	147.91	944	62	+4.32	247
F-105	0.670	0.716	95	179.90	955	107	+9.14	280
F-106	0.568	0.614	5	129.59	884	56	-3.56	226
F106	0.568	0.658	95	160.89	915	72	+6.10	260
F-4	0.508	0.553	5	172.38	846	189	+7.87	250
F-4	0.569	0.658	95	204.62	915	207	+14.73	221
T-38	0.673	0.700	5	139.73	944	86	+3.81	258
T-38	0.673	0.735	95	172.00	967	99	+0.51	274
ACES-I	0.551	0.691	5	158.01	924	143	+4.83	134
ACES-I	0.551	0.682	95	190.20	932	168	+7.62	154
ESCAPAC-1	0.507	0.569	5	147.91	851	132	0	234
ESCAPAC-1	0.507	0.594	95	180.24	869	152	0	272
ACES-2	0.535	0.602	5	135.66	875	128	-2.79	207
ACES-2	0.535	0.645	95	167.92	906	156	+3.05	242

1. 弹射座椅的正面投影面积

表5.1列出了空座椅和人椅系统的正面投影面积，它是确定座椅气动力系数的重要参数。正面投影面积是在零迎角情况下，把座椅的外轮廓绘在纸上，然后用面积仪测量。从表中可以看出，人椅系统正面投影面积的变化范围是 0.553 ~ 0.766m^2，不同座椅的正面投影面积也不同，但差别不大。在新型弹射座椅的初步设计阶段，可以采用原样机的参数进行性能初算。正面投影面积通常称为座椅的参考面积。

2. 人椅系统质量

人椅系统质量是指人椅系统弹射离机部分的质量，包括全副装备的飞行员、救生伞系统、救生包、动力装置（含一半装药）以及弹射座椅离机部分的结构等质量。

3. 座椅参考点(SRP)

椅面中心切线与靠背面中心切线的交点，如图 5.5 所示。图中还示出了以参考点为原点的坐标系(X_2,Y_2)，与表 5.1 中的 X_2,Y_2,Z_2 相对应。Z_2 为正值则表示人椅系统重心偏右，反之则偏左。

从表5.1中可以看出，人椅系统重心偏离其纵向对称平面（X_2Y_2平面）的量值（Z_2）不太大，其变化范围为：-4.06mm（F-102座椅）~14.73mm（F-4座椅）。与X_2，Y_2值相比，约为期量值的2%~7%。因此在性能计算时，一般把人椅系统作为一个纵向对称的物体。

4. 人椅系统重心（C.G.）

表5.1所列的系统静态重心，指在地面上，把乘员或相应的假人固定在座椅上，在静态时测出的人椅系统重心。它是性能计算中的重要参数。

实际上，在弹射座椅弹射离机以后，由于受弹射力、气动力等因素的影响，人椅系统的重心在自由飞行期间是变化的，它与静态重心有一定的差别。目前在理论计算中尚未考虑动态重心的影响。图5.5示出了不同座椅的重心位置。

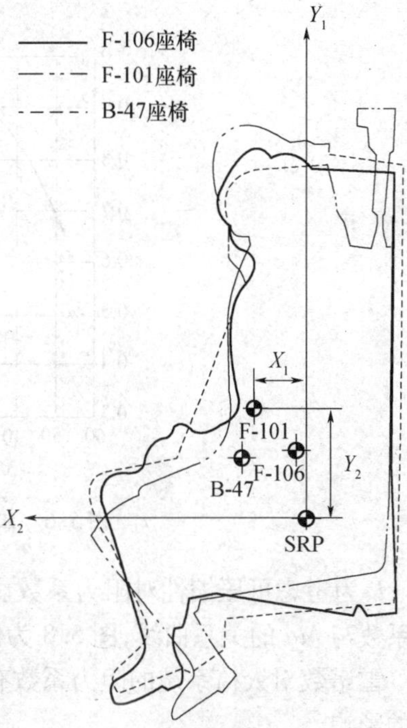

图5.5　座椅参考点

5. 参考长度

又称当量直径，即座椅正面投影面积的当量圆的直径。可由下式求得：

$$L = \sqrt{\frac{4A}{\pi}} \tag{5-1}$$

式中：L为座椅的参考长度（m）；A为座椅的正面投影面积（m^2）；π为圆周率。

有的国家采用座椅结构的最大高度或椅背长度作为参考长度。这是计算人椅系统气动力矩系数和力矩的重要参数。

5.2.2　人椅系统的气动特性

在风洞试验中，我们可以直接测量出座椅在空中运动时所受的气动阻力Q、气动升力P和气动力矩M_z。

1. 气动阻力Q

$$Q = \frac{1}{2}\rho v^2 C_x A \tag{5-2}$$

式中：Q为人椅系统的气动阻力（N）；v为人椅系统的运动速度（m/s）；ρ为空气的密度（kg/m^3）；C_x为人椅系统的气动阻力系数。

人椅系统的气动阻力系数C_x与座椅迎角α、座椅运动速度以及座椅形状有关，而与座椅的最大截面积A和空气密度无关。其中，气动阻力系数与迎角的关系可见图5.6。

当座椅运动速度不大时，其运动速度对阻力系数的影响很小，几乎为常数，但是随着速度的增加（$Ma>0.6$时），阻力系数C_x随速度的增加而急剧增加，这是因为空气可压缩性的影响。近似计算时，在不同马赫数下，常常采用下式作为座椅阻力特征的计算公式：

$$(C_xA)_M = (C_xA)_0K \tag{5-3}$$

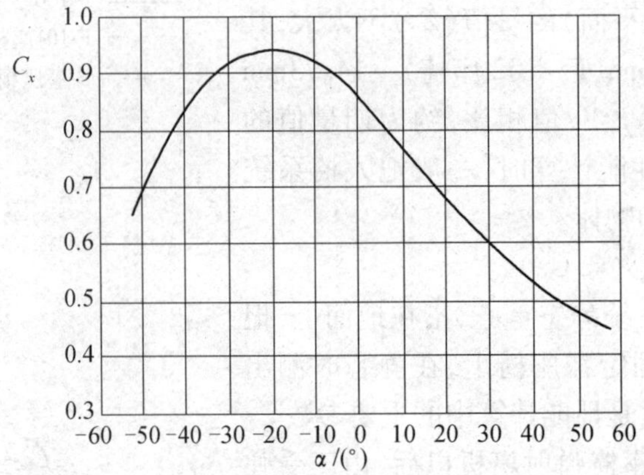

图 5.6 阻力系数 C_x 随迎角的变化曲线

K 为考虑可压缩性对阻力系数影响的修正系数。图 5.7 为在弹道式试验时，球体阻力系数与 Ma 的关系曲线，图 5.8 为修正系数 K 与 Ma 的关系。

雷诺数对人椅系统的阻力系数有些影响，但不明显。在性能计算时可以不考虑雷诺数的影响。

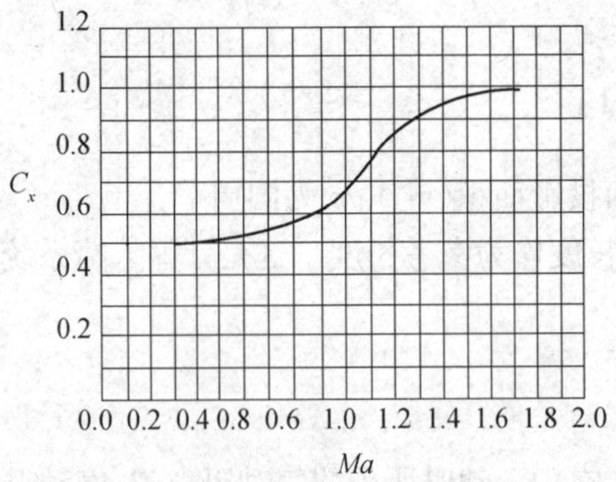

图 5.7 球体（$d=22$mm）C_x 与 Ma 曲线

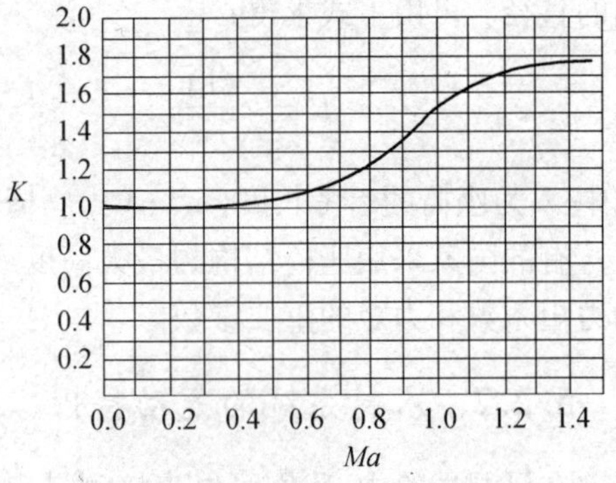

图 5.8 K 与 Ma 关系曲线

现代弹射座椅为了提高其低空救生性能，一般都装有火箭助推装置，火箭助推装置在工作期间，由于喷嘴产生的高速高温气流，在一定程度上影响了人椅系统的气动特性。试验结果表明，在迎角 90°～240°范围内有影响，而在其他位置影响很小。在弹射初期，人椅系统一般不会处于这一位置；而在弹射中期或者后期，火箭助推装置早已燃烧完毕，因此火箭喷气的影响可以忽略。

2. 人椅系统的气动升力

人椅系统在气流坐标系上的气动升力 P 可用下式计算：

$$P = \frac{1}{2}\rho v^2 C_y A \tag{5-4}$$

式中：P 为人椅系统的气动升力（N）；C_y 为人椅系统的升力系数。

人椅系统的升力系数 C_y 与人椅系统的迎角 α、人椅运动速度以及人椅形状有关，而与人椅的最大截面积 A 和空气密度无关。在近似计算中,常忽略 C_y 与人椅运动速度的关系。某型座椅的气动升力系数与迎角的关系可见图 5.9。

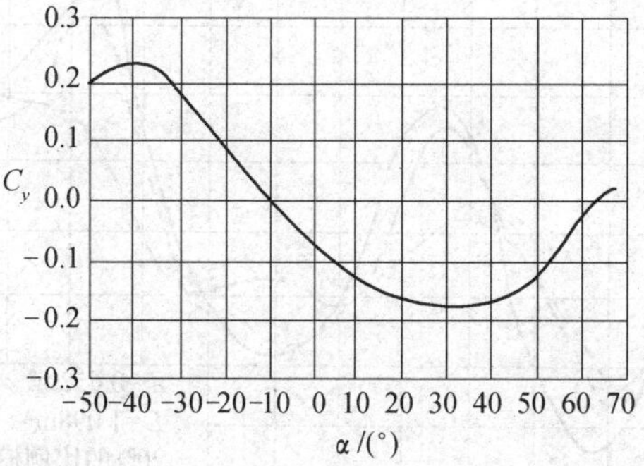

图 5.9 升力系数 C_y 随迎角的变化曲线

3. 人椅系统的俯仰力矩

人椅系统绕其重心的俯仰力矩 M_{z1} 可用下式表示:

$$M_{z1} = \frac{1}{2}\rho v^2 m_z AL \tag{5-5}$$

式中:M_{z1} 为人椅系统的俯仰力矩(N·m);m_z 为人椅系统的俯仰力矩系数。

人椅系统的俯仰力矩系数由风洞试验测出,同样,人椅系统的俯仰力矩系数与其系统的几何形状、相对气流的位置等因素有关。图 5.10 示出了俯仰力矩系数随迎角变化的曲线。从图中可以看出,其变化幅度较大,在迎角为 -5°~40°范围内为负值,负值表示产生使人椅系统低头转动的力矩。不同座椅的俯仰力矩系数与其阻力系数、升力系数一样,虽然其变化规律大致相同,但其量值有较大变化。

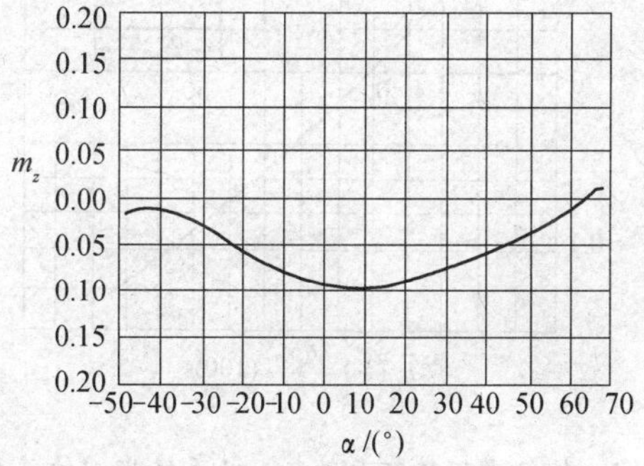

图 5.10 力矩系数 m_z 随迎角的变化曲线

一般情况下可以不考虑速度对俯仰力矩系数的影响,但是在很高的 Ma 时,则需要考虑。图 5.11 示出了不同 Ma 对俯仰力矩系数的影响。Ma 为 1.2 属于跨声速范畴,人椅系统的气动特性不太稳定。从图中可以看出,随着 Ma 的增加,其变化规律大致相同,增大 Ma 会导致俯仰力矩系数的增加。

从图 5.12 中可以看出,随着重心位置的提高,气动俯仰力矩急剧降低,并转变到负值区域。重心平均变化 10%,即变化约为 0.10~0.11m 时,力矩特征参数 $\bar{m}_z$(即 m_zAL)改变

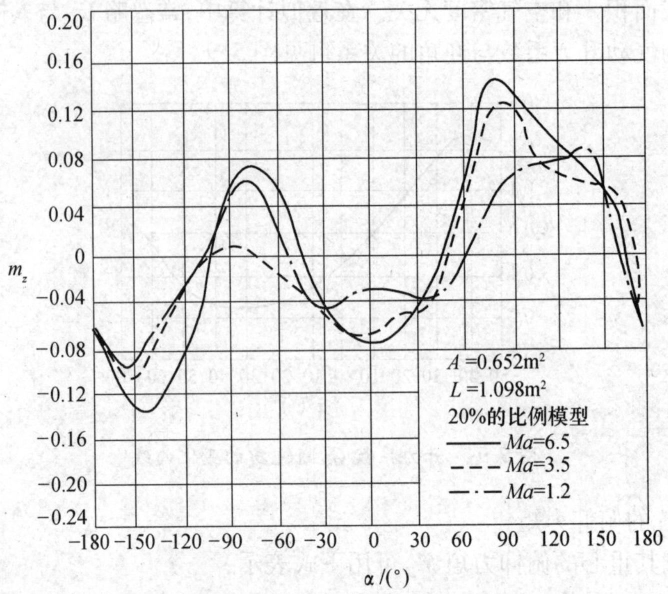

图 5.11 Ma 对 m_z 的影响曲线

约 0.1(m^3),这意味着在海平面条件下,飞行速度为 1000km/h 弹射时,约增加气动力矩为 470kN · m。因而,人椅系统重心向上移动,将引起低头力矩的增加。

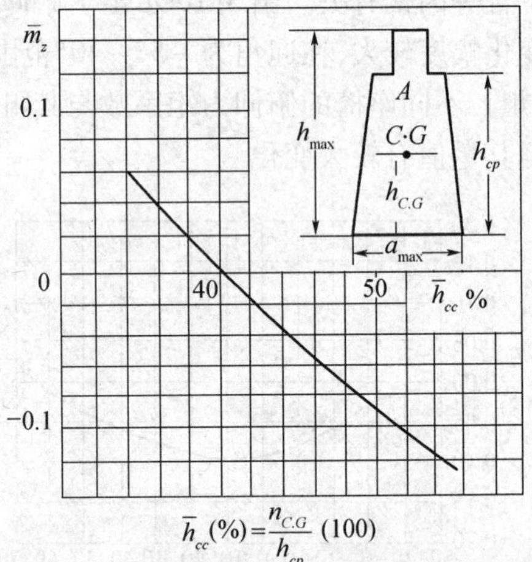

图 5.12 俯仰力矩特征参数与人椅系统重心的关系曲线

从图中还可以看出,当迎角 $\alpha=10°\sim20°$时,座椅平均高度的百分比为 40% 时所对应的力矩特征参数 $\bar{m}_z$ 为零。若能使人椅系统的重心位置保持在这一范围内,将会有利于人椅系统的稳定性。

由于风洞试验所给的气动力矩系数,只是根据某一重心位置而定的,所以计算时,要将理论(即风洞试验中的)的气动力矩数据 M_{z1} 换算成计算状态(实际状态)的气动力矩数据。理论与实际情况下的重心位置如图 5.13 所示。

$$a = x_T - x_{T0}$$

$$b = y_T - y_{T0}$$

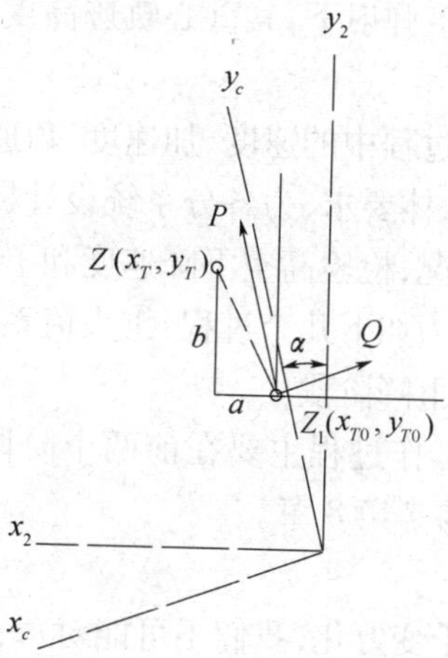

图 5.13 气动力矩转换关系图

则

$$M_z = M_{z1} - P(a\cos\alpha - b\sin\alpha) - Q(a\sin\alpha + b\cos\alpha) \tag{5-6}$$

式中:x_T,y_T 为计算状态的重心坐标;x_{T0},y_{T0} 为风洞试验状态的重心坐标;P 为气动升力;Q 为气动阻力。

作用在座椅上的各种力的总矢量及合力矩均在对称平面内。而同一平面内的力和力矩,可合成一个不通过重心的合力。该合力在座椅垂直轴上的作用点,称为压力中心。因此,作用于座椅重心的气动力矩、迎面阻力和升力可由作用于压力中心的迎面阻力和升力来代替。

假设用 e 表示座椅重心到气动合力作用线的距离,并假定气动力促使座椅头靠向前转动时,e 为负值。作用于压力中心的气动合力 R 绕重心的气动力矩 $M_z = R \cdot e$,由此可得

$$m_z AL = e\sqrt{(C_x A)^2 + (C_y A)^2} \tag{5-7}$$

若已知座椅气动特性,便可根据上式确定 e 值。

5.3 人椅系统对称平面内的性能计算

5.3.1 概述

1. 计算目的及工作阶段

随着飞机飞行速度的提高和技术的发展,目前已广泛采用火箭推动的弹射座椅。这种弹射座椅的特点是:在座椅与飞机分离前,先用普通弹射弹作为弹射动力,使座椅获得初始速度。然后弹射火箭工作,使座椅继续向上运动。在人椅系统对称平面的性能分析,其主要计算目的有如下几条:

(1) 检查人椅系统是否会与飞机垂直尾翼或其他部分相碰。一般规定,人椅系统重

心轨迹高度要高于飞机垂尾1.2m。

(2) 检查人椅系统在零高度弹射下,其重心轨迹高度能否满足救生系统最低安全高度要求。

(3) 计算人椅系统在弹射过程中的速度、加速度、角速度、角加速度、俯仰角等参数的变化特性,以便验证是否满足人体要求,为各分系统设计提供依据。

(4) 计算人椅高空下降情况,检验高空下降速度和下降时间是否满足设计要求。

救生过程的工作阶段可分为如下几个过程:①人椅系统出舱阶段;②人椅系统离机阶段;③救生伞开伞阶段;④稳定下降阶段。

对于人椅系统的工作,其工作过程主要在前两个阶段。为此,我们仅讲述这两个阶段,后两个阶段的工作分析可参考第8章。

2. 计算状态

飞机失事时,其飞行状况千变万化,我们不可能对每一状态都进行计算。在轨迹计算状态的选择上,主要解决三个问题:

(1) 如何选择飞机的飞行状态作为计算状态。

(2) 如何选择飞机的飞行高度作为计算高度。

(3) 如何选择飞机的飞行速度作为计算速度。

为了对弹射时飞机飞行计算情况获得一些概念,我们来看美国空军发生应急离机时的一组统计资料。根据美国空军的统计资料,在军用飞机使用中记录了757次空中弹射。在飞行员离机瞬间,这些弹射在飞机飞行状态上的分布情况如表5.2所示。由表中可以看出,在飞机直线飞行状态(爬升、水平飞行、倒飞和俯冲)的弹射次数共计488次,即占统计的弹射次数的64.5%。如果从此数中除去飞行状态不明的离机次数,则直线飞行状态的弹射百分数接近75.5%。这表明飞机直线飞行占全部飞行时间的70%以上。因此可以认为:飞机在空中绝大部分时间所处的飞行状态是沿一定航向的直线飞行状态。即使对于歼击机,直线飞行也至少占全部飞行时间的70%。

表5.2 弹射时飞行状态分布情况

弹射瞬间的飞行状态	弹射次数	占总弹射次数的百分数/%
爬升	71	9.4
水平飞行	265	35.0
倒飞	47	6.2
俯冲	105	13.9
螺旋	84	11.1
盘旋	39	5.2
盘旋下降	23	3.04
横滚	11	1.4
状态不明	112	14.8
共计	757	100

由上述可知,飞机直线飞行状态实际上是研究弹射装置运动相对轨迹最重要的情况。

不难相信，在所有稳定直线飞行状态中，以最大速度和在给定高度上的水平飞行是座椅安全越过垂直尾翼的计算情况。至于在飞机曲线飞行状态（退出俯冲、盘旋、盘旋下降、螺旋等）下的计算情况，最危险的状态是垂直机动飞行和盘旋。因此，我们把最通用情况和最危险情况作为弹射座椅特性分析的计算状态点。

对于飞行高度和飞行速度的选择，我们发现：飞机垂直机动飞行时越过垂直安定面时的轨迹高度取决于弹射瞬间的速压 $q=0.5\rho v^2$ 和考虑马赫数影响的系数 k。kg 越大，轨迹就越低。因此在高度和速度的选择上是选择上述乘积为最大时的高度和速度。下面以水平直线飞行作为我们的计算起始点来分析座椅的工作情况。另外，当前的弹射座椅，其弹射弹和火箭包产生的推力基本上还在人椅系统的对称平面内，因此可采用刚体平面运动来分析，即仅考虑人椅系统在对称平面内的工作性能。

5.3.2 纵向对称平面内坐标系统

第4章介绍了救生系统的坐标系统，为了列出座椅对称面的控制方程，我们对座椅二维对称平面涉及的坐标系统先作简单介绍。

座椅平面运动的坐标系统如图5.14所示。对于座椅系统，常用的坐标系统主要有绝对坐标系 oxy，相对坐标系 $o_1x_1y_1$，座椅坐标系 $o_2x_2y_2$ 以及速度坐标系 $o_cx_cy_c$。为了分析问题的方便，将速度坐标系的原点平移至座椅坐标系的原点处。

对于座椅，我们认为座椅在纵向平面是对称的。对称平面上的运动仅仅取决于作用于该平面上的气动力和气动力矩。绝对坐标系 oxy 为固定地球上的直角坐标系，它位于座椅重心运动的平面上，坐标原点与离机瞬间弹射装置重心点相重合。ox 轴方向向前（沿飞机运动速度方向），位于水平面上。oy 轴方向垂直向上。该坐标系用于计算座椅的绝对轨迹。

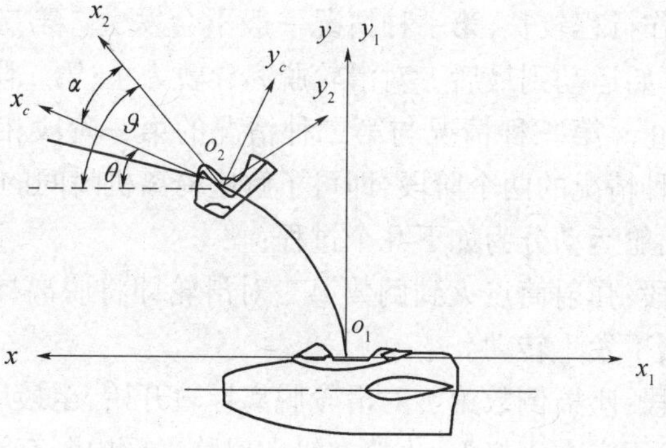

图5.14 座椅坐标系统

现在分析与飞机固连的移动直角坐标轴系 $o_1x_1y_1$，取其原点在开始瞬间 $t=0$ 时与固定坐标轴系 oxy 的原点重合。o_1x_1 轴与 ox 轴平行，方向向后，o_1y_1 轴方向垂直向上，并在开始瞬间与 oy 轴重合。此坐标系主要用于计算座椅的相对轨迹。

当研究作用于弹射装置上的力矩及弹射装置绕通过重心的横轴旋转时，我们将利用与座椅固连的坐标轴系 $o_2x_2y_2$。该坐标系的原点位于座椅重心处。o_2y_2 轴位于对称平面上，与通过滑轮的平面相平行，方向指向头靠（骨盆—头方向），o_2x_2 轴与 o_2y_2 轴垂直，方向向前（背—胸方向）。该坐标系用于确定座椅姿态，由俯仰角 ϑ 表示。

在空气动力学中，研究物体运动时常常使用与飞行轨迹固连的速度坐标系 $o_2x_cy_c$。o_2x_c 轴方向沿轨迹切线，向前为正；o_2y_c 轴则在垂直平面内与 o_2x_c 轴垂直，向上为正。因为轨迹切线方向在变化，所以这些轴在座椅运动时也转变方向。速度坐标系相对于固定（地球上的）坐标系的位置，取决于速度向量与水平面的夹角 θ。

o_2x_2 轴与 o_2x_c 轴间的夹角，即速度坐标轴与固连在座椅上的坐标轴夹角称为弹射装置的迎角 α（又称攻角）。由图 5.14 可知：

$$\alpha = \vartheta - \theta \tag{5-8}$$

式中：ϑ 为俯仰角（又称姿态角，初始状态时为座椅安装角 x）；θ 为航迹倾斜角（又称轨迹角）。

带有弹射机构的座椅在自由飞行中受到的外力是空气动力和重力。空气动力通常以在速度坐标轴上投影的方法来给出，重力方向垂直向下。显然，对于绝对坐标系和相对坐标系下的速度有如下关系：

$$\begin{cases} v_{x1} = v_f - v_x \\ v_{y1} = v_y \end{cases} \tag{5-9}$$

5.3.3 人椅系统出舱阶段

弹射座椅脱离飞机是一个复杂的运动过程。弹射座椅依靠滑轮在固定于飞机上的导轨上滑动，同时又通过弹射筒上接头与弹射筒相连。只有滑轮脱离导轨，弹射机构内外筒相分离，座椅才与飞机完全分离。但是滑轮和弹射机构常常不是同时完成分离的，理论上有三种情况：①弹射机构内外筒先分离；②滑轮先脱离导轨；③两者同时发生。

由于弹射机构工作行程较长，第一种情况一般不会发生。第二种情况可分成两个阶段：第一阶段从座椅开始运动到最后一对滑轮脱离导轨为止；第二阶段从滑轮滑轨脱离到弹射机构完全分离为止。第三种情况与第二种情况的第一阶段相同，它没有第二阶段。因此只需要研究第二种情况的两个阶段，即可了解座椅离机瞬间的运动。

因此，可将座椅出舱运动分为如下几个过程：

（1）出舱第一阶段：弹射筒点火到倒数第二对滑轮即将脱离导轨为止。此时座椅仅在纵向平面向上运动，不发生转动。

（2）出舱第二阶段：座椅倒数第二对滑轮脱离导轨开始，至最后一对滑轮脱离导轨为止；此时仅有一对滑轮固定在飞机上，人椅在纵向对称平面内既有滑动，也有转动。

（3）出舱第三阶段：最后一对滑轮脱离导轨开始，到弹射机构完全分离为止。人椅系统仍在对称平面内运动。

这三个阶段结束后，座椅进入离机运动阶段。对于出舱阶段，由于座椅还未和飞机分离，座椅的运动可以在机体坐标系下分析，并认定在对称平面内，仰头力矩为正。

1. 出舱第一阶段

出舱第一阶段即为弹射筒点火到倒数第二对滑轮即将脱离导轨为止。此时座椅仅在纵向平面向上运动。如果在此阶段认为座椅是在平面上运动，座椅在此阶段所受的力主要有

弹射筒推力、重力及座椅沿导轨运动时的摩擦力(图5.15),此时,弹射离机运动方程如下:

$$\begin{cases} m\dfrac{\mathrm{d}v}{\mathrm{d}t} = F_k - G\cos x - F_f \\ \dfrac{\mathrm{d}l}{\mathrm{d}t} = v \end{cases} \tag{5-10}$$

式中:x 为座椅安装角;F_f,F_k,G,m 分别为座椅沿导轨的摩擦力、弹射筒推力和人椅系统的重力及质量。

当运动距离达到倒数第二对滑轮的位置时,此阶段结束,座椅开始进入第二个工作阶段。

由于此阶段处于弹射初期,在机体坐标系下,座椅的初始条件:速度为零;弹射初始行程 l 为零。当弹射行程到达倒数第二对滑轮时,该阶段计算结束。

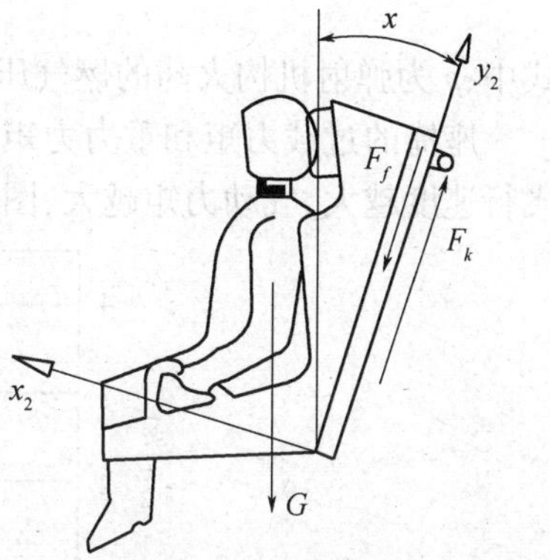

图5.15　座椅第一阶段运动受力图

2. 出舱第二阶段

1)运动方程

座椅第一阶段结束后,便进入座椅第二工作阶段,此时,座椅倒数第二对滑轮从导轨脱出,座椅只剩下一对滑轮在导轨上滑动,此时,座椅就有可能围绕最后一对滑轮轴线发生转动。此时由于座椅约80%的部位进入气流,发生在座椅上的力除弹射动力外,还有气动力和气动力矩。座椅的运动包括线位移和转动。若假设这一阶段座椅仍在平面上运动,座椅受力如图5.16所示。

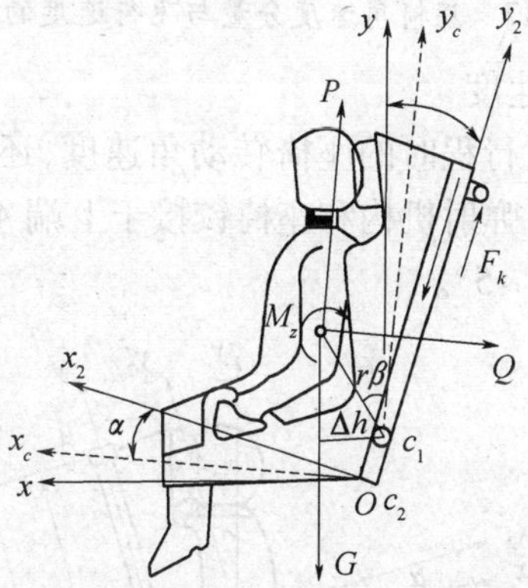

图5.16　座椅第二阶段运动受力图

座椅的线运动方程为

$$m\left(\frac{\partial v}{\partial t} - \omega_z v\right) = F_k - G\cos x + P\cos\alpha + Q\sin\alpha \tag{5-11}$$

座椅的转动方程可写成如下形式:

$$J_c\frac{\mathrm{d}\omega_c}{\mathrm{d}t} = M_a - M_j - M_G \tag{5-12}$$

式中:ω_z 为绕座椅重心的转动角速度,由于此时量小,可以忽略;ω_c,J_c 为绕最后一对轮轴的转动角速度和转动惯量;P,Q 分别为座椅的气动升力和气动阻力;M_a,M_j,M_G 分别为座椅绕最后一对轮轴的气动力矩、火药过载力矩和座椅重力力矩。

由于座椅的气动力作用点及气动力矩中心不在最后一对滑轮轴上,依据图 5.9 所示的推导,转移到绕最后一对轮轴点 C,其气动力产生的总力矩为

$$M_a = M_z + P(x_T\cos\alpha - y_T\sin\alpha) + Q(y_T\cos\alpha + x_T\sin\alpha) \tag{5-13}$$

式中:x_T, y_T 为座椅重心坐标。其它过载力矩和重力力矩为

$$\begin{cases} M_j = Gn_k x_T = pAx_T \\ M_G = G\Delta h \end{cases} \tag{5-14}$$

式中:p 为弹射机构火药的燃气压力;A 为弹射机构内筒(或中筒)的横截面积。

座椅的过载力矩和重力力矩占总力矩的分量较小,主要转动角速度由气动力矩产生,飞行速度越大,气动力矩越大,图 5.17 为各座椅转动角速度和飞行速度的关系。

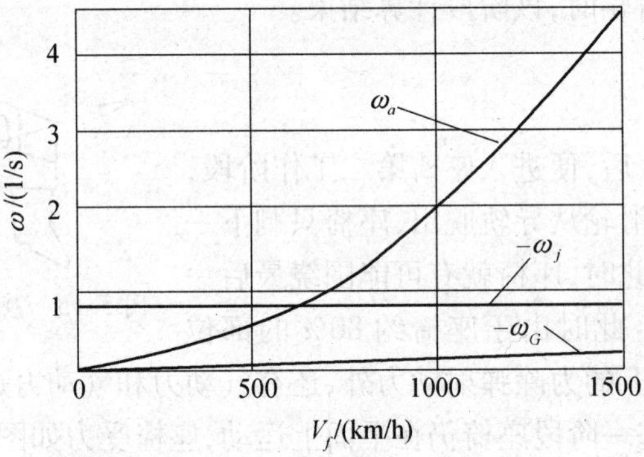

图 5.17　座椅角速度分量与飞行速度的关系

2）弹射机构的倾角和角速度

为了确定弹射机构具有大行程时的座椅转动角速度,还必须知道弹射机构套筒的倾角和角速度。如图 5.18 所示,弹射机构和座椅铰接于上端 A 点,座椅运动时,导轨与轴线间的夹角很小,一般不超过 3°~5°。

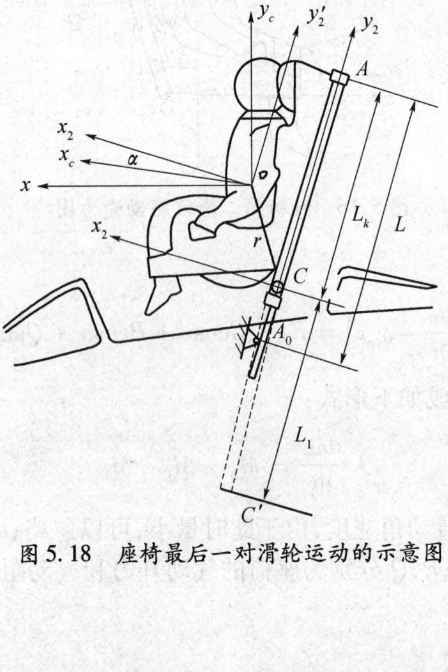

图 5.18　座椅最后一对滑轮运动的示意图

根据图 5.18，A 点的绝对速度矢量为导轨的速度矢量和绕最后一对滑轮轴转动的速度矢量之和：

$$\boldsymbol{V}_A = \boldsymbol{V}_K + \boldsymbol{\omega}_c \boldsymbol{L}_k \tag{5-15}$$

此外，该点的速度矢量还是弹射机构内筒速度矢量和弹射机构套筒的速度矢量和：

$$\boldsymbol{V}_A = \boldsymbol{V}_n + \dot{\boldsymbol{\varphi}} \boldsymbol{L} \tag{5-16}$$

由于导轨和弹射筒夹角很小，因此可近似认为

$$V_K = V_n$$

即

$$\dot{\varphi} = \frac{L_K}{L}\omega_c \tag{5-17}$$

据上图可以看出：弹射筒转动角速度是小于座椅转动角速度的。如果 L_k/L 接近于 1，则可近似认为二者转动角速度、转动角度均相等，即 $\dot{\varphi} = \omega_c = \dot{\vartheta}$。

3）计算程序的求解

座椅重心至坐标原点的距离为

$$r = \sqrt{x_T^2 + y_T^2}$$

则重力的力臂为（图 5.16）

$$\Delta h = r\sin(\beta - \vartheta) \tag{5-18}$$

式中：β 为向量半径与座椅坐标系 y_2 轴的夹角。

若座椅绕重心的惯性矩为 J_z，则绕最后一对滑轮重心的惯性矩为

$$J_c = J_z + mr^2 \tag{5-19}$$

若最后一对滑轮脱离导轨后，座椅便进入第三工作阶段，由弹射运动行程确定计算的结束状态点。

3. 出舱第三阶段

1）座椅第三阶段运动情况

当弹射机构行程很长时，最后一对滑轮脱离导轨后，座椅仍通过弹射机构与飞机相连，并继续向上运动，直至内筒从弹射机构套筒内脱出才与飞机完全脱离。此时，座椅不再绕 C 点转动，将绕支承点 A 转动，同时 A 点作为弹射机构上的一点，它将沿弹射机构轴线方向移动，而弹射机构本身将绕 A_0 点旋转运动。这样就形成了座椅绕弹射机构 A 点转动、弹射机构绕弹射机构与飞机的连接点 A_0 转动、座椅沿弹射机构运动的复杂运动过程。

假设此阶段运动时间间隔很小，且系统的转动是自由的，这样就获得如图 5.19 所示的坐标系统。图中，A 为弹射座椅与弹射机构的铰接点，B 为座椅重心。取 A_0 点为直角坐标系的原点，A_0xy 相对于飞机是不动的。A_0y 垂直向上，A_0x 水平向后。

要确定座椅的姿态，必须知道三个参量：座椅靠背与垂直轴线的夹角 ϑ，弹射套筒轴线与垂直轴线的夹角为 φ，弹射座椅沿弹射机构的运动位移 l_a，因此我们所讨论的系统有三个自由度，在重力、气动力以及在弹射机构沿套筒作加速运动所产生的惯性力的影响下，在垂直平面内转动。

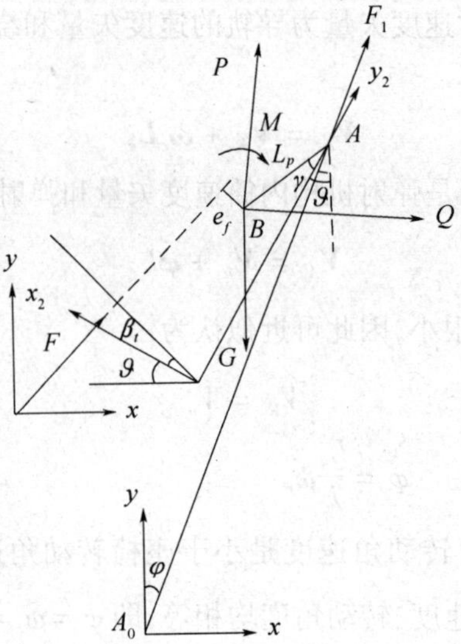

图 5.19 坐标轴系统

2）拉格朗日方程

可以采用动力学普遍方程的广义坐标形式——拉格朗日方程，来计算该系统的运动。一般拉格朗日方程有如下形式：

$$\frac{\mathrm{d}}{\mathrm{d}t}\left(\frac{\partial T}{\partial \dot{x}}\right)-\frac{\partial T}{\partial x}=Q_x \tag{5-20}$$

式中：T 为系统的动能；x 为广义坐标；Q_x 为该方向的广义力。

对于这个问题，我们以三个自由度 ϑ、φ、l_a 为该问题的广义坐标，在此坐标下的广义力分别为 Q_ϑ、Q_φ、Q_{l_a}。

其中广义力的定义式由广义功得到，其定义式为

$$\delta W=\sum_{i=1}^{n}Q_i\delta x_i+\sum_{i=1}^{m}M_i\delta\theta_i \tag{5-21}$$

式中：Q_i，δx_i 为广义坐标下的力和该坐标下的位移；M_i，$\delta\theta_i$ 为广义坐标下的力矩和该力矩下的旋转角度。

3）系统动能表达式

系统动能由座椅动能和弹射机构的动能组成，由于弹射机构的质量不超过系统质量的5%～6%，为了简化计算，暂不考虑弹射机构的动能，系统的动能即人椅系统的动能。

$$T=\frac{1}{2}mv^2+\frac{1}{2}J_z\dot{\vartheta}^2=\frac{1}{2}m(\dot{x}_{T0}^2+\dot{y}_{T0}^2)+\frac{1}{2}J_z\dot{\vartheta}^2 \tag{5-22}$$

式中：x_{T0}，y_{T0} 为座椅重心相对于 A_0xy 坐标轴的位置；$\dot{\vartheta}$ 为座椅绕重心的旋转角速度。

座椅重心位置 B 与 A 点距离为长度 L_p 是一常数，由此可以得到如下方程：

$$x_{T0}=L\sin\phi-L_p\sin(\vartheta+\gamma) \tag{5-23}$$

$$y_{T0}=L\cos\phi-L_p\cos(\vartheta+\gamma) \tag{5-24}$$

微分后可得

$$\dot{x}_{T0} = \dot{L}\sin\varphi + L\dot{\phi}\cos\phi - L_p\dot{\vartheta}\cos(\vartheta + \gamma) \quad (5-25)$$

$$\dot{y}_{T0} = \dot{L}COS\phi - L\dot{\phi}\sin\phi + L_p\dot{\vartheta}\sin(\vartheta + \gamma) \quad (5-26)$$

所以座椅在此阶段的动能表式为

$$T = \frac{1}{2}m[\dot{L}^2 + L^2\dot{\varphi}^2 + 2L_p\dot{L}\dot{\vartheta}\sin(\vartheta + \gamma - \varphi) - 2L_pL\dot{\varphi}\dot{\vartheta}\cos(\vartheta + \gamma - \varphi)] + \frac{1}{2}J_A\dot{\vartheta} \quad (5-27)$$

式中：J_A 为座椅对 A 点的转动惯量（$J_A = J_z + mL_p{}^2$）。为此，可以求出座椅动能对 $\varphi,\dot{\varphi},\vartheta,\dot{\vartheta}$ 的偏导数：

$$\frac{\partial T}{\partial \varphi} = -mL_p\dot{\vartheta}[L\dot{\phi}\sin(\vartheta + \gamma - \phi) + \dot{L}\cos(\vartheta + \gamma - \phi)] \quad (5-28)$$

$$\frac{\partial T}{\partial \vartheta} = mL_p\dot{\vartheta}[L\dot{\varphi}\sin(\vartheta + \gamma - \varphi) + \dot{L}\cos(\vartheta + \gamma - \varphi)] \quad (5-29)$$

$$\frac{\partial T}{\partial \dot{\varphi}} = m[L^2\dot{\phi} - L_pL\dot{\vartheta}\cos(\vartheta + \gamma - \phi)] \quad (5-30)$$

$$\frac{\partial T}{\partial \dot{\vartheta}} = mL_p[\dot{L}\sin(\vartheta + \gamma - \varphi) - L\dot{\varphi}\cos(\vartheta + \gamma - \varphi)] + J_A\dot{\vartheta} \quad (5-31)$$

$\dfrac{\partial T}{\partial \dot{\varphi}},\dfrac{\partial T}{\partial \dot{\vartheta}}$ 对时间的导数为

$$\frac{\mathrm{d}}{\mathrm{d}t}\left(\frac{\partial T}{\partial \dot{\varphi}}\right) = mL^2\ddot{\phi} + 2mL\dot{L}\dot{\phi} - mL_p[L\dot{\vartheta}(\dot{\phi} - \dot{\vartheta})\sin(\vartheta + \gamma - \phi) + (L\ddot{\vartheta} + \dot{L}\dot{\vartheta})\cos(\vartheta + \gamma - \phi)] \quad (5-32)$$

$$\frac{\mathrm{d}}{\mathrm{d}t}\left(\frac{\partial T}{\partial \dot{\vartheta}}\right) = J_A\ddot{\vartheta} + mL_p\ddot{L}\sin(\vartheta + \gamma - \varphi) + mL_p\dot{L}(\dot{\vartheta} - \dot{\varphi})\cos(\vartheta + \gamma - \varphi) - mL_p[L\dot{\varphi}(\dot{\varphi} - \dot{\vartheta})\sin(\vartheta + \gamma - \varphi) + (L\ddot{\varphi} + \dot{L}\dot{\varphi})\cos(\vartheta + \gamma - \varphi)] \quad (5-33)$$

4）广义力的表达式

广义力是通过虚位移原理而求得的。对于此问题，由座椅重心坐标，可得

$$\delta x_{T0} = L\delta\varphi\cos\varphi - L_p\delta\vartheta\cos(\vartheta + \gamma) + \delta L\sin\varphi \quad (5-34)$$

$$\delta y_{T0} = -L\delta\varphi\sin\varphi + L_p\delta\vartheta\sin(\vartheta + \gamma) + \delta L\cos\varphi \quad (5-35)$$

作用在该系统上的力有气动阻力、升力、弹射筒推力 F_k、火箭包推力 F 以及重力；力矩有气动力矩、火箭推力力矩和弹射筒推力力矩。因此，所有外力的单位功为

$$\begin{aligned}\delta W = &[P\sin\theta + Q\cos\theta + F_k\sin\varphi + F\sin(\vartheta + \beta_t)]\delta x_{T0} \\ &+ [P\cos\theta - Q\sin\theta - G + F_k\cos\varphi + F\cos(\vartheta + \beta_t)]\delta y_{T0} \\ &+ [M_z + Fe_f - F_ka\sin(\vartheta + \gamma - \varphi)]\delta\vartheta\end{aligned} \quad (5-36)$$

将位移方程式代入上式得

$$\delta W = \delta W_1 + \delta W_2 + \delta W_3 = Q_\varphi \delta\varphi + Q_\vartheta \delta\vartheta + Q_L \delta L$$

$$\begin{cases} \delta W_1 = \delta\varphi[(P\sin\theta + Q\cos\theta)\cos\varphi - (P\cos\theta - Q\sin\theta - G)\sin\varphi \\ \quad - F\sin(\vartheta + \beta_t - \varphi)]L \\ \delta W_2 = \delta\vartheta[(P\cos\theta - Q\sin\theta - G)\sin(\vartheta + \gamma) - (P\sin\theta + Q\cos\theta)\cos(\vartheta + \gamma) \\ \quad + F\sin(\gamma - \beta_t) + Fe_f/a + M_z/a]a \\ \delta_{W_3} = \delta L[(P\sin\theta + Q\cos\theta)\sin\varphi + (P\cos\theta - Q\sin\theta - G)\cos\varphi \\ \quad + F_k + F\cos(\vartheta + \beta_t - \varphi)] \end{cases} \tag{5-37}$$

因此广义力为

$$Q_\varphi = L[(P\sin\theta + Q\cos\theta)\cos\varphi - (P\cos\theta - Q\sin\theta - G)\sin\varphi - F\sin(\vartheta + \beta_t - \varphi)] \tag{5-38}$$

$$Q_\vartheta = L_p[-(P\sin\theta + Q\cos\theta)\cos(\vartheta + \gamma) + (P\cos\theta - Q\sin\theta - G)\sin(\vartheta + \gamma) + M_z/L_p + F\sin(\gamma - \beta_t) + Fe_f/L_p] \tag{5-39}$$

5）倾角和角速度的计算

将以上计算代入拉格朗日方程，经整理后得到角加速度的计算式：

$$\ddot{\varphi} = \frac{d\omega_{A0}}{dt} = [(P\sin\theta + Q\cos\theta)\cos\varphi - (P\cos\theta - Q\sin\theta - G)\sin\varphi - F\sin(\vartheta + \beta_t - \varphi)]/(mL) - 2\dot{L}\dot{\varphi}/L - a[\dot{\vartheta}^2\sin(\vartheta + \gamma - \varphi) - \ddot{\vartheta}\cos(\vartheta + \gamma - \varphi)]/L \tag{5-40}$$

$$\ddot{\vartheta} = \frac{d\omega_A}{dt} = \{L_p[(P\cos\theta - Q\sin\theta - G)\sin(\vartheta + \gamma) + F\sin(\gamma - \beta_t) - (P\sin\theta + Q\cos\theta)\cos(\vartheta + \gamma)] + Fe_f + M_z - ma[(\ddot{L} - L\dot{\varphi}^2)\sin(\vartheta + \gamma - \varphi) - (2\dot{L}\dot{\varphi} + L\ddot{\varphi})\cos(\vartheta + \gamma - \varphi)]\}/J_A \tag{5-41}$$

而 A 点沿弹射机构的位移方程可以写成

$$m\ddot{L} = F_k + (P\cos\theta - Q\sin\theta - G)\cos\varphi + F\cos(\vartheta + \beta_t - \varphi) + (P\sin\theta + Q\cos\theta)\sin\varphi \tag{5-42}$$

在各力、力矩已知的情况下，上述方程可以简单写成如下函数表示：

$$\begin{cases} \ddot{\varphi} = f(\varphi, \vartheta, L, \dot{\varphi}, \dot{\vartheta}, \dot{L}) \\ \ddot{\vartheta} = f(\varphi, \vartheta, L, \dot{\varphi}, \dot{\vartheta}, \dot{L}) \\ \ddot{L} = f(\varphi, \vartheta, L, \dot{\varphi}, \dot{\vartheta}, \dot{L}) \end{cases} \tag{5-43}$$

再补充如下方程：

$$
\begin{cases}
\ddot{\varphi} = \dfrac{\mathrm{d}\dot{\varphi}}{\mathrm{d}t}, & \dot{\varphi} = \dfrac{\mathrm{d}\varphi}{\mathrm{d}t} \\
\ddot{\vartheta} = \dfrac{\mathrm{d}\dot{\vartheta}}{\mathrm{d}t}, & \dot{\vartheta} = \dfrac{\mathrm{d}\vartheta}{\mathrm{d}t} \\
\ddot{L} = \dfrac{\mathrm{d}\dot{L}}{\mathrm{d}t}, & \dot{L} = \dfrac{\mathrm{d}L}{\mathrm{d}t}
\end{cases}
\tag{5-44}
$$

式(5－40)～式(5－42)可以组成运动方程组,将上一阶段的结束参数作为起始参数,对上述方程进行离散,可以求得它们的数值解。

5.3.4 人椅系统离机(自由飞)阶段

自由飞阶段从人椅系统离机开始,直到开始打开救生伞为止。在该阶段中,人椅系统已经完全脱离飞机,它的运动不再受任何约束。为了简化计算,我们作如下假设:

(1) 飞机沿水平方向作直线飞行,并忽略弹射引起的扰动。

(2) 飞机对弹射座椅的气动特性无干扰。

(3) 座椅作刚体平面运动,无偏航力和偏航力矩。

(4) 忽略因火箭装药燃烧引起的质量变化。

(5) 忽略地球的哥氏加速度和曲率的影响。

(6) 忽略风速的影响。

(7) 地球的重力加速度为常数。

1. 初始条件

离机过程的初始状态为出舱第三阶段的结束状态,初始参数则为该状态点下的参数,由于出舱阶段是在机体坐标系下进行分析的,若在绝对坐标系下,初始条件要经过转化。

弹射座椅与飞机分离前,由于弹射弹的作用,获得沿导轨方向的弹射出口速度(弹射初速,即出舱第三阶段结束点的速度)v_{k0},其值取决于弹射机构弹射的能量。同时,座椅还有沿飞机飞行方向的惯性速度 v_f。因此座椅的初始速度为二者的合速度 v_0,如图 5.20 所示。

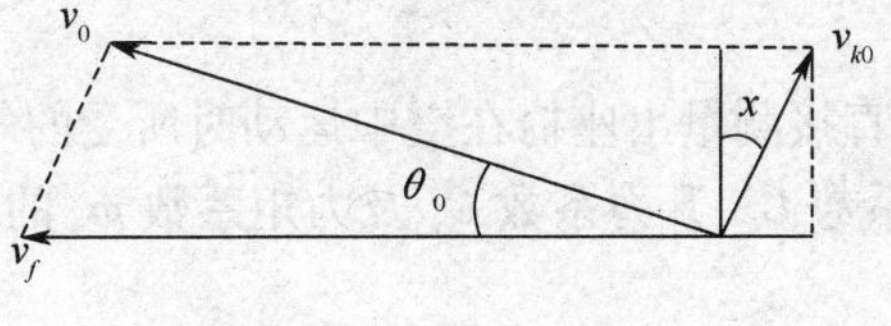

图 5.20 速度示意图

在水平飞行时,飞机的基准水平线就是沿着飞机的运动方向。如忽略出舱过程中的转动,座椅相对于垂线的倾角 ϑ_0 便为座椅的安装角 χ,一般为 15°～17°。

令初始运动速度(即离机初速)为 v_0,初始迎角为 α_0,初始轨迹角为 θ_0。根据图5.20,则合成速度为

$$
v_0 = \sqrt{(v_f - v_{k0}\sin x)^2 + v_{k0}^2 \cos^2 x}
$$

若近似地以幂级数展开,则

$$v_0 \approx v_f - v_{k0}\sin x + \frac{v_0^2}{2v_f} \approx v_f - v_{k0}\sin x \tag{5-45}$$

初始轨迹角为

$$\theta_0 = \arcsin\left(\frac{v_{k0}\cos x}{v_0}\right) \approx \frac{v_{k0}\cos x}{v_0} \tag{5-46}$$

初始迎角为

$$\alpha_0 = \vartheta_0 - \theta_0 = x - \frac{v_{k0}\cos x}{v_0} \tag{5-47}$$

当然,实际座椅运动时,由于弹射机构产生的作用力、火箭包推力、稳定伞阻力等常常不通过座椅重心,从而会产生初始角速度,而使得初始俯仰角(ϑ_0)不等于座椅安装角(x),这部分的计算可参考上节。

2. 座椅运动过程中受力及力矩分析

我们以头靠上装有稳定伞的火箭弹射座椅为例,来分析座椅的受力及力矩情况。其受力及力矩图如图 5.21 所示。

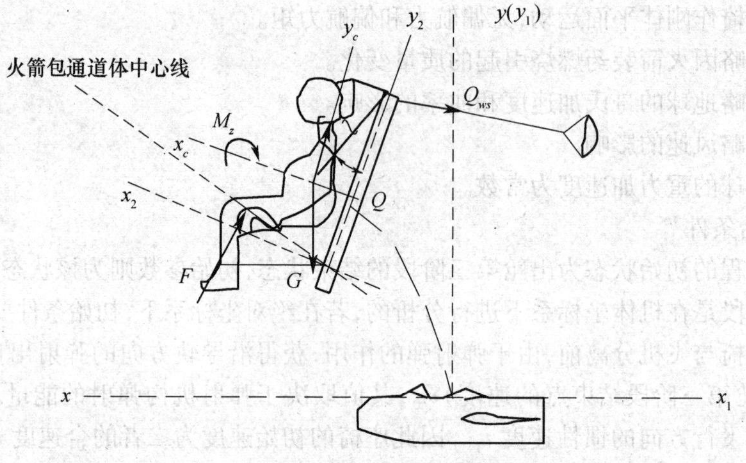

图 5.21　座椅受力及力矩图

1）气动力

在风洞试验中,可以直接测量出座椅在空中运动时所受的气动阻力 Q、气动升力 P 和气动力矩 M_{z1},并以阻力系数 C_x、升力系数 C_y 及力矩系数 m_z 的形式给出。

气动阻力 Q:

$$Q = C_x A \frac{1}{2}\rho v^2 \tag{5-48}$$

气动升力 P:

$$P = C_y A \frac{1}{2}\rho v^2 \tag{5-49}$$

2）气动力矩

$$M_{z1} = m_z A L \frac{1}{2}\rho v^2 \tag{5-50}$$

由于重心偏移，座椅实际的气动力矩为（可参考上节）

$$M_z = M_{z1} - P(a\cos\alpha - b\sin\alpha) - Q(a\sin\alpha + b\cos\alpha) \tag{5-51}$$

3）重力

$$G = m_{xt}g \tag{5-52}$$

式中：m_{xt}为人椅系统质量。

4）火箭包推力

$$F = nG \tag{5-53}$$

式中：n 为火箭推力过载，其随时间的变化曲线如图 5.22 所示。

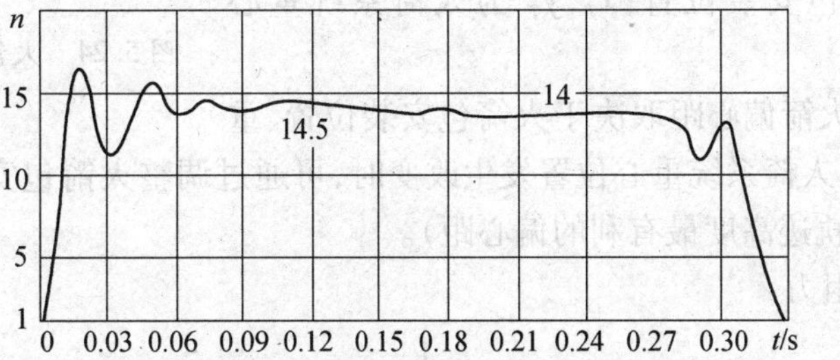

图 5.22 火箭推力过载随时间的变化曲线

由曲线可知，在 0.015s 内，过载由 1.0 增加到 14.5，以后几乎不变，近似为常数，当火药燃烧完毕时，又从 14.0 降至 1.0，因此在近似计算时，可将火箭推力看成常数处理。火箭推力在轨迹切线和法线上的分量可从图 5.23 推出。

$$\begin{aligned} F_t &= F\cos 1 = F\cos(180° - \beta - \alpha) = -F\cos(\alpha + \beta) \\ &= -F\cos(\alpha + \beta_t + 90°) = F\sin(\alpha + \beta_t) \end{aligned} \tag{5-54}$$

式中：β_t 为火箭包安装角；β 为推力 F 与 o_2x_2 轴的夹角。

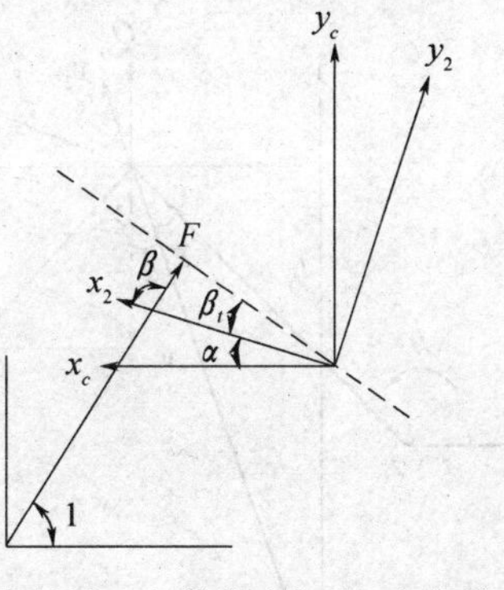

图 5.23 火箭推力切线、法线图

同理可得

$$F_n = F\cos(\alpha + \beta_t) \tag{5-55}$$

5）火箭推力力矩

$$M_T = F \cdot e_f \tag{5-56}$$

火箭推力线在座椅重心前面，偏心距 e_f为正值，座椅向后转，反之，向前转。其中，e_f

计算公式可由图 5.24 导出。

由于 $e_f = AD - BC - CD$

而 $AD = a/\cos\beta_t$;

$BC = x_T/\cos\beta_t$;

$CD = DE \cdot \sin\beta_t = (y_T - x_T \text{atn}\beta_t)\sin\beta_t$

从而得出

$$e_f = [a(1 + \tan^2\beta_t) - y_T\tan\beta_t - x_T]\cos\beta_t \tag{5-57}$$

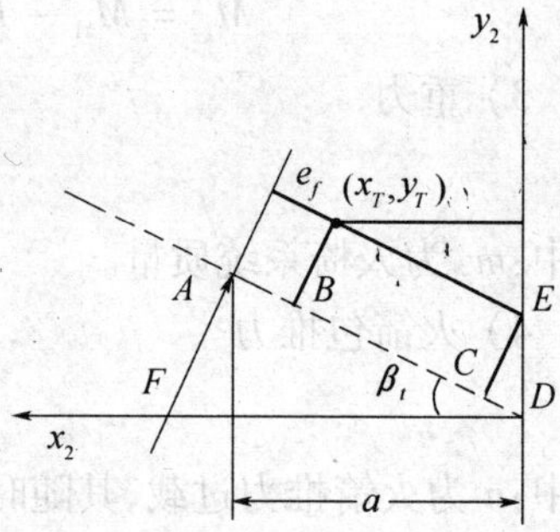

图 5.24 火箭偏心距计算公式图

式中:a 为火箭包安装位置;x_T,y_T 为人椅系统重心坐标。

由此可见,火箭偏心距取决于火箭包安装位置、重心和安装角。当人椅系统重心位置发生改变时,可通过调整火箭包安装角来得到最佳偏心距(即对弹射轨迹高度最有利的偏心距)。

6)稳定伞阻力

$$Q_{ws} = \frac{1}{2}\rho v_{ws}^2 (CA)_{ws} \tag{5-58}$$

由于座椅在对称平面内作平面运动,座椅在力矩作用下会绕重心转动。此时,稳定伞与座椅连接点的线速度将对稳定伞的速度发生影响,使稳定伞相对于轨迹切线偏转一个角度,见图 5.25。由此可知:

$$\boldsymbol{v}_x = v - v_{\theta x} = v - L_p\dot{\vartheta}\cos(\alpha + \gamma)$$
$$\boldsymbol{v}_y = L_p\dot{\vartheta}\sin(\alpha + \gamma)$$

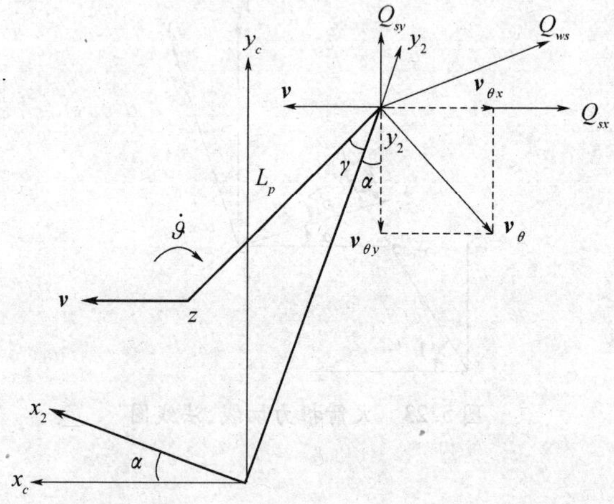

图 5.25 座椅稳定伞阻力沿轨迹方向的分解

因此,稳定伞阻力在轨迹切线方向的分量为

$$Q_{sx} = \frac{1}{2}\rho (CA)_{ws} [v - L_p\dot{\vartheta}\cos(\alpha + \gamma)]^2 \tag{5-59}$$

式中：v 为人椅重心速度；L_p 为人椅重心到稳定伞连接点的距离；$\dot{\vartheta}$ 为人椅转动角速度；γ 为人椅重心到稳定伞连接点的边线到座椅靠背的夹角。

在法线上的分量为

$$Q_{s\gamma} = \frac{1}{2}\rho(CA)_{ws}|\dot{\vartheta}[L_p\sin(\alpha+\gamma)]^2|\dot{\vartheta} \tag{5-60}$$

稳定伞阻力力矩可以相应写成

$$\begin{aligned} M_{ws} = &\frac{1}{2}\rho(CA)_{ws}[v - L_p\dot{\vartheta}\cos(\alpha+\gamma)]^2 L_p\cos(\alpha+\gamma) \\ &- \frac{1}{2}\rho(CA)_{ws}|\dot{\vartheta}[L_p\sin(\alpha+\gamma)]^3|\dot{\vartheta} \end{aligned} \tag{5-61}$$

7）俯仰阻尼力矩

座椅的俯仰阻尼反映在俯仰阻尼力矩上。座椅的俯仰阻尼力矩与角速度 $\dot{\vartheta}$ 成正比，它阻止座椅的转动，其方向始终与座椅转动方向相反，其表达式为

$$M_{\dot{\vartheta}} = \frac{1}{2}\rho v^2 ALC_{m\dot{\vartheta}}\dot{\vartheta} \tag{5-62}$$

式中：$C_{m\dot{\vartheta}}$ 为座椅的俯仰阻尼力矩系数(s)。

8）火箭喷流阻尼力矩

弹射火箭在工作期间，由于喷流产生的高温高速射流，形成一个气柱，因此增加了座椅的阻尼特性，其在物理意义上与气动阻尼力矩相似。显然，火箭喷流阻尼力矩只在火箭工作期间才产生，随火箭喷流的消失而消失。

$$M_{T\dot{\vartheta}} = m_{T\dot{\vartheta}}\dot{\vartheta} \tag{5-63}$$

式中：$m_{T\dot{\vartheta}}$ 为火箭喷流阻尼力矩系数(N·m·s)。

3. 人椅离机阶段运动方程

把座椅离机的运动看成平面运动，它是由在座椅对称平面内的重心运动和绕通过重心垂直于对称平面内的水平轴的转动所组成，根据图 5.17 和上节对力和力矩的分析，可列出下列平面运动方程：

$$\begin{cases} m\dfrac{\mathrm{d}v}{\mathrm{d}t} = -Q - G\sin\theta - F\sin(\alpha+\beta_t) - \dfrac{1}{2}\rho(CA)_{ws}[v - L_p\dot{\vartheta}\cos(\alpha+\gamma)]^2 \\ mv\dfrac{\mathrm{d}\theta}{\mathrm{d}t} = P - G\cos\theta + F\cos(\alpha+\beta_t) + \dfrac{1}{2}\rho(CA)_{ws}|\dot{\vartheta}[L_p\sin(\alpha+\gamma)]^2|\dot{\vartheta} \\ J_z\dfrac{\mathrm{d}\omega}{\mathrm{d}t} = M_z + Fe_f + \dfrac{1}{2}\rho(CA)_{ws}[v - L_p\dot{\vartheta}\cos(\alpha+\gamma)]^2 L_p\cos(\alpha+\gamma) \\ \qquad - \dfrac{1}{2}\rho(CA)_{ws}|\dot{\vartheta}[L_p\sin(\alpha+\gamma)]^3|\dot{\vartheta} + \dfrac{1}{2}\rho v^2 ALC_{m\dot{\vartheta}}\dot{\vartheta} + m_{T\dot{\vartheta}}\dot{\vartheta} \end{cases} \tag{5-64}$$

上三式中，$v,\alpha,\theta,\omega,\dot{\vartheta}$ 均为未知量，方程不闭合，还需补充两个方程式：

$$\frac{\mathrm{d}\vartheta}{\mathrm{d}t} = \omega \tag{5-65}$$

$$\alpha = \vartheta - \theta \tag{5-66}$$

根据上述五个方程,可求得五个未知量,为了求得弹射座椅的绝对轨迹和相对轨迹,根据前面的假设,还可列出如下方程求得。

绝对轨迹:

$$\begin{cases} \dfrac{\mathrm{d}x}{\mathrm{d}t} = v\cos\theta \\ \dfrac{\mathrm{d}y}{\mathrm{d}t} = v\sin\theta \end{cases} \tag{5-67}$$

相对轨迹:

$$\begin{cases} \dfrac{\mathrm{d}x_1}{\mathrm{d}t} = v_f - v\cos\theta \\ \dfrac{\mathrm{d}y_1}{\mathrm{d}t} = \dfrac{\mathrm{d}y}{\mathrm{d}t} = v\sin\theta \end{cases} \tag{5-68}$$

即在任意瞬间有

$$\begin{cases} x = v_f t - x_1 \\ y = y_1 \end{cases} \tag{5-69}$$

上述五个方程是闭合的,为了求出座椅的运动轨迹,首先必须知道离机时的初始条件;其次必须知道座椅的气动力参数、火箭推力和弹射筒推力数据,还有稳定伞的气动特性,有了这些条件,就可以采用数值积分的方法来求解。

在解方程时必须注意,有的力、力矩不是在整个过程中都存在,例如火箭推力、阻尼力矩等,在求各参数的瞬时值时应注意。

5.4 机动飞行损失高度

随着航空救生技术的不断发展,对救生系统性能的要求越来越高。从20世纪60年代中期开始,美国已把救生系统在飞机机动飞行情况下的救生性能列入了美国军用标准,并不断进行修改,以提高对救生系统的要求。

本节所指的飞机机动飞行情况包括俯冲、滚转、下沉以及各种情况的组合状态(如俯冲和滚转组合)。目前对复杂飞行状态下性能计算的要求主要是确定救生系统的最低安全高度。本节性能计算的目的是确定机动飞行时,救生系统重心的轨迹变化和最低安全救生高度。

5.4.1 基本假设

为获得人椅救生系统重心的轨迹变化和最低安全救生高度,作如下基本假设:

(1) 救生系统作为集中在其重心处的质点来研究。

(2) 在弹射过程中,飞机以不变的速度和不变的姿态沿航迹作直线飞行。

(3) 假定飞机机身轴线与飞机飞行速度矢量相重合,即假定飞机的迎角为零。

(4) 假定火箭助推器的推力方向和大小在其工作期间不变化,并忽略因推进剂燃烧而产生的质量变化。

(5) 忽略地球哥氏加速度和曲率的影响。

(6) 忽略风速的影响。

(7) 在救生系统出舱阶段中,不考虑弹射机构变形的影响。

5.4.2 基本运动方程

为了便于计算,分成抛盖、出舱、自由飞三个阶段开展研究。

1. 抛盖阶段

该阶段从弹射启动开始,到抛掉飞机座舱盖为止。在这一阶段内,救生系统尚未开始向上运动,只有飞机在运动。因此,只需计算飞机在该阶段的高度损失,可按下式计算:

$$y_E = v_f t_E \sin\vartheta_f - v_{xc} t_E \tag{5-70}$$

式中:y_E 为飞机的损失高度(m);v_f 为飞机的飞行速度(m/s);t_E 为抛盖时所需时间(s);ϑ_f 为飞机的俯仰角(爬升为正,俯冲为负)(°);v_{xc} 为飞机下沉率(速度)(m/s)。

抛盖时间 t_E 取决于抛盖机构的性能,同时随着飞机飞行速度的增加而减小。为了便于计算,一般假设 t_E 是飞机飞行速度的线性函数。若采取穿盖弹射方式,可取 $t_E=0$。

2. 出舱阶段

出舱阶段从抛掉座舱盖瞬间开始,到救生系统离开飞机瞬间为止。一般把弹射机构的内筒脱开外筒(或中筒)瞬间作为救生系统的离机标志点。在这一阶段中,人椅系统沿飞机导轨方向相对飞机向上运动。

弹射机构的工作行程 L_t 在飞机体轴坐标系中的分量为

$$\begin{bmatrix} L_{tx} \\ L_{ty} \\ L_{tz} \end{bmatrix} = \begin{bmatrix} -L_t\sin\chi \\ L_t\cos\chi \\ 0 \end{bmatrix} \tag{5-71}$$

式中:χ 为弹射座椅的安装角(°);L_t 为弹射机构的工作行程(m)。

弹射机构的工作行程在地面坐标系中的分量为

把转换矩阵 $\boldsymbol{C}_t^d = (\boldsymbol{C}_d^t)^{\mathrm{T}} =$

$$\begin{bmatrix} \cos\vartheta_f\cos\varphi_f & -\cos\gamma_f\sin\vartheta_f\cos\varphi_f+\sin\gamma_f\sin\varphi_f & \sin\gamma_f\sin\vartheta_f\cos\varphi_f+\cos\gamma_f\sin\varphi_f \\ \sin\vartheta_f & \cos\gamma_f\cos\vartheta_f & -\sin\gamma_f\cos\vartheta_f \\ -\cos\vartheta_f\sin\varphi_f & \cos\gamma_f\sin\vartheta_f\sin\varphi_f+\sin\gamma_f\cos\varphi_f & -\sin\gamma_f\sin\vartheta_f\sin\varphi_f+\cos\gamma_f\cos\varphi_f \end{bmatrix} \tag{5-72}$$

代入

$$\boldsymbol{C}_t^d \begin{bmatrix} L_{tx} \\ L_{ty} \\ L_{tz} \end{bmatrix} = \boldsymbol{C}_t^d \begin{bmatrix} -L_t\sin\chi \\ L_t\cos\chi \\ 0 \end{bmatrix} \tag{5-73}$$

要计算高度损失我们只需计算出上式 y 方向上的值,最后,可以得出人椅系统的损失高度:

$$y_c = v_f t_c \sin\vartheta_f - L_t \sin\chi \sin\vartheta_f - v_{xc} t_c + L_t \cos\chi \cos\gamma_f \cos\vartheta_f \quad (5-74)$$

式中：y_c 为人椅系统在出舱阶段中的损失高度（m）；t_c 为出舱阶段所需时间（一般取弹射机构的工作时间）（s）；φ_f、ϑ_f、γ_f 分别为飞机偏航角、俯仰角、滚转角（°）。

3. 自由飞阶段

自由飞阶段从人椅系统离机瞬间开始，到打开救生伞伞包（箱）为止。在这一阶段中，作用在人椅系统重心上的外力有：

1）人椅系统的气动阻力 Q

气动阻力 Q（气流坐标系）在地面坐标系三个轴上的投影可根据

$$\begin{bmatrix} Q_x \\ Q_y \\ Q_z \end{bmatrix} = \boldsymbol{C}_q^d \begin{bmatrix} -Q \\ 0 \\ 0 \end{bmatrix} \quad (5-75)$$

代入

$$\boldsymbol{C}_q^d = \begin{bmatrix} \cos\theta\cos\psi & \sin\gamma_s\sin\psi - \cos\gamma_s\sin\theta\cos\psi & \sin\gamma_s\sin\theta\cos\psi + \cos\gamma_s\sin\psi \\ \sin\theta & \cos\gamma_y\cos\theta & -\sin\gamma_y\cos\theta \\ -\cos\theta\sin\psi & \cos\gamma_s\sin\theta\sin\psi + \sin\gamma_s\cos\psi & \cos\gamma_s\cos\psi - \sin\gamma_s\sin\theta\sin\psi \end{bmatrix}$$

(5 – 76)

得

$$ox \text{ 轴}: -Q\cos\theta\cos\psi$$

$$oy \text{ 轴}: -Q\sin\theta$$

$$oz \text{ 轴}: Q\cos\theta\sin\psi$$

式中：θ 为人椅系统的航迹倾斜角，即人椅系统重心合成速度矢量（地速矢量 $\boldsymbol{v}$）与水平面（oxz）的夹角，速度矢量向上倾斜的夹角为正；ψ 为人椅系统的航迹偏转角，即人椅系统重心合成速度矢量（地速矢量 $\boldsymbol{v}$）在水平面（oxz）上的投影与 ox 轴的夹角，按右手法则绕 oy 轴从 ox 轴转动到该投影线，则 ψ 为正；γ_s 为人椅系统速度矢量的滚转角。

2）人椅系统的气动升力 P

气动升力 P（气流坐标系）在地面坐标系三个轴上的投影可根据

$$\begin{bmatrix} P_x \\ P_y \\ P_z \end{bmatrix} = \boldsymbol{C}_q^d \begin{bmatrix} 0 \\ P \\ 0 \end{bmatrix} \quad (5-77)$$

同样，$\boldsymbol{C}_q^d$ 代入得

$$ox \text{ 轴}: P(\sin\psi\sin\gamma_s - \cos\psi\cos\gamma_s\sin\theta)$$

$$oy \text{ 轴}: P\cos\theta\cos\gamma_s$$

$$oz \text{ 轴}: P(\cos\psi\sin\gamma_s + \sin\psi\sin\theta\cos\gamma_s)$$

式中：γ_s 为人椅系统的滚转角。

3）稳定减速伞的气动阻力 Q_{ws}

因为假定人椅系统是一个质点，忽略了转动，所以稳定减速伞的气动阻力 Q_{ws} 与人椅系统的气动阻力 Q 方向相同。不过，此处 $\boldsymbol{C}_q^d$ 为降落伞气流坐标系到地面坐标系的转换

矩阵，它在固定坐标系三个轴上的投影分别为（推导同上）

$$C_q^d = \begin{bmatrix} \cos\theta\cos\psi & -\cos\gamma_s\sin\theta\cos\psi + \sin\gamma_s\sin\psi & \sin\gamma_s\sin\theta\cos\psi + \cos\gamma_s\sin\psi \\ \sin\theta & \cos\gamma_s\cos\theta & -\sin\gamma_s\cos\theta \\ -\cos\theta\sin\psi & \cos\gamma_s\sin\theta\sin\psi + \sin\gamma_s\cos\psi & -\sin\gamma_s\sin\theta\sin\psi + \cos\gamma_s\cos\psi \end{bmatrix} \tag{5-78}$$

ox 轴：$-Q_{ws}\cos\theta\cos\psi$

oy 轴：$-Q_{ws}\sin\theta$

oz 轴：$Q_{ws}\cos\theta\sin\psi$

式中：θ、ψ、γ_s 为伞系统的航迹倾斜角、航迹偏转角、速度矢量的滚转角（注：此处 γ_s 为伞系统速度矢量的滚转角，不是人椅系统速度矢量的滚转角）。

4）火箭助推器的推力 F

由于推力 F 与 o_2y_2 轴有一夹角为火箭包安装角 β_t，所以推力 F 在固定坐标系三个轴上的投影可依此计算。

火箭推力在气流坐标系中的分量为

$$\begin{bmatrix} F_x \\ F_y \\ F_z \end{bmatrix} = \begin{bmatrix} -F\sin(\alpha+\beta_t) \\ F\cos(\alpha+\beta_t) \\ 0 \end{bmatrix} \tag{5-79}$$

再通过转换矩阵，可得

$$\begin{bmatrix} \overline{F}_x \\ \overline{F}_y \\ \overline{F}_z \end{bmatrix} = C_q^d \begin{bmatrix} F_x \\ F_y \\ F_z \end{bmatrix} \tag{5-80}$$

将 C_q^d 代入，可得

ox 轴：

$$-F\sin(\alpha+\beta_t)\cos\theta_y\cos\psi_y + F\cos(\alpha+\beta_t)(\sin\gamma_s\sin\psi_y - \cos\gamma_s\sin\theta_y\sin\psi_y)$$

oy 轴：

$$-F\sin(\alpha+\beta_t)\sin\theta_y + F\cos(\alpha+\beta_t)\cos\gamma_y\cos\theta_y$$

oz 轴：

$$F\sin(\alpha+\beta_t)\cos\theta_y\sin\psi_y + F\cos(\alpha+\beta_t)(\cos\gamma_s\sin\theta_y\sin\psi_y + \sin\gamma_s\cos\psi_y)$$

式中：α 为人椅系统的迎角，在 $o_2x_2y_2$ 平面中，o_2x_2 轴与人椅系统速度矢量在 $o_2x_2y_2$ 平面上投影的夹角（顺时针方向为增加方向）。

5）火箭侧向推力 F_{z_2}

救生系统为了获得发散的轨迹，以避免多座椅之间或人椅伞之间的干扰，一般都装有侧向推力的小火箭，假定其推力 F_{z_2} 与 o_2z_2 轴同向，则推力 F_{z_2}（人椅系统体轴坐标系）在地面坐标系三个轴上的投影为可根据下式获得：

$$\begin{bmatrix} F_{z_2x} \\ F_{z_2y} \\ F_{z_2z} \end{bmatrix} = \boldsymbol{C}_t^d \begin{bmatrix} 0 \\ 0 \\ F_{z_2} \end{bmatrix} \tag{5-81}$$

代入 $\boldsymbol{C}_t^d$，可得

ox 轴：$F_{z_2}(\sin\gamma_y\sin\vartheta_y\cos\varphi_y + \cos\gamma_y\sin\varphi_y)$

oy 轴：$-F_{z_2}\sin\gamma_y\cos\vartheta_y$

oz 轴：$F_{z_2}(\cos\gamma_y\cos\varphi_y - \sin\gamma_y\sin\vartheta_y\sin\varphi_y)$

式中：φ_y、ϑ_y 分别为人椅系统的偏航角、俯仰角。

6）人椅系统的重力 G（地面坐标系）

ox 轴：0

oy 轴：$-G$

oz 轴：0

综合以上分析和假设，最后可在地面坐标系上建立人椅系统重心的运动方程：

$$\begin{aligned} m\frac{\mathrm{d}v_x}{\mathrm{d}t} = & -Q\cos\theta_y\cos\psi_y + P(\sin\psi_y\sin\gamma_s - \cos\psi_y\cos\gamma_s\sin\theta_y) - Q_{ws}\cos\theta\cos\psi \\ & - F\sin(\alpha+\beta_t)\cos\theta_y\cos\psi_y + F\cos(\alpha+\beta_t)(\sin\gamma_s\sin\psi_y \\ & - \cos\gamma_s\sin\theta_y\sin\psi_y) + F_{z_2}(\sin\gamma_y\sin\vartheta_y\cos\varphi_y + \cos\gamma_y\sin\varphi_y) \end{aligned} \tag{5-82}$$

$$\begin{aligned} m\frac{\mathrm{d}v_y}{\mathrm{d}t} = & -Q\sin\theta_y + P\cos\theta_y\cos\gamma_y - Q_{ws}\sin\theta - F\sin(\alpha+\beta_t)\sin\theta_y \\ & + F\cos(\alpha+\beta_t)\cos\gamma_y\cos\theta_y - F_{z_2}\sin\gamma_y\cos\vartheta_y - G \end{aligned} \tag{5-83}$$

$$\begin{aligned} m\frac{\mathrm{d}v_z}{\mathrm{d}t} = & -Q\cos\theta_y\sin\psi_y + P(\cos\psi_y\sin\gamma_s + \sin\psi_y\sin\theta_y\cos\gamma_s) + Q_{ws}\cos\theta\sin\psi \\ & + F\sin(\alpha+\beta_t)\cos\theta_y\sin\psi_y + F\cos(\alpha+\beta_t)(\cos\gamma_s\sin\theta_y\sin\psi_y \\ & + \sin\gamma_s\cos\psi_y) + F_{z_2}(\cos\gamma_y\cos\varphi_y - \sin\gamma_y\sin\vartheta_y\sin\varphi_y) \end{aligned} \tag{5-84}$$

为了求解上述三个基本运动方程，还需下面的辅助方程：

$$\begin{cases} \dfrac{\mathrm{d}x}{\mathrm{d}t} = v_x, \dfrac{\mathrm{d}y}{\mathrm{d}t} = v_y, \dfrac{\mathrm{d}z}{\mathrm{d}t} = v_z \\ Q = \rho v^2 C_x A/2 \\ P = \rho v^2 C_y A/2 \\ Q_{ws} = \rho v^2 (CA)_{ws}/2 \\ v^2 = v_x^2 + v_y^2 + v_z^2 \\ \tan\psi_y = -v_z/v_x \\ \sin\theta_y = \dfrac{v_y}{v}, \text{若 } v_x < 0, \text{则 } \theta_y \text{ 取值为}(\pi - \theta_y) \end{cases} \tag{5-85}$$

自由飞阶段的起始条件如下：

$$
\begin{cases}
x_0 = y_0 = z_0 = 0 \\
v_{x_0} = (v_f - v_{k_0}\sin\chi)\cos\vartheta_f - v_{k_0}\cos\chi\cos\gamma_f\sin\vartheta_f \\
v_{y_0} = v_{k_0}\cos\chi\cos\gamma_f\cos\vartheta_f + (v_f - v_{k_0}\sin\chi)\sin\vartheta_f - v_{xc} \\
v_{z_0} = v_{k_0}\cos\chi\sin\gamma_f \\
v_{H_0}^2 = v_{x_0}^2 + v_{y_0}^2 + v_{z_0}^2 \\
\tan\psi_{y0} = -v_{z_0}/v_{x_0} \\
\sin\theta_{y0} = v_{y_0}/v_{H_0}, \text{若 } v_{x_0} < 0, \text{则 } \theta_{y0} \text{ 取值为}(\pi - \theta_{y0})
\end{cases}
\tag{5-86}
$$

式中：v_{k_0}为弹射机构出口速度(m/s)；v_{H_0}为人椅系统离机瞬间重心的合成速度(m/s)。

最后，将各阶段的高度损失相加，便可求得人椅系统在各种机动飞行情况下的最低安全高度。

5.5 各种参数的影响

对设计师来说，了解各种参数对座椅运动轨迹的影响是十分必要的，当某些参数变化时，我们必须能很快地知道座椅相对飞机的轨迹高度将会发生怎样的变化，对最低安全救生高度造成怎样的影响。下面分别从飞行水平飞行和机动飞行两种状态来研究参数变化对轨迹及最低安全救生高度的影响。

5.5.1 平飞状态参数的影响

平飞时，飞机的飞行速度、弹射座椅的质量、气动性能、安装角度、救生装置的弹射性能都对人椅系统弹射相对轨迹高度有很大的影响。

1. 飞机飞行速度

弹射座椅运动的相对轨迹可表示为

$$
\begin{cases}
x_1 = \int_0^{\Delta t} v_f \mathrm{d}t - \int_0^{\Delta t} v_x(t)\,\mathrm{d}t = v_f\Delta t - \int_0^{\Delta t} v_x(t)\,\mathrm{d}t \\
y_1 = \int_0^{\Delta t} v_y(t)\,\mathrm{d}t
\end{cases}
\tag{5-87}
$$

随着飞行速度的增加，弹射时弹射装置的阻力将增加，且与速度的平方和成正比，以致$v_x(t)$，$v_y(t)$下降得很快，使得同一瞬时，相对轨迹高度降低，相对水平位移增加。

图5.26为在不同飞行速度下，弹射装置的相对轨迹曲线图。由图中可以看出随着飞行速度增加，相对轨迹高度在降低。

2. 人椅系统质量

在弹射出口初速度不变的情况下，人椅系统质量越大，动能越大，其轨迹也就越高。另外，由于质量越大，在同样的合力情况下，加速度变小，经过垂直安定面所需的时间将会延长。

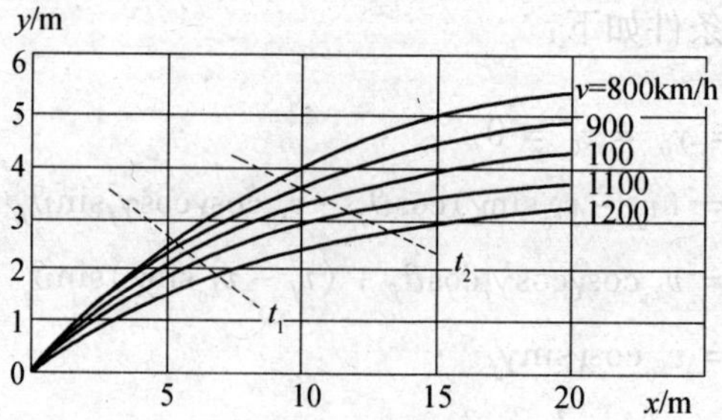

图 5.26　不同飞行速度下座椅的重心轨迹

($H=0\text{m}$)

图 5.27 为飞机飞行速度 1000km/h 下，不同的人椅系统质量，所得的相对轨迹曲线图。

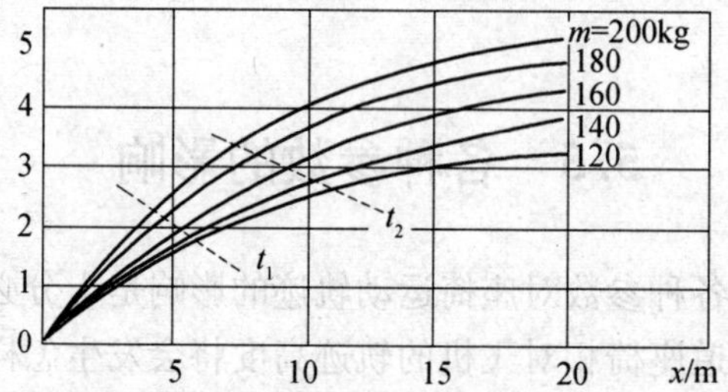

图 5.27　人椅系统质量对轨迹的影响

($H=0\text{m}, v_f=1000\text{km/h}$)

3. 座椅阻力特征

座椅阻力特征的增加，将会增加座椅沿轨迹方向的阻力（主要为水平方向），从而使座椅到达垂直尾翼的时间缩短。由于其在 Y 方向的分力较小，所以影响不大。由于越过垂直安定面的时间缩短，所以在此安定面的轨迹高度会降低。

图 5.28 为在零高度下，弹射质量为 160kg，飞行速度为 1000km/h，弹射初速度为 20m/s，座椅安装角为 20°，升力系数为 −0.1 时，不同阻力系数对座椅相对轨迹的影响。可见对高度影响不大。

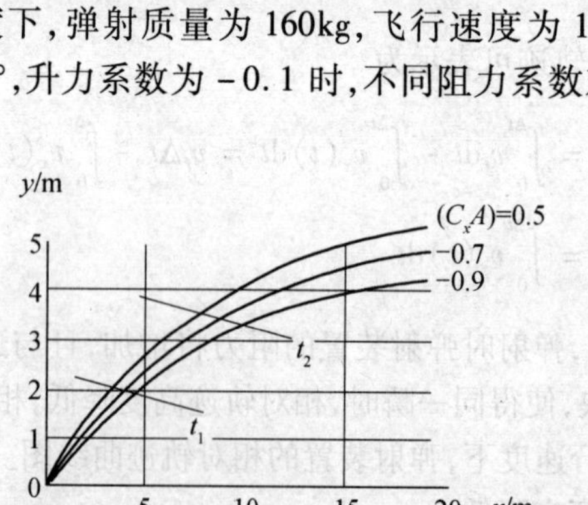

图 5.28　阻力系数对座椅运动轨迹的影响

4. 座椅升力特征的影响

从图 5.9 可以看出，座椅的升力系数在其工作区域时，一般为负。升力特征增大，引起负升力增加,从而导致座椅运动轨迹下降。由于升力在水平方向的分量很小,则其对水平相对位移影响很小。

图5.29为在零高度下,弹射质量为160kg,飞行速度为1000km/h,弹射初速度为20m/s,座椅安装角为20°,阻力系数为0.7时,不同升力特征对座椅轨迹高度的影响。从图中也可以看出,越过垂直安定面的时间几乎不变。

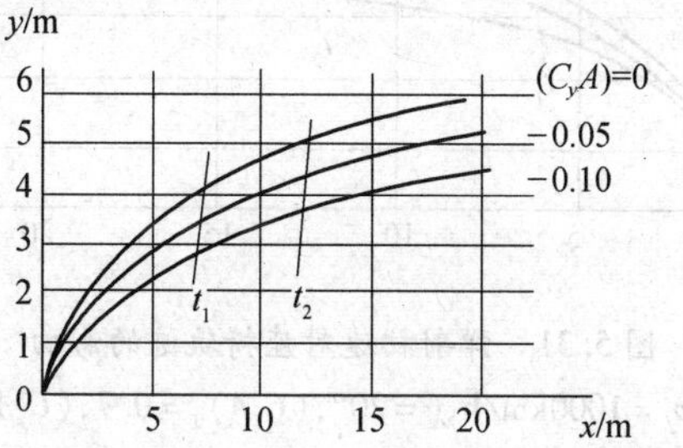

图5.29 升力系数与座椅运动轨迹的关系

5. 导轨倾角的影响

导轨倾角对轨迹的影响很大,倾角越大,轨迹高度越低。同时,又由于倾角的增加,会相对缩短到达垂直安定面的时间,从而降低垂直尾翼处的轨迹高度。由此可见,轨迹倾角的变化,会从两个方面影响轨迹高度。因此,它对轨迹高度的影响比较显著。

但是座椅的导轨倾角不是可以随意变化的,它必须根据飞行员驾驶动作、视界、舒适性等方面的要求而定。想通过减小倾角来提高轨迹高度的潜力是有限的。图5.30为座椅轨迹倾角对相对轨迹的影响。

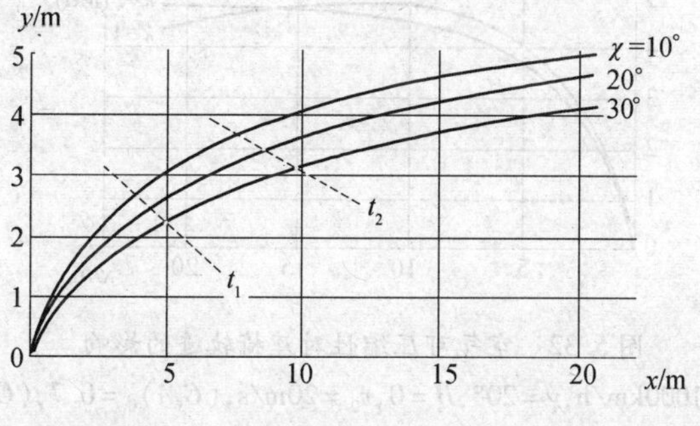

图5.30 座椅导轨倾角对轨迹的影响

$(m=160\text{kg}, v_f=1000\text{km/h}, v_0=20\text{m/s}, (C_xA)_0=0.7, (C_yA)_0=-0.1)$

6. 弹射出口速度的影响

根据运动学原理:

$$x_1 = v_{k0}t\sin x + \frac{1}{2}a_x t^2$$

$$y_1 = v_{k0}t\cos x + \frac{1}{2}a_y t^2$$

弹射出口速度 v_{k0} 增加,就使得轨迹高度和相对位移均增加,由于 $\sin x \approx 0$,所以轨迹高度的变化更加明显。图 5.31 为座椅弹射初速对相对轨迹的影响。

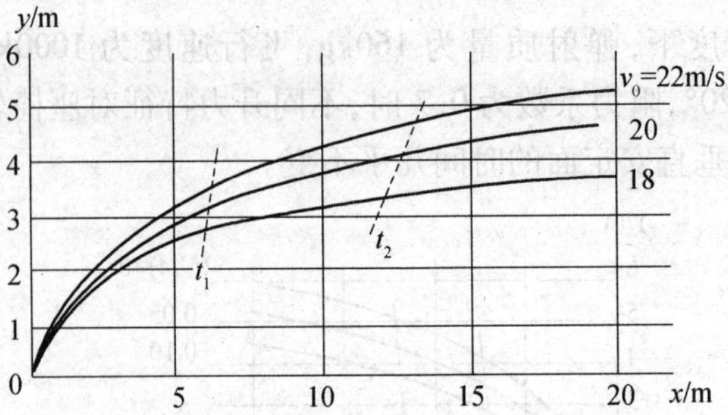

图 5.31　弹射初速对座椅轨迹的影响

($m=160\mathrm{kg}, v_f=1000\mathrm{km/h}, \chi=20°, (C_xA)_0=0.7, (C_yA)_0=-0.1$)

7. 空气可压缩性的影响

前面已经讲过，弹射装置的迎面阻力系数随空气可压缩性的增加而增加。所以在座椅运动速度十分大的一段轨迹上，座椅总的迎面阻力也增大。

迎面阻力的增加可缩短越过垂直安定面所需的时间。因此，当座椅处于下降阶段时，座椅下降得慢，弹射座椅的轨迹高度将提高。若是处于上升阶段，座椅也会上升得慢，则会降低座椅在垂直尾翼处的轨迹高度。因此，空气可压缩性对座椅的轨迹可能带来不利或有利的影响，这要视轨迹是处于上升阶段还是下降阶段而定。图 5.32 为空气可压缩性对座椅轨迹的影响。

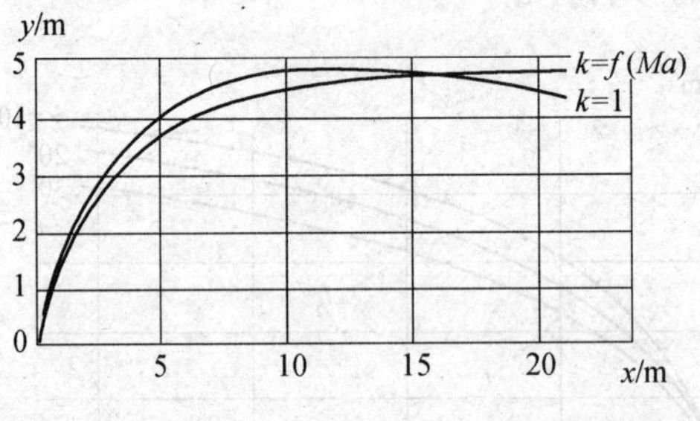

图 5.32　空气可压缩性对座椅轨迹的影响

($m=160\mathrm{kg}, v_f=1000\mathrm{km/h}, \chi=20°, H=0, v_0=20\mathrm{m/s}, (C_xA)_0=0.7, (C_yA)_0=-0.1$)

5.5.2　机动飞行状态参数的影响

人椅系统的相对轨迹降低，最低安全救生高度将增加。本节针对机动飞行情况（俯冲、滚转、下沉等情况）来研究参数变化对最低安全救生高度的影响。

1. 飞机姿态的影响

1）滚转角 γ_f 的影响

除了俯仰角 $\vartheta_f=\pm 90°$（飞机头部与地面垂直）的情况外，人椅系统的最低安全高度随着飞机滚转角 γ_f 的增加而增加，其影响程度随着俯仰角 ϑ_f 绝对值的增加而减小。当达到 $\vartheta_f=\pm 90°$时，改变 γ_f 只能改变相对 oy、oz 轴的弹射方向，与 ox 轴无关。此时，人椅系统的最低安全高度与飞机的滚转角 γ_f 无关。

2）飞机俯仰角 ϑ_f 的影响

在飞机滚转角 $\gamma_f = 0°$的情况下，俯仰角 ϑ_f 负值越大，和尾翼发生干扰的可能性也就越大。而在 $\gamma_f \neq 0°$的情况下，俯仰角 ϑ_f 对最低安全高度的影响程度不仅与 γ_f 有关，而且与飞机的飞行速度 v_f 有关。因为 $v_f \neq 0$ 时，在救生系统出舱阶段中就有较大的高度损失，因而对最低高度的影响更加显著。

2. 飞机速度的影响

1）飞行速度 v_f 影响

不同的飞机滚转角，人椅系统会有不同的弹射方向，从而影响了变化规律。最低安全高度一般均随着飞行速度的增加而增加，在 $\gamma_f = 0°$ 时的情况下，这种增加几乎接近线性变化。

2）下沉速度 v_{xc}影响

飞机下沉率越大，座椅相对飞机的弹射高度越高，最低安全高度越高；而且飞机下沉率对最低安全高度的影响几乎与飞机飞行速度(v_f)、飞机滚转角(γ_f)无关。

3. 人椅系统气动力系数的影响

人椅系统的气动力参数对最低救生高度有很大的影响，而这个影响受飞机飞行姿态的影响。平飞时($\gamma_f = 0°$)，升力系数越大则最低安全高度越小；倒飞时($\gamma_f = 180°$)，由于变成了向下弹射，因此气动力系数的影响正好与 $\gamma_f = 0°$时情况相反。在 $\vartheta_f = -90°$俯冲状态下，气动升力对救生高度几乎没有影响，人椅系统的最低安全高度与飞机的偏航角 φ_f 无关。由此可知：人椅系统的气动力系数对最低安全高度有较大的影响，特别是升力系数的影响更加显著，其影响程度与飞机的姿态(ϑ_f 和 γ_f)和速度有关。

4. 人椅系统质量的影响

人椅系统质量的影响与飞机姿态有关。在 $\gamma_f = 0° \sim 90°$范围内，质量越大则最低安全高度越高，其影响程度随着 γ_f 的增加而减小；而在 $\gamma_f = 90° \sim 180°$的范围内，则其变化规律正好相反。上述影响趋势随着俯仰角绝对值的增加而减小，在俯冲状态时，影响程度几乎与 γ_f 无关。

5. 火箭包安装角 β_t 的影响

由于火箭包安装角 β_t 的值变化较小($1° \sim 10°$)，其影响不太显著，特别是在平飞状态下，其影响更小。由于 β_t 值在安装时可调，当火箭推力矢量在 o_2x_2 轴上投影为正时，β_t 值越大，与飞机尾翼发生干扰的可能性也就越小。若火箭推力矢量在 o_2x_2 轴上投影为负，与飞机发生干扰的可能性增大。

6. 火箭侧向推力 F_{z_2}的影响

由于 F_{z_2}是平行于 o_2z_2 轴的矢量，所以在 $\gamma_f = 0°$和 $180°$的两种情况下，对最低安全高度均无影响；而在 $\gamma_f = 90°$时，其影响最显著。因为这时 F_{z_2} 的方向正好为垂直方向，当 $F_{z_2} > 0$时，其值越大，最低安全高度也越大。在 $\gamma_f = 0° \sim 90°$范围内，其影响程度随着 γ_f 的增加而增加；而在 $\gamma_f = 90° \sim 180°$范围内，其影响程度随着 γ_f 的增加而减小。

5.6 人椅系统六自由度下的性能计算

5.6.1 计算目的和坐标系

前面分别介绍了人椅系统的刚体平面运动方程和空间质点运动方程。虽然这两种计算方法在一定程度上解决了救生系统的性能计算问题，但随着航空救生技术的不断发展，带侧向推力的救生系统已装机服役；即使不带侧向推力的救生系统，在试验过程中也发现，人椅系统在自由飞阶段也有自转和侧倒现象。故有必要将人椅系统作为一个空间刚体来研究，使计算更能接近于真实情况。

若把人椅系统作为一个空间刚体，则人椅系统的运动由质心运动和绕质心转动组成，共有六个独立变量（三个线位移 x,y,z 和三个角位移 $\vartheta_y,\varphi_y,\gamma_y$），可由三个质心动力学方程和三个质心转动动力学方程组成。

5.6.2 基本假设

为了建立人椅系统的空间运动方程，作如下假设：

(1) 人椅系统是一个刚体。

(2) 人椅系统对称于 $o_2x_2y_2$ 平面，则人椅系统的重心在该平面内。

(3) 略去飞机对人椅系统气动特性的干扰影响。

(4) 略去地球哥式加速度的影响，并认为重力加速度是常量。

(5) 准定常假设：人椅系统在任意瞬间所受的力和力矩均由该瞬间所处的运动状态决定，而不考虑运动状态随时间变化的影响。

为了便于求解运动方程，拟把运动方程建立在人椅系统的体轴坐标系 $o_2x_2y_2z_2$ 上。因为在该坐标系中，人椅系统的转动惯量（J_{x_2},J_{y_2},J_{z_2}）和惯性积（$J_{x_2y_2},J_{z_2x_2},J_{y_2z_2}$）都是常数。

5.6.3 质心动力学方程

刚体质心的运动方程为

$$m\frac{\mathrm{d}\boldsymbol{v}}{\mathrm{d}t}=\boldsymbol{F} \tag{5-88}$$

式中：m 为刚体的质量；$\boldsymbol{v}$ 为刚体质心相对于惯性参考系的速度矢量；$\boldsymbol{F}$ 为作用在刚体上的外力总矢量。

在旋转座椅坐标系中：

$$\frac{\mathrm{d}\boldsymbol{v}}{\mathrm{d}t}=\frac{\mathrm{d}v_x}{\mathrm{d}t}\boldsymbol{i}+\frac{\mathrm{d}v_y}{\mathrm{d}t}\boldsymbol{j}+\frac{\mathrm{d}v_z}{\mathrm{d}t}\boldsymbol{k}+v_x\frac{\mathrm{d}\boldsymbol{i}}{\mathrm{d}t}+v_y\frac{\mathrm{d}\boldsymbol{j}}{\mathrm{d}t}+v_z\frac{\mathrm{d}\boldsymbol{k}}{\mathrm{d}t} \tag{5-89}$$

从理论力学中可知，当刚体绕定点 o 以角速度 $\boldsymbol{\omega}$ 旋转时，刚体上任何一点 P 的速度等于 $\boldsymbol{\omega}\times\boldsymbol{r}$，这里 $\boldsymbol{r}$ 是 o 点至 P 点的矢径。所以，P 点的速度 $\frac{\mathrm{d}\boldsymbol{r}}{\mathrm{d}t}=\boldsymbol{\omega}\times\boldsymbol{r}$。

把以上关系式代入式(5-89)中，得到

$$\frac{d\boldsymbol{v}}{dt} = \frac{dv_x}{dt}\boldsymbol{i} + \frac{dv_y}{dt}\boldsymbol{j} + \frac{dv_z}{dt}\boldsymbol{k} + \boldsymbol{\omega} \times (v_x\boldsymbol{i} + v_y\boldsymbol{j} + v_z\boldsymbol{k})$$

最后可得旋转坐标系中矢量的导数公式

$$\frac{d\boldsymbol{v}}{dt} = \frac{\delta \boldsymbol{v}}{\delta t} + \boldsymbol{\omega} \times \boldsymbol{v} \tag{5-90}$$

所以

$$m\left(\frac{\delta \boldsymbol{v}}{\delta t} + \boldsymbol{\omega} \times \boldsymbol{v}\right) = \boldsymbol{F} \tag{5-91}$$

把 $\delta\boldsymbol{v}/\delta t, \boldsymbol{v}, \boldsymbol{\omega}, \boldsymbol{F}$ 的表达式代入方程(5-91)中,有

$$F_x\boldsymbol{i} + F_y\boldsymbol{j} + F_z\boldsymbol{k} = m\left[\left(\frac{dv_x}{dt}\boldsymbol{i} + \frac{dv_y}{dt}\boldsymbol{j} + \frac{dv_z}{dt}\boldsymbol{k}\right) + (\omega_x\boldsymbol{i} + \omega_y\boldsymbol{j} + \omega_z\boldsymbol{k}) \times (v_x\boldsymbol{i} + v_y\boldsymbol{j} + v_z\boldsymbol{k})\right]$$

将上式展开后,得到

$$\begin{cases} m\left(\dfrac{dv_x}{dt} + \omega_y v_z - \omega_z v_y\right) = F_x \\ m\left(\dfrac{dv_y}{dt} + \omega_z v_x - \omega_x v_z\right) = F_y \\ m\left(\dfrac{dv_z}{dt} + \omega_x v_y - \omega_y v_x\right) = F_z \end{cases} \tag{5-92}$$

这就是在任意活动坐标系中列写的刚体质心动力学方程。

5.6.4 刚体转动动力学方程

刚体转动动力学方程为

$$\frac{d\boldsymbol{H}}{dt} = \boldsymbol{M} \tag{5-93}$$

式中:$\boldsymbol{M}$ 为作用在刚体上的外力对刚体质心的力矩总矢量;$\boldsymbol{H}$ 为刚体对质心的动量矩,其表达式为

$$\boldsymbol{H} = \int \boldsymbol{r} \times (\boldsymbol{\omega} \times \boldsymbol{r})\, dm \tag{5-94}$$

将上式展开后得

$$\begin{bmatrix} H_x \\ H_y \\ H_z \end{bmatrix} = \begin{bmatrix} J_x & -J_{xy} & -J_{zx} \\ -J_{xy} & J_y & -J_{yz} \\ -J_{zx} & -J_{yz} & J_z \end{bmatrix} \begin{bmatrix} \omega_x \\ \omega_y \\ \omega_z \end{bmatrix} \tag{5-95}$$

式中:J_x, J_y, J_z 为物体的转动惯量;J_{xy}, J_{zx}, J_{yz} 为物体的惯性积,都是常数。其中,$J_x = \int (y^2 + z^2)\, dm$;$J_{xy} = \int xy\, dm$,其余各式依此类推。

根据式(5-90),式(5-93)转变成

$$\frac{\delta \boldsymbol{H}}{\delta t} + \boldsymbol{\omega} \times \boldsymbol{H} = \boldsymbol{M} \tag{5-96}$$

展开后，得

$$\begin{cases}\dfrac{dH_x}{dt}+\omega_y H_z-\omega_z H_y=M_x\\ \dfrac{dH_y}{dt}+\omega_z H_x-\omega_x H_z=M_y\\ \dfrac{dH_z}{dt}+\omega_x H_y-\omega_y H_x=M_z\end{cases} \tag{5-97}$$

将式(5－95)代入式(5－97)，在人椅系统体轴坐标系下，得到座椅的转动动力学方程：

$$J_{x_2}\frac{d\omega_{x_2}}{dt}+(J_{z_2}-J_{y_2})\omega_{y_2}\omega_{z_2}+J_{y_2z_2}(\omega_{z_2}^2-\omega_{y_2}^2)+J_{x_2y_2}\left(\omega_{x_2}\omega_{z_2}-\frac{d\omega_{y_2}}{dt}\right)-$$

$$J_{z_2x_2}\left(\omega_{x_2}\omega_{y_2}+\frac{d\omega_{z_2}}{dt}\right)=\Sigma M_{x_{2w}} \tag{5-98}$$

$$J_{y_2}\frac{d\omega_{y_2}}{dt}+(J_{x_2}-J_{z_2})\omega_{x_2}\omega_{z_2}+J_{z_2x_2}(\omega_{x_2}^2-\omega_{z_2}^2)+J_{y_2z_2}\left(\omega_{x_2}\omega_{y_2}-\frac{d\omega_{z_2}}{dt}\right)-$$

$$J_{x_2y_2}\left(\omega_{y_2}\omega_{z_2}+\frac{d\omega_{x_2}}{dt}\right)=\Sigma M_{y_{2w}} \tag{5-99}$$

$$J_{z_2}\frac{d\omega_{z_2}}{dt}+(J_{y_2}-J_{x_2})\omega_{x_2}\omega_{y_2}+J_{x_2y_2}(\omega_{y_2}^2-\omega_{x_2}^2)+J_{z_2x_2}\left(\omega_{y_2}\omega_{z_2}-\frac{d\omega_{x_2}}{dt}\right)-$$

$$J_{y_2z_2}\left(\omega_{x_2}\omega_{z_2}+\frac{d\omega_{y_2}}{dt}\right)=\Sigma M_{z_{2w}} \tag{5-100}$$

式中：m 为人椅系统的离机质量；J_{x_2}、J_{y_2}、J_{z_2} 分别为人椅系统对 o_2x_2 轴、o_2y_2 轴、o_2z_2 轴的转动惯量；$J_{x_2y_2}$、$J_{y_2z_2}$、$J_{z_2x_2}$ 分别为人椅系统对体轴坐标系 $o_2x_2y_2z_2$ 的三个转动惯性积。由于 $o_2x_2y_2$ 是人椅系统的纵向对称面，则 $J_{z_2x_2}=0$，$J_{y_2z_2}=0$。

5.6.5 人椅系统的运动方程

下面研究人椅系统在自由飞阶段中的受力及力矩情况。作用在人椅系统上的外力有人椅系统上气动力(Q_2,P_2,R_2)及气动力矩($\boldsymbol{M}_{x_2},\boldsymbol{M}_{y_2},\boldsymbol{M}_{z_2}$)（注：上述各力、力矩均为人椅体轴坐标系上的分量），重力 G，火箭助推器推力 F，稳定伞的气动阻力 Q_{ws}。如图 5.33 所示。

重力在人椅体轴坐标系上的分力为

$$\begin{bmatrix}G_x\\G_y\\G_z\end{bmatrix}=\boldsymbol{C}_d^t\begin{bmatrix}0\\-G\\0\end{bmatrix}=$$

$$\begin{bmatrix}\cos\vartheta_y\cos\varphi_y & \sin\vartheta_y & -\cos\vartheta_y\sin\varphi_y\\ \sin\gamma_y\sin\varphi_y-\cos\gamma_y\sin\vartheta_y\cos\varphi_y & \cos\gamma_y\cos\vartheta_y & \cos\gamma_y\sin\vartheta_y\sin\varphi_y+\sin\gamma_y\cos\varphi_y\\ \sin\gamma_y\sin\vartheta_y\cos\varphi_y+\cos\gamma_y\sin\varphi_y & -\sin\gamma_y\cos\vartheta_y & \cos\gamma_y\cos\varphi_y-\sin\gamma_y\sin\vartheta_y\sin\varphi_y\end{bmatrix}$$

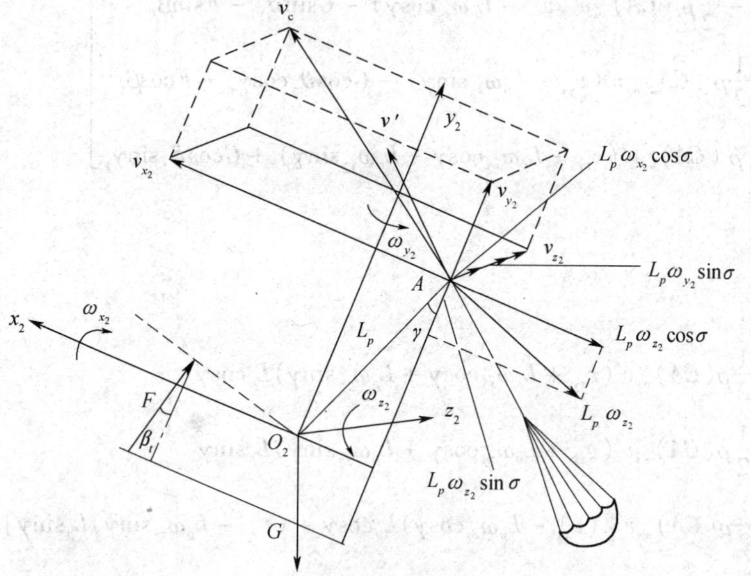

图 5.33　人椅系统在自由飞阶段中的受力图

$$\begin{bmatrix} 0 \\ -G \\ 0 \end{bmatrix} = \begin{bmatrix} -G\sin\vartheta_y \\ -G\cos\vartheta_y\cos\gamma_y \\ G\cos\vartheta_y\sin\gamma_y \end{bmatrix} \tag{5-101}$$

火箭包安装在座椅系统上，其推力在人椅体轴坐标上的分力为

$$\begin{bmatrix} F_x \\ F_y \\ F_z \end{bmatrix} = \begin{bmatrix} -F\sin\beta_t \\ F\cos\beta_t \\ 0 \end{bmatrix} \tag{5-102}$$

稳定伞阻力在人椅系统上的分力为(图 5.29)

$$\begin{bmatrix} Q_{wsx} \\ Q_{wsy} \\ Q_{wsz} \end{bmatrix} = -\frac{1}{2}\rho(CA)_{ws}v'\begin{bmatrix} v_{sx2} \\ v_{sy2} \\ v_{sz2} \end{bmatrix}$$

$$= -\frac{1}{2}\rho(CA)_{ws}v'\begin{bmatrix} v_{x2} - L_p\omega_{z2}\cos\gamma \\ v_{y2} - L_p\omega_{z2}\sin\gamma \\ v_{z2} + L_p\omega_{x2}\cos\gamma + L_p\omega_{y2}\sin\gamma \end{bmatrix} \tag{5-103}$$

所以，人椅系统所有外力及力矩在体轴上的投影方程如下：

$$\begin{bmatrix} F_x \\ F_y \\ F_z \end{bmatrix} =$$

$$\begin{bmatrix} Q_2 - \frac{1}{2}\rho\,(CA)_{ws}v'(v_{x_2} - L_p\omega_{z_2}\cos\gamma) - G\sin\vartheta_y - F\sin\beta_t \\ P_2 - \frac{1}{2}\rho\,(CA)_{ws}v'(v_{y_2} - L_p\omega_{z_2}\sin\gamma) - G\cos\vartheta_y\cos\gamma_y + F\cos\beta_t \\ R_2 - \frac{1}{2}\rho\,(CA)_{ws}v'(v_{z_2} + L_p\omega_{x_2}\cos\gamma + L_p\omega_{y_2}\sin\gamma) + G\cos\vartheta_y\sin\gamma_y \end{bmatrix} \tag{5-104}$$

$$\begin{bmatrix} M_x \\ M_y \\ M_z \end{bmatrix} =$$

$$\begin{bmatrix} M_{x_2} - \frac{1}{2}\rho(CA)_{ws}v'(v_{z_2} + L_p\omega_{x_2}\cos\gamma + L_p\omega_{y_2}\sin\gamma)L_p\cos\gamma \\ M_{y_2} - \frac{1}{2}\rho(CA)_{ws}v'(v_{z_2} + L_p\omega_{x_2}\cos\gamma + L_p\omega_{y_2}\sin\gamma)L_p\sin\gamma \\ M_{z_2} + \frac{1}{2}\rho(CA)_{ws}v'[(v_{x_2} - L_p\omega_{z_2}\cos\gamma)L_p\cos\gamma + (v_{y_2} - L_p\omega_{z_2}\sin\gamma)L_p\sin\gamma] + F\cdot e_f \end{bmatrix} \tag{5-105}$$

式中:v'为稳定减速伞接头处的合速度;Q_2、P_2、R_2 分别为人椅系统气动力在体轴 o_2x_2、o_2y_2、o_2z_2 上的分量;M_{x_2}、M_{y_2}、M_{z_2}分别为人椅系统绕体轴 o_2x_2、o_2y_2、o_2z_2 的气动力矩,其方向为按照右手定则分别绕体轴 o_2x_2、o_2y_2、o_2z_2 旋转的为正方向。最后,得到自由飞阶段的运动方程组:

$$\begin{cases} m\left(\frac{\mathrm{d}v_{x_2}}{\mathrm{d}t} + v_{z_2}\omega_{y_2} - v_{y_2}\omega_{z_2}\right) = Q_2 - \frac{1}{2}\rho(CA)_{ws}v'(v_{x_2} - L_p\omega_{z_2}\cos\gamma) - G\sin\vartheta_y - F\sin\beta_t \\ m\left(\frac{\mathrm{d}v_{y_2}}{\mathrm{d}t} + v_{x_2}\omega_{z_2} - v_{z_2}\omega_{x_2}\right) = P_2 - \frac{1}{2}\rho(CA)_{ws}v'(v_{y_2} - L_p\omega_{z_2}\sin\gamma) - G\cos\vartheta_y\cos\gamma_y + F\cos\beta_t \\ m\left(\frac{\mathrm{d}v_{z_2}}{\mathrm{d}t} + v_{y_2}\omega_{x_2} - v_{x_2}\omega_{y_2}\right) = R_2 - \frac{1}{2}\rho(CA)_{ws}v'(v_{z_2} + L_p\omega_{x_2}\cos\gamma + L_p\omega_{y_2}\sin\gamma) + G\cos\vartheta_y\sin\gamma_y \end{cases} \tag{5-106}$$

$$\begin{cases} J_{x_2}\frac{\mathrm{d}\omega_{x_2}}{\mathrm{d}t} + (J_{z_2} - J_{y_2})\omega_{y_2}\omega_{z_2} + J_{x_2y_2}\left(\omega_{x_2}\omega_{z_2} - \frac{\mathrm{d}\omega_{y_2}}{\mathrm{d}t}\right) = \\ M_{x_2} - \frac{1}{2}\rho(CA)_{ws}v'(v_{z_2} + L_p\omega_{x_2}\cos\gamma + L_p\omega_{y_2}\sin\gamma)L_p\cos\gamma \\ J_{y_2}\frac{\mathrm{d}\omega_{y_2}}{\mathrm{d}t} + (J_{x_2} - J_{z_2})\omega_{x_2}\omega_{z_2} - J_{x_2y_2}\left(\omega_{y_2}\omega_{z_2} + \frac{\mathrm{d}\omega_{x_2}}{\mathrm{d}t}\right) = \\ M_{y_2} - \frac{1}{2}\rho(CA)_{ws}v'(v_{z_2} + L_p\omega_{x_2}\cos\gamma + L_p\omega_{y_2}\sin\gamma)L_p\sin\gamma \\ J_{z_2}\frac{\mathrm{d}\omega_{z_2}}{\mathrm{d}t} + (J_{y_2} - J_{x_2})\omega_{y_2}\omega_{x_2} + J_{x_2y_2}(\omega_{y_2}^2 - \omega_{x_2}^2) = \\ M_{z_2} + \frac{1}{2}\rho(CA)_{ws}v'[(v_{x_2} - L_p\omega_{z_2}\cos\gamma)L_p\cos\gamma + (v_{y_2} - L_p\omega_{z_2}\sin\gamma)L_p\sin\gamma] + F\cdot e_f \end{cases} \tag{5-107}$$

为了求解上述方程组,还需再补充以下方程:

$$v' = \sqrt{(v_{x_2} - L_p\omega_{z_2}\cos\gamma)^2 + (v_{y_2} - L_p\omega_{z_2}\sin\gamma)^2 + (v_{z_2} + L_p\omega_{x_2}\cos\gamma + L_p\omega_{y_2}\sin\gamma)^2} \tag{5-108}$$

$$Q_2 = C_{x_2}A\frac{1}{2}\rho v^2, P_2 = C_{y_2}A\frac{1}{2}\rho v^2, R_2 = C_{z_2}A\frac{1}{2}\rho v^2 \tag{5-109}$$

$$\begin{bmatrix} M_{x2} \\ M_{y2} \\ M_{z2} \end{bmatrix} = \begin{bmatrix} m_{x_2}AL\frac{1}{2}\rho v^2 \\ m_{y_2}AL\frac{1}{2}\rho v^2 \\ m_{z_2}AL\frac{1}{2}\rho v^2 \end{bmatrix} \tag{5-110}$$

根据人椅系统体轴坐标系的形成过程,角速度矢量 $\boldsymbol{\omega}$ 可分解成(图 4.3):沿 o_sy_d 轴的$\dot{\varphi}_y$、沿 o_sz'轴的$\dot{\vartheta}_y$和沿 o_sx_s 轴的$\dot{\gamma}_y$。其中,$\dot{\vartheta}_y$又可分解成沿 o_sz_d 轴的$\dot{\vartheta}_y\cos\varphi_y$ 和沿 o_sx_d 轴的$\dot{\vartheta}_y\sin\varphi_y$。因此有

$$\begin{bmatrix} \omega_{x_2} \\ \omega_{y_2} \\ \omega_{z_2} \end{bmatrix} = \boldsymbol{C}_d^t \begin{bmatrix} \dot{\vartheta}_y\sin\varphi_y \\ \dot{\varphi}_y \\ \dot{\vartheta}_y\cos\varphi_y \end{bmatrix} + \begin{bmatrix} \dot{\gamma}_y \\ 0 \\ 0 \end{bmatrix} \tag{5-111}$$

展开上式,得到

$$\begin{cases} \omega_{x_2} = \dot{\gamma}_y + \dot{\varphi}_y\sin\vartheta_y \\ \omega_{y_2} = \dot{\varphi}_y\cos\vartheta_y\cos\gamma_y + \dot{\vartheta}_y\sin\gamma_y \\ \omega_{z_2} = -\dot{\varphi}_y\cos\vartheta_y\sin\gamma_y + \dot{\vartheta}_y\cos\gamma_y \end{cases} \tag{5-112}$$

$\dot{\vartheta}_y$、$\dot{\varphi}_y$、$\dot{\sigma}$ 可以从上式解出,结果为

$$\begin{cases} \dfrac{d\vartheta_y}{dt} = \omega_{y_2}\sin\gamma_y + \omega_{z_2}\cos\gamma_y \\ \dfrac{d\varphi_y}{dt} = \dfrac{1}{\cos\vartheta_y}(\omega_{y_2}\cos\gamma_y - \omega_{z_2}\sin\gamma_y) \\ \dfrac{d\gamma_y}{dt} = \omega_{x_2} - \tan\vartheta_y(\omega_{y_2}\cos\gamma_y - \omega_{z_2}\sin\gamma_y) \end{cases} \tag{5-113}$$

要得到在地面坐标系下的速度分量,可根据$\begin{bmatrix} v_x \\ v_y \\ v_z \end{bmatrix} = \boldsymbol{C}_t^d \begin{bmatrix} v_{x2} \\ v_{y2} \\ v_{z2} \end{bmatrix}$,得到

$$v_x = v_{x_2}\cos\vartheta_y\cos\varphi_y + v_{y_2}(\sin\varphi_y\sin\gamma_y - \cos\varphi_y\sin\vartheta_y\cos\gamma_y) + v_{z_z}(\cos\gamma_y\sin\varphi_y + \cos\varphi_y\sin\vartheta_y\sin\gamma_y) \tag{5-114}$$

$$v_y = v_{x_2}\sin\vartheta_y + v_{y_2}\cos\vartheta_y\cos\gamma_y - v_{z_2}\sin\gamma_y\cos\vartheta_y \tag{5-115}$$

$$v_z = -v_{x_2}\cos\vartheta_y\sin\varphi_y + v_{y_2}(\cos\varphi_y\sin\gamma_y + \sin\varphi_y\sin\vartheta_y\cos\gamma_y) + v_{z_z}(\cos\gamma_y\cos\varphi_y - \sin\varphi_y\sin\vartheta_y\sin\gamma_y) \tag{5-116}$$

$$v = (v_x^2 + v_y^2 + v_z^2)^{\frac{1}{2}} \tag{5-117}$$

式(5-109)和式(5-110)中,C_{x_2}、C_{y_2}、C_{z_2}分别为体轴 o_2x_2、o_2y_2、o_2z_2 上人椅系统的气动力系数;m_{x_2}、m_{y_2}、m_{z_2}分别为人椅系统绕 o_2x_2、o_2y_2、o_2z_2 轴的气动力矩系数。人椅系统的气动力系数 C_{x_2}、C_{y_2}和 C_{z_2}及气动力矩系数 m_{x_2}、m_{y_2}和 m_{z_2}取决于人椅系统的迎角 α 和侧滑角 β。α 和 β 可由下式确定:

$$\alpha = \arctan\left(-\frac{v_{y_2}}{v_{x_2}}\right) \tag{5-118}$$

$$\beta = \arcsin\left(\frac{v_{z_2}}{v}\right) \tag{5-119}$$

5.7 人椅系统运动稳定性

5.7.1 概述

1. 稳定性计算的意义

弹射座椅的稳定性是弹射救生基本问题之一。由于座椅的外形不规则,呈钝头形,一般都不具有稳定性。而且在弹射座椅离机运动过程中,由于弹射动力轴线偏离人椅重心,已出舱部分的气动力作用中心不在重心位置,都会使座椅产生旋转。所以人椅与飞机分离瞬间会有一个初始旋转角速度。进入气流后,受到气动力作用,座椅运动将更不稳定。如前所述,人椅系统运动不稳定性将引起一系列严重后果:轨迹降低,局部过载增大,旋转直接损伤人体以及人、椅分离和开伞发生困难等。所以,不稳定的救生系统不可能保证安全救生。

连续不停的旋转所造成的严重后果已如前述,应予避免。在稳定过程中转动角速度过大,也会引起飞行员头晕和增加头部过载。因此,限制人椅旋转角速度是稳定装置设计必须考虑的问题。在弹射救生计算中,必须进行稳定性的计算。

2. 稳定性的要求

对弹射座椅稳定性的要求可以归纳为:①人椅在空中运动时保持良好的稳定姿态;②座椅不发生连续不停的旋转运动,座椅在趋于稳定的过程中转动角速度不能过大。

3. 稳定姿态类型

弹射离机后,人椅系统相对于气流速度可能有三种稳定姿态:①头部朝前,人体呈俯卧状;②头部在上,人呈坐姿;③头部在后,人体呈仰卧状。这三种姿态中,第一种是危险的。因为沿气流方向的气动力所产生的强烈制动过载,会使人头部充血,危及生命安全。因此,弹射时应力求避免出现这一种稳定状态。第二种姿态下,制动过载沿人体背—胸方向,人体在此方向承载能力最高,是最有利的姿态。但此种姿态较难保持,且迎风面积大,减速快,制动过载也大。第三种姿态下,人体承受纵向正过载(头—骨盆)。由于迎风面积的减小,制动过载也相应减小,而且这种姿态重心靠前,较易稳定。因此,我们希望座椅弹射后经过第二种姿态，转动后稳定于第三种姿态。

5.7.2 弹射装置稳定性分析

1. 稳定性标准

用座椅运动轨迹计算方法和离机瞬间座椅倾角及角速度计算方法，可以计算求得弹射救生过程中座椅俯仰角 ϑ 随时间的变化，根据 $\vartheta - t$ 曲线是否收敛就可判断座椅运动是否稳定。但是，对座椅运动除求姿态稳定外，还要求其旋转速度不超过人体生理耐受极限，另外座椅稳定平衡的俯仰角不好，例如平衡在不利于人承受制动过载的位置，也是不允许的。综上所述，衡量弹射救生装置稳定性的标准有以下三个指标：

（1）静稳定性，是当物体被扰动而离开平衡位置时，物体有恢复平衡状态的趋势。换句话说，人椅系统受扰动后，能产生趋于平衡位置的恢复力矩。即座椅在稳定平衡姿态下其力矩系数 M_z 随迎角 α 的变化曲线的斜率小于0，即 $\vartheta - t$ 曲线应收敛。

（2）动稳定性，是指物体保持原先运动状态的能力。当扰动作用停止后，人椅系统有自动恢复到原先运动状态的能力。在这种情况下，座椅的力矩系数 M_z 随 $\dot{\alpha}$ 的变化曲线的斜率小于0，即 $\dot{\vartheta} - t$ 曲线应收敛。

（3）旋转角速度不超过人的生理极限，在稳定平衡姿态下过载不超过生理极限。

最有利的座椅稳定运动状况如下：座椅弹入气流时，无初始角速度，然后在不大的正向气动力矩的作用下，头靠平衡地向后转动 80°～100°，并以这样的姿态越过垂直尾翼，直到人椅分离，打开降落伞。

为了进一步说明人椅系统的静稳定性，下面来研究两种人椅系统的俯仰力矩系数 m_z 随迎角 α 的变化曲线，见图 5.34。

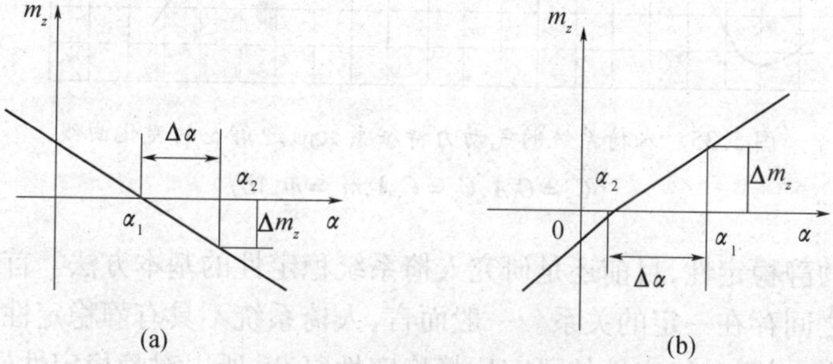

图 5.34 m_z 随迎角 α 的变化曲线

当人椅系统处于迎角 $\alpha = \alpha_1$ 位置时，其力矩系数 $m_z = 0$，即 $M_z = 0$。这时人椅系统处于平衡状态。若使迎角增加一个角度 $\Delta\alpha$，相当于人椅系统抬头向后转动 $\Delta\alpha$，即由 α_1 增加到 α_2，这时有可能出现两种情况，主要取决于力矩系数曲线的变化趋势。第一种情况如图 5.34(a)所示，它产生的不平衡力矩系数增量 Δm_z 为负值，将使人椅系统向低头方向转动，即这一力矩系数增量 Δm_z 有使人椅系统恢复到原先位置（迎角 α_1）的趋势，则称具有这种力矩系数曲线的人椅系统是静稳定的；第二种情况如图 5.30(b)所示，它产生的不平衡力矩系数增量 Δm_z 为正值，将使人椅系统向抬头方向转动，并继续增加迎角，从而使得人椅系统离开原先位置越来越远，则称具有这种力矩系数曲线的人椅系统是静不稳定的。

对于第一种静稳定情况情况(图5.34(a)),$m_z=f(\alpha)$的斜率是负值,即$\dfrac{\Delta m_z}{\Delta\alpha}<0$或者用偏微分表示$\dfrac{\partial m_z}{\partial\alpha}<0$;对于第二种静不稳定情况(图5.34(b)),$m_z=f(\alpha)$的斜率是正值,即$\dfrac{\Delta m_z}{\Delta\alpha}>0$或者用偏微分表示即$\dfrac{\partial m_z}{\partial\alpha}>0$。

综上所述,如果在平衡点上,$\dfrac{\partial m_z}{\partial\alpha}<0$,则人椅系统是静稳定的;若$\dfrac{\partial m_z}{\partial\alpha}>0$,则是静不稳定的,这就是判别人椅系统静稳定性的准则。偏导数$\dfrac{\partial m_z}{\partial\alpha}$的绝对值称为人椅系统的静稳定度。

图5.35为未加稳定装置的某座椅的气动特性曲线。从中可以看出,人椅系统并不只有一个平衡位置,如当$\alpha=-5°,105°$时,人椅系统是静稳定的;而当$\alpha=-85°,20°$时,人椅系统是静不稳定的。但人们所希望的人椅系统稳定姿态应该是$\alpha=15°\sim20°$范围内,显然在这一位置上人椅系统是静不稳定的,为了保持人椅系统稳定的姿态,必须采用稳定装置,以改变力矩系数的变化规律。

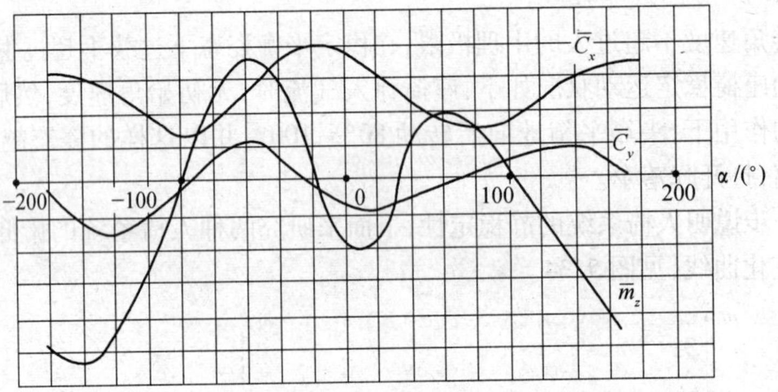

图5.35 人椅系统的气动力特征系数随迎角α的变化曲线
($\overline{C}_x=C_xA,\overline{C}_y=C_yA,\overline{m}_z=m_zAL$)

分析系统的静稳定性,目前还是研究人椅系统稳定性的基本方法。首先,因为静稳定性和动稳定性之间存在一定的关系。一般而言,人椅系统不具有静稳定性,就不可能具有动稳定性。其次,对于动稳定性的研究比静稳定性复杂,所以对静稳定性研究比较多。但对静稳定性的研究并不能代替对动稳定性的研究,随着救生技术的不断发展,对人椅系统动稳定性的研究必将日趋完善。

2. 座椅力矩特性曲线分析

为了保证座椅在弹射后具有上述运动状态,座椅应具有如图5.36所示的力矩特性曲线。在迎角约为90°时,为了不让头靠继续向下转动,力矩曲线必须为负值。如果没有完全消除初始的负角速度,则过渡到负迎角时,稍微增加正向力矩系数是极为理想的。但是,对没有稳定装置的弹射座椅来说,要具有上述的座椅运动状况,事实上是不可能的。这是因为:

(1)弹射机构通常布置在座椅靠背后面,因而将产生使座椅头靠向前转动的力矩。

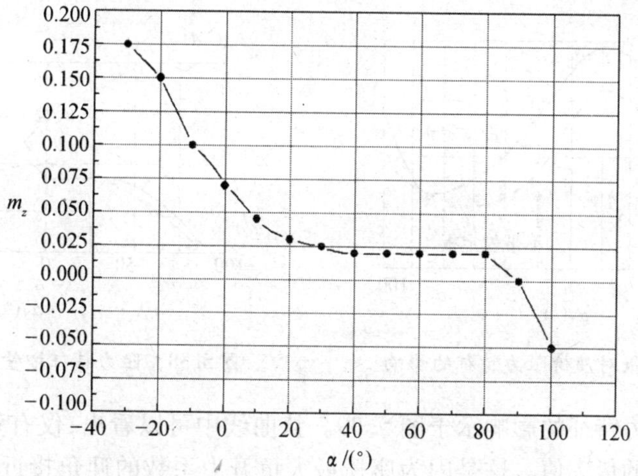

图 5.36　满足座椅稳定性要求的力矩-迎角曲线

(2) 从飞机座舱中弹出时,在相应的座椅迎角下,座椅的压力中心位于重心下面,因而在座椅脱离弹射机构后的最初时间,同样会产生使座椅头靠向前转动的气动力矩。

因此,座椅在弹射后的最初时间获得了初始角速度,并朝不希望的方向即头靠向前的方向转动。

现代飞机的飞行速度范围很大,在这样大的范围内,必须保证飞行员的救生。同样,给座椅的稳定性带来了相当大的困难。所以现代飞机的各种弹射座椅均安装了各种形式的稳定装置。最常使用的稳定装置有稳定伞和稳定板,下面就这两种情况进行分析。

3. 稳定板的作用

稳定板是常见的一种稳定装置,为了使面积较小的稳定板得到较大的力矩,可将稳定板安装在距离座椅重心尽可能远的地方,例如,放在座椅头靠侧面或者头靠上面。

受座舱结构尺寸的限制,大面积的固定稳定板在结构上是不方便的。对于可折叠的大面积的稳定板,提出了打开稳定板的附加要求,即必须采用一种附加机构,使座椅在座舱内时稳定板不打开。稳定板进入气流时,在速压的作用下打开,并用专门的锁固定。

在选择稳定方法时,应该仔细地研究稳定装置对座椅气动力特性的影响。下面来研究稳定板对迎面阻力、升力和相对于座椅重心的纵向力矩的影响。

图 5.37 为有稳定板对座椅阻力特性的影响曲线,如果取出装有稳定板和不装稳定板的座椅阻力特征系数,在各种迎角下的差值,就可得到考虑干扰的稳定板阻力特征系数增量 $\Delta(C_xA)$ 与迎角 α 的关系,如图 5.38 所示,图中虚线表示的曲线是按下面的公式作出的:

$$\Delta(C_xA) = \Delta(C_xA)_{\max}\cos\alpha \tag{5-120}$$

可以看出,用公式计算的结果与真实结果相差不大,在近似计算时可以采用上式进行计算,其中最大阻力特征可以采用下式计算:

$$\Delta(C_xA)_{\max} = C_xA_m \tag{5-121}$$

式中:C_x,A_m 分别为稳定板阻力系数和稳定板面积。

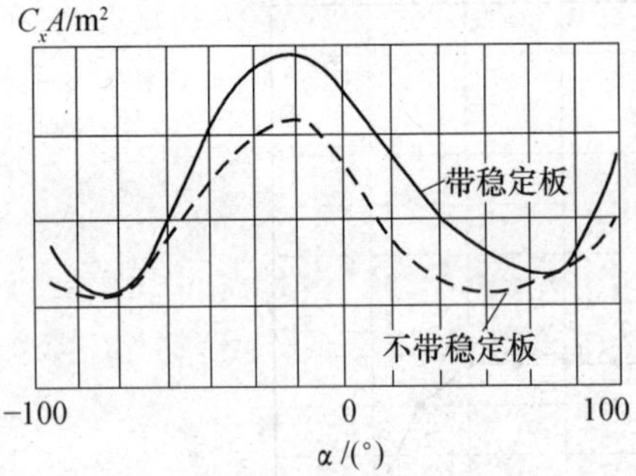

图 5.37　稳定板对座椅阻力特征的影响

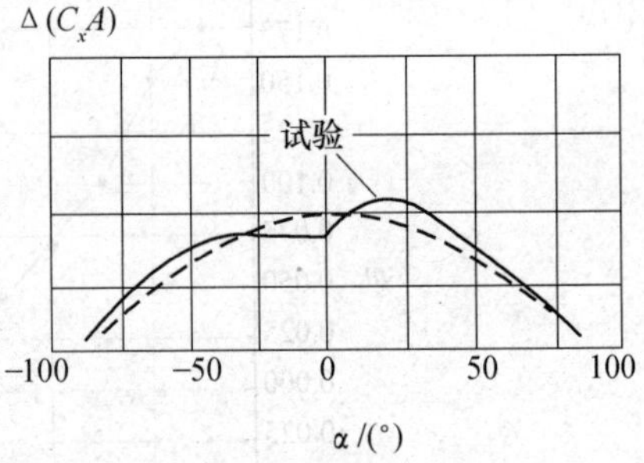

图 5.38　阻力特征增量随攻角的变化

稳定板对升力特征的影响示于图 5.39。从曲线中可以看出，仅有垂直稳定板，不会改变负升力系数的最大值。这是因为座椅最大负升力系数的迎角接近于 0°，这时，垂直稳定板不会产生升力。

在座椅头靠向后转动时，攻角增大，作用在稳定板上的气动力在 y 轴上的分量会减少。相反，在座椅头靠向前转动时，稳定板将使座椅增加升力或减少负升力。图 5.40 示出了有稳定板和无稳定板的座椅升力特征系数差值随迎角的变化曲线。可以看出，在负迎角下，增量 ΔC_yA 较大。这是由于在这种状态下，稳定板处于最前位置，没有被人和座椅所遮蔽，工作条件比正迎角时要好。

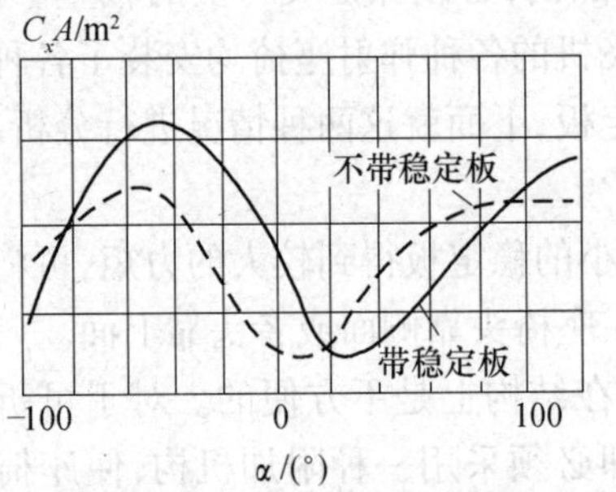

图 5.39　稳定板对座椅升力特征的影响

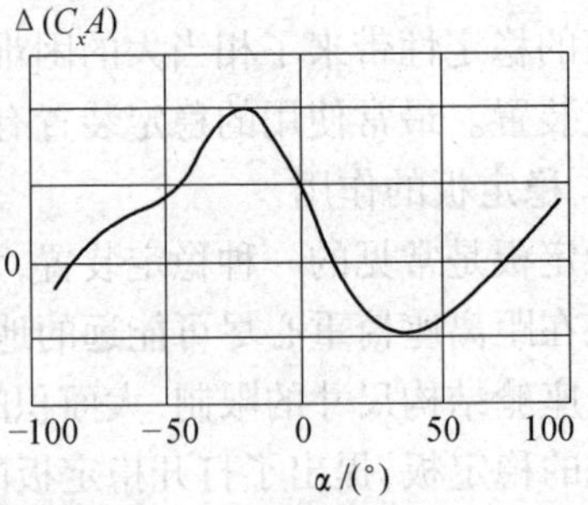

图 5.40　升力特征增量随迎角的变化

稳定板对座椅俯仰力矩系数的影响是我们研究的重点。图 5.41 示出了有稳定板和无稳定板的座椅俯仰力矩特征系数曲线。从曲线可以看出，在迎角为 -70° ~ 70°范围内，稳定板对力矩特征系数影响最大。图 5.42 示出了装稳定板后，座椅力矩特征系数增量与迎角的关系。

注意，图 5.41 所示的有稳定板的座椅力矩特征曲线与图 5.36 所示的曲线有差别。首先，在迎角 50° ~ 130°范围内，正向力矩系数过大，会产生较大角速度，以致于在负力矩范围内不能完全抵消；其次，平衡角约在 130°位置，不满足 90°左右的平衡角条件。这样，座椅就会发生旋转，角速度还会不断增大，甚至于超过人体的生理极限。同时，由于旋转所带来的一系列不安全因素，也影响飞行员的安全救生。平衡角过大虽然不危险，但也是不舒适和不希望的。总之，单独使用稳定板不会达到理想的效果，还需要采取其它方法解决座椅稳定问题。稳定伞是用得最多的一种。

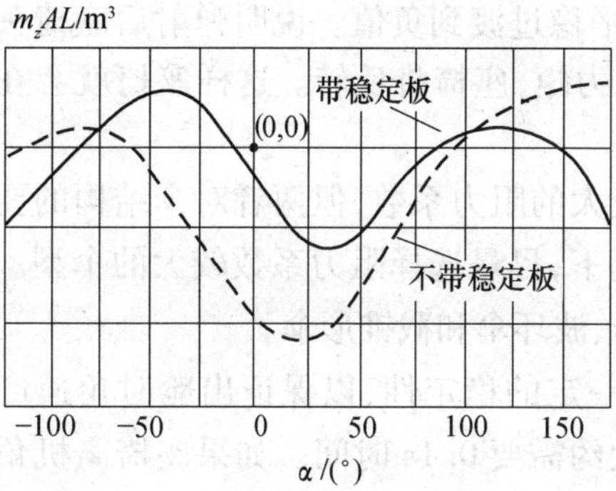

图 5.41　稳定板对座椅力矩特征的影响

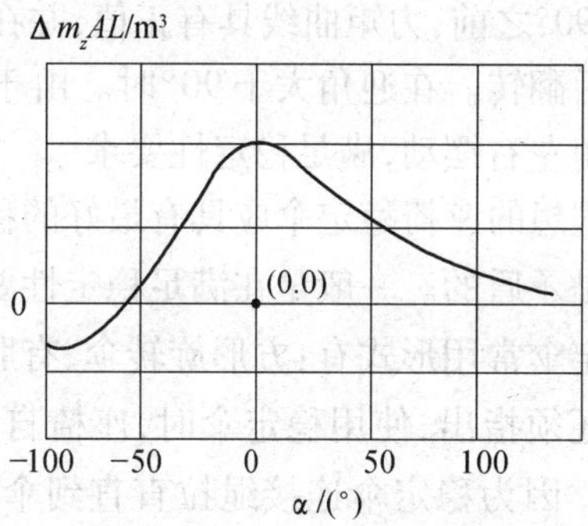

图 5.42　力矩特征增量的变化

4. 稳定伞的作用

稳定伞是现代座椅常用的稳定装置,稳定伞用长 3 ~ 4m 的连接绳与座椅相连,长的连接绳可以避免稳定伞落入座椅尾流区域内,但过长又可能与座椅发生缠绕。稳定伞的伞衣面积应能使稳定伞产生的力矩大于或等于座椅的最大负力矩,使总力矩产生向后旋转的效果,即

$$M_{ws} = (C_{ws}A_{ws})L_{ws}q = (C_{ws}A_{ws})L_{ws}\frac{1}{2}\rho v^2 \tag{5-122}$$

又

$$(C_{ws}A_{ws})L_{ws}q \geqslant -m_zALq \tag{5-123}$$

即

$$A_{ws} \geqslant \frac{-m_zAL}{C_{ws}L_{ws}} \tag{5-124}$$

带有稳定伞的弹射座椅的气动特征曲线如图 5.43 所示。从图中可以看出,迎面阻力系数的增量在整个迎角范围内是不一样的。这是因为不同迎角下座椅后面的低压区对稳定伞的影响不同。在攻角为零附近,座椅后面的低压区很大。在攻角为 90°左右,这个区域大大缩小了。

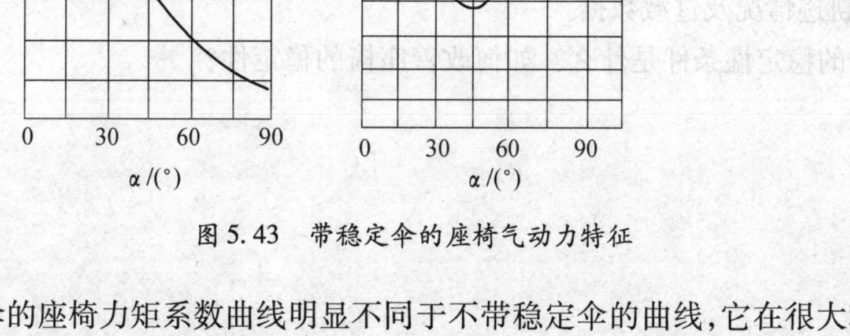

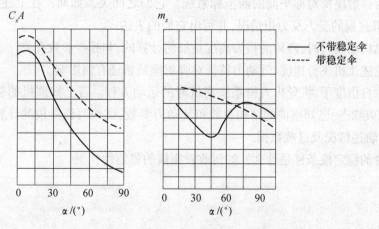

图 5.43　带稳定伞的座椅气动力特征

带稳定伞的座椅力矩系数曲线明显不同于不带稳定伞的曲线,它在很大程度上符合图 5.35 所示的理想曲线。由此可见,稳定伞对座椅力矩系数的修正非常大。在迎角达到

80° ~90°之前,力矩曲线具有正值,并在80°附近平稳过渡到负值。说明弹射后座椅头靠将向后翻转。在迎角大于90°时。由于存在负向力矩,座椅将反转。这样座椅就会在平衡迎角左右摆动,满足稳定性要求。

理想的座椅稳定伞应具有最好的稳定性和最大的阻力系数,但两者对伞结构的要求往往是矛盾的。一般是在满足稳定性要求的前提下,尽量选择阻力系数较大的伞型。座椅稳定伞常用形式有:方形旋转伞、有肋导向面伞、波环伞和截锥形伞。

还须指出,使用稳定伞时,座椅自身应具有一定的稳定性,以保证出舱时角速度不太大。因为稳定伞连接绳拉直直到伞衣张满,大约需要0.1s时间。如果座椅离机角速度太大,在这个时间内座椅可能向前转动到一个不利位置,使稳定伞阻力的力臂变得很小,稳定伞力矩将不能使座椅向后翻转,起不到稳定座椅的作用;甚至座椅会继续旋转,发生伞椅缠绕事故。因此,通常采用增加稳定板和其他辅助稳定装置的办法,改善座椅出舱时的稳定性,同时尽量改进稳定伞性能和开伞方式,以缩短稳定伞的拉直与张满时间。

思考题与习题

1. 座椅参考点是在哪个位置?座椅坐标系重心位置的(X_2,Y_2,Z_2)表示何含义,在座椅坐标系中标出其位置。

2. 人椅系统的气动阻力、气动升力和哪些因素有关?力矩特征参数的概念是什么,其量纲是什么?

3. 弹射座椅的工作过程分为哪几个阶段?论述各阶段是如何工作的。

4. 座椅离机前的运动分为哪几个过程?图示它们的受力情况,并建立它们的运动方程。

5. 何为弹射座椅对称平面的四坐标系统?它们之间关系如何?在上述四坐标系统下,示出离机过程的受力及力矩情况,并写出它们的表达式。

6. 飞机机动飞行时,座椅的损失高度是如何计算的,和哪些参数有关?

7. 试论述飞机飞行速度、气动力特征对弹射座椅轨迹有何影响。

8. 在六自由度下,推导出人椅系统离机时的运动方程。若已知离机的初始状态、人椅分离的结束状态,已知座椅的结构参数和气动力参数,试编写该阶段的计算程序,获得离机过程的轨迹情况及过载数据。

9. 座椅的稳定性条件是什么?如何改善座椅的稳定性?

第6章　弹射座椅的强度分析

6.1　作用在座椅上的载荷

6.1.1　概述

为了计算弹射座椅的结构强度，首先应该确定座椅在各种工作状态下作用在结构上的载荷。选择加载的严重情况，再进行座椅各部件的计算。座椅在不同的工作状态，其受载情况也不一样。

在飞机正常飞行过程中，座椅作为座舱内的一个结构件，承受着长期的振动载荷和飞机作机动飞行产生的过载。这时，座椅的强度计算方法与飞机的部件强度计算相同。

在应急弹射情况下，载人座椅首先沿导轨向上运动进入气流。这时，在座椅上受着迎面气流载荷、弹射机构的弹射力和由于座椅加速运动而产生的惯性力的作用。

座椅继续向上运动，完全脱离座舱的约束，进入自由飞状态。这时，座椅可作六自由度运动，不仅有线加速度，还有角速度和角加速度。由此受到惯性力、气动力和火箭包动力的作用。

弹射动力装置熄火后，稳定伞接着打开，这时，迎面气流和稳定伞的减速过载作用在座椅上，座椅由此产生的惯性力与这些气动力相平衡。

稳定伞在开伞过程中受冲击载荷作用，因此，稳定伞连接接头上的载荷应根据作用在稳定伞上的动力载荷特性来确定。稳定伞在打开和进入气流过程中所得到的动能由座椅结构吸收。

在应急弹射过程中，座椅结构受力情况有下述特点：

(1) 出舱阶段，座椅与座舱连接点的约束力在不断改变，即约束力的数目在减少，约束力的作用点也在改变，因此使计算状态增加。

(2) 弹射筒与座椅骨架相比刚度小得多。在弹射过程中，随着弹射行程的增加，弹射筒的弯曲刚度减小，所以在计算惯性载荷时，应考虑弹射筒在弯曲时所引起的减载。这种刚度较小的部件作为支承条件给强度计算带来复杂性。

(3) 在正常飞行条件下座椅是长期使用的部件，而在应急救生时却是一次使用的部件。因此，在进行强度计算时，所选取的安全系数就要有所区别。正常使用的计算状态可和飞机结构计算一样，安全系数取 1.5。对应急使用的计算状态，安全系数可以适当减小，根据设计经验和计算精确度而定，一般取 1.2～1.3。在飞机失事的计算状态下，可以不加安全系数，即安全系数为 1.0。

(4) 在座椅弹入气流的过程中，气动载荷的加载相当迅速，可以认为是一种瞬时加载。在强度计算时，应该引入动特性系数。

6.1.2 气动载荷

在自由飞行的弹射座椅对称平面上作用着下列空气动力和力矩：

迎面阻力 $$Q=\frac{1}{2}\rho v^2 C_x A$$

升力 $$P=\frac{1}{2}\rho v^2 C_y A$$

纵向力矩 $$M_z=\frac{1}{2}\rho v^2 m_z AL$$

式中：C_x、C_y、m_z 分别为座椅迎面阻力系数、升力系数、力矩系数；A 为载人座椅最大截面积；L 为特征长度。

座椅的气动载荷包括气动阻力、气动升力和气动力矩。这些气动特性通常是用载假人的全尺寸座椅或模型在风洞中试验确定的。在出舱阶段座椅的气动力是从头部逐渐向胸、腹、腿部加载。根据风洞试验结果，气动载荷沿人椅表面的分布特性如图 6.1 所示。其中上半部是 1/4 的椭圆球，下半部是 1/2 的椭圆柱。

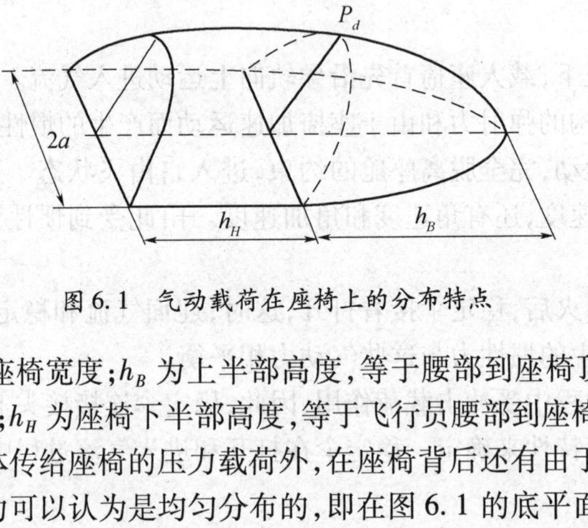

图 6.1　气动载荷在座椅上的分布特点

图中：a 为 1/2 的座椅宽度；h_B 为上半部高度，等于腰部到座椅顶端的距离；P_d 为气动压力，等于最大压力；h_H 为座椅下半部高度，等于飞行员腰部到座椅底部的距离。

除由飞行员的身体传给座椅的压力载荷外，在座椅背后还有由于气动吸力而产生的载荷。座椅后面的吸力可以认为是均匀分布的，即在图 6.1 的底平面上作用有相等的吸引力 P_y。

有了压力载荷分布，就可以求出弹射时座椅凸出于机身部分所承受的气动载荷。还需要知道这部分气动载荷的压力中心，压力中心的求法是首先算出凸出部分的气动载荷相对于凸出部分底面的力矩（积分求得），然后将总力矩除总载荷就得到压力中心位置。

6.1.3 其它载荷

1. 弹射载荷

现代弹射座椅上装有弹射筒和火箭包，或装有两种功能兼备的火箭弹射器。这些火药机构利用装药燃烧的气体压力产生推力，这种推力不受外界气流速度的影响。当座椅弹射时，座椅受到的弹射载荷可以认为恒定的。

2. 稳定伞开伞动载

为安全性考虑，作用在座椅上的稳定伞开伞载荷以最大动载来分析，一般采用经验公式计算（其中，动载系数可由试验获得）。最大开伞动载经验分析方法可参考第 8 章。

3. 人体质量载荷

飞行员坐到弹射座椅上,用座椅上安装的肩带、腰带等组成的拘束系统将躯干固定在座椅上。飞行员承受过载时,其惯性力如果向后、向下,则直接传给座椅,约束系统不受力;如果向前、向上,则飞行员的惯性力通过约束系统的带子传给座椅。

在座椅自由飞时,迎面速压直接作用在人身上,使飞行员压向座椅。另外,座椅减速时,制动过载却使飞行员离开座椅。这两种相反方向的力随着飞行员与座椅的质量及其气动力之间的比值不同而异。飞行员或者压向座椅,或者离开座椅,使安全带受拉。

对约束系统而言,弹射状态的受载情况与失事着陆状态的受载情况相比,失事状态受载严重得多。

座椅上装有各种样式的手脚限动器,对它们的作用力可用四肢上所受的气动力载荷或质量力载荷来确定。精确地计算这些载荷是复杂的,因为飞行员在座椅上的姿态稍有变动,都能引起这些载荷强烈地变化,所以载荷计算是近似的。

6.2 受载状态及强度计算

座椅在使用过程中经历的载荷状态很多,有些是连续不断地改变着的,所以对所有状态都进行计算是不可能的,而且从结构强度计算的要求出发,也没有全部计算的必要。从所有使用状态中可以总结归纳一些具有代表性的严重状态,作为强度计算和静力试验的依据,称之办“受载状态”。像飞机强度计算的受载情况一样,每一个受载状态也用一个字母来表示。为了避免混淆,座椅受载称为受载状态,而飞机受载称为受载情况。

6.2.1 受载状态

座椅强度计算的受载状态可以分为三类:装机状态、弹射出舱状态和自由飞状态。在这三类中可以选择下列具体受载状态作为强度计算和静力试验之用。

1. 装机状态

在装机状态下,座椅可能会遭遇安全摔机状态,此时,飞机失事,急剧减速,座椅承受着很大的制动过载。另外还有急跃上升、俯冲急拉起和俯冲倒拉起的机动飞行状态。这些状态人椅系统所承受的过载均和相应状态下飞机前机身受载情况相同。

2. 弹射出舱状态

座椅与座舱的连接,除弹射筒的外筒固定在座舱而内筒连于座椅外,还有三对受力的滑轮(或滑块)与其匹配的导轨为连接件,弹射方向由三对滑轮控制。这时,若飞行速度为零,则仅受弹射力载荷的影响。在有速度弹射时,还会受到气动载荷的影响。

3. 自由飞状态

弹射时飞机的飞行速度是最大安全救生速度。座椅脱离飞机,稳定伞全部张满,处于稳定的气流中,人椅保持瞬时动平衡。这是较全面检查座椅结构强度的受力状态。

6.2.2 弹射座椅的强度分析

现代弹射座椅的种类很多,式样各异,在座舱内的安装形式也不尽相同。它们的强度计算虽然遵守的基本原则是一样的,但是具体的计算方法差别很大。因为结构的受力状态受结构形式、支点形式和支点位置的影响。受力形式和受力位置稍有差别，计算程序、计算公式就可能完全不一样，这里为了叙述计算程序与方法，选取图6.2的结构形式为例。该座椅的骨架由两根纵向型材和上、中、下三根横梁组成。上横梁连接弹射筒的内筒，连接点为S，而弹射筒的外筒则固定于座舱的刚性结构上。

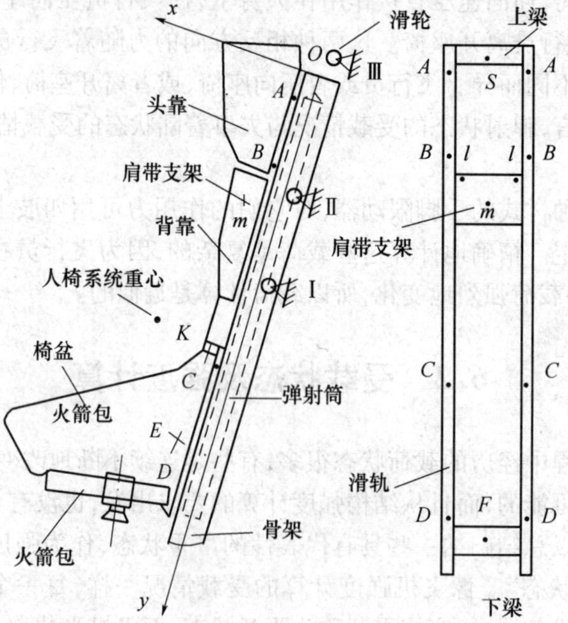

图6.2　弹射座椅的构造和装机情况示意图

中横梁作为肩带锁的支架，由肩带和腰带等组成的约束系统把飞行员约束在骨架和椅盆上。带子只受拉力，所以它们是单向受力件。肩带连接点m作用在骨架上，认为只传递x方向上的载荷。腰带连接点K作用在椅盆上，也只传递x方向上的载荷。假设y方向上的载荷直接作用在椅盆的相应位置上。

下横梁与椅盆之间装有椅盆升降机构，下接头固定于下横梁的F点，上接头固定于椅盆的E点。椅盆还用4个小导轨与骨架相连，对称地支持于C、D两点，椅盆可沿骨架上下升降。因此，骨架给椅盆的约束力有3个（左右对称的连接点只算1个约束力）。x方向上的2个约束力，作用在C、D两点；y方向上的1个，作用在E点。

头靠的固定形式与椅盆相似，以A、B、l各点与骨架相连。骨架给头靠的约束力有3个，x方向有2个，作用于A、B两点；y方向1个，作用于l点。

座椅装入座舱时，除弹射筒的外筒固定于座舱外，舱内还装有三对受力滑轮，可在骨架的纵向型材内滑动。三对滑轮既是出舱弹射方向的导向机构，又是受力的支撑点。

1. 载荷分配

作用在人椅系统上的弹射力、气动力和惯性力通过人体、结构和连接件传递到飞机承力框或飞机地板上。从图6.2可看出，头部和头靠的过载作用在骨架的上部，靠背与躯干的过载作用在骨架的中部，椅盆、大腿和小腿的过载作用在骨架的下部。这些载荷通过骨架传给滑轮支座。同时,骨架给弹射内筒(S 点)的剪切力使弹射筒产生弯曲变形。弹射筒的剪切力和轴向力由外筒传到座舱的承力构件上。所以有必要将气动力、惯性力和弹射力等载荷分配到头靠、靠背和椅盆等部件上,明确作用力的大小和位置。

1)坐标系(图6.2)

原点:弹射轴线与座椅滑轮上端面的交点;

y 轴:过原点,沿弹射轴线,向下为正;

x 轴:过原点,垂直于 y 轴,向前为正;

z 轴:过原点,垂直于 xoy 平面,正向符合右手法则。

例如,图6.2中,人椅系统重心位置,$x=260\text{mm}$,$y=666\text{mm}$。

2)质量力分配

人椅系统重力 G,大致可分为8个部分。其中属于结构部分的有:

头靠——包括装在伞箱内的其它附件;

骨架——凡装在骨架上的附件(除头靠、弹射筒和椅盆外)均包括在骨架的结构重力之中;

椅盆——凡装在椅盆上附件(包括救生包,但火箭包除外)均属椅盆的结构重力;

弹射筒——装机状态包括整个弹射筒的重量,而弹射和自由飞状态只计内筒的重力;

火箭包——包括火药的重力在内。

可以把着装的飞行员重力分为3个部分:

躯干——包括着装的头、颈、躯干和绑带系统重力;

小腿——膝关节以下,包括皮靴的重力;

大腿——着装飞行员总重减去上述两部分,余下的为大腿的重力。

有了重力分配,质量力的分配就定下来了。令 G_i 为人椅各部分的重力,其重心位置的坐标为 x_i 和 y_i,则惯性力为

$$P_{ix} = (n_x\cos\chi - n_y\sin\chi)G_i \tag{6-1}$$

$$P_{iy} = (n_y\cos\chi + n_x\sin\chi)G_i \tag{6-2}$$

式中:χ 为座椅安装角;n_x 为 x 方向的过载系数;n_y 为 y 方向的过载系数。

这些惯性力与相应的重力分量叠加,就得到各部分的质量力分配。

$$F_{ix} = P_{ix} - G_i\sin\chi \tag{6-3}$$

$$F_{iy} = P_{iy} + G_i\cos\chi \tag{6-4}$$

3)弹射力分配

座舱弹射出舱时,弹射力 P_t 作用于 S 支点。在人椅系统重心处作用着与弹射力 P_t 相等的质量力,其方向与座椅运动方向相反。这一对力偶由滑轮支点支撑住,即由反力 R_{II} 和 R_{III} 平衡,见图6.3。

当座椅向上运动只剩一对滑轮支撑时,座椅将绕滑轮转动。这时,S 支点受 x 方向的力,迫使弹射筒弯曲,弹射筒的弯曲变形力平衡了转动力矩。

座椅再向上运动,全部脱出滑轮,而弹射筒的内筒仍在中筒内,这时,如果气动速压不太大,那么座椅滑轮的下梁就会紧靠着弹射筒,作为另一个支撑点,它与 S 支点共同受力来平衡转动力矩。

4）气动力分配

气动载荷在6.1节中已经叙述。随着座椅出舱位置的不同，气动力从头部作用起，逐步作用到全身。为了计算方便，可以将气动力分为三段，例如，头部、躯干和下肢三部分，这样便可以分别通过头靠、靠背和椅盆将力加到骨架上。但必须先求出每部分气动力的数值和压力中心位置。

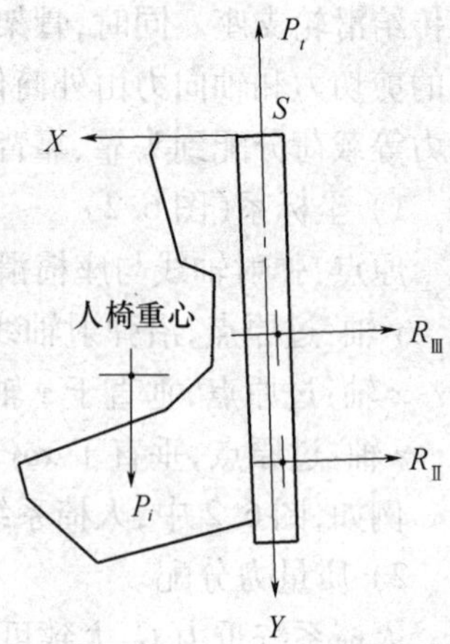

图6.3　弹射力分配示意图

气动力同样由滑轮支点平衡，当支撑条件改变时，其平衡形式与弹射力的平衡形式一样。

2. 强度计算简介

座椅各部件的强度计算一般采用常规计算方法，即将复杂的结构简化为便于计算的受力构件，并将载荷作适当的集中或分配，如前面叙述的那样。只要受力的传递路线没有搞错，为了便于计算，适当的简化是允许的。

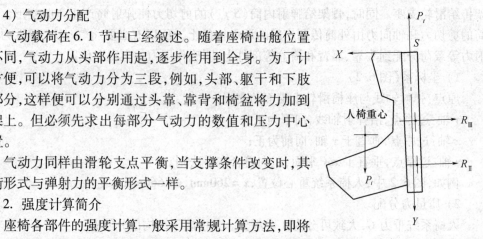

装机状态的强度计算可采用飞机前机身的强度计算方法。在弹射出舱状态，座椅的强度分析主要集中在骨架强度分析和弹射筒的强度计算上。

骨架是座椅的主要受力件，它一般是一个刚性框架，因为骨架的尺寸不太大，而载荷却较大，所以不采用壳体结构形式，而采用刚性框架结构形式。这里，可以把它简化为一根连续梁，其求解方法采用虚梁法和三弯矩方程两种（参考理论力学相关书籍）。

弹射筒除承受筒内的工作压力外，还作为座椅的支撑件，承受着座椅传来的气动载荷和质量载荷。由于弹射筒的弯曲刚度比座椅骨架的弯曲刚度小得多，弹射时弹射筒会产生弯曲变形。因此座椅弯曲时的强度计算是弹射筒强度计算的重点。

人椅系统在空中自由飞行是一个减速稳定过程。虽然人椅系统的运动有六个自由度，但由于人椅具有良好的左右对称性，并且现代座椅都装备有稳定减速系统，所以强度计算一般仍采用三自由度方程，即假设载荷构成平面力系。人椅系统在减速飞行中可以分解为平动和转动两种运动形式。转动角速度和角加速度产生的法向惯性力和切向惯性力使人椅系统各部分具有不同的向量，它取决于各部分的重心至人椅系统重心的距离，所以在进行强度计算时，首先按本节载荷分配中叙述的方法将人椅系统分解为头靠、骨架、椅盆、弹射筒、火箭包、躯干、大腿、小腿等部分，确定各部分的质量力和重心的位置。求出了各部分的质量力和已知的各部分重心位置，就可以求出与骨架各连接点和作用点的载荷，从而计算出座椅各部分（包括骨架）的强度。

由此可知，在确定各受载状态的情况下，首先获得各力在座椅上的载荷分配情况，然后采用理论力学的经典方法，便可得到骨架、弹射筒各处的载荷、应力、变形情况。在这里不做详细论述，请参考理论力学相关书籍。

6.3　座椅的强度试验

座椅强度计算是经过一定的理论假设和简化，使其真实结构有计算的可能。这样计算的结果，势必与实际情况有出入。如何校核理论计算的可信度？一般采用强度试验的办法。座椅的强度试验一般分为静力试验和动力试验两类,而动力试验又可分为振动试验和冲击试验两种不同的类型。

对新型座椅的强度试验,首先确定试验大纲,即根据座椅的构造特点,确定试验的类型、状态和次序,必要时可增加特种试验状态和特种试验要求。大纲确定后,安排试验方案。不论是哪一种试验状态和类型,一个完整的试验方案一般应包括以下几个部分:

(1) 试验目的与要求。应确切提出试验的任务,试验验收的标准,需要测量的参数,需要观察的现象,试验结果的误差范围等。

(2) 试验的技术措施和工作程序。根据目的和要求,比较不同的方案,从中选定适宜的加载装置,支持形式和测量设备,并规定相应的操作程序。

(3) 对数据处理的要求与分析,尤其是对试验中的异常现象必须进行深入透彻的分析。

6.3.1 静力试验

结构静力试验有多种类型,常见的分类方法如下:

(1) 按试验件的种类不同可分为实物试验、典型结构试验和模型试验。

(2) 按试验目的可分为研究性试验和检验性试验两种。

(3) 按试件的破坏与否,可分为弹性范围内的试验和破坏试验两种。

静力试验在专用的静力试验厂房内进行。厂房地面铺有能承载的承力地轨,在承力地轨上可以固定各种不同形式的承力支架,座椅试验件就可按受力要求的形式固定在支架和地轨上。通过钢索和滑轮支座对试验件进行加载。加载设备一般采用液压加载器。

加到试验件上的载荷应保证大小、方向和作用点都符合试验要求。但在实验室的条件下,要按真实受载情况进行加载是不现实的,一般的加载系统都经过简化。简化工作要注意两点:①将分布载荷分几组相对集中加载,但要保证合力的大小、方向、作用点与分布载荷相同;②为了简化试验设备,集中后的合力,点数越少越好。但应预先计算,不应该由于加载点的过分集中,引起试件局部的不应有破坏。

座椅试验需要测量的参数有载荷、位移、应变或应力。

6.3.2 振动试验

机械结构承载时常发生振动现象。振动情况除了和外界激振条件有关外,主要由结构本身的动力特性所决定。一般在设计阶段要进行动力学计算,但目前计算的精确度不高,不得不直接用试验方法来确定其动力特性。所以振动试验根据试验目的不同可区分为两大类:结构振动特性试验和动力强度试验。动力强度试验是环境试验中的一种,也称振动环境试验。

1. 座椅振动特性试验

座椅振动特性试验的主要环节有:座椅结构的支承条件,对座椅结构的激振,测量其响应,将数据分析处理,最后得出所需的结构动力特性参数。

2. 座椅振动环境试验

座椅是飞机的一个部件,安置在座舱内,所以它的振动环境就是飞机座舱的振动环境。根据飞机规范的规定,把飞机划分为几个部位,分别规定了做试验时应加的振动条件。座椅试验就选用飞机座舱区域的振动条件。座椅振动环境试验分为耐振稳定性试验和耐振强度试验两种。

6.3.3 冲击试验

虽然座椅结构的每一种受载状态都包含了一定的动载特性,但飞机失事着陆受载状态的动力特性却特别显著。飞机失事着陆时,座椅结构、乘员的约束系统和座椅与飞机相连的连接件等应保证安全可靠。在座椅设计计算时,受载的计算结果往往可靠程度差,所以必须用试验来考核。座椅冲击试验的目的是:在规范规定的冲击载荷下考核座椅的安全可靠性。

座椅冲击试验实质上是一种碰撞试验。采用座椅运动,主动撞击缓冲器,使运动体(包括座椅)突然减速,达到冲击座椅的目的,用这种办法来模拟动载比较真实。

冲击试验用的测量仪器主要是各种电测设备,辅之以光测设备。电测设备用来测量冲击载荷的波形和座椅连同假人的动态响应。光测设备用来记录冲击瞬间假人的运动轨迹和姿态,光测设备一般采用高速相机即可。

为了测量冲击过载峰值和冲击波形,不仅要求测量设备的频响在冲击脉冲的谱含量所决定的频率范围内必须是线性的,而且设备的相位响应也必须在这个频率范围内不产生相位畸变,即测量系统具有一个较宽的动态范围。

思考题与习题

1. 作用在座椅上有哪些载荷?其载荷是如何分配的?
2. 座椅有哪几种承载状态?试论述座椅载荷分析的思路。
3. 座椅有哪几种方式可以进行强度试验?它们是如何进行试验的?

第7章 降落伞系统构造

7.1 概 述

7.1.1 降落伞发展沿革

降落伞是一种具有悠久历史的气动力减速装置。在中国,早在公元前2250年左右,传说中的虞舜利用两个斗笠,从着火的仓廪上跳下来得以不死,可以说是最早的降落伞雏形。公元前100年,我们的祖先已经应用降落伞进行宫廷杂技表演。但是公认的第一具降落伞设计图纸出于15世纪达芬奇之手,他在刚性骨架上蒙以帆布作为气动减速面,人悬挂在气动减速面下,以达到减速下降的目的。尽管达芬奇的设计在当时没有付诸实现,但是后来英国跳伞队员就采用了达芬奇设计的降落伞,成功地从10000ft高的热气球上降落。1797年10月22日,法国人安德列·雅克在巴黎上空使用降落伞从热气球上安全下降,这是世界上第一具实际应用的降落伞。然而直到20世纪初,降落伞的使用仅仅停留在表演上。

随着近现代飞行技术的发展,赋予了降落伞更为广泛的用途。自第一次世界大战成功用于实战以来,英法俄等国就多次使用降落伞进行伞兵作战,取得了辉煌的战果。此后各国竞相研制军用降落伞,到第二次世界大战,降落伞已被广泛用于空降作战。二战后几十年间,降落伞的基础研究进一步深入,工程方法也日趋完善,大大提高了降落伞研制的科学性和实验结果的可靠性。带条伞、环帆伞、十字形伞等不同形式的伞衣大量出现,大大丰富了伞型,并且又有它们各自的使用特点。20世纪70年代以后发展起来的翼伞技术,更是拓宽了其应用领域和促进了降落伞理论发展。降落伞的应用也扩大到超声速和高动压的飞行领域,如美国回收5t载荷的"阿波罗"飞船降落伞回收系统。降落伞具有重量轻、减速效果明显、稳定性好等有点,目前已被普遍用于航空、航天、空降空投、兵器、救生和体育运动等诸多领域。

20世纪90年代以后,随着先进科技、新型研究工具、研究手段逐步应用到降落伞的研究中,在试验研究上,测试手段和测试方法上也更加丰富,如PIV技术、高速摄像机、全球定位系统、声波传感器式着陆控制系统等均已应用到降落伞的测试控制中;风洞、水洞、气动炮等一些新的试验方法也得到了应用。降落伞的理论研究日益深入,研究人员逐渐注意到降落伞纺织微元之间的结构力、气动力、伞衣织物所受的静电力等对其工作均具有一定的影响,并进行了机理研究。计算机技术的发展更为降落伞工作过程的深入理论分析提供了可能,目前已经很好地模拟出降落伞工作时绕伞衣周围的流场情况及伞衣工作情况。降落伞的虚拟仿真研究也取得了很大的进展。

7.1.2 降落伞研究领域概述

降落伞是一种柔性透气结构，和载荷体构成了复杂的联合飞行系统。长期以来，降落伞的工作特性往往要通过大量的风洞试验和投放试验获得，很难通过理论分析和数值模拟准确得到，随着计算方法的发展和数值计算水平的提高，降落伞理论研究也取得了很大进步。

降落伞主要研究领域表现在如下几个方面：

1. 伞—载系统飞行过程工作性能研究

降落伞和载荷体构成了联合工作系统，在降落伞从伞包打开直至伞—载系统稳降着陆的整个飞行运动过程中，系统的轨迹、姿态、速度、载荷体及降落伞所受的载荷参数变化对性能的评估非常重要，迄今为止有大量文献关注这一研究方向。

伞—载系统飞行过程中工作性能研究传统上是基于物伞动力学分析方法。该方法最初是将物、伞当成质点，在纵向平面上建立三自由度模型，20 世纪 60 年代末开始考虑伞绳或吊带的弹性，载荷体也作为刚体来分析，经过几十年的发展，逐渐出现了六自由度、九自由度等平面或空间运动模型。从简单的平面模型到复杂的多体模型，它们的复杂程度相差很大，但都有各自的分析目的和适用范围。

2. 降落伞的气动性能研究

尽管物伞动力学方程看似简单，但其计算的准确性却极大地依赖于降落伞气动性能描述是否准确。由于降落伞是一种柔性透气结构，其流场模拟难度很大，降落伞气动参数常常通过风洞试验或投放试验获得才能成功，不仅耗费大量的人力物力，更重要的是延长了试验周期。

降落伞的气动性能主要是通过流场研究得到。最初对降落伞绕流流场研究是基于势流理论来确立伞衣面上的压力分布。由于降落伞绕流存在流动分离、旋涡生成和脱落，在势流理论假设下，计算结果误差很大。考虑到降落伞复杂的流场特性，当前常采用数值模拟方法来获得降落伞的气动性能，主要包括两种方法。一种是涡方法，该方法对于大尺度分离流动具有自适应性强、计算量小等优点，但由于涡的布置是人为近似确定的，这也导致计算结果的误差比较大。近年来，随着 CFD 技术的发展，采用基于网格的 CFD 技术来分析降落伞的气动特性成为各国学者研究的热点，由于该方法精度高，能精确地获得流场细节结构，具有强大的生命力和广泛的应用前景。但是由于降落伞是柔性透气织物，如何提高降落伞绕流流场的模拟精度是一个长期有挑战性的课题。

3. 降落伞的开伞性能研究

降落伞和各类载荷对象构成了复杂的伞—载飞行体，其开伞可靠性是伞—载飞行系统最为关心的问题。由于开伞失败导致物毁人亡的事故至今还屡屡发生。因此降落伞开伞过程研究补视为降落伞研究中最为重要的问题。

但伞—载系统飞行情况下的开伞过程却是在飞行体尾流影响下，流场、结构强非线性作用的时变系统，理论研究非常困难。伞—载系统飞行情况下开伞过程的理论研究长期依赖于半经验半理论方法，该方法将降落伞开伞过程分为拉直、充气两个阶段，结合多体动力学、飞行力学、空气动力学的研究基础，对降落伞、载荷体所受的过载及运动情况进行分析。半经验半理论方法对伞—载系统开伞过程中降落伞的质量、外形变化、气动特征等参数进行了较多的简化和假设,虽然简单方便,但误差也较大。

随着计算机硬件的飞速发展及数值计算水平的提高,国内外很多学者开始采用流固耦合数值方法对开伞过程进行模拟,并取得了不少成果,目前已经实现了平面圆伞、环帆伞、十字形伞等多种伞型充气过程的模拟。然而从折叠包装状态至完全张满阶段开伞全过程流固耦合模拟还存在计算误差大、稳健性不高等问题,这迫切需要发展柔性织物折叠(褶皱)的数值建模、信息传递、大速度大变形流场—结构双向耦合等关键技术研究。

4. 降落伞试验技术

降落伞的试验技术研究主要包括风洞试验、拖曳试验、投放试验等几种方法。风洞试验条件可严格控制,是当前了解伞气动特性较经济和快速的方法;拖曳试验有飞机拖曳和火箭拖曳,常用来试验高空或高速下降落伞的开伞性能和稳定性能;飞机空投试验是目前降落伞最广泛采用的试验方法,可以比较真实地模拟降落伞真实使用条件,但是代价较高。

在试验研究上,尚需在以下几个方面进行大量的工作:

(1) 发展降落伞相似理论。降落伞的实际工作环境和实验情况常常相差很大,为了保证实验所测物理量和实际情况一致,必须依赖于相似理论,而这对于降落伞,相似模拟是非常困难的,即使满足外形结构尺寸相似,但织物孔隙率却很难满足几何相似,进而影响到透气性,而织物透气性是影响降落伞工作性能的主要因素。

(2) 发展新的测试方法,大力提高测试精度。降落伞的工作参数牵涉到动力学参数、运动学参数、结构形状参数等,大部分参数都是动态的,有的经历时间非常短,必须大力开发可实施的反应灵敏的测量仪表,提高测试反应速度和测试精度。

5. 降落伞优化设计技术

提高降落伞的设计水平,实现降落伞的优化设计,难免不断提高降落伞的工作性能和拓宽降落伞的工作范围。这方面的研究方向主要有如下几个方面:

(1) 大力研制降落伞高速开伞技术和提高降落伞的大载荷回收能力。在高超声速情况下的开伞,不仅带来高动压、高过载的问题,同时物体后的尾流、伞绳冲击波、气动加热等都会造成开伞困难,迫切要求提高材料的热容性并解决降落伞高速开伞下的可靠性、高过载问题。大载荷物体会带来大过载问题,优化结构设计,可以提高降落伞的高载荷回收能力。

(2) 新的控制技术的应用。随着降落伞研究的进一步深入,降落伞的工作包线日益增大。同时,为了使降落伞有更合理的载荷和运动轨迹,必须大力提高降落伞的控制技术,尤其要设计良好的开伞程序。

(3) 新型材料的应用。随着降落伞工作包线的增加,特别是高超声速降落伞的开发,降落伞的工作环境也越来越苛刻,为此要大力开发新型降落伞材料,在提高传统纺织材料力学性能和传热性能的同时,大力研发新型材料。目前,超细金属丝编织成的伞衣材料、超薄型、高强度的新型合成材料也开始得到应用。

7.2 降落伞的种类及作用

降落伞的分类与分类方法有很大的关系,可根据气动力减速原理及结构分为普通降落伞和翼伞,也可根据伞衣形状或降落伞的使用目的来分类。本节主要就后两种分类方法来阐述降落伞的种类、特点和作用。

7.2.1 根据伞衣结构形状分类方法

降落伞的结构形状即是图纸上的设计形状,如平面圆形伞的结构形状实际上是一个平面多边形,锥形伞的结构形状是棱锥体。根据伞衣结构形状可分为平面型伞和非平面型伞,也可分为轴对称型伞和镜面对称型伞(图 7.1,图 7.2)。常见的伞衣形状有圆形伞、方形伞、导向面伞、带条伞、旋转伞、十字形伞等。其性能特点见表 7.1。

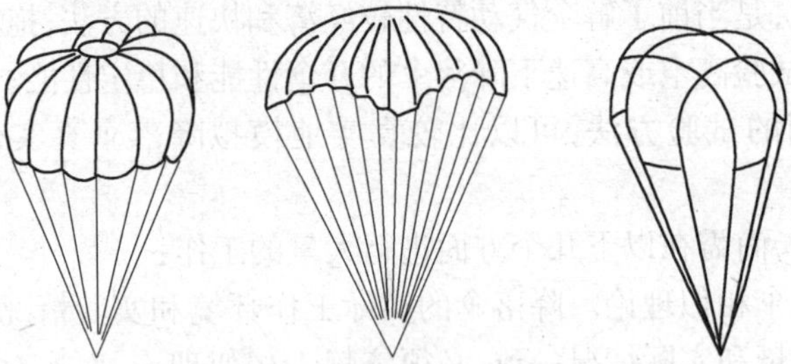

图 7.1 轴对称形伞衣

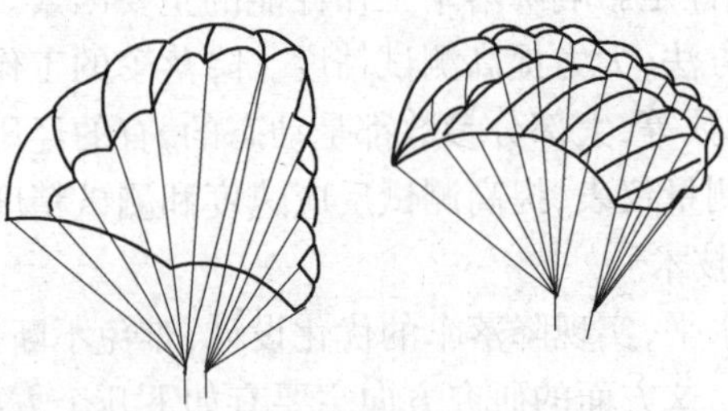

图 7.2 镜面对称形伞衣

表 7.1 各种伞的性能特点

降落伞形式	结构形式		直径比		阻力系数	开伞动载系数	摆角
	俯视图	侧视图	D_t/D_j	D_j/D_0	C_D	K_d	
平面圆形伞			0.67 ~0.7	1	0.75 ~0.8	~1.8	±10° ~ ±40°
方形伞				0.866	0.8 ~1	<1.8	±20°
底边延伸形伞			0.77 ~0.86	0.81 ~0.86	0.75 ~0.9	~1.4	±10° ~ ±20°
半球形伞			0.93	0.71	0.62 ~0.77	~1.6	±20°
有肋导向面伞			0.98	0.63	0.28 ~0.42	~1.1	0° ~ ±2°

（续）

降落伞形式	结构形式		直径比		阻力系数	开伞动载系数	摆角
	俯视图	侧视图	D_t/D_j	D_j/D_0	C_D	K_d	
无肋导向面伞		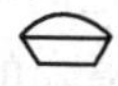	0.96	0.66	0.3 ~ 0.34	~1.4	0° ~ ±3°
人用导向面伞			0.73	0.89	0.68 ~ 0.8	~1.6	±15°
十字形伞				0.84 ~ 0.87	0.6 ~ 0.78	~1.2	0° ~ ±3°
平面带条伞			0.67	1	0.45 ~ 0.5	0.45 ~ 0.5	0° ~ ±3°
锥形带条伞		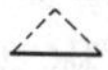	0.7	0.93	0.5 ~ 0.55	0.5 ~ 0.55	0° ~ ±3°
环缝伞			0.67 ~ 0.70	1	0.56 ~ 0.65	0.56 ~ 0.65	0° ~ ±5°
波环伞			0.82	0.82	0.75 ~ 0.9	0.75 ~ 0.9	±5° ~ ±10°
方形旋转伞					1.1 ~ 1.2	1.1 ~ 1.2	
S 形旋转伞					1.24	1.24	

结构形状通常用俯视图和侧视图来表示。结构形状的特征参数为结构直径 D_j，定义为两相对伞衣幅最大宽度间的距离（图 7.3）。降落伞的大小用名义面积 A_0 表示，A_0 表示所有产生气动力的织物面（肋面、围幅、垂幅及稳定幅等部件）的表面积的总和。名义直径 D_0 表示名义面积为 A_0 的圆的直径。降落伞张满时的投影面积称为 A_t。

1. 圆形伞

圆形伞有平面圆形伞、底边延伸形伞和成形幅伞三种。

由合顶角为 360° 的等腰梯形组成的多边形称为平面圆形伞。圆形伞的对称结构使其侧滑方向有随机性，与初始状态有关。为控制侧滑方向，改善操纵性，可在伞衣上开一定数量的排气口。平面圆形伞结构对称，工作可靠，开伞时受力较均匀。因此，大多数传统降落伞都以圆形伞作为基本结构。

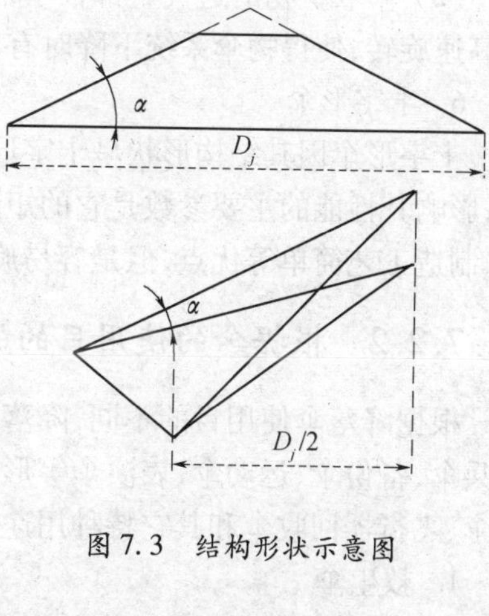

图 7.3　结构形状示意图

底边延伸形伞是在平面圆形伞基础上发展起来的，是在圆形伞的底边圆周上附加一圈环形延伸部。底边延伸形伞在摆动时易产生恢复力矩,阻力特性和稳定性好于平面圆形伞,开伞动载小于平面圆形伞。

平面形伞衣张满时,织物受力不均匀,伞衣顶部的曲率半径最大,开伞时,伞衣底部往往首先遭到破坏。成形幅伞衣是根据张满时,两个辐射带之间从顶部到底部曲率半径不变来推算的。在张满时,伞衣幅所受压力均匀,所以成形幅伞的伞衣幅形状设计极为重要,多在超声速情况下工作。半球形伞也为成形幅伞衣的一种。

2. 方形伞

方形伞一般结构为平面方形切去四角,由数幅织物锁缝而成。方形伞结构简单,材料利用率高。方形伞从伞顶到底边距离不等,伞绳和伞衣受力不均匀,开伞缓慢,开伞动载较小。在开伞过程中,伞衣各部位易错位,容易造成局部受损。

3. 导向面伞

导向面伞也是在平面圆形伞的基础上发展起来的,是在伞衣底部延伸一个倒装的锥形导向面组成。导向面伞外形能使气流分离,压力分布对称,稳定性较好。但是导向面伞,材料消耗多,工艺复杂,成本高。

4. 带条伞

带条伞有平面圆形带条伞、环缝伞、波环伞、锥形带条伞和半流形带条伞几种形式。前三种的结构形状均为平面圆形。平面圆形带条伞伞衣由同心带条组成,带条之间有一定缝隙;环缝伞即为宽带条伞,通常一具伞只有几圈带条。波环伞类似没有结构透气量的环缝伞,但是上下两圈织物长度不等,从而在伞衣充气后形成波浪形排气口。锥形带条伞由顶角之和小于360°的伞衣缝成,比具有相同面积的平面伞的阻力高10%,加工并不比平面伞困难,正越来越多地被采用。半流带条伞结构呈球面形状。带条伞的开伞动载较小,稳定性较高。

5. 旋转伞

旋转伞结构形式很多,但均具有以下特点:

(1) 伞衣的形状或其上的开口方向、伞绳在伞衣上的分布或伞绳长短之差值等均具有中心对称,但均非轴对称。在张满伞衣上造成旋转方向上一致的排气口。

(2) 伞衣织物的透气量都很小,气流主要通过方向一致的排气口排出。由于旋转伞的高速旋转,使得物伞系统下降时有良好的稳定性,具有开伞动载小、阻力系数大的特点。

6. 十字形伞

十字形伞因其结构形状呈十字形而得名。十字形伞由两个矩形织物彼此直角相交而成,影响其性能的主要参数是它的矩形幅的长宽比。十字形伞具有稳定性好、材料利用率高、制造工艺简单等优点,但是容易旋转,加工中应特别注意其对称性。

7.2.2 根据伞的使用目的的分类方法

根据降落伞使用目的不同,降落伞可分为人用伞和物用伞两大类。人用伞有救生伞、伞兵伞、备份伞、运动伞、表演伞等形式。物用伞包括弹射座椅稳定伞、投物伞、阻力伞、航弹伞、飞行器回收伞和其它特种用途伞等。

1. 救生伞

救生伞是当飞机出现应急情况时,为拯救飞行员生命、保证其安全着陆的救生工具,是一种重要的人用伞系统。救生伞回收系统有如下特点和要求：

（1）可靠性要求高。救生伞是在飞机出现应急情况时，为拯救飞行员生命而使用的救生工具。由于降落伞是在应急情况下使用，开伞时，飞行员姿态及开伞条件又比较复杂，并且飞行员又不带备份伞，因此，降落伞必须首先保证做到开伞安全可靠。

（2）开伞时速度、高度范围大。现代飞机的飞行速度和高度范围较大，在较大范围内均有跳伞的可能，因此，要求降落伞的开伞速度和高度变化范围也要较大。

（3）开伞迅速。现代飞机要求先进的低空性能。不仅要保证低空大速度、低空小速度的救生，还要保证0-0条件下救生。为了确保低空安全救生，最大限度地拯救在倒飞、俯冲、横滚等不利姿态条件下应急离机的飞行员，现代飞机提出了从弹射离机到降落伞张满的时间要求。先进救生系统这个时间可达3s。因此要求降落伞开伞迅速，但不得超过人体的耐受极限。

（4）具有一定稳定性和可操纵性。降落伞在下降过程中的大幅度摆动和快速自转，将造成飞行员呕吐、昏迷，给着陆带来困难。因此要具有一定的稳定性。同时，为了避过障碍，选择有利着陆点，还应具有一定的操纵性。

（5）着陆速度满足军标要求。跳伞员的着陆损伤和着陆速度、地面硬度和着陆姿态有关。着陆速度越大，损伤概率越大。军标要求，降落伞的着陆速度不得超过6m/s。

（6）体积小，重量轻，成本低，结构简单，易于使用和维修。由于降落伞在平时是不使用的，故应做到重量轻、体积小，尽量减轻飞行员的负担，也不影响飞行员的操纵。

（7）能携带氧气设备和救生物品。高空跳伞必须供氧，降落伞要能携带氧气设备。飞行员跳伞有可能降落在形势复杂的区域，因此，降落伞还要求携带各种救生物品。

（8）保证飞行员具有良好的承载姿态，载荷在人体上分布均匀、合理。因为降落伞是人用伞中开伞速度最大的一种，开伞动载较大。为避免人体局部损伤，降落伞应保证飞行员具有良好的承载姿态，以及载荷在人体上分布均匀、合理。

（9）应能进行手拉开伞、自动开伞器开伞或其它方法强制开伞。降落伞是飞行员应急情况下的一种救生工具，因此必须保证绝对可靠，而设计多种开伞方案可在各种情况下保证降落伞可靠、顺利工作。

（10）伞衣与飞行员或背带系统能快速连接和解脱。为了防止飞行员着陆（水）时被伞衣、伞绳缠绕或被拖曳，保证着陆安全，缩短起飞准备和飞行员出入座舱的时间，伞衣与飞行员或背带系统应能快速连接和解脱。

2. 伞兵伞

伞兵伞是空降兵的稳定减速装置，用于空降兵的空降作战和训练。密集度高与负重大是伞兵伞主要的使用特点。伞兵伞设计中主要解决的问题有：

（1）提高伞系统的低空开伞安全性能。伞兵伞要求做到低空空降，不仅是密集着陆的需要，也是突然性与安全性的考虑。

（2）解决大速度开伞问题。现代作战要求在低空高速条件下实施空降作业。高速跳伞的主要问题是开伞动载增加，造成空降兵损伤。

（3）提高着陆密集程度。

（4）要求做到无损伤着陆。

3. 备份伞

备份伞是当主伞发生故障时,拯救跳伞员生命,确保其安全着陆的备份救生工具。备份伞一般与主伞背带相连,位于跳伞员的胸部和背部。备份伞最主要的设计要求是:

(1) 备份伞使用一般是在主伞失效的情况下,因此必须完全保证备份伞安全可靠。

(2) 据统计,每 5000 次跳伞中,仅出现一次需要使用备份伞。因此,备份伞实际使用次数并不多。因此,要求备份伞重量轻、体积小,使用和拆卸方便。

(3) 要特别解决好主伞和备份伞的缠绕问题。跳伞员要将备份伞沿顺风方向抛出。

4. 运动伞

跳伞运动是一项综合而复杂的航空运动,主要包括伞塔跳伞、气球跳伞、飞机跳伞、山坡滑翔跳伞及牵引升空跳伞。运动伞要求工作可靠、使用安全;具有良好的操纵性和稳定性;使用简便且容易调节,伞系统重量和体积小,伞包背挂后和运动员贴身,不影响跳伞员的空中动作。

5. 弹射座椅稳定伞

弹射座椅稳定伞有稳定人椅系统并减少座椅速度的作用。稳定伞要求工作安全可靠,开伞过载不超过人体耐受极限,稳定性好,减速性能高,重量轻,体积小。

6. 投物伞

用于将飞机上投下的各种重物减速并安全降至地面的降落伞称为投物伞。投物伞的应用范围非常广泛,随重物不同,它的投放形式和结构特点也很多样。常见的空投方法有人工空投、传送带和重力空投、牵引空投或超低空空投。

7. 阻力伞

阻力伞起辅助飞机机轮刹车、使飞机减速、缩短滑跑距离的作用。阻力伞的刹车作用与跑道性质无关。飞机配备阻力伞后,可在应急情况下(如刹车装置失灵或起飞失败时)中止起飞或在应急情况下着陆;另外,阻力伞和其它刹车装置并用,可延长其它刹车装置的使用寿命。

8. 航弹伞

用于飞机空投的航弹有水雷、鱼雷、地雷、照明弹、宣传弹、燃烧弹、反坦克子母弹、训练弹等。航弹伞是上述航空弹用伞的总称。它们品种繁多,用途不同,战术指标要求各异,故伞型选择和开伞程序也各不相同。

9. 飞行器回收伞

飞行器回收伞有无人机回收伞、导弹回收伞、高空探测器回收伞、飞船回收伞等。当各种飞行器在完成任务后,回收伞使之安全回到地面,以便检查执行任务情况,并回收再用。无人机的回收系统一般由回收伞、着陆缓冲装置、触地开关及机—伞分离机构组成。飞船回收伞一般由减速伞、主伞两级伞系统组成。根据回收任务不同,伞系统配置各异。

7.3 降落伞系统组成及结构

降落伞的组成随使用要求和开伞程序不同而变化。一般降落伞系统由引导伞、伞衣套、连接带、主伞(伞衣和伞绳)、开伞装置、脱离装置、背带系统和伞包等部件组成。

7.3.1 引导伞

引导伞的作用是将降落伞系统从伞包或伞箱中拉出,并拉直包装主伞的伞衣套,最终将主伞从伞衣套中拉出,使主伞处于良好的充气状态。引导伞应具有足够的气动阻力、一定的弹跳力、开伞快、体积小、重量轻、包装方便的特点。目前常采用以下三类引导伞:软质带中心绳引导伞、软质无中心绳引导伞和弹簧骨架式引导伞,分别见图7.4方形引导伞,图7.5无肋导向面伞,图7.6十字形弹簧骨架引导伞。

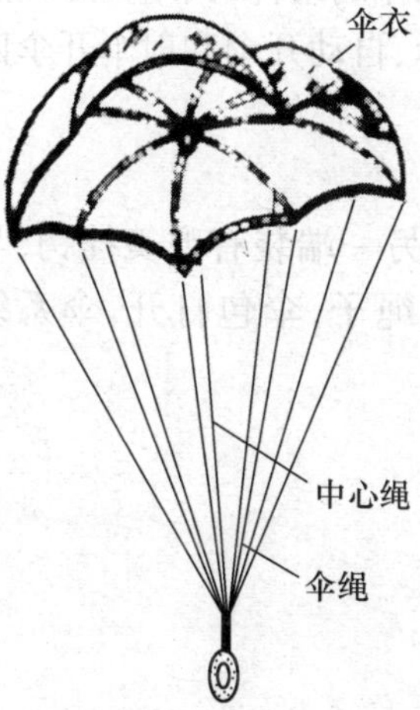

图7.4 方形引导伞

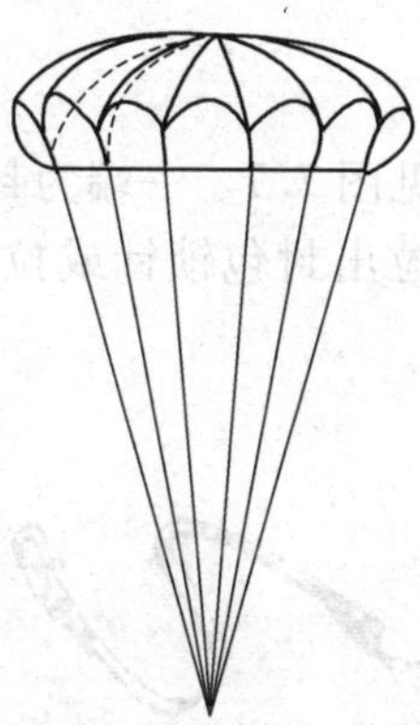

图7.5 无肋导向面伞

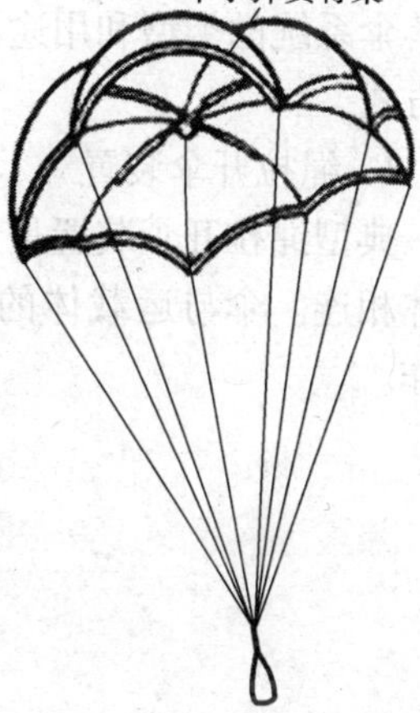

图7.6 十字形弹簧骨架引导伞

7.3.2 伞衣套

伞衣套的作用是保护伞衣,并避免伞衣底边在伞系统拉直前与气流接触使伞衣提前充气。伞衣套应保证伞绳、伞衣具有良好的拉直程序,减少伞绳抽打伞衣的几率,伞衣套上部的鼓风袋可以帮助引导伞拉出伞绳、伞衣。伞衣套又可分为长伞衣套、短伞衣套和带兜底布的伞衣套。

7.3.3 连接绳

由于结构的需要,引导伞和伞衣套之间、各级降落伞之间、主伞与悬挂物之间需要一定长度的过渡件,统称为连接绳。连接绳采用强度高的编织带或多股钢索制成,其长度应使所连接的各部件处于良好的气流流场之中。

7.3.4 主伞(伞绳和伞衣)

主伞包括伞衣和伞绳。伞衣是一个气动减速面,其功用是稳定减速,保证人或物着陆安全。伞衣由织物缝制而成,其上有不同方向的加强带以保证伞的强度。伞衣底边缝制有加强带,又称伞衣底边。伞衣底边上缝有加强带延伸而成的伞绳扣带,用来连接伞绳,也有将伞绳缝在加强带上。为了保证稳定性和改善操纵性,在伞衣上还开有各种孔洞和缝口,有的伞衣上还缝有鼓风兜、肋片、导向面等附件,以改善降落伞工作性能。

伞绳的长短和数量对降落伞阻力特性有重要的影响。伞绳越短,其投影面积越小,阻力系数也越小,增大伞绳数量可增加伞衣的最大投影面积,从而增加阻力系数,但伞绳数量不能无限制地增加,否则会增加主伞重量,并引起气流进入伞衣受阻的"绳罩"现象。传统降落伞伞衣阻力远大于伞绳阻力,而对于翼伞,伞绳阻力所占的比重更大,因此,对翼伞伞绳设计更加严格。

7.3.5 开伞装置

开伞装置是降落伞系统中用于打开伞包,启动降落伞系统工作的组件,其结构形式随降落伞系统的类型和用途不同而异。一般分绳拉开伞、手拉开伞、自动开伞和射伞开伞四类方式。

1. 绳拉开伞装置

典型绳拉开伞装置是开伞拉绳,见图 7.7。一端为封包绳,另一端装有弹簧挂钩,与物体相连。伞与运载体的相对运动拉出封包锁针或拉断封包绳子,伞包打开,伞系统工作。

图 7.7　开伞拉绳

2. 手拉开伞装置

手拉开伞装置利用跳伞员的臂力,解除伞包封包,启动伞系统工作。有拉环和球形开伞索两类,见图 7.8、图 7.9。

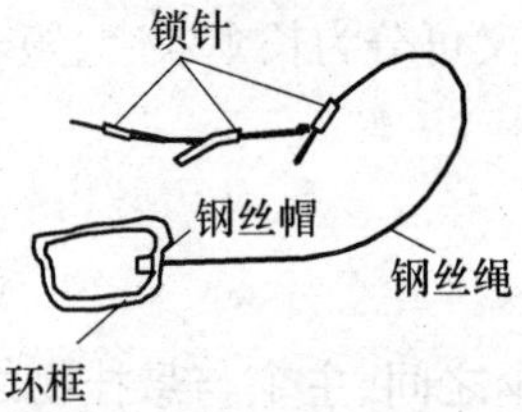

图 7.8　拉环

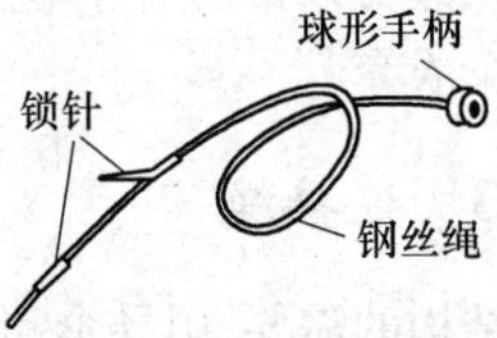

图 7.9　球形开伞索

3. 自动开伞装置

自动开伞装置是利用本身的动作机构,解除伞衣封包,实现开伞。该装置除动作机构外,还有状态参数控制机构。根据控制机构不同,常用的自动开伞装置有高度时间组合式开伞器、速度控制开伞器、过载控制开伞器、零秒开伞器等。

1）高度时间组合式自动开伞器

用于在一定高度和时间范围内自动开伞,也可作为开伞的备份保险装置。由钟表机构、高度膜盒装置和动力弹簧等组合而成,见图 7.10。钟表机构延迟开伞器工作,膜盒装置控制开伞器在某一高度上工作。

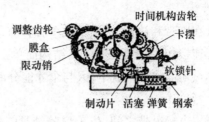

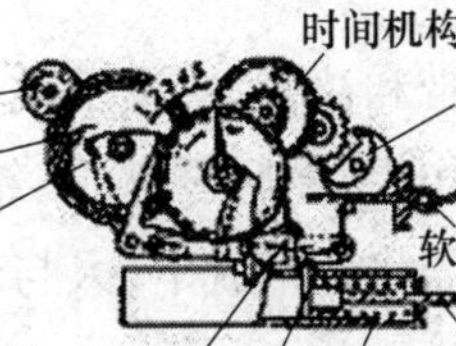

图 7.10　高度时间开伞器

2）速度控制开伞器

速度控制开伞器通过感受弹射救生系统离机时的速度，控制降落伞延迟开伞时间的自动开伞器，由钟表机构、动力弹簧机构、膜盒系统和锁闭机构等组成。该开伞器在130～1200km/h时，延迟时间约为0.0～1.66s。

3）过载开伞器

过载开伞器是利用过载、时间、高度参数、组合控制弹射救生系统自动打开座椅稳定伞和降落伞的开伞装置。主要由时间控制器、高度控制器、过载控制器及执行机构等组成。当系统处于大速度载荷时，制动过载超过允许值，配重块的制动过载克服平衡过程的弹簧力，制动片卡入齿轮，使时间机构停止转动，延迟开伞，当过载减小到允许直，时间机构重新工作。

4）零秒开伞器

零秒开伞器是实施在预定高度下，使降落伞立即开伞；在高于预定高度时，能实施延迟开伞的开伞装置。零秒开伞器由高度膜盒、制动杆、脱钩等到组件组成，如图 7.11 所示。零秒开伞器安装在座椅上，挂钩与伞包锁针相连，在低空，膜盒处于正常压缩状态，下中心杆处于上面位置，制动杆端头被卡住，人椅分离时，零秒开伞器通过制动杆挂钩，立即打开伞包，保证低空迅速开伞的需要。

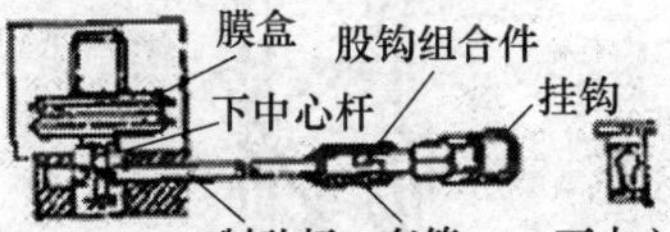

图 7.11　零秒开伞器

4. 射伞装置

射伞装置为动力开伞装置，利用火药燃烧产生的高压气体能量打开伞包或拉出伞系统。分射伞枪、射伞筒、射伞袋及风向牵引火箭等方式。射伞枪是利用射伞枪弹头动能，把降落伞系统迅速拉出的一种射伞装置；射伞筒是利用火药燃爆的能量把降落伞系统当“弹头”打出；射伞袋是利用火药气体发生器产生的火药气体，迅速将伞舱底部的特殊气袋张满，气袋把伞系统射出的气动射伞装置；风向开伞火箭是利用一定冲量的火箭产生的推力打开伞包，拉出、拉直伞系统的开伞装置。

5. 切割装置

为减小开伞动载，降落伞常采有收口绳，以延长降落伞的完全张满时间。切割器则为多级开伞程序中的收口解除装置，利用火药燃烧或弹簧产生的动力来推动切割刀切断收口绳，使主伞完全充气。

7.3.6　脱离装置

为避免跳伞员着陆时被大风拖曳受伤或着水时被伞衣覆盖，通常采用脱离装置，使跳

伞员着陆或着水后,快速使降落伞系统与跳伞员分离。脱离锁装置主要有两类:

1. 背带系统脱离锁

背带系统脱离锁一般装在胸带和裆带上,位于跳伞者胸前,故又称胸锁。胸锁的主要特点是既能解脱主伞又可起连接作用,金属零件少、结构简单、重量轻。但是不能完全达到快卸目的,开锁之后,跳伞员还需将背带脱下,人与伞才能分离。

2. 主伞脱离锁

主伞脱离锁装于背带与主伞操纵带之间,位于肩膀锁骨附近,又称肩锁。着陆时,打开肩锁,操纵带与背带立即脱开,主伞飞离,背带系统仍留在跳伞员身上。

7.3.7 背带系统

背带系统是连接降落伞和跳伞员,传递载荷的受力件。因此,要求背带系统有足够的强度,受力分布合理均匀,安全可靠,使用方便,并能进行调节。背带系统由主套带、肩带、腰带、裆带、胸带及快卸锁等组成。目前背带系统按功能分为以下三类:

1. 单一用途背带系统

此类背带系统仅起连接伞和人的作用,早期背带系统均属于此类,典型的有三点连接式背带系统(图 7.12)、胸锁式背带系统(图 7.13)和肩锁式背带系统(图 7.14)。

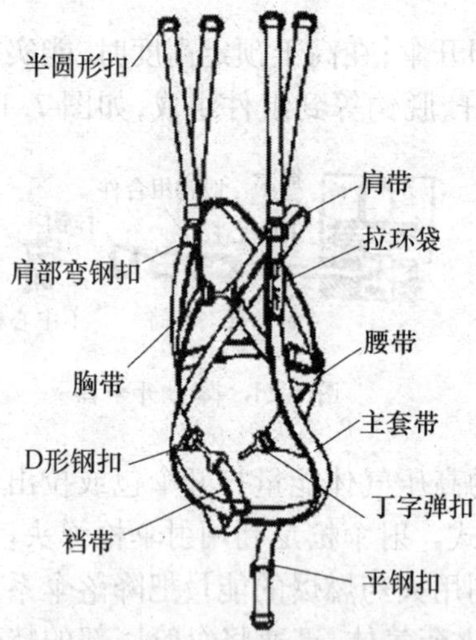

图 7.12 三点连接式背带系统

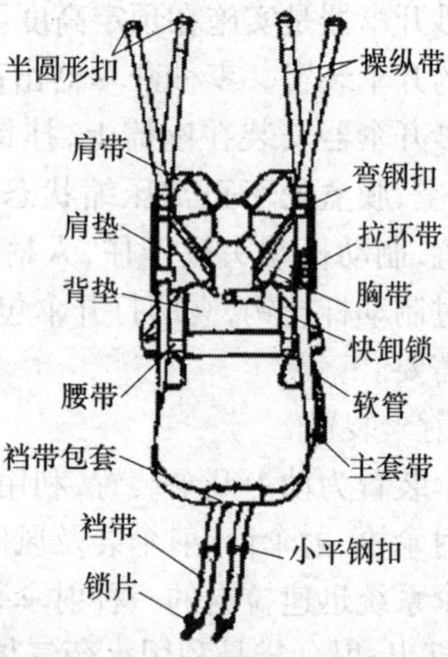

图 7.13 胸锁式背带系统

2. 联合式背带系统

为了减轻重量,将背带系统与座椅安全带合并,称为联合式背带系统,见图 7.15。

3. 复合式背带系统

随着飞行员装备增多,除了飞行服和救生背心外,还有抗荷服、代偿服和密闭飞行服等,同时开伞过载增加。为减少装备和使过载在飞行员身体上均匀分布,将联合式背带系统或单一式背带系统与救生背心或飞行服缝成一体,即为复合式背带系统。

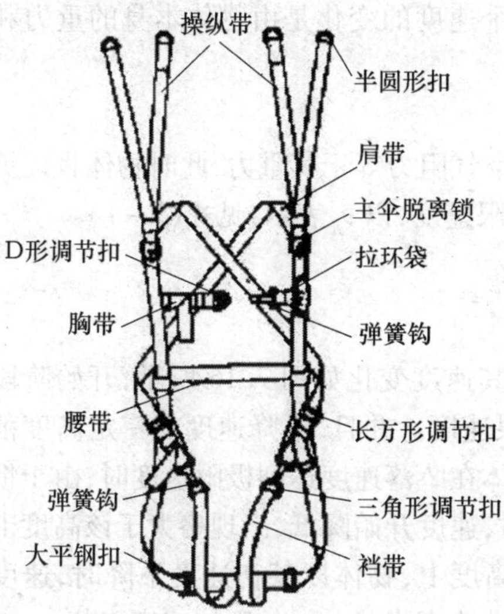

图 7.14　肩锁式背带系统

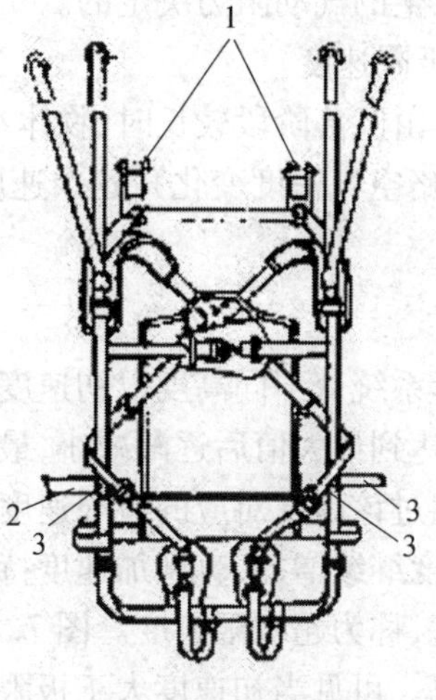

图 7.15　联合式背带系统

1—肩带束扣;2—定力连接带;3—负过载连接带。

7.3.8　伞包

伞包用于包装降落伞系统的伞衣、伞绳、伞衣套及引导伞等部件,使之保持一定的几何形状,并保证伞衣等部件在工作前不受气流吹袭,不与其它物体钩挂。在工作时要按预定的程序打开伞包。对于救生伞来说,伞包装有自动开伞器、氧气设备和各种救生物品。不同用途的伞,伞包的形式也不一样,一般有坐式伞包、背式伞包、胸式伞包和组合式伞包,如飞行员救生伞一般以坐式伞包为主。

7.4　降落伞的工作过程及开伞程序

7.4.1　降落伞的工作过程及特点

降落伞工作过程指从打开伞包到降落伞系统达到稳定下降为止的整个过程。一般均可分为四个阶段:

第一阶段:离开机体到打开伞包的自由坠落阶段。

第二阶段:从伞包内拉出主伞到伞衣、伞绳全长拉直为拉直阶段。

第三阶段:伞衣、伞绳全长拉直到伞衣全部张满为充气阶段。

第四阶段:伞衣张满到稳定下降阶段,又称稳降阶段。

1. 自由坠落阶段

1）概述

离开机体到打开伞包这一阶段称为自由坠落阶段,所延续的时间称为自由坠落时间,有时又称为延迟开伞时间。自由坠落时间的大小取决于跳伞员开伞的方式,对于绳拉开伞而言,一般为 1 ~ 3s;对于延迟开伞而言,一般为 10 ~ 20s。

这一阶段中,物体(物体、跳伞员等)的速度由离机时的速度 v_f(即飞机速度)变化到

打开伞包时的速度 v_k，v_k 通常称为开伞速度。这个速度的变化是由物体本身的重力和运动时所产生的气动阻力决定的。

2）极限速度

当自由坠落阶段较长时，物体本身所产生的空气阻力等于其重力，此时物体将以恒速坠落（忽略空气密度变化），这个速度通常称为极限速度，以 v_j 表示，见式（7-1）。

$$v_j = \sqrt{\frac{2G_w}{\rho C_w A_w}} \tag{7-1}$$

物伞系统从不同高度以初速度为零下落时，其速度变化如图 7.16 所示，开始阶段速度增大，达到最大值后逐渐减小，最后趋向于极限速度。并且，下降速度在一定高度范围内可以超过该高度对应的极限速度，这是因为物体在坠落速度达到极限速度时，由于惯性作用，速度继续增加，直到加速度持续减小为零时，速度开始降低，出现略大于该高度上的极限速度，称为超极限速度。图 7.17 为在 2km 高度上，物体以某初速度下降时，速度的变化情况。可见当初速度大于极限速度时，物体减速度降落；反之，则加速度降落。

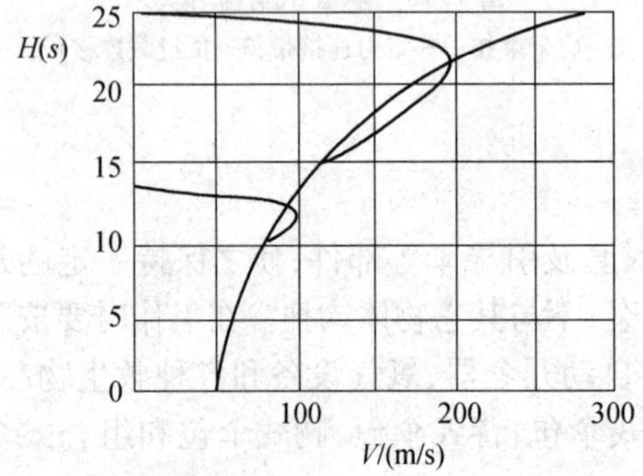

图 7.16 初速为零物体的速度变化

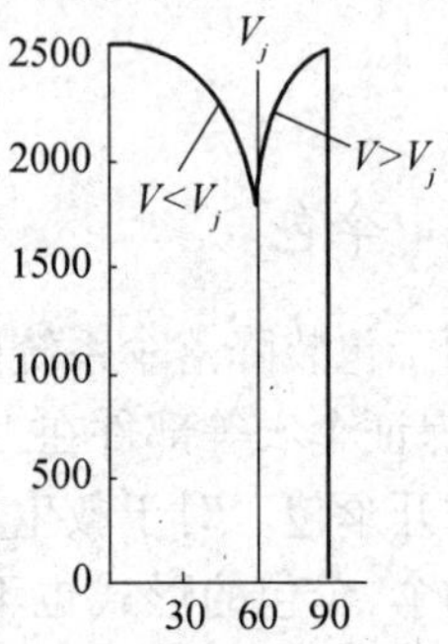

图 7.17 2km 高度初速不为零的速度变化

2. 拉直阶段

1）概述

伞包打开后，引导伞迅速张满减速。此时物体仍加速下降，引导伞和物体之间产生速度差，从而引导伞通过连接绳将主伞的伞衣和伞绳拉直，这个阶段称为拉直阶段。伞衣和伞绳全长拉直瞬间，系统所具有的速度称为拉直速度 v_L，即开始充气前的速度。在伞系统拉直过程中，在物体与主伞之间的连接带张力称为拉直力 F_L。拉直阶段所占用的时间称为拉直时间 t_L。良好的开伞过程，应保证在坠落阶段和拉直阶段，伞衣不提前充气。

2）拉直程序

降落伞的拉直过程性能计算和拉直程序有关。常见的有两种拉直程序（顺拉法和倒拉法），见图 7.18。

（1）顺拉法，又称先拉伞衣法。先拉出伞衣，然后再循序拉出伞绳和连接绳。无伞衣套的备份伞常采用此程序。

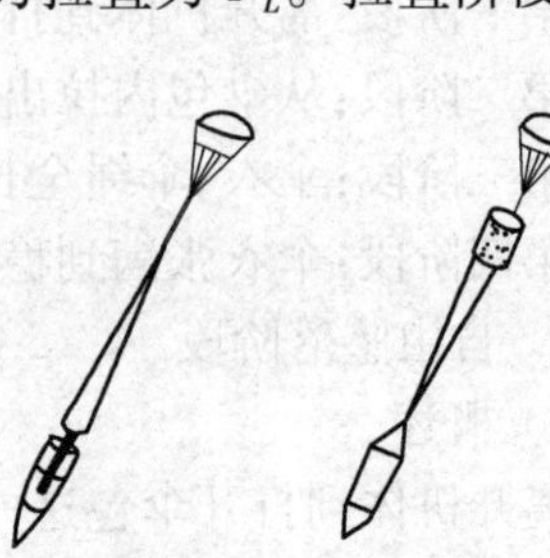

图 7.18 拉伞程序

（a）顺拉法；（b）倒拉法。

（2）倒拉法，又称先拉伞绳法。引导伞（或其他方式)先将伞衣套提起,使其与物体分离,然后从伞衣套中拉出伞绳、伞衣。采用短伞衣套的人用伞多采用此种程序。

3. 充气阶段

伞衣和伞绳全长拉直后,主伞开始充气。在主伞充气过程中,其形状不断变化,阻力面积不断增大,阻力也急剧增加,系统的速度迅速由拉直速度降低到主伞完全张满时的速度,又称张满速度 v_m。充气过程所占用的时间称为张满时间,用 t_m 表示。在充气过程中,由于系统减速而产生的通过连接带作用于物体上的载荷称为开伞动载,用 F_k 表示,最大开伞动载可表示为 $F_{k\max}$,$F_{k\max}$ 和 t_m 是衡量降落伞性能的重要指标。

从打开伞包到主伞完全张满所需要的时间通常称为开伞时间。可知,开伞时间由拉直时间和张满时间组成。

4. 稳降阶段

伞衣张满瞬间,由于惯性的影响,系统的速度还比较大,但此时物伞系统的阻力还大于重力,物伞系统将继续减速下降,直到物伞系统阻力等于重力,这一阶段称为稳降阶段,这时的速度称为稳降速度 v_{wd},见式(7-2)。

$$\begin{cases} G_{xt} = \dfrac{1}{2}\rho v_{wd}^2(C_sA_s + C_wA_w) \\ v_{wd} = \sqrt{\dfrac{2G_{xt}}{\rho(C_sA_s + C_wA_w)}} \end{cases} \tag{7-2}$$

物伞系统接近地面时的稳降速度即为着地速度。如果主伞张满不经过稳降阶段便着地,一般不能保证安全。为了确保物体的生命安全,要求稳降阶段至少 2~3s 时间,在实际使用中一般采用 10s。在有足够降落高度的情况下,着陆速度、稳降速度也就是着陆、稳降时的极限速度。

7.4.2 降落伞常见的开伞程序

开伞程序是指开伞过程中拉直、充气、稳降的动作顺序。降落伞能否正常开伞与开伞程序密切相关。降落伞典型开伞程序分为伞拉开伞和动力开伞两类。

1. 伞拉开伞

伞拉开伞是利用串联在降落伞前部的小面积伞来实现。有抛引导伞开伞(图 7.19)、释放稳定伞拉降落伞(图 7.20)、释放减速伞拉主伞等开伞程序。

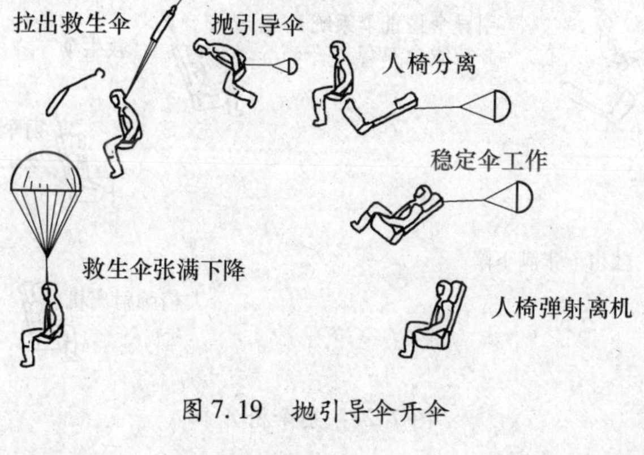

图 7.19 抛引导伞开伞

抛引导伞开伞主要是利用引导伞的气动阻力拉出、拉直伞系统。由于引导伞的阻力特征小，拉救生伞速度慢，高度损失较多，低空安全救生性能差；释放稳定伞（或减速伞）拉降落伞可以较好地保证救生伞顺着气流方向，阻力特征较大，因此拉救生伞迅速可靠。

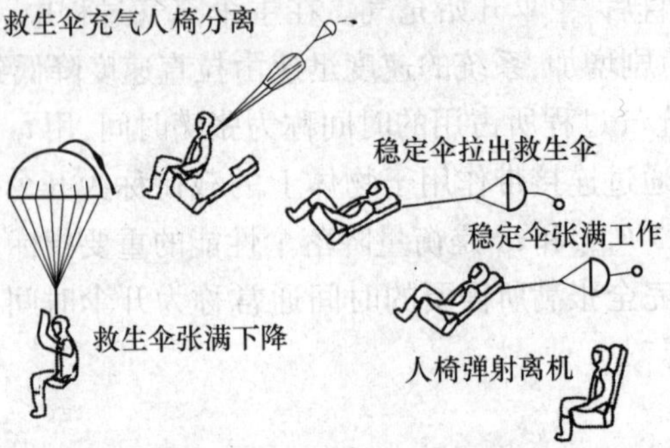

图 7.20　释放稳定伞开降落伞

2. 动力开伞

动力开伞是利用动力开伞装置来实现降落伞的开伞。动力开伞程序有风向开伞火箭拉伞（图 7.21）、射伞枪开伞（图 7.22）、射伞炮（筒）等开伞程序。

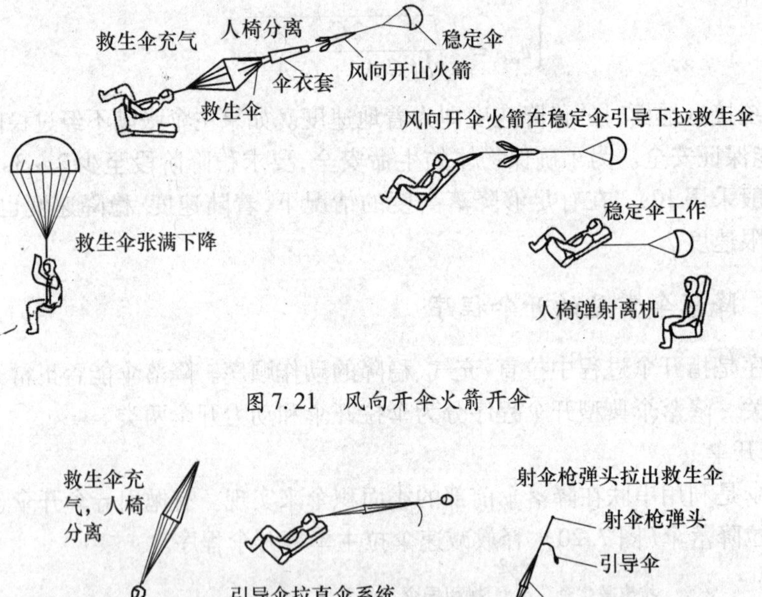

图 7.21　风向开伞火箭开伞

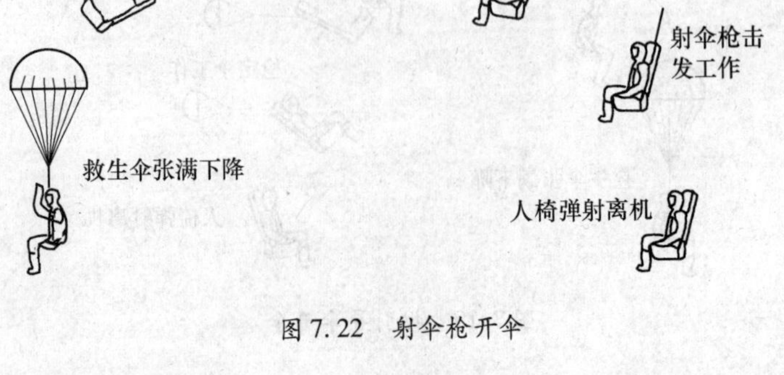

图 7.22　射伞枪开伞

动力开伞能加快开伞过程,大大提高低空救生性能,但同时人也要承受较大过载的作用。

思考题与习题

1. 降落伞有哪些研究方向,其主要研究内容有哪些?
2. 降落伞有哪些分类方式?根据这些分类方式各有哪些类型的降落伞?
3. 降落伞系统的基本组成有哪些?其作用和结构特点如何?
4. 伞兵伞工作时会遇到哪些问题,这些问题是如何解决的?
5. 极限速度的概念是什么?当飞行员以小于极限速度的初速跳伞时,分析飞行员的速度变化。
6. 降落伞分为哪几个工作过程?其初始状态和结束状态各用什么表示?
7. 降落伞有哪几种开伞程序?它们的工作特点怎样?

第 8 章　降落伞系统性能分析

8.1　基础知识

8.1.1　透气量

降落伞的透气量与降落伞的性能密切相关,在研究降落伞性能之间,先介绍降落伞透气量的概念。

1. 伞衣织物透气量(W_Z)

伞衣织物的透气性是伞衣材料的重要物理参数,它与织物经纬密度、经纬纱支数、纱线捻度等因素有关。在一定压差下,单位时间内,通过单位面积上织物的空气体积称为织物透气量(W_Z)。目前,各国采用的织物透气量标准不一,见表 8.1。

表 8.1　各国织物透气量标准

标准	中国	俄罗斯	美国、加拿大	英国
压力差/Pa	49	49	124.5	2489
透气量单位	$L/(m^2 \cdot s)$	$L/(m^2 \cdot s)$	$ft^3/(ft^2 \cdot min)$	$ft^3/(ft^2 \cdot min)$

为了便于使用,织物透气量用无量纲形式表示,称为有效透气量(W_y),定义为通过织物气流的平均速度 v_q 与自由气流速度 v 之比,见式(8-1)。

$$W_y = v_q/v \tag{8-1}$$

$$\Delta P = \frac{1}{2}\rho v^2 \tag{8-2}$$

式中,自由气流速度指当地的风速。对于自由气流速度的动压,也可近似地认为织物两面的压差,见式(8-2)。

2. 伞衣结构透气量(W_j)

伞衣织物透气量的大小还不能完全表示降落伞的透气量,因为有些降落伞由于结构上的原因,需要在伞衣上开许多孔或缝,这就很明显地增加了透气。这一部分的透气性用结构透气量(W_j)表示。它定义为伞衣开孔面积(A_k)与伞衣总面积(A_0)百分比,即

$$W_j = \frac{A_k}{A_0}100\% \tag{8-3}$$

结构透气量表示方法忽略了气流扰动使透气量减小和织物弹性变形使开孔面积增加的影响。有时,结构透气量也用填满系数来表示,即织物所占面积与伞衣面积之比。

3. 伞衣总透量(W_s)

伞衣总透气量(W_s)即为降落伞透气量,包括有效透气量和伞衣结构透气量两部分。

有效透气量用百分比表示,称为相对透气量(W_x),即

$$W_s = W_x(A_0 - A_k - A_j)/A_0 + W_j \quad (8-4)$$

式中:A_j 为伞衣上完全不透气的面积。

4. 压差对织物透气量的影响(W_z)

织物透气量对伞衣充气过程有重要影响,而伞衣内外压差对织物透气量影响显著。经过大量的试验,测试了不同压差下织物透气量变化,测试结果见图 8.1,测试结果曲线可以用下式表示:

$$\Delta P = av_q + bv_q^2 \quad (8-5)$$

或用幂函数形式:

$$W_z = a\Delta p^b \quad (8-6)$$

式中:a,b 为表征透气量的重要系数。

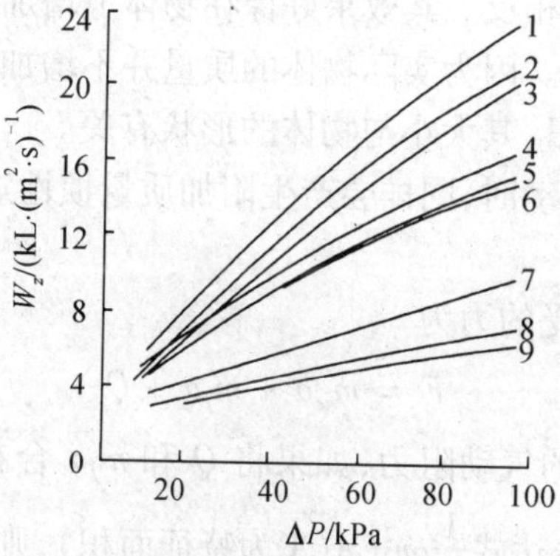

图 8.1 材料透气量试验结果

1—英国伞布;2—003 棉布(小透气量);3—003 棉布(伞衣);
4—508 锦丝绸;5—413 格子绸;6—509 锦丝绸;7—601 绵纶格子绸;8—602 锦纶 66 格子绸; 9—512 锦丝斜纹绸。

从图 8.1 中可以很明显地看出,各种织物的织物透气量随压差变化程度不一。由于降落伞不同工作阶段对透气性要求不一,透气量曲线的这种特殊交错现象,对于研究降落伞织物的透气性具有重要的意义。在稳定阶段,透气量以小为宜,以降低着陆速度;而开伞阶段,则要求透气性略为偏大,以减小开伞动载。

8.1.2 附加质量

1. 附加质量的概念

当物体在不可压缩理想流体中匀速运动时,物体表面上流体压力的总矢量等于零,即运动是没有阻力的。

而物体在真空中作加速运动时,物体的动量方程为

$$\frac{d(m_w v)}{dt} = F \quad (8-7)$$

但若物体在理想流体中作变速运动,物体表面上流体压力的总矢量并不等于零,即变速运动是有阻力的。如在同样外力作用下,在理想流体中作加速运动时,其动量方程变成

$$\frac{\mathrm{d}(m_w v)}{\mathrm{d}t} = F - R \tag{8-8}$$

$$R = \frac{\mathrm{d}(m_f v)}{\mathrm{d}t} \tag{8-9}$$

R 为附加惯性阻力,写成动量形式(即 R 的大小等于某一个质量 m_f,使它也作 $\mathrm{d}v/\mathrm{d}t$ 的加速运动)为

$$\frac{\mathrm{d}(m_w + m_f)v}{\mathrm{d}t} = F \tag{8-10}$$

从上式可以看出,质量为 m_w 的物体在理想流体(不考虑流体黏性)中作变速运动时,所受的力等于质量为 $m_w + m_f$ 的物体在真空中作加速运动时所受的力,即会产生附加的阻力 $m_f a$。它产生于物体作不稳定运动时,克服流体惯性所附加的阻力,又称惯性阻力,力的作用方向与加速度方向相反。其效果好像在物体上增加了一个附加质量 m_f 一样,称这个增加的质量为附加质量。因为实际物体的质量并不增加,又称为虚假质量;因为是由惯性引起的,也称为惯性质量,其大小与物体的形状有关。

当物体在理想流体中转动时,同样会产生附加质量惯性矩。

2. 附加质量的影响

降落伞开伞过程中,所受的力为

$$F = m_w a + m_f a + Q \tag{8-11}$$

式中:Q 为物体稳定运动时的气动阻力,如果将 Q 和 $m_f a$ 合在一起,可用总阻力(虚假阻力)表示,写成阻力的一般表达式$\frac{1}{2}\rho v^2 CA$(A 为特征面积),则

$$F = m_w a + \frac{1}{2}\rho v^2 CA \tag{8-12}$$

$$C = \frac{F - m_w a}{0.5\rho v^2 A} \tag{8-13}$$

这里的总阻力系数不等于稳定运动时的气动阻力系数。据资料介绍,一个直径为 d 的实心球体在实际流体中作变速运动时,测出其总阻力系数 C,如图 8.2 曲线所示。当匀速运动时,阻力系数即为该物体的气动阻力系数(一定迎角下,为常数),如图 8.2 中线 1 所示。

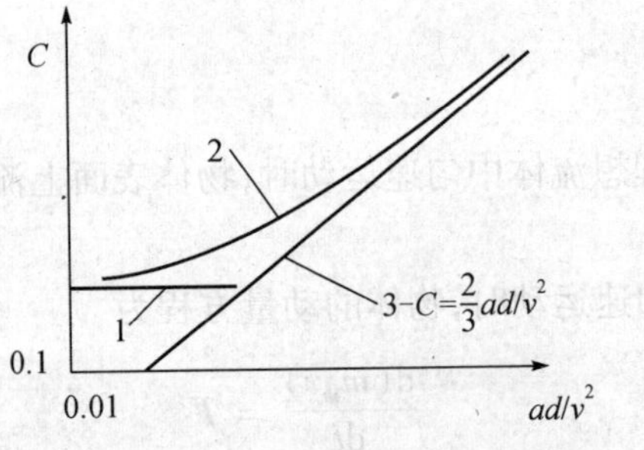

图 8.2　C 与无因次加速度的关系

1—匀速运动时的阻力系数;2—实际的阻力系数;3—理想流体中的阻力系数。

那么，实心球体在理想流体中作变速运动时阻力系数 C 为多少呢？理想流体中，Q 为零，实心球体附加质量为球体体积大小的流体质量的 1/2，所以：

$$F = m_w a + m_f a = m_w a + \frac{1}{2}\rho \frac{1}{6}\pi d^3 a \tag{8-14}$$

将此式代入式(8-13)，得

$$C = \frac{\frac{1}{2}\rho \frac{1}{6}\pi d^3 a}{\frac{1}{2}\rho v^2 \frac{\pi}{4}d^2} = \frac{2}{3}\frac{ad}{v^2} \tag{8-15}$$

从图 8.2 可以看出，当 ad/v^2 较大时，即加速度和物体的尺寸较大时，阻力系数接近于势流理论分析中所得到的理论值；较小时，阻力系数接近于匀速运动时的阻力系数。也就是说，当物体运动速度很大，而加速度和尺寸很小时，由物体黏性引起的阻力占主导地位；而当速度很小，加速度和尺寸很大，运动的阻力产生于克服流体惯性的阻力。降落伞开伞过程正好属于后者，因此，在降落伞开伞过程中要考虑附加质量的影响。

其次，降落伞系统质量较小，而附加质量和系统质量是同量级的，因此也不能忽略附加质量的影响。

3. 附加质量的确定

1）附加质量的实验确定方法

大多数确定附加质量的实验方法是建立在以下假设的前提下：认为一个物体在流体中运动时所受的力包括两部分，一部分由瞬时速度产生，一部分由瞬时加速度产生。因此，非定常流中在瞬时 t 的总流体动力 $F(t)$ 可以写成含有系数 a,b 的形式：

$$F(t) = av^2(t) + b\dot{v}(t) \tag{8-16}$$

首先确定在稳定速度 $v(t)$ 时的流体动力 F，以便得出 a，然后测出非定常时的 $F(t)$，以二者之差来确定 b 值，b 值即为物体质量与附加质量之和。

2）附加质量的计算公式

降落伞附加质量的理论计算是一个复杂的课题，目前还没有完全解决，工程上一般采用经验算法。经验估算方法较多，不同方法也有一定区别。现介绍常用的几种经验方法。

(1) 球体经验计算方法。这种方法认为附加质量就是伞衣投影半径 R_t 的球体内包含的空气质量，即

$$m_f = \frac{4}{3}\rho\pi R_t^3 \tag{8-17}$$

采用这种方法简单，较接近张满后的真实情况。但是在伞衣充气初期，以 R_t 为半径的圆球体积显然小于伞衣内的真实体积；在伞衣充气后期，则大于伞衣内的真实体积(图 8.3)，会有所偏差。

(2) 计算方法二。降落伞附加质量由内含质量 m_n 和表观质量 m_b 组成。内含质量等于空气密度乘以伞衣包含的容积，其容积随充气过程而变化。表观质量即前面所介绍的实心球体非定常运动时的附加质量的概念。实验测定：

$$
\begin{cases}
m_n = \rho V \\
m_b = k m_n \\
m_f = (1 + k) m_n
\end{cases}
\tag{8-18}
$$

式中:k 为无因次系数,降落伞的附加质量为内含质量和表观质量之和。k 可根据有效透气量 W_y,查图 8.4 曲线获得。

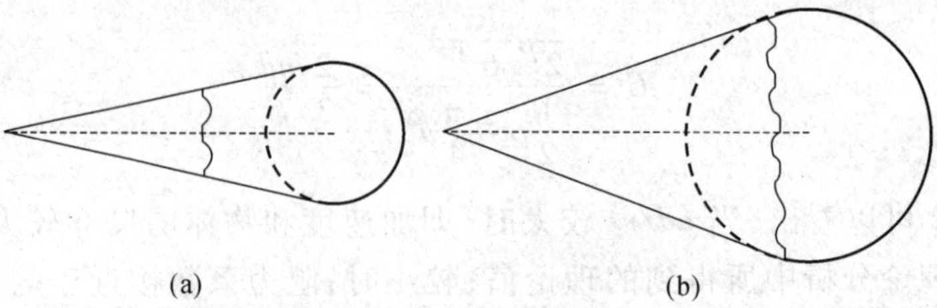

图 8.3　用球体体积表示附加质量的情况

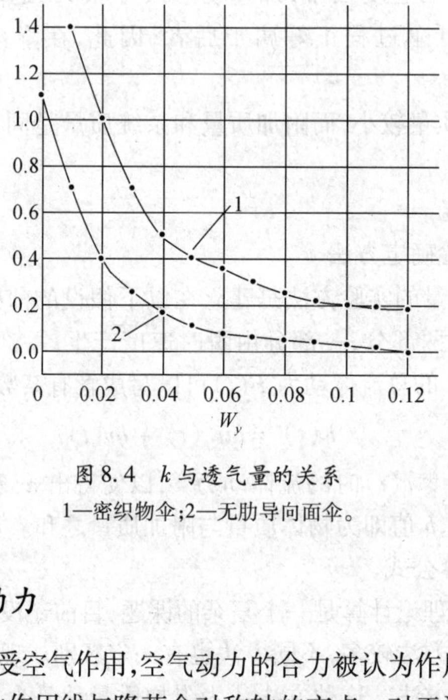

图 8.4　k 与透气量的关系
1—密织物伞;2—无肋导向面伞。

8.1.3　降落伞气动力

降落伞在空气中运动,受空气作用,空气动力的合力被认为作用在压力中心上,习惯上把压力中心定义为气动合力作用线与降落伞对称轴的交点。对于翼伞,认为是气动力作用线与翼弦线的交点。按气动力学的规定,在气流坐标 ox_q 上的分量称为阻力(和 ox_q 向方向相反),在 oy_q 轴上的分量称为升力。下面介绍降落伞在空中运动时所受到的主要气动力。

1. 升力

传统对称型降落伞的主要气动力是阻力,但在一定迎角下也会产生升力。对滑翔伞特别是翼伞而言,减速力主要是升力。升力产生的原因是气流流过翼面时,上翼面流速大,压强小;下翼面流速小,压强大。上下翼面压力差在气流坐标轴 oy_q 上的分量即为升力。

$$
L = \frac{1}{2}\rho v^2 C_L A_0 \tag{8-19}
$$

式中：C_L 为相对于名义面积 A_0 的升力系数。影响翼伞升力系数的主要因素有翼伞展弦比、翼伞刚度、伞绳长度和伞衣材料透气性等。

2. 阻力

普通降落伞在空中运动时，其减速力主要是气动阻力。降落伞的气动阻力包括摩擦阻力、压差阻力、波阻和诱导阻力。

1）摩擦阻力

空气和其它流体一样具有黏性。当空气流过物体时，在物体表面存在附面层，附面层内存在速度梯度，表明这层空气受到物体表面给它的与气流方向相反的力。根据作用力与反作用力定律，空气在物体表面产生一个与物体运动方向相反的反作用力，这个力就是摩擦阻力。摩擦阻力和附面层性质有关。理论计算和试验结果均表明，紊流附面层的摩擦阻力要比层流附面层的摩擦阻力大得多。

2）压差阻力

气流流过物体，在物体前面气流受阻，流速减小，压力增大；在物体后部，由于气流分离形成涡流区，压力减小。这样在物体前后便产生压力差，形成阻力。这种由前后压力差形成的阻力称为压差阻力。

压差阻力取决于物体的形状，因此，在空气动力学中常将其称为形状阻力。降落伞是个高阻力的非流线体，它的压差阻力远远大于摩擦阻力。

3）波阻

波阻是物体在超声速运动时所产生的一种压差阻力。当物体的运动速度达到或超过声速时，在物体前面会产生激波。超声速气流通过头部激波后，速度降低、压力升高，当气流流过物体表面时，流速继续增加压力再次降低，最后，气流通过尾部激波离开。这样，物体前面压力高，中部和后部压力低，产生很大的阻力。通常，这种由激波产生的压差阻力称为波阻。波阻的大小和激波形状有关，而激波形状又因物体速度和形状而异。

4）诱导阻力

对于一般轴对称降落伞而言，不存在诱导阻力；对于镜面对称的翼伞而言，存在诱导阻力。当翼伞以正迎角运动时，在翼尖处会形成旋涡，气流受到旋涡影响会产生一个向下的分速度，使得迎角变小，导致升力后倾一个角度，由此产生的与飞行方向相反的阻力分量称为诱导阻力。诱导阻力是机翼所独有的，为了减小诱导阻力，可适当加大展弦比，以减小翼尖涡的影响。

3. 阻力系数

物体在空气中运动时所产生的阻力系数和运动速度、空气密度、物体形状和尺寸等因素有关，可用下式表示：

$$Q = \frac{1}{2}\rho v^2 C_D A_0 \qquad (8-20)$$

式中：C_D 为相对于特征面积 A_0 阻力系数；$C_D A_0$ 为阻力特征。

选取特征面积的方法不同，其阻力系数也会相应地变化。因此，降落伞的阻力系数必须针对某一特征面积而言，否则便无实际意义。一般情况下，以降落伞的名义面积作为特征面积。

降落伞的阻力系数常采用试验方法确定，一般有以下两种方法。

1）投放试验

在降落伞投放过程中，测量出它的稳降速度以及当时的空气密度，根据悬挂物体的重量，通过下式可计算降落伞的阻力系数：

$$C_D = \frac{G_s + G_w}{\frac{1}{2}\rho v_d^2 A_0} \tag{8-21}$$

式中：G_S 为降落伞所产生的重力；G_W 为悬挂物所产生的重力；v_d 为稳降速度；A_0 为伞衣名义面积。

2）风洞试验

将真实伞衣按比例缩小成模型伞，在风洞内进行试验，测量其阻力 Q、风速及空气密度等数据，然后按下式计算阻力系数：

$$C_D = \frac{Q}{\frac{1}{2}\rho v_d^2 A_0} \tag{8-22}$$

4. 阻力系数的影响因素

设计降落伞应在满足相同着陆速度条件下，尽可能增加伞衣阻力系数，减小伞衣面积。为此，必须了解各种因素对阻力系数的影响。

影响阻力系数的因素很多，下面主要阐述透气量、下降速度、雷诺数、伞衣形状、气动力干扰、尾流对阻力系数的影响。

1）透气量的影响

降落伞的阻力主要由压差阻力产生，因此，降落伞的阻力可表示成压差乘以投影面积，而伞衣的阻力系数 C_D 可以写成

$$C_D = \frac{Q}{\frac{1}{2}\rho v^2 A_0} = \frac{\Delta p A_t}{\frac{1}{2}\rho v^2 A_0} = \overline{C}_p \frac{A_t}{A_0} \tag{8-23}$$

式中：$\overline{C}_p$ 为平均压差系数，其值为

$$\overline{C}_p = \frac{\Delta p}{\frac{1}{2}\rho v^2} \tag{8-24}$$

由此可见，阻力系数与伞衣织物两边压差系数成正比，伞衣织物透气量与压差系数的关系如图 8.5 所示，它随着透气量增大而减小，因此，阻力系数也是随着透气量增大而减小。

2）下降速度的影响

伞衣张满后，若速度增加，伞衣投影面积减小，则阻力系数降低；反之，阻力系数增大。而对于有围幅和稳定性好的伞衣来说，由于受围幅的限制，投影面积变化不大，因而阻力系数变化不显著。图 8.6 为不同的伞型阻力系数随速度变化的关系。

3）雷诺数的影响

由空气动力学可知，Re 的大小决定了运动物体表面附面层的形式，由于伞衣形状类似钝头物体，易使气流分离，伞处在紊流区，雷诺数对阻力系数的影响不显著。

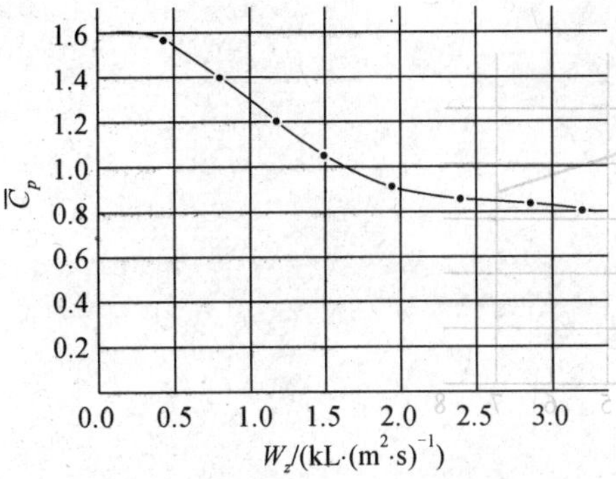

图 8.5 织物透气量与压差系数的关系

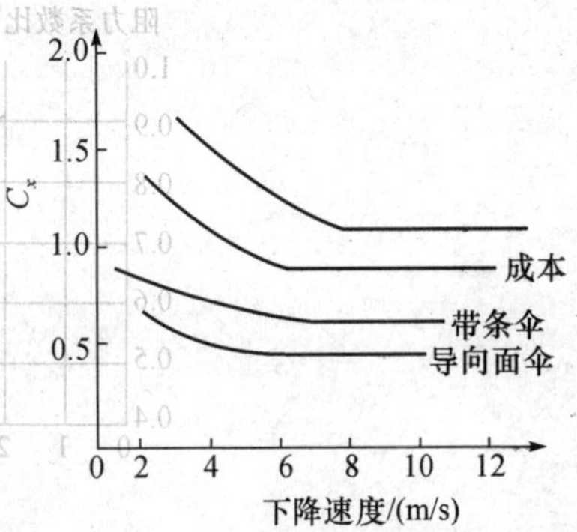

图 8.6 下降速度对阻力系数的影响

4）伞衣形状的影响

伞衣形状对周围空气流动影响很大。伞衣呈流线形，运动时所受空气阻力就小，如平面圆形伞就比方形伞阻力系数小。而同一类型的伞，结构参数不同（如伞绳长度和伞绳数量），也会影响伞衣形状而造成对阻力系数的影响。从图 8.7 可以看出，伞绳越长，其投影面积越大，其阻力系数也越大。同样，伞绳数量增加也可使伞衣最大投影面积增大（图 8.8）。但伞绳数量不能无限制地增加，伞绳数量的增加到一定程度，最大投影面积并不会显著增加，却增加了伞系统的质量。

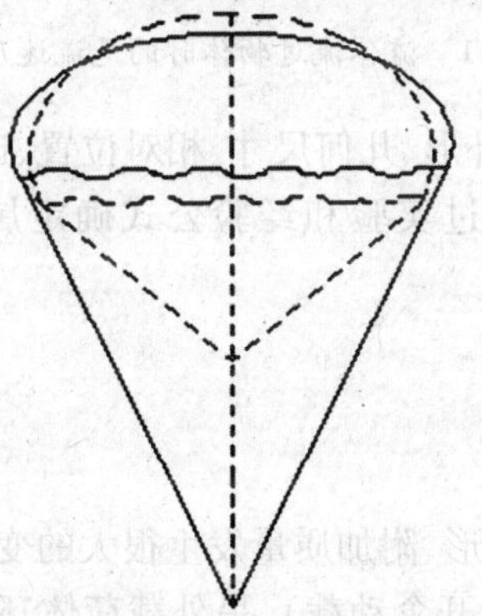

图 8.7 伞绳长度对阻力系数的影响

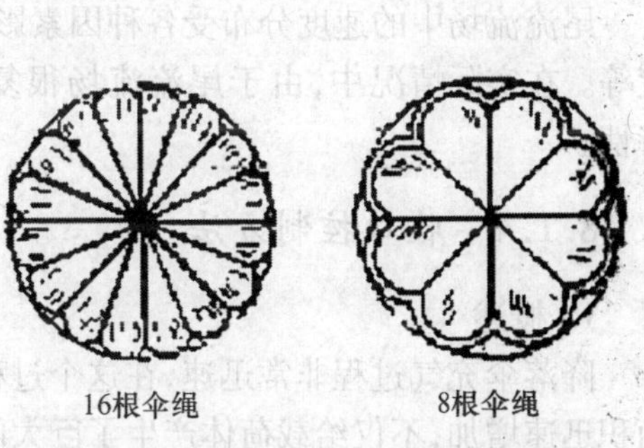

图 8.8 伞绳数量对阻力系数的影响

5）气动力干扰的影响

对于大型重物空投，如果仍采用一具大直径的降落伞，则在降落伞的制造和使用上造成很大困难。目前，常采用多具较小面积伞（相对于一具大尺寸伞）组成多伞系统来空投大型重物，这样各个伞之间就不可避免地有气动力干扰，相互干扰的程度与伞衣数量、连接绳长度等有关。在相同连接绳长度、相同伞衣直径的情况下，伞衣数量与多伞系统阻力系数的关系见图 8.9。由图可知，多伞系统的伞衣阻力系数随伞衣数目增加而减小。

6）尾流

实际空气是有黏性的，所以在运动物体表面必然存在很薄的附面层，由于附面层的分离，在物体后面必然会产生尾流区。降落伞总是拖曳在物体后面，其气动力特性必然会受到前方物体尾流流场的影响。图 8.10、图 8.11 分别为物体在静止流体中的尾流情况和流体流过静止物体的尾流情况。由于速度场的不均匀性，影响开伞性能，阻力系数减小。

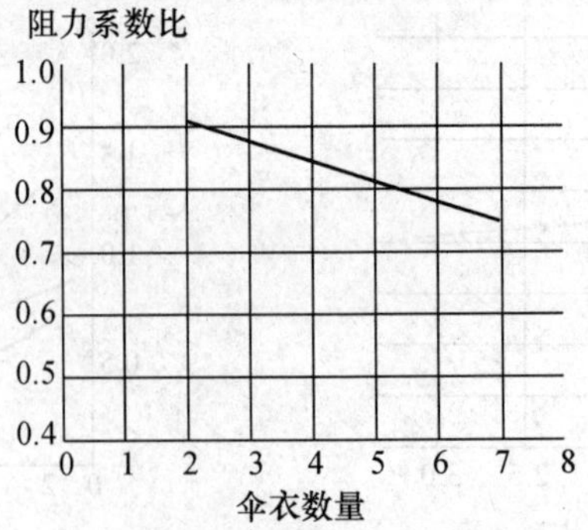

图 8.9 多伞系统所阻力系数比

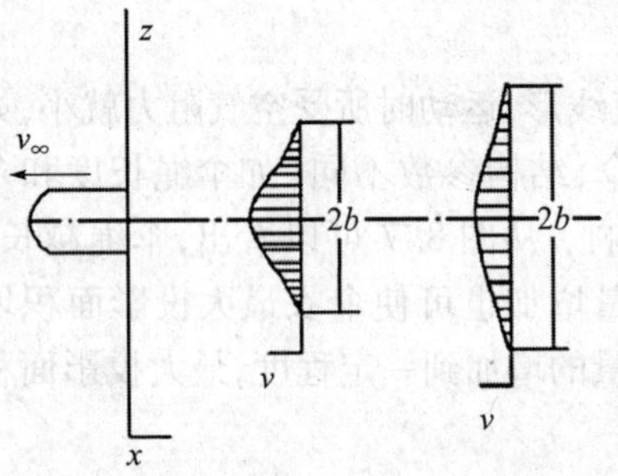

图 8.10 物体运动时的尾流速度分布

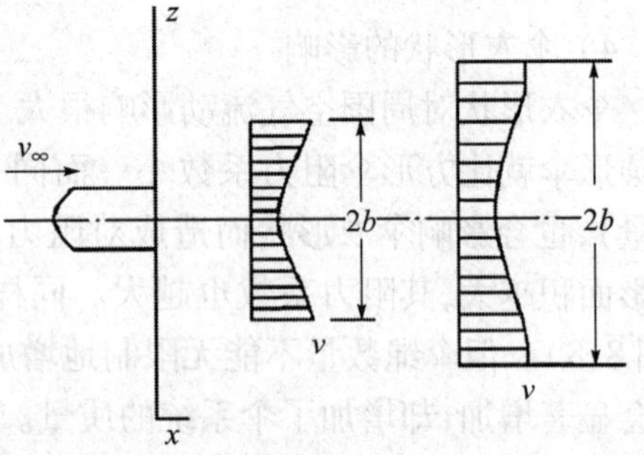

图 8.11 流体流过物体时的尾流速度分布

尾流流场中的速度分布受各种因素影响，如物体外形、几何尺寸、相对位置、速度和高度等。在实际情况中，由于尾流流场很复杂，主要通过实验和经验公式确定尾流流场特性。

8.1.4 收口控制方法

1. 概述

降落伞充气过程非常迅速，在这个过程中，伞衣外形、附加质量发生很大的变化，阻力面积迅速增加，不仅给载荷体产生了巨大的冲击载荷（开伞动载），另外载荷体、降落伞的运动轨迹、姿态角度、结构强度均会发生很大的动态变化。为了减小开伞动载或留空时间，要求在一段时间内控制降落伞的阻力特征。降落伞控制阻力特征常用的方法是收口法。它是按照预定要求，降落伞逐级打开或抑制伞衣完全充气或过度充气的一种方法。收口方法通常用于如下场合：

（1）减小开伞动载。通过伞衣收口使充气过程分成若干个阶段按预定时间分段充气，以控制开伞动载在限定的范围内。

（2）减小高空停留时间。利用收口技术减小降落伞阻力特征，达到减小高空停留时间的目的。

（3）提高着陆准确性。对于空投系统，通过收口技术可以减小外界风场环境的影响，提高着陆准确性；同时，在触地前迅速解除收口，达到减小着陆速度的目的。

（4）减小飞机着陆进场时间。飞机进场前提前放出（收口）阻力伞，提高飞机的着陆安全。在触地时，解除收口，有助于飞机减速刹车。

(5) 增加降落伞的稳定性。通过控制收口,减小进气口面积,伞衣外形更加修长,增加了降落伞的稳定性。

(6) 减小过度充气。通过伞衣底边收口技术,控制了进气流量,可防止伞衣过度充气,提高了降落伞的安全性。

2. 收口方法

一般来说,降落伞收口控制方法有如下几种:

1) 伞衣底边收口绳方法

伞衣底边收口绳方法如图 8.12 所示。该方法通过收口环将收口绳固定在伞衣底边起到收口的作用。在伞绳拉直瞬间,借用拉直力,通过旁系支绳,启动收口绳切割器击发装置,按预定的延迟时间,切割器把绳子切断,解除伞衣收口状态,然后完全张满。为可靠起见,每道收口一般采用 2 ~ 3 个切割器,只要其中 1 个工作,即可解除伞衣收口。这种方法比较简单,且能够实现一级乃至多级收口,是目前最常用的一种方法。

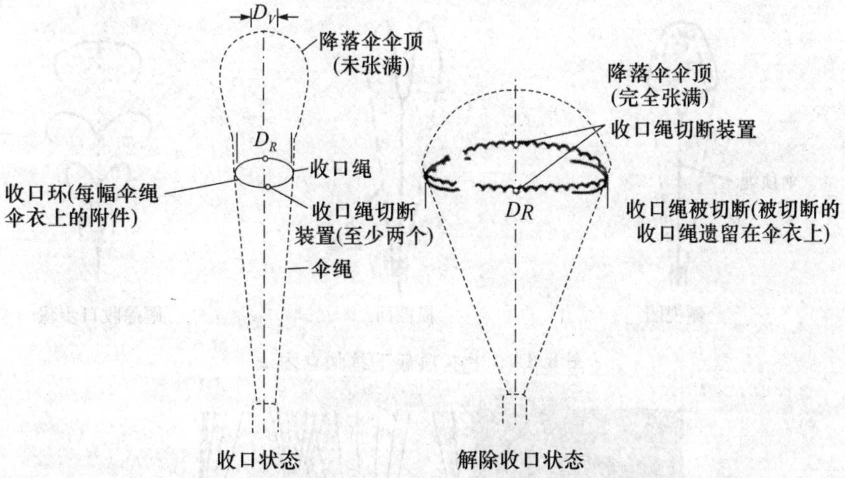

图 8.12　伞衣底边收口绳方法

2) 伞衣底边控制绳方法

伞衣底边控制绳方法如图 8.13 所示。该方法在伞衣底边直径处布置收口绳,并和控制绳相连,通过控制绳将收口绳下拉,达到控制阻力特征的目的。伞衣底边控制绳方法已经用于飞行器回收及空投系统着陆前的解除收口应用上。

3) 伞衣顶部下拉收口方法

伞衣顶部下拉收口方法如图 8.14 所示,是用轴向中心绳将伞衣顶部下拉的一种收口方法。这种方法可有效减小伞衣所承受的总阻力,然而其缺点也较为明显。伞衣顶下拉收口时中心绳受力较大,并且需要大幅度的收口才能显著减小阻力。

4) 收口布(收口带)方法

收口布方法多用于滑翔伞收口,如图 8.15 所示。收口布的设计以下落到最低点不影响各伞绳在空间的位置为准,太大的收口布会产生多余的阻力,增加重量,太小则影响伞衣的张开尺寸。收口布控制是一种连续的阻力特征控制方法。对于翼伞,收口布会给翼伞前进带来一定阻力,对于人用翼伞也会影响视野,因此收口布又可演变为收口带结构。

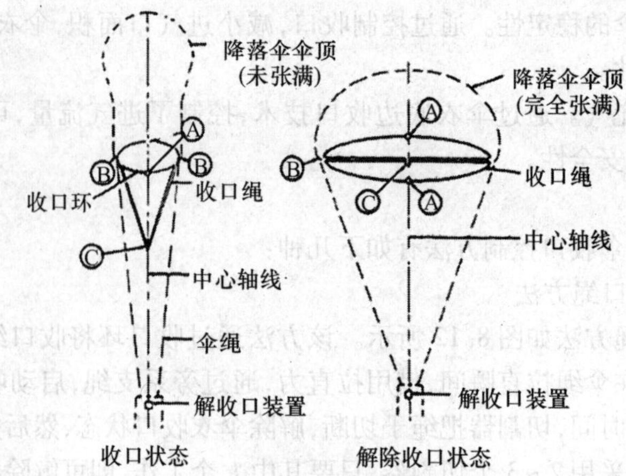

图 8.13　伞衣底边控制绳方法

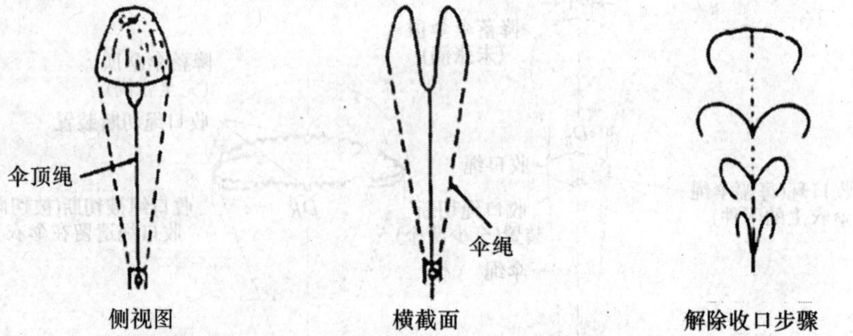

图 8.14　伞衣顶部下拉收口方法

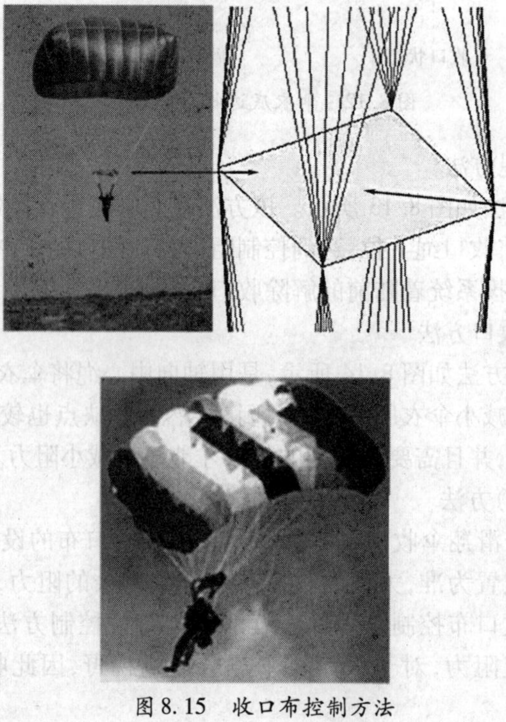

图 8.15　收口布控制方法

3. 收口比与阻力特征比

目前表示降落伞收口控制程度的方法一般有三种：

(1) 收口比：收口绳长度和伞衣底边周长之比，也为收口绳圈直径和伞衣名义直径之比(D_{sk}/D_0)。全开伞时收口比小于1.0，且与伞型及伞绳数量有关，一般在0.58~0.65之间。该方法的优点是可以直接计算收口绳的长度，简便精确，因此也是工程上常用的一种方法。

(2) 收口直径比：收口状态的底边直径与完全张满伞衣的底边直径比，当伞衣无收口时，收口直径比为1.0。该方法能反映伞衣的收口程度，但在计算收口绳长度时必须先计算伞衣张满时的底边直径，而该直径与伞型、伞衣幅数、运动速度均有关系，因此较为复杂。

(3) 收口阻力特征比：伞衣收口状态的阻力特征与完全张满伞衣的阻力特征之比。这种表示方法反映了伞衣收口后的气动特征结果，不能用来直接计算收口绳的长度。收口伞衣的阻力特征主要取决于收口绳长度和伞衣的透气量。图8.16为收口阻力特征比随收口比的变化关系曲线，随着收口比增加，收口阻力特征比也增加。

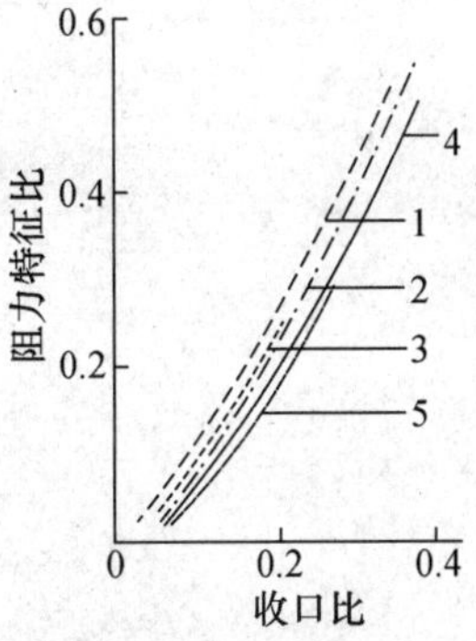

图8.16 收口比及阻力特征比关系

8.2 自由坠落阶段性能分析

8.2.1 基本假设

自由坠落阶段中，物体速度的变化主要是由其本身重量和阻力决定的。若自由坠落阶段较长，物体可能达到极限速度。

为了简化轨迹计算，可作如下假设：

(1) 物伞系统视为集中在物伞系统重心处的一个质点，质点作平面运动。

(2) 不考虑风速的影响。

(3) 系统阻力特征为一常数。

(4) 不考虑升力。

8.2.2 控制方程

在航迹坐标系下，自由坠落阶段的受力情况见图8.17所示，其中轨迹角 θ 根据第4章的坐标系统定义，为负值。控制方程如下：

$$m_{xt}\frac{\mathrm{d}v}{\mathrm{d}t} = -m_{xt}g\sin\theta - Q_{xt} \tag{8-25}$$

$$\frac{\mathrm{d}\theta}{\mathrm{d}t} = -\frac{g\cos\theta}{v} \tag{8-26}$$

$$\frac{\mathrm{d}x}{\mathrm{d}t} = v\cos\theta \tag{8-27}$$

$$\frac{\mathrm{d}y}{\mathrm{d}t} = v\sin\theta \tag{8-28}$$

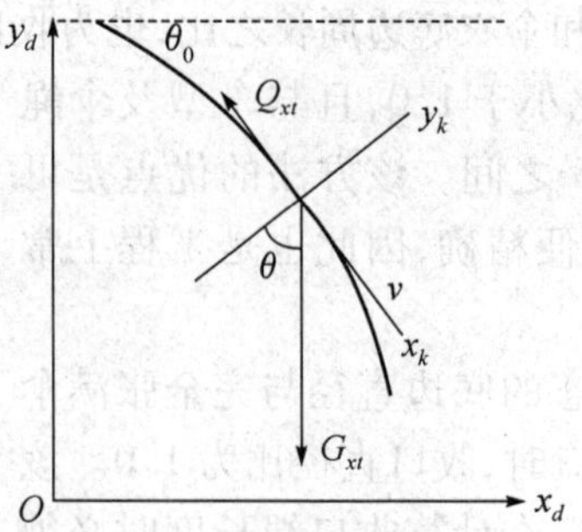

图 8.17　质点运动轨迹图

物伞系统的阻力为

$$Q_{xt} = \frac{1}{2}\rho v^2 (CA)_{xt} \tag{8-29}$$

所以式(8-25)可改写为

$$\frac{\mathrm{d}v}{\mathrm{d}t} = -g\sin\theta - \frac{1}{2m_{xt}}\rho v^2 (CA)_{xt} \tag{8-30}$$

由式(8-26)、式(8-27)、式(8-28)、式(8-30),以时间为步长,计算(v,θ,x,y)的瞬时值。自由坠落阶段的结束点根据开伞方式而定。例如时间控制器,延迟开伞设定为t_1秒,则要计算到为$t=t_1$止;如绳拉开伞方式,开伞拉绳长度为L_K,则要计算到$L=L_K$为止。

$$L = \sqrt{(x-x_0)^2 + (y-y_0)^2} \tag{8-31}$$

式中:(x_0,y_0),(x,y)为地面坐标系下初始点坐标和当前计算点坐标。

8.2.3　风对物伞系统运动轨迹的影响

物伞系统质心相对于大地的速度称为对地速度(绝对速度)简称地速,以符号 $\boldsymbol{v}$ 表示。物伞系统质心相对于未受扰空气(即远前方空气)的速度称为对空速度(相对速度),简称空速,以 $\boldsymbol{u}$ 表示。远前方空气的移动速度称为风速(牵引速度),以 $\boldsymbol{w}$ 表示。它们之间的关系是 $\boldsymbol{v}=\boldsymbol{u}+\boldsymbol{w}$。当大气静止不动,即风速为零时($\boldsymbol{w}=0$),物伞系统的地速与空速一致,统称为飞行速度。运动的惯性力取决于地速 $\boldsymbol{v}$,而作用在物伞系统上的气动力则取决于空速 $\boldsymbol{u}$。具体而言,马赫数、雷诺数、气动力系数和动压由空速确定的。

在考虑风对物伞系统运动的影响时,根据大气的实际情况或大气统计数据,确定风速函数的大小、方向及其随时间和位置的变化规律。

物伞轨迹计算中,在无风时的航迹坐标系上,建立的质心动力学方程和转动运动学方程在有风时仍然可用,只是在求解气动力时用空速 $\boldsymbol{u}$ 代替 $\boldsymbol{v}$。空速 $\boldsymbol{u}$ 在物伞坐标系中(u_x,u_y,u_z)分量可根据下式求得:

$$\begin{bmatrix} u_x \\ u_y \\ u_z \end{bmatrix} = \begin{bmatrix} v_x \\ v_y \\ v_z \end{bmatrix} - \boldsymbol{B}_d^s \begin{bmatrix} w_{x.d} \\ w_{y.d} \\ w_{z.d} \end{bmatrix} \tag{8-32}$$

式中：B_d^s 为地面坐标系和物伞坐标系的转化矩阵

$$\boldsymbol{B}_d^s = \begin{bmatrix} \cos(x_d,x_s),\cos(y_d,x_s),\cos(z_d,x_s) \\ \cos(x_d,y_s),\cos(y_d,y_s),\cos(z_d,y_s) \\ \cos(x_d,z_s),\cos(y_d,z_s),\cos(z_d,z_s) \end{bmatrix}$$

有风时，物伞系统的阻力应为

$$Q_{xt} = \frac{1}{2}\rho u^2 (CA)_{xt}$$

式中：$u^2 = u_x^2 + u_y^2 + u_z^2$。

在求得空速后，根据式(8－32)，可获得物伞系统的绝对运动速度，进而求出工作轨迹。

8.3 降落伞拉直过程性能分析

8.3.1 两种拉直程序及质量变化

通常折叠放置在伞包内的主伞是由引导伞(或稳定伞)拉出。整个伞系统的拉直可以简化为引导伞和物体两个变质量体之间的相对运动。

为便于了解主伞系统质量在引导伞和物体之间的转移规律，先分析主伞系统拉直状态下的质量分布。图8.18为拉直状态下，主伞系统单位长度质量沿全长的分布规律。其中伞绳(或连接绳)部分为常数；伞衣底边处质量密集有个高峰；伞衣其它部分，如果认为展平状态质量是均布的，那么拉直状态下，沿伞顶到底边，其单位质量应呈三角形分布。将图8.18的单位长度质量沿拉主伞方向积分，获得拉主伞过程中引导伞与物体所担负的伞系统质量变化规律，如图8.19所示。

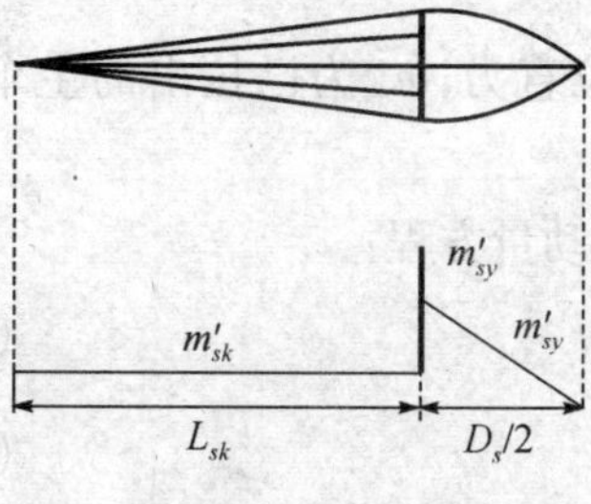

图8.18 主伞系统单位质量分布图

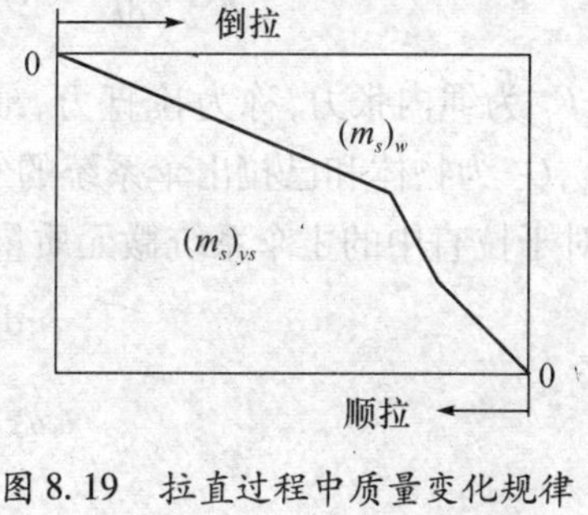

图8.19 拉直过程中质量变化规律

(1) 顺拉法，引导伞先拉动伞顶，然后由伞顶至伞衣底边，直至将伞绳全部拉出。此过程中，原来由物体所担负的主伞系统质量逐渐转移到引导伞上(图8.19)。当伞绳全长拉直之前，主伞系统变质量微元由物体速度减速到引导伞速度；在伞绳拉直瞬间，全部主伞系统速度从引导伞速度加速到物体速度，物伞系统重新结合为同一速度。此时物伞系统动量剧变，产生了很大的拉直力。可见，顺拉法最大拉直力出现在全长拉直瞬间。

(2) 倒拉法恰与顺拉法相反，自引导伞与物体分离并开始拉主伞起，整个主伞系统先是跟着引导伞运动，随着物体不断拉出伞绳和伞衣，主伞系统变质量微元渐渐由引导伞过渡到物体，速度由引导伞的速度加速到物体的速度。在图 8.19 中，自左至右，表示引导伞和物体所担负的主伞系统质量变化。可以看到，在主伞系统全长拉直瞬间，大部分主伞质量早已跟着人体一起运动，因此倒拉法伞绳中不会出现大的载荷。而在主伞伞衣底边被拉出瞬间，物伞系统质量变化最剧烈，根据动量定理会出现一个拉直载荷的跃升。可见，倒拉法最大拉直力出现在主伞伞衣底边拉出瞬间。

由上述分析，拉直力大小与拉伞程序有关。在同样条件下，顺拉法的拉直力大于倒拉法。

8.3.2 拉直阶段性能计算

下面以倒拉法为例，讨论拉直阶段的轨迹计算，然后推广用于顺拉法。图 8.20 为倒拉法的拉直过程的动力模型。图中 dm 为拉直过程瞬间的伞系统微元质量；m_w+m_e 为物体与已拉出主伞系统的质量；$m_{ys}+m_v$ 为引导伞（包括伞衣套、伞包）和未拉出主伞系统质量；F_{sh} 为拉出阻力。

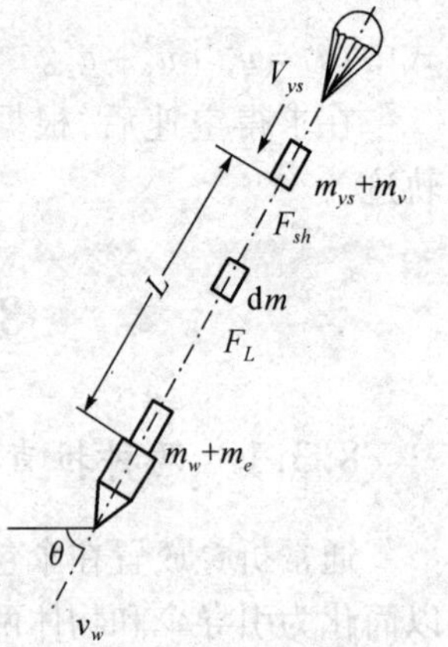

图 8.20 倒拉法示意图

为简化计算，假设：

（1）在拉伞过程中，引导伞、物体运动轨迹为一条直线，物伞系统作平面运动。

（2）不考虑风的影响，物伞系统没有升力。

（3）在拉直过程中，伞绳为非弹性体，无伸长。

（4）把引导伞、物体和拉直中的伞系统微元质量 dm 作为三个质点处理。

下面列出三个质点的运动方程，如图 8.20 所示，轨迹角 θ 为负值。

在航迹坐标系上，物体及已拉出伞系统的动力学方程为

$$\frac{\mathrm{d}v_w}{\mathrm{d}t} = -g\sin\theta - \left(\frac{Q_w + Q_e + F_L}{m_w + m_e}\right) \tag{8-33}$$

式中：F_L 为绳内张力，称为拉直力，最大值即为最大拉直力；m_e 为已拉出的主伞系统质量；Q_w，Q_e 为物体和已拉出伞系统的气动阻力。

对于拉直中的主伞系统微元质量 dm，可写出如下动量方程：

$$u\mathrm{d}m = (F_L - F_{sh})\mathrm{d}t \tag{8-34}$$

$$u = v - v_{ys} = \frac{\mathrm{d}L}{\mathrm{d}t} \tag{8-35}$$

式中：F_{sh} 为拉出阻力；F_L 为拉直力；u 为伞系统质量微元的拉出速度；v 为拉出质量微元的速度，在不考虑伞绳弹性的情况下，其值为物体运动速度 $v=v_w$，则拉出速度 u 即为物伞之间的相对速度 $u=v_w-v_{ys}$。

式(8-34)忽略了伞系统微元的自身重力，L 为伞系统拉出长度，v_{ys} 为引导伞速度。因此，式(8-34)又可以写成

$$F_L = u\frac{\mathrm{d}m}{\mathrm{d}L}\frac{\mathrm{d}L}{\mathrm{d}t} + F_{sh} = m'u^2 + F_{sh} \tag{8-36}$$

式中：$m' = \mathrm{d}m/\mathrm{d}L$ 为正在拉出的伞系统单位长度的质量，即线密度。

在航迹坐标系上，引导伞及未拉出伞系统的动力学方程为

$$\frac{dv_{ys}}{dt} = -g\sin\theta - \left(\frac{Q_{ys} + Q_d - F_{sh}}{m_{ys} + m_v}\right) \tag{8-37}$$

式中：m_v 为未拉出的主伞系统质量；Q_{ys}，Q_d 为引导伞及伞衣套的阻力。

将式(8-36)代入式(8-33)得

$$\frac{dv_w}{dt} = -g\sin\theta - \left(\frac{Q_w + Q_e + m'u^2 + F_{sh}}{m_w + m_e}\right) \tag{8-38}$$

如不考虑伞绳的弹性，上式也可写成

$$\frac{dv_w}{dt} = -g\sin\theta - \left[\frac{Q_w + Q_e + m'(v_w - v_{ys})^2 + F_{sh}}{m_w + m_e}\right] \tag{8-39}$$

拉直阶段轨迹计算可根据式(8-36)~式(8-38)和下面三个方程：

$$\frac{d\theta}{dt} = -g\cos\theta/v_w \tag{8-40}$$

$$\frac{dx}{dt} = v_w\cos\theta \tag{8-41}$$

$$\frac{dy}{dt} = v_w\sin\theta \tag{8-42}$$

共六个一阶方程组，以时间为计算步长，计算出各时间的运动参数(v_w，v_{ys}，θ，x_d，y_d，L)。

在计算过程中，m_e 和 m_v 随拉出长度（或时间）而变化。为了便于计算，将图 8.18 的曲线写成函数关系，对于倒拉法：

$$m_e = \begin{cases} m'_{sh}L, & 0 \leqslant L \leqslant L_{sh} \\ m'_{sh}L_{sh} + m^*_{sy}b + (m_{sy} - m^*_{sy}b) \times \left[1 - 4\left(\dfrac{L_{xt} - L}{D_0}\right)2\right], & L_{sh} < L \leqslant L_{xt} \end{cases}$$

$$m_v = m_{sh} + m_{sy} - m_e$$

式中：$m_{sh} + m_{sy}$为伞绳及伞衣之总质量；m^*_{sy}为伞衣底边沿伞绳方向单位长度的质量，即伞衣底边线密度；b 为伞衣的底边宽度；L_{sh}为伞绳长度；L_{xt}为伞系统全长；D_0 为伞衣名义直径。

采用倒拉法计算时，伞绳全长拉直并不等于伞系统拉直完毕。为了求得伞系统全长拉直时的参数，在计算拉直伞衣过程中，拉出阻力应改为拉伞衣阻力。

对于顺拉法，上述拉直阶段轨迹计算方法，原理上仍是适用的，但动力模型有些变化。

8.3.3 拉直力计算的其它模型

1. 刚性模型

在不考虑伞绳弹性的情况下，拉出微元质量的速度即为物体的运动速度 $v = v_w$，则拉直力为

$$F_L = m'u^2 + F_{sh} = m(v_w - v_{ys})^2 + F_{sh} = m'v_R{}^2 + F_{sh}$$

式中：v_{ys}为引导伞速度；v_w 为运动物体的速度。则拉出速度 u 即为物伞之间的相对速度 $v_R = v_w - v_{ys}$。

2. 无质量弹簧模型

假设伞绳为无质量的弹性体(弹簧),弹性纵波沿伞绳的传播速度为

$$c = \left(\frac{E}{m'}\right)^{0.5} \tag{8-43}$$

式中:E 为伞绳的理论弹性模数,$E = P_d/\varepsilon$,P_d,ε 分别为伞绳的断裂强度和断裂伸长率,其值可由特纺材料手册查得;m' 为单根伞绳的单位长度的质量。

当假设伞绳为无质量的弹簧时,$m' \to 0$。该假设并不意味着伞绳无质量,而是意味着弹性纵波沿伞绳的传播速度 $c \to \infty$,即假设伞绳一端受力,全长同时受力伸长。

根据式(8-36)可得

$$u = \left(\frac{F_L - F_{sh}}{m'}\right)^{0.5} \tag{8-44}$$

假设 T 为单根伞绳的张力,则 $T = F_L/n$,n 为伞绳数量。对于一定材料与结构的伞绳,T 是伸长率 ε 的函数,如假设伞绳的拉伸特性接近线性规律,即服从虎克定律:

$$T = E\varepsilon \tag{8-45}$$

则可将式(8-44)写成

$$u^2 = \frac{nT - F_{sh}}{m'} = \frac{nE\varepsilon - F_{sh}}{m'}$$

$$2u\dot{u} = \frac{n\dot{E}\varepsilon + nE\dot{\varepsilon}}{m'} - \frac{nE\varepsilon\dot{m}'}{(m')^2} + \frac{F_{sh}\dot{m}'}{(m')^2}$$

在计算拉直伞绳和伞衣底边时 $\dot{m}' = 0$。

所以

$$\dot{u} = \frac{n\dot{E}\varepsilon}{2m'u} \tag{8-46}$$

又因

$$\varepsilon = \frac{s - L}{L}$$

则

$$\dot{\varepsilon} = \frac{\dot{s}L - \dot{L}s}{L^2} = \frac{1}{L^2}(\dot{s}L - us) \tag{8-47}$$

将上两式代入拉直过程中的运动方程,可求出各瞬间的参数及 u,从而求出各瞬间的绳内张力。

3. 波动方程

波动方程常用在拉直伞衣底边的计算上。假设伞绳的弹性模数 E、单根伞绳的单位长度质量 m' 均为常数,并忽略伞绳内的阻力及由于物体的加速度对伞绳张力分布的影响,弹性波在伞绳中的传播速度 c 为常数。当伞绳一端受力时,其伞绳张力传播属于典型的一维波动方程。

$$\frac{\partial^2\delta}{\partial t^2} = c^2\,\frac{\partial^2\delta}{\partial x^2} \tag{8-48}$$

式中:δ 为伞绳任意横剖面的位移;x 为伞绳剖面的坐标。

定解条件为

$$\begin{cases}\delta(x,0) = 0 \\ \dfrac{\partial\delta}{\partial t}(x,0) = 0 \\ \delta(0,t) = (v_w - v)t = (v_R - u)t \\ \dfrac{\partial\delta}{\partial t}(0,t) = v_R - u\end{cases} \tag{8-49}$$

式中：v 为拉出质量微元的速度。假设伞绳的弹性变形符合虎克定律，则

$$F_L = nT = nE\left(\frac{\partial\delta}{\partial x}\right)_{x=0}$$

式中：$\left(\dfrac{\partial\delta}{\partial x}\right)_{x=0}$ 为贴近伞衣底边处伞绳的弹性伸长率，是伞绳伸长量与原长之比。根据初、边值条件，由此解得

$$\delta(x,t) = \frac{v_R - u}{c}(x - ct)$$

所以

$$F_L = nE\frac{v_R - u}{c}$$

又因

$$F_L = m'u^2 + F_{sh}$$

在伞衣底边处可求得拉出速度 u：

$$u = \frac{c}{2B}(\sqrt{1 + 4k} - 1) \tag{8-50}$$

式中：$k = B\left(\dfrac{v_R}{c} - \dfrac{F_{sh}}{nE}\right)$；$B = \dfrac{m_{sy}^*}{m'_{sh}}$。

则可求得拉直力为 F_L 为

$$F_L = nE\left(\frac{v_R}{c} - \frac{\sqrt{1 + 4k} - 1}{2B}\right) \tag{8-51}$$

8.3.4 最大拉直力估算

由于顺拉法最大拉直力大于倒拉法的最大拉直力，所以在对伞绳强度估算时，常对顺拉法的最大拉直力进行估算。

由 8.3.1 节、8.3.2 节分析可知，采用顺拉法时，最大拉直力出现在伞系统全长拉直瞬间。当伞衣和伞绳全部拉直时，$L = L_{xt}$（图 8.21），物体与引导伞（包括伞衣）的速度分别为 v_w 及 v_s。两者之间存在着相对速度，故伞系统将被继续拉伸，直至相对速度为零，此时，伞系统伸长到最大长度 L_{max}。

假设如下：

(1) 拉伸过程中伞系统无能量损失。

(2) 伞衣不发生伸长；伞系统弹性模数采用伞绳弹性模数 E，且为常数。

(3) 忽略伞系统由于势能变化而引起的动能变化。

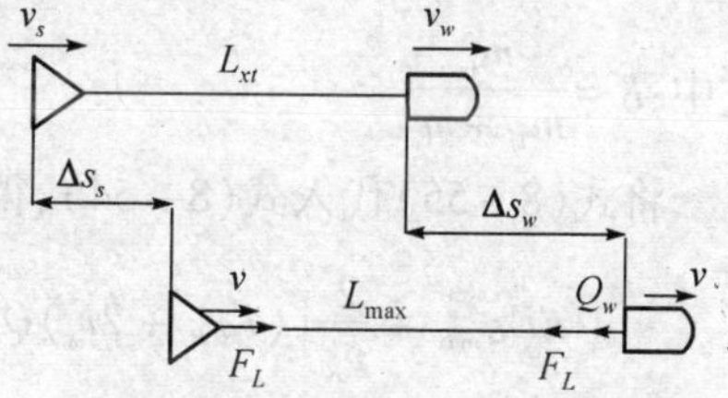

图 8.21 伞绳拉伸示意图

根据能量守恒定律,物伞系统的动能变化应等于物、伞气动力和伞绳张力所做的功,则

$$\frac{1}{2}m_w v_w{}^2 + \frac{1}{2}m_s v_s^2 - \frac{1}{2}(m_w + m_s)v^2 = \Delta s_s(Q_s - F_L) + \Delta s_w(Q_w + F_L) \quad (8-52)$$

式中:v_s,v_w,v 为伞系统伸长前物体、引导伞和伞系统伸长最大时的物伞系统速度;Q_s,Q_w 为引导伞和物体的气动阻力;Δs_s,Δs_w 为引导伞和物体在伞系统拉直伸长到最大时所经过的距离。

为了简化式(8-52),参数可取平均值:

$$\begin{cases} F_L = \frac{1}{2}nE\varepsilon_{\max} \\ Q_s = \frac{1}{4}(CA)_s\rho(v_s^2 + v^2) \\ Q_w = \frac{1}{4}(CA)_w\rho(v_w^2 + v^2) \end{cases} \quad (8-53)$$

运动距离为

$$\Delta s_s = \frac{v_s + v}{2}\Delta t$$

$$\Delta s_w = \frac{v_w + v}{2}\Delta t$$

$$\Delta s_w - \Delta s_s = L_{sh}\varepsilon_{\max}$$

由上三式得:$\Delta t = \frac{2L_{sh}\varepsilon_{\max}}{v_R}$,$v_R = v_w - v_s$。

这样,式(8-52)便可化简化成

$$\frac{1}{2}m_w(v^2 - v_w^2) + \frac{1}{2}m_s(v^2 - v_s^2) + \frac{(v_s + v)}{v_R}L_{sh}Q_s\varepsilon_{\max} - \frac{(v_s + v)}{2v_R}nEL_{sh}\varepsilon_{\max}{}^2 + \frac{(v_w + v)}{v_R}L_{sh}Q_w\varepsilon_{\max} + \frac{(v_w + v)}{2v_R}nEL_{sh}\varepsilon_{\max}^2 = 0 \quad (8-54)$$

而物伞系统拉直后的运动速度满足动量守恒:

$$\begin{cases} m_w v_w + m_s v_s = (m_w + m_s)v \\ v = Kv_R + v_s \end{cases} \quad (8-55)$$

式中:$K = \frac{m_w}{m_w + m_s}$。

将式(8-55)代入式(8-54),得

$$nE\varepsilon_{\max}^2 + \frac{2}{v_R}\{(Kv_R + 2v_s)Q_s + [(k+1)v_R + 2v_s]Q_w\}\varepsilon_{\max} - \frac{m_s}{L_{sh}}Kv_R^2 = 0 \quad (8-56)$$

设

$$A = nE$$

$$B = \{(Kv_R + 2v_s)Q_s + [(K+1)v_R + 2v_s]Q_w\}Q_w/v_R$$

$$C = -\frac{m_s}{L_{sh}}Kv_R^2$$

所以
$$\varepsilon_{\max} = \frac{-2B + \sqrt{4B^2 - 4AC}}{2A}$$

$$F_L = nE\varepsilon_{\max} = -B + \sqrt{B^2 - AC} \tag{8-57}$$

如果物体比伞系统重得多，则 $K \approx 1$，拉直后系统速度与拉直前物体速度近似相等，这意味着式(8-52)其中，物体阻力与伞绳张力在拉直过程中，所做功近似为0，即

$$\Delta s_w(Q_w + F_L) = 0$$

则式(8-52)可化简为

$$\frac{1}{2}m_w v_w^2 + \frac{1}{2}m_s v_s^2 - \frac{1}{2}(m_w + m_s)v_w^2 = \Delta s_s(Q_s - F_L) \tag{8-58}$$

将平均值参数代入式(8-58)，最后得

$$F_{L_{\max}} = nE\varepsilon_{\max} = Q_s + \sqrt{Q_s^2 + \frac{nEm_s v_R^2}{L_{sh}}} \tag{8-59}$$

如果忽略引导伞的阻力，则上式简化为

$$F_{L_{\max}} = \sqrt{\frac{nEm_s v_R^2}{L_{sh}}} \tag{8-60}$$

经过上述分析，式(8-60)可作为顺拉法拉直力计算的经验公式。

8.3.5 拉直力的影响因素

无论哪种拉直方法，通过拉直力 F_L 的公式分析可知，影响拉直力的主要因素如下：

1. 物伞二者的相对速度 v_R

从式(8-36)、式(8-60)可以看出，二者的相对速度越大，则其拉直力将越大。相对速度 v_R 对顺拉法的影响比倒拉法更显著，顺拉法的拉直力与相对速度成正比。

2. 开伞速度 v_k

v_k 越大，使物伞二者的相对速度急剧增加。拉直力随着开伞速度增大呈线性规律增长。

3. 引导伞、伞衣套和未充气的主伞系统的阻力特征

由于引导伞、伞衣套和未充气的主伞系统的阻力特征增大，将使引导伞和伞衣套急剧减速，其结果将使物伞二者的相对速度增加，从而增大了拉直力。

4. 伞绳和连接绳的参数

伞绳的理论弹性模数 E 增加或伞绳数量增加，均会使拉直力增大，而伞绳的长度对拉直力的影响比较复杂。从式(8-60)看，增加伞绳长度会使拉直力有所降低，但由于伞绳的增长，使物伞二者的相对速度增大，反而会使拉直力增加。一般情况下，伞绳加长会使拉直力增大。

5. 引导伞、伞衣套和未充气的主伞系统的重量及分布

对先拉伞衣法而言，增加引导伞、伞衣套和主伞系统的重量，会使拉直力增大。但由于重量增大，同时还会使拉伞系统减速较慢，将使物伞二者的相对速度有所减小。一般增加重量的综合影响，将使拉直力增大，对于先拉伞绳法，影响拉直力的主要因素是伞衣底边的质量分布，质量分布的峰值越大，则拉直力也愈大。

6. 拉直高度

拉直高度越高，空气密度越小，引导伞减速越慢，拉直力越小。

7. 拉直方法

一般先拉伞绳法（倒拉法）的拉直力要比先拉伞衣法（顺拉法）的拉直力小。

8. 拉出阻力

拉出阻力增加，会降低拉直力。伞绳拉出阻力取决于伞绳的固定形式，通常伞绳是塞装在伞衣套（或伞袋）上专用的伞绳套圈中，或用拉断带把伞绳直接固定在伞袋的套圈上。对于前一种固定形式，伞绳拉出阻力应为摩擦阻力，而对于后一种固定形式，伞绳的拉出阻力主要是拉断带（在拉直过程中被拉断）的拉断力。对于先拉伞绳法，拉出阻力将使引导伞系统的速度接近物体的速度，减少了物伞二者的相对速度，拉直力减少；对于先拉伞衣法，由于伞绳拉出阻力将使物体减速，其结果也是减小物伞二者的相对速度，使拉直力降低。然而由于拉出阻力较小，使拉直力减小的比率也小，通过增加拉出阻力达到减小拉直力的目的，效果不明显。

8.3.6 减小拉直力的措施

1. 选择适当的拉伞程序

一般先拉伞绳法的拉直力要比先拉伞衣法小。先拉伞衣，伞衣在拉出过程中容易提前充气，造成较大的相对速度，拉直力增加。在选择拉伞程序时，应尽可能选用先拉伞绳方法。为防止伞衣在拉出过程中提前充气，可采用下面一些措施，以减小拉直力。

(1) 伞衣底边扎紧带。用一根带子把主伞衣底边扎紧，防止主伞衣在拉直过程中充气，在主伞系统完全拉直瞬间，拉断（或切断）伞衣底边扎紧带，然后使主伞衣充气。

(2) 伞衣套。伞衣套的作用和伞衣底边扎紧带的作用相似，也可以防止主伞衣在拉直过程中充气。

(3) 包伞布。包伞布是一块长度与主伞衣展开半径相等的织物，可以把叠好的主伞衣包卷起来，把包伞布沿主伞衣径向与伞衣缝合，把伞衣折叠后，用包伞布把主伞衣包卷起来，并用锁眼和锁针把包伞布固定住，在拉直过程中，先从伞衣顶部打开锁针，然后顺序打开主伞伞衣底边。

2. 设计合理的拉伞系统

拉伞系统主要是指引导伞和伞衣套（包括伞包、伞袋等）。引导伞的主要任务是保证主伞系统能正常地拉直并充气，在此前提下，应尽可能减少引导伞的重量和阻力特征，以减小拉直力。设计一个合理的伞衣套是减小拉直力的重要途径，伞衣套的结构对于拉直力的影响很大，例如减小伞衣套的阻力特征，可以明显地减小拉直力，防止主伞衣在拉直过程中提前充气，同时增加拉伞阻力，减小拉直力。

至于主伞衣，伞绳和连接绳的设计主要取决于任务的要求。在满足任务要求前提下，

也可以适当改变一些参数，以便减小拉直力。例如选用弹性模数 E 较小的伞绳材料，减小整个系统的拉直长度，减轻主伞衣的重量，尽可能避免主伞衣底边重量过度集中等。

3. 采用拉断带

对于大型投物伞而言，由于主伞系统很长（可达 30～40m），拉直力可能非常大，同时也不容易保证正常的拉直程序。为了解决这个问题，目前，在大型投物伞上一般都采用拉断带的办法。拉直过程中，拉断带破坏而产生的脉冲载荷加大了拉伞阻力，从而减小了拉直力。

8.4 降落伞充气过程性能分析

8.4.1 降落伞的充气过程

降落伞充气阶段是指从伞系统全长拉直到伞衣第一次张满（伞衣投影直径第一次达到稳定下降时的伞衣投影直径）为止的整个工作过程。充气阶段性能直接影响到降落伞是否能可靠工作。充气阶段，降落伞的外形和质量均会发生很大的变化，是降落伞工作过程中最为重要，也是物理过程最为复杂的一个阶段。

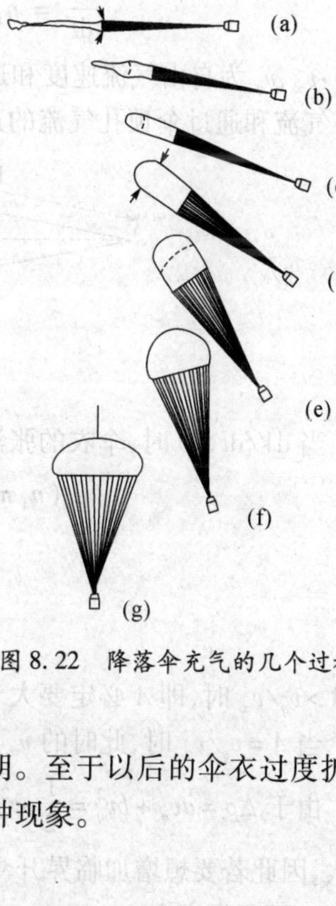

图 8.22 降落伞充气的几个过程

图 8.22 简略地说明了降落伞的几个充气过程。当伞衣拉直进气口张开时（图 8.22(a)），一个大的空气团，进入由伞衣织物围成的柔软的管道中（图 8.22(b)）直到顶端（图 8.22(c)），通常这一阶段称为初始充气期。在此时期内，空气由伞衣底边向顶部充气，伞衣由折叠状态充气成近似圆柱形，其投影面积为伞衣初始进气口面积。接着伞衣顶部像气球一样继续充气（图 8.22(d)），由于结构的惯性和张力阻碍了伞衣顶部进一步扩张（图 8.22(e)），同时顶部张力又扩大了进气口，引起伞衣迅速张满（图 8.22(f)）。当伞衣投影直径第一次达到稳降时的伞衣投影直径，就算完成了全部充气。从（图 8.22(c)）瞬间到伞衣张满为止称为主充气期或张满期。至于以后的伞衣过度扩张（图 8.22(g)），是由于周围空气质量的动量变化引起的一种现象。

8.4.2 降落伞的充气性能

降落伞在开伞过程中，当主伞衣由伞衣套内拉出后，在一般情况下就立即张满。但在试验中，有时会发现降落伞不是立即张满，在某些情况下甚至完全张不开。这说明伞衣只有在一定条件下才能张满。

为了说明降落伞的张满条件，先来分析降落伞的风洞试验情况。用一具透气量适中的模型伞，固定在风洞中进行吹风试验，发现降落伞在风速不太大时，能逐渐充气张满，当风速增大到某一值时，伞衣将形成灯泡状态，不能张满。如果风洞的风速再逐渐减小，则会发现，当风速减小到某一值时，“灯泡”状态的伞衣又会突然张开。人们称这一速度为临界开伞速度（或临界张满速度）。临界开伞速度是指未张满伞衣能张满的最大速度，也可以说是未张满伞衣不能张满的最小速度。

另一种吹风情况是将伞衣模型固定在风洞中，风速逐渐由小到大，则伞衣在小风速情况下立即张满。但由于风速不断加大，当风速加大到某一值时，张满伞衣又开始收缩成“灯泡”状。若再进一步增大风速，伞衣的“灯泡”状态变化不大。一般称张满伞衣开始收缩的速度为临界闭伞速度。

1. 临界开伞速度（v_{LK}）

为了理解临界开伞速度的物理意义，先考察未张满伞衣的充气状态，如图8.23所示。伞衣充气过程外形可近似地认为由两部分组成：伞顶部分近似为半球，底边部分近似圆锥台。伞衣的充气过程是一个流进伞衣的空气体积大于流出空气体积而使伞衣体积逐渐扩大的过程。现列出伞衣内空气的平衡方程。设空气不可压缩，则伞衣容积变化为

$$\frac{dV}{dt} = n_1 \pi r_1^2 v_\infty - (2\pi r_2^2 - \pi r_d^2) v_q - n_2 \pi r_d^2 v_\infty \qquad (8-61)$$

式中：v_∞，v_q 为自由气流速度和透过伞衣织物的平均气流速度；r_d 为伞顶孔半径；n_1，n_2 为入口气流和通过伞顶孔气流的速度修正系数。

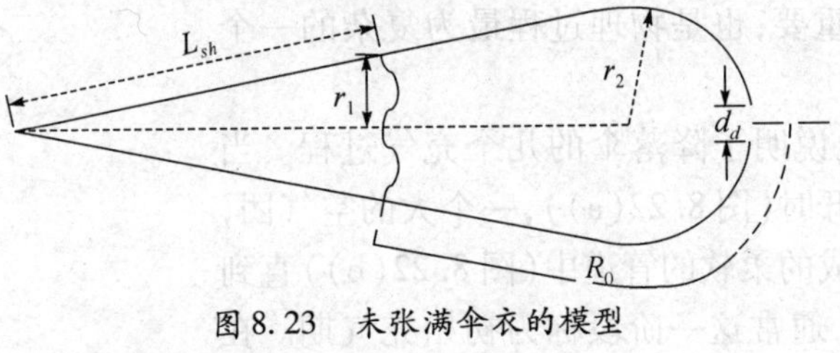

图8.23 未张满伞衣的模型

当 $dV/dt > 0$ 时，伞衣的张满条件为

$$(n_1 \pi r_1^2 - n_2 \pi r_d^2) v_\infty > (2\pi r_2^2 - \pi r_d^2) v_q \qquad (8-62)$$

令

$$A = \frac{n_1 \pi r_1^2 - n_2 \pi r_d^2}{2\pi r_2^2 - \pi r_d^2} \qquad (8-63)$$

则 $A > v_q / v_\infty$ 时，即 A 必定要大于有效透气量，伞衣才能张满。

当 $A = v_q / v_\infty$ 时，此时的 v_∞ 即为临界开伞速度。

由于 $\Delta p = a v_q + b v_q^2 = \frac{1}{2} \rho v_\infty^2 \overline{C_p} A$，可知，$v_q / v_\infty$（$A$ 值）随着自由来流速度（v_∞）的增加而增大，因此若要想增加临界开伞速度 v_{LK}（v_∞），必须增加 A，即通过增加进气口面积、减小排气口面积来实现。

2. 临界闭伞速度

前面讨论的临界开伞速度是指使未张满伞衣张开的最大速度，闭伞速度则是指伞衣已经张满，若此时流进的空气体积小于流出的空气体积，伞衣会出现折叠，此时的空气流速称为临界闭伞速度。因此它的物理意义与临界开伞速度相同，只是此时伞衣的形状为张满时的形状。式（8-63）中，进气口半径 r_1 约等于 r_2，此时 A 值将增大。所以临界闭伞速度大于临界开伞速度。

出现临界闭伞速度的现象很少见到,只有在高空开伞后,由于空气稀薄,阻力小于物伞系统的重力,速度还在继续增加,才有可能使速度增到临界闭伞速度,出现伞衣折叠。

3. 伞衣张满条件

降落伞的开伞速度大于临界开伞速度,则伞衣不能张满,严格地说是伞衣不能立即张满,过后还是有可能张满的。例如开伞速度虽大于临界开伞速度,伞衣不能立即张满,但未张满伞衣的阻力大于物伞系统的重力,则系统仍将减速下降。若系统的稳降速度小于临界开伞速度时,则伞衣仍可张满。

未张满伞衣的稳定下降速度可表示为

$$v_{dv} = \sqrt{\frac{2G_{xt}}{\rho\,(CA)_{sv}}} \tag{8-64}$$

式中:G_{xt}为物伞系统所产生的重力;$(CA)_{sv}$为未张满伞衣阻力特征。

试验表明,未张满伞衣的阻力特征为张满伞衣的1/10~1/16。若取1/16,则

$$v_{dv} = 4\sqrt{\frac{2G_{xt}}{\rho\,(CA)_s}} = 4v_d \tag{8-65}$$

式中:v_d 为张满伞衣的稳定下降速度。因此伞衣的张满条件可表示为

$$4v_d < v_{Lk} \tag{8-66}$$

即只要临界开伞速度大于4倍的物伞系统稳定下降速度,伞衣便能张满,只是充气时间很长。

在高空开伞,气球跳伞或使用备份伞时,可能会遇到小动压开伞的情况。在小动压情况下张满的必要条件是:未张满伞衣的阻力要大于伞系统的重力。因为只有满足上述条件,伞系统才有可能处于拉直状态,并开始进行充气。

把未张满伞衣的阻力等于伞系统的重力时的速度定义为最小张满速度,以 $v_{\min}$ 表示,则

$$v_{\min} = \sqrt{\frac{32G_s}{\rho\,(CA)_s}} \tag{8-67}$$

可以看出,一具伞衣的最小张满速度与伞系统重力和空气密度有关。所以更确切地说,伞衣能张满的最小速压为

$$q_{\min} = \frac{16G_s}{(CA)_s} \tag{8-68}$$

根据以上分析可以清楚地看到伞衣张满与否的开伞速度 v 的条件:

$v_{min} < v < v_{LK}$,伞衣能立即张满;

$4v_d < v_{LK} < v$,伞衣过一会儿能张满;

$v_{LK} < 4v_d < v$,伞衣不能张满。

4. 改进伞衣张满性能的方法

在有些情况下,需要提高伞衣的临界开伞速度,如果临界开伞速度接近于并略大于伞衣的稳定下降速度,则伞衣张满就太缓慢了。为了使伞衣迅速张满,可采用封顶布、在伞衣底边缝制鼓风袋或收边带、在合理范围内增加伞绳长度和数量、使用中心绳等方法加快

充气。

(1) 中心绳。增加中心绳可增大伞衣的阻力系数，更主要的是由于伞绳张力减小，使伞衣底边更容易扩张，加快伞衣充气。一般在软质引导伞上均采用中心绳。

(2) 鼓风袋。沿伞衣底边，在各绳绳扣之间缝上鼓风袋。当伞绳全长拉直瞬间，鼓风袋迅速充气张满，帮助伞衣底边迅速张开以形成进气口，从而改善了伞衣的充气性能。

(3) 收边带。在伞衣底边安装收边带可以适当缩短伞衣底边长度，因而减少底边遮盖进气口的机会，从而在充气过程这个关键时刻加大了流入空气量。

(4) 增大伞绳长度。伞绳长度增加，阻碍伞衣底边张开的作用力减小。因此伞衣易于张满。若将伞绳沿重物四周连接，相当于增加了伞绳的有效长度，从而也改善伞衣的充气性能。

8.4.3 充气过程性能计算

在充气过程中，物伞系统的轨迹计算和自由坠落阶段并没有大的变化，但是要考虑物伞系统的外形(或阻力特征)和质量在充气过程中的显著变化，这是降落伞理论分析最难的一个阶段，涉及空气动力学、纺织材料结构动力学等多个学科领域，当前工程分析多采用半理论半经验的方法。下面先介绍阻力特征的变化规律。

1. 不同充气过程伞衣阻力特征(CA)的变化规律

要准确地获得充气过程中阻力特征变化规律，主要涉及复杂的流固耦合力学理论，难度很大。目前，主要根据实验结果来总结出阻力特征变化规律。不同的开伞方法，其阻力特征规律是不一样的。下面分别就一次张满开伞和一次收口开伞两种方法总结阻力特征变化规律。

1) 一次张满开伞阻力特征(CA)的变化规律

对于一定形式的伞衣，初始充气时期结束时的圆柱形伞衣外廓的几何尺寸比例大致是一定的，同样与高度和速度无关。因此，若不计阻力系数的变化，则初始充气期结束时的阻力特征$(CA)_1$与张满伞衣阻力特征$(CA)_s$之比，对于一定伞型来说是个常数。通过对大量试验数据进行分析整理，得出下列规律：

密织物圆形伞 $(CA)_1/(CA)_s = 0.04$

10%底边延伸形伞 $(CA)_1/(CA)_s = 0.05$ (8-69)

对于一定形式的伞衣，其初始充气期参数有下列关系：

$$\frac{v_L t_{m1}}{D_0} = \lambda(\text{常数}) \tag{8-70}$$

式中：t_{m1}为初始充气时间；λ为常数，主要取决于伞型，与高度和速度无关。由实验测出密织物平面圆形伞的$\lambda = 1.74 \pm 19\%$。另外，在初始充气期阻力特征较小、时间短，速度变化不大。为此，可把物伞系统这一时期内所经过的行程s_1近似表示为

$$s_1 = v_L t_{m1} = \lambda D_0 \tag{8-71}$$

在伞衣初始充气期，一般假设伞衣阻力特征随充气行程呈线性变化，即$CA = k_1 s$，如图8.24所示。

根据理论的分析和实测动载曲线推算的结果，对于一次张满的平面圆形伞衣，阻力变

化特征如图 8.25 所示(伞型不同,表达式略有不同)。

$$(CA) = (CA)_1 + \beta(s - s_1)^4$$

$$\beta = \frac{(CA)_s - (CA)_1}{(s_m - s_1)^4} \tag{8-72}$$

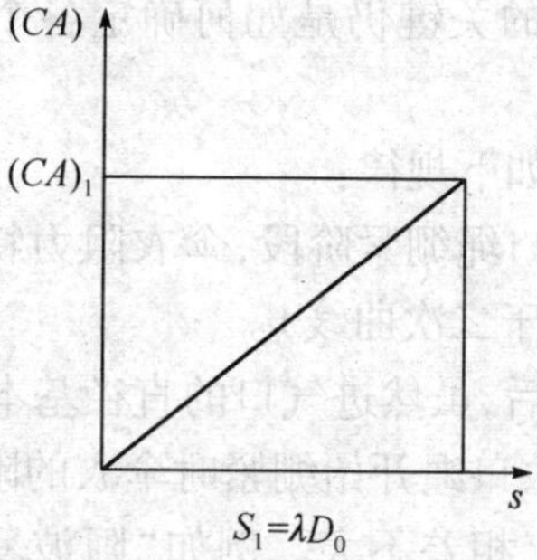

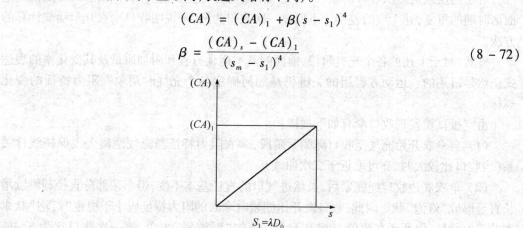

图 8.24 初始充气期伞衣阻力特征变化

因此,整个充气时期的阻力特征变化规律如式(8-73)所示。

$$(CA) = \begin{cases} k_1 s, & 0 \leqslant s \leqslant s_1 \\ (CA)_1 + \beta(s - s_1)^4, & s_1 \leqslant s \leqslant s_m \end{cases} \tag{8-73}$$

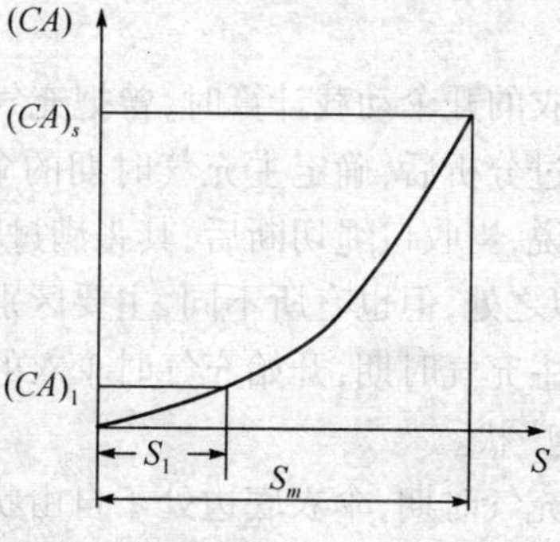

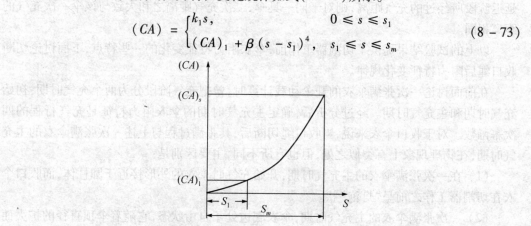

图 8.25 一次张满伞衣阻力特征变化规律

根据大量的试验结果发现张满距离和伞衣名义直径成正比,即

$$s_m = \alpha D_0 \tag{8-74}$$

其中,比例系数 α 与伞型及透气量有关。实验表明,对于大多数密织物伞,$\alpha = 6 \sim 7$;对于有结构透气量的伞,$\alpha = 8 \sim 10$。

2) 一次收口伞阻力特征(CA)的变化规律

目前实际应用收口的降落伞,一般都是火药切割器切断收口绳。因此,对于这类伞,其充气过程是不连续的。对于仅有一次收口的伞衣,可把充气阶段分成三个典型时期:

(1) 自开始充气到伞衣底边收口绳绷紧。

(2) 在收口绳绷紧状态(即进气口面积基本不变)的条件下,伞衣继续充气直至伞衣进气口达到最大收口状直径(称为"灯泡"状伞衣)。此时伞衣阻力特征基本不变,缓慢减速,直至切割器切断收口绳。

(3) 切断收口绳后,伞衣继续充气直至伞衣完全张满。

对于两次或更多次收口的伞衣，其充气阶段可分为更多的时期，但以后的时期仅是上面诸时期的重复，并无质的差别。下面以一次收口为例，来说明收口伞衣开伞动载计算的方法。

显然，对于上述的各个充气阶段，前面的基本运动方程和附加质量及其变化率的表达式仍然是适用的。运动方程组的关键仍是如何确定各个充气时期伞衣阻力特征的变化规律。

由空投试验发现收口伞有如下规律：

(1) 自伞衣开始充气至收口绳绷紧阶段，伞衣阻力特征与充气距离大致保持线性关系（当收口比较大时，亦可取近于二次曲线）。

(2) 伞衣底边收口绳绷紧后，虽然进气口的直径基本不变，但伞顶部分直径却继续增长直至形成“灯泡”状。因此，收口绳开始绷紧时伞衣的阻力特征应小于稳定“灯泡”状伞衣的阻力特征，但两者在数值上相差不大。例如“阿波罗”主伞，第一次收口比为 8.4% 时，上述两种阻力特征之比约为 0.8；第二次收口比为 24.8% 时，两者之比值近于 0.9。

(3) 由光测弹道结合摄影分析后发现，如果不计“灯泡”状伞衣（阻力特征保持不变）延迟阶段所经过的充气距离，则对于同一具伞，二次充气距离之和大致与该伞一次充气的距离相同。

以上的试验结果提供了切割器工作前，伞衣阻力特征变化的一些特点，下面讨论切断收口绳后阻力特征变化规律。

在前面讨论一次张满伞衣的开伞动载计算时，曾把充气阶段分为两个充气时期：初始充气时期和主充气时期。经过分析后，确定主充气时期的伞衣阻力特征是充气行程的四次幂函数。对于收口伞衣来说，当收口绳切断后，其张满过程与上述一次张满伞衣的主充气时期，在物理现象上有类似之处，但也有所不同，主要区别是：

(1) 在一次张满伞衣的主充气时期，开始充气时伞衣的外形接近于圆柱体，而收口伞衣在切割器工作之前呈“灯泡”状。

(2) 一次张满伞衣的主充气时期，伞衣底边处于自由状态，它随着伞顶直径的扩大而逐渐张开；而收口伞衣，在切割器工作之前，伞衣底边受收口绳的约束，因而当收口绳切断后，伞衣底部有自动迅速张开的趋势。

考虑到上述的差别之后，收口伞衣当切割器切断收口绳以后，其阻力特征的增长要快一些（伞衣底边张开得更快些）。这样，可把一次收口伞衣充气过程中阻力特征的变化情况简化为图 8.26 中实线所示的规律，整个充气过程分为三段：

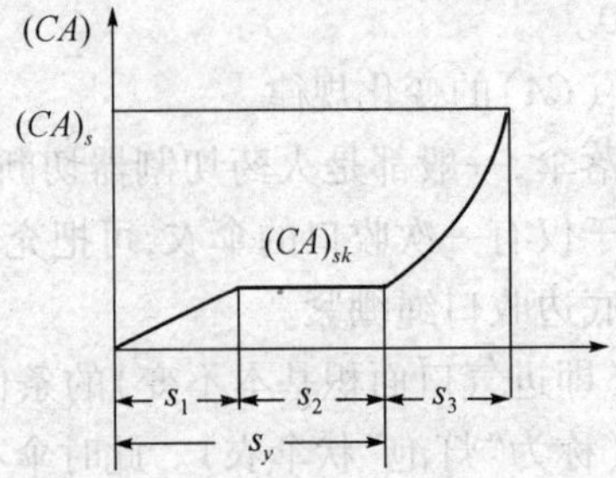

图 8.26 一次收口伞衣充气过程阻力特征变化情况

第一段：自开始充气至“灯泡”状，阻力特征呈线性函数。

第二段：收口状伞衣达“灯泡”状阻力特征$(CA)_{sk}$后即保持常值。

第三段：自收口绳被切断开始至伞衣完全张满，设为二次幂函数。

用解析式表示以上三段规律为

$$(CA)=\begin{cases}k_1 s, & 0\leqslant s\leqslant s_1\\(CA)_{sk}, & s_1<s<(s_1+s_2)\\(CA)_{sk}+\beta_3(s-s_1-s_2)^2, & (s_1+s_2)<s\leqslant(s_1+s_2+s_3)\end{cases}\qquad(8-75)$$

式中：$(CA)_{sk}$为“灯泡”状收口伞衣的阻力特征，与伞型和收口比有关；$s_1+s_2=s_y$为延迟充气距离，取决于切割器的延迟时间t_y，通常切割器的启动是在物伞系统拉直瞬间开始的，所以延迟时间应从拉直时（即充气开始时）计算；$s_1+s_3=s_m$为张满距离，前面已讨论过，对于同一具伞来说，其充气总距离s_m保持不变。张满距离可按式（8－74）计算，s_1与s_3之分配与伞型及收口比有关，应由实验确定，在缺乏可靠的实验数据时，可参考以下方法确定。

为了便于计算收口伞衣第一个时期的充气行程s_1，可仿照前面一次张满伞衣的办法，即

$$s_1=v_L t_{m1}=\lambda_1 D_{sd}\qquad(8-76)$$

式中：t_{m1}为收口伞衣第一个时期的充气时间；D_{sd}为收口伞衣的当量名义直径，其物理意义是：假定一具伞型与收口伞相同的降落伞，其名义直径为D_{sd}，在完全张满状态时的阻力特征与收口伞呈“灯泡”状时的最大阻力特征$(CA)_{sk}$相等，则称D_{sd}为收口伞的当量名义直径。显然，当量名义直径D_{sd}与收口伞的名义直径D_0有如下的关系：

$$D_{sd}=\left(\frac{(CA)_{sk}}{(CA)_s}\right)^{1/2}D_0\qquad(8-77)$$

其中常数λ_1与伞型和透气量有关，可通过试验或统计的方法确定。例如，对于一般密织物伞衣$\lambda_1=14$。

求得s_1，s_m后，可按边界条件求出式（8－74）中的参数k_1和β_3。

$$\begin{cases}k_1=\dfrac{(CA)_{sk}}{s_1}\\ \beta_3=\dfrac{(CA)_s-(CA)_{sk}}{(s_m-s_1)^2}\end{cases}\qquad(8-78)$$

2. 充气过程轨迹计算

目前，对于充气过程轨迹和开伞动载的计算，均属半经验半理论的方法，还不完善和成熟。常用的方法为充气距离法，指以充气距离为自变量的一种计算方法。

为了简化计算，作如下假设：

（1）设物体和降落伞的运动为双质点的运动。物体的质量m_w集中于物体重心处。伞的质量m_s集中于伞衣底边中心。在伞衣充气过程中，伞的质心相对底边的位置保持不变。

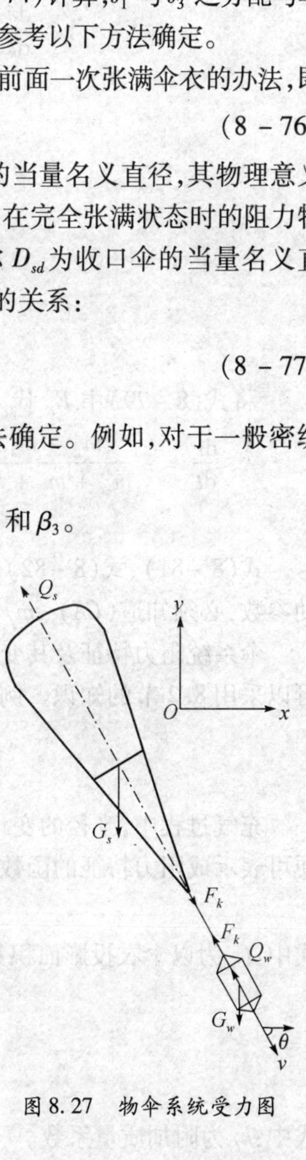

图 8.27 物伞系统受力图

（2）作用于物伞系统的力，如图 8.27 所示，忽略物伞

二者的升力,不考虑风的影响,物伞系统的运动是平面运动。

(3) 由于伞的重力远远小于气动阻力,可以认为充气过程中物伞二者的轴线始终重合。

(4) 忽略伞系统弹性影响,物伞二者之间的相对位置保持不变,即二者的速度向量保持恒等。

在航迹坐标系下(轨迹角 θ 根据第 4 章的坐标系统定义,为负值),列出物伞的动力学方程如下。

对于降落伞:

$$\frac{\mathrm{d}}{\mathrm{d}t}[(m_s + m_f)v] = F_k - \frac{1}{2}\rho v^2 (CA)_s - m_s g\sin\theta \tag{8-79}$$

对于物体:

$$\frac{\mathrm{d}v}{\mathrm{d}t} = -g\sin\theta - \frac{1}{m_w}\left[F_k + \frac{1}{2}\rho v^2 (CA)_w\right] \tag{8-80}$$

$$\begin{cases} \dfrac{\mathrm{d}\theta}{\mathrm{d}t} = -g\cos\theta/v \\ \dfrac{\mathrm{d}x}{\mathrm{d}t} = v\cos\theta \\ \dfrac{\mathrm{d}y}{\mathrm{d}t} = v\sin\theta \\ \dfrac{\mathrm{d}s}{\mathrm{d}t} = v \end{cases} \tag{8-81}$$

将式(8-79)中 F_K 代入式(8-80),这样物伞系统动力学方程可改写成

$$\frac{\mathrm{d}v}{\mathrm{d}t} = -\frac{m_w + m_s}{m_w + m_s + m_f}g\sin\theta - \frac{1}{2}\rho v^2\frac{(CA)_w + (CA)_s}{m_w + m_s + m_f} - \frac{v}{m_w + m_s + m_f}\frac{\mathrm{d}m_f}{\mathrm{d}t} \tag{8-82}$$

式(8-81)、式(8-82)便是充气过程中的一组轨迹方程,为了求得上述方程中的运动参数,必须知道 $(CA)_s$, m_f 及它们随时间的变化规律。

伞系统阻力特征及其变化规律,可以采用本节上述内容;对于附加质量及变化规律,可以采用 8.2 节的知识。例如,假设附加质量采用刚性模型来考虑,则

$$m_f = \frac{4}{3}\pi R^3 \rho \tag{8-83}$$

充气过程中,半径的变化规律可用伞衣阻力特征的变化规律来代替。这样附加质量便可表示成阻力特征的函数。由于

$$(CA) = C_{st}\pi R^2$$

式中:C_{st} 为以伞衣投影面积为参考面积的阻力系数。因此式(8-83)也可改写成

$$m_f = k_f \rho (CA)^{3/2} \tag{8-84}$$

$$k_f = \frac{4\pi}{3(C_{st}\pi)^{3/2}} = \frac{0.752}{C_{st}^{1.5}} \tag{8-85}$$

式中:k_f 为附加质量系数。

为了简化计算,针对投影面积的阻力系数取平均值,这样对于密织物圆形伞,其附加质量系数为0.41。附加质量变化率可以写成

$$\frac{\mathrm{d}m_f}{\mathrm{d}t}=\frac{3}{2}\rho k_f\,(CA)^{0.5}\,\frac{\mathrm{d}(CA)}{\mathrm{d}t}=\frac{3}{2}\rho k_f v\,(CA)^{0.5}\,\frac{\mathrm{d}(CA)}{\mathrm{d}s}$$

$$(CA)=\begin{cases}k_1 s, & 0\leqslant s\leqslant s_1\\ (CA)_1+\beta_1(s-s_1)^4, & s_1<s\leqslant s_m\end{cases}\tag{8-86}$$

对于无收口伞伞衣的充气过程,$\mathrm{d}(CA)/\mathrm{d}s$ 可化简成

$$\frac{\mathrm{d}(CA)}{\mathrm{d}s}=\begin{cases}k_1, & 0\leqslant s\leqslant s_1\\ 4\beta_1(s-s_1)^3, & s_1<s\leqslant s_m\end{cases}\tag{8-87}$$

把运动方程变成以充气距离为自变量的运动方程,这样,轨迹方程可以转变成一组方程组:

$$\begin{cases}\dfrac{\mathrm{d}v}{\mathrm{d}s}=\left(-\dfrac{m_w+m_s}{m_w+m_s+m_f}g\sin\theta-\dfrac{1}{2}\rho v^2\,\dfrac{(CA)_w+(CA)}{m_w+m_s+m_f}-\dfrac{v}{m_w+m_s+m_f}\,\dfrac{\mathrm{d}m_f}{\mathrm{d}t}\right)/v\\ \dfrac{\mathrm{d}\theta}{\mathrm{d}s}=-g\cos\theta/v^2\\ \dfrac{\mathrm{d}x}{\mathrm{d}s}=\cos\theta\\ \dfrac{\mathrm{d}y}{\mathrm{d}s}=\sin\theta\\ \dfrac{\mathrm{d}t}{\mathrm{d}s}=\dfrac{1}{v}\\ F_k=(m_s+m_f)v\,\dfrac{\mathrm{d}v}{\mathrm{d}s}+\dfrac{1}{2}\rho v^2(CA)s+v\,\dfrac{\mathrm{d}m_f}{\mathrm{d}t}+m_s g\sin\theta\\ m_f=\rho k_f(CA)^{1.5}\end{cases}\tag{8-88}$$

根据运动方程便可求出各瞬时的开伞动载和运动参数。

8.4.4 最大开伞动载的分析方法

1. 确定开伞动载最大值的经验方法

经验方法基于如下假设:

(1) 根据一系列空投试验结果,最大开伞动载为张满瞬间伞衣阻力的2倍,即

$$F_{k\max}=\rho v_m^2\,(CA)_s$$

(2) 张满距离和伞衣名义面积之间的关系可表示为

$$s_m=C\sqrt{A_0}$$

(3) 物伞系统为一个集中在物体重心的质点,并不考虑物体的气动阻力。

根据以上假设,物伞系统作垂直下降运动时,出现最大开伞动载瞬间的运动方程为

$$m_{xt}\left(\frac{\mathrm{d}v}{\mathrm{d}t}\right)_m=G_{xt}-F_{k\max}\tag{8-89}$$

如用平均加速度表示瞬间加速度，则

$$\left(\frac{\mathrm{d}v}{\mathrm{d}t}\right)_m = k_a \frac{v_m - v_L}{t_m} \tag{8-90}$$

式中：k_a 为加速度修正系数，它是出现最大动载瞬间加速度和平均加速度的比值。若充气过程中，系统的平均速度取

$$v_p = \frac{v_m + v_L}{2} \tag{8-91}$$

则系统张满距离可表示为

$$s_m = k_v \frac{v_m + v_L}{2} t_m \tag{8-92}$$

式中：t_m 为伞衣张满时间；k_v 为速度修正系数，用来修正按平均速度计算张满距离而引起的误差。

将张满伞衣距离的假设(2)的公式代入式(8-92)可得

$$t_m = \frac{2C\sqrt{A_0}}{k_v(v_m + v_L)} \tag{8-93}$$

将式(8-93)、式(8-90)代入式(8-89)，经整理后得

$$F_{k\max} = \frac{G_{xt}}{\sqrt{A_0}}\left[\sqrt{A_0} - k(v_m^2 - v_L^2)\right] \tag{8-94}$$

其中，$k = \dfrac{k_a k_v}{2Cg}$取决于伞型、材料及透气量，一般由试验确定。对于同一具伞来讲，其值是不变的。根据假设(1)公式和式(8-94)，约去张满速度得

$$F_{K\max} = \frac{kv_L^2 + \sqrt{A_0}}{k/\rho\,(CA)_s + \sqrt{A_0}/G_{xt}} \tag{8-95}$$

又

$$G_{xt} = \frac{1}{2}\rho_0 v_z^2\,(CA)_s$$

所以，最大开伞动载可以写成

$$F_{K\max} = \rho_0 v_z^2\,(CA)_s \frac{kv_L^2 + \sqrt{A_0}}{k\dfrac{\rho_0 v_z^2}{\rho} + 2\sqrt{A_0}} \tag{8-96}$$

这种方法，主要是根据低空的某些结果导出，有一定的局限性，但在产品估算上比较正确，而且计算简便，有一定实用价值。

2. 无限质量情况下开伞动载的计算

当主伞单位面积承受的载荷大到一定数值后，近似地认为充气过程中系统的速度将保持不变，亦即意味着系统的质量为“无限”大。在实际应用中，大多数减速伞、稳定伞以及飞机着陆刹车用的阻力伞，均可按“无限”质量处理。当然，前面介绍的开伞动载计算方法既可应用于“有限”质量，亦适用于“无限”质量。但由于在“无限”质量时，充气过程中系统速度变化很小，因而，充气过程的计算大为简化，最大开伞动载的可按如下的经验

公式计算：

$$F_{K\max} = \frac{1}{2}\rho v_L^2 (CA)_s k_d \tag{8-97}$$

式中：k_d 为动载系数（无因次），对于一定型式的伞衣，k_d 是常量。在亚声速范围，各种典型伞衣的 k_d 值如下：

密织物平面圆形伞	$k_d \geq 1.8$
密织物底边延伸伞	$k_d \geq 1.8$
有肋导向面伞	$k_d \geq 1.1$
无肋导向面伞	$k_d \geq 1.4$
人用导向面伞	$k_d \geq 1.6$
平面带条伞	$k_d \geq 1.05$
波环伞（环帆伞）	$k_d \geq 1.1$
环缝伞	$k_d \geq 1.05$
锥形或成型幅伞	k_d 比相应的平面形伞略低

3. 载荷系数法

有限质量条件下开伞与无限质量条件下开伞相比较，由于前者在开伞过程中速度变化较大，最大开伞动载 $F_{k\max}$ 要比无限质量条件小。如果用开伞动载缩减系数 k_j 来表示无限质量和有限质量条件下的最大开伞动载的比值，则在有限质量条件下开伞也可用式（8－98）来计算，即

$$F_{k\max} = \frac{1}{2}\rho v_L^2 (CA)_s k_d k_j \tag{8-98}$$

对于单位面积载荷很大的阻力伞（相当于无限质量），$k_j = 1.0$。对于伞衣单位面积载荷为 200 N/m² 左右的投物伞，k_j 可取 0.33；而对于伞衣单位面积载荷仅 25 N/m² 的人用伞则小到 0.03。设 $k_{dy} = k_d k_j$，则上式也可写成

$$F_{K\max} = k_{dy} \frac{1}{2}\rho v_L^2 (CA)_s \tag{8-99}$$

式（8－99）就是用于计算有限质量条件下开伞动载的载荷系数法的计算公式，它适用于收口伞和非收口伞。计算解除收口后的峰值时，v_L 取解除收口时的物伞系统速度。已经发现，在任何给定的起始条件下，最大开伞动载系数 k_{dy} 基本上是系统质量比 R_m 的函数。质量比 R_m 定义如下：

$$R_m = \frac{m_{xt}}{\rho \pi D_0^3}$$

式中：D_0 为伞衣的当量直径。

在图 8.28 中，许多降落伞试验的 k_{dy} 与质量比 R_m 的倒数绘成曲线，为了表示一般的趋向数值均取平均值。

4. 多伞系统开伞动载的计算

20 世纪 60 年代以来，由于大型军用运输机的迅速发展，对空投技术的要求越来越高，有些货物重量很大，如大炮、车辆、坦克等，本身无法分解开来空投，如果只用单伞空

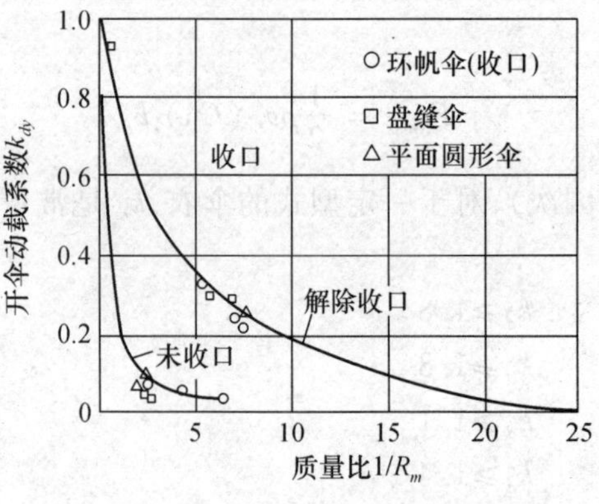

图 8.28　开伞动载系数和质量比的关系

投，极大地增加了制造和使用难度。使用多伞系统空投货物，不仅可以提高空投单件货物的能力，而且多伞系统本身安全可靠，稳定性好，可减小最低安全空投高度，便于制造、运输、维修，所以在重装空投中广泛应用。

如果假设多伞系统各个单伞的大小和形式均相同，而且它们之间没有气动力干扰，各个单伞保证同时张满。这样多伞系统的开伞总动载为 n 个单伞开伞动载之和，即

$$F_{K\max} = nF_{K\max i} \tag{8-100}$$

这样计算的结果显然和实际情况不符，因为伞之间有气动力干扰，且伞不会同时打开。因此，实际作用在各单伞连接绳交汇点上的总动载必定小于式(8－100)，其误差大小与多伞系统同时开伞的程度有关。同时开伞性能越好，则理论最大总动载与实测值越接近；反之，则相差越大。对于总面积相同的多伞系统，伞衣数量越多，开伞总动载越大。这是因为在总面积相同的情况下，单伞数目越多，每具伞的面积便越小，其充气时间也越短，所以最大动载也越大。

对于最大分动载的计算，目前尚无精确的计算方法，常根据试验来统计单伞开伞动载的不均匀系数β(实际单伞的最大分动载与理论分动载的比值)。一般情况，二具伞β取1.45，三伞系统β取1.8，如对多伞系统采取一些控制方法，使伞衣尽快同时开伞，则不均匀性可控制在1.3以下。

8.4.5　开伞动载的影响因素

影响开伞动载的因素很多，主要受拉直速度、开伞高度、伞衣负荷及透气量的影响。

1. 拉直速度 v_L

图8.29表示最大开伞动载与拉直速度的关系，其中曲线1的开伞高度为600m，$m_w/A_0 = 2.38\text{kg/m}^2$，曲线2的开伞高度为2000m，$m_w/A_0 = 1.2\text{kg/m}^2$，可以很明显看出：最大开伞动载与拉直速度的平方成比例，符合理论分析结果。拉直速度对开伞动载变化规律的影响见图8.30，其中曲线1拉直速度为350km/h；曲线2拉直速度为220km/h。可见，随着拉直速度增加，开伞动载变化率有明显的增加。

2. 开伞高度的影响

开伞高度对开伞动载的影响有三种观点：

(1) 认为开伞高度增加，系统减速缓慢，伞衣的有效透气量减小，加速了充气过程，使

开伞动载增大。

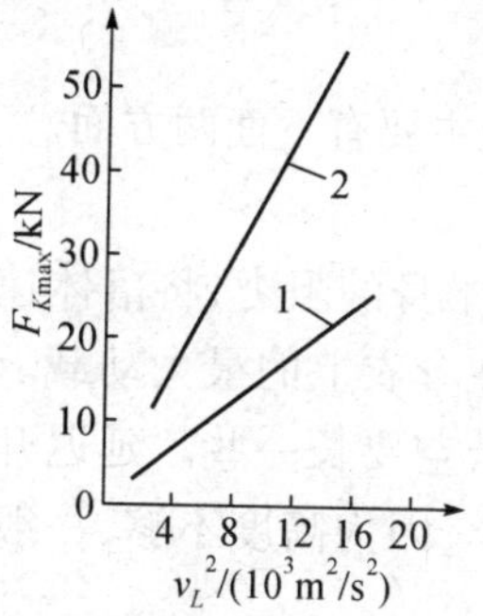

图 8.29　拉直速度与最大开伞动载的关系

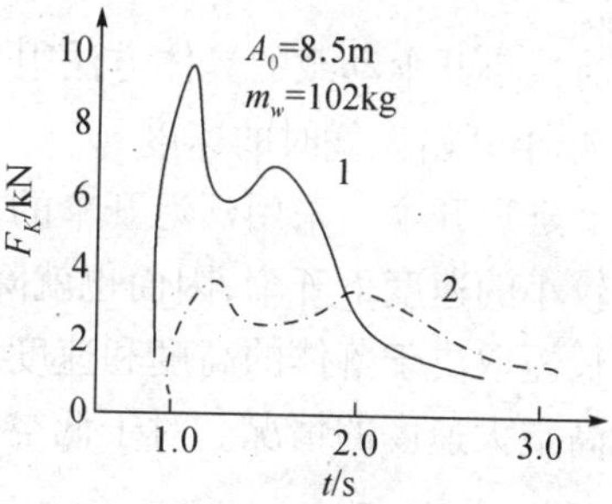

图 8.30　拉直速度对开伞动载的影响

（2）随着高度增加，密度减小，使最大开伞动载下降。

（3）认为高度对开伞动载的影响不大，可以忽略。

试验结果也表明，对于人用伞来讲（这类伞的伞衣负荷较小），在相同拉直速度时，高度增加会导致开伞动载增加；对于伞衣负荷很大，开伞高度若超过一定范围，最大开伞动载将随高度增加而下降。图 8.31 为开伞动载随高度的变化情况。由此可知，高度对开伞动载的影响，要综合考虑当时的加速度、密度、附加质量变化率、阻力特征变化率等多种因素，情况较为复杂。

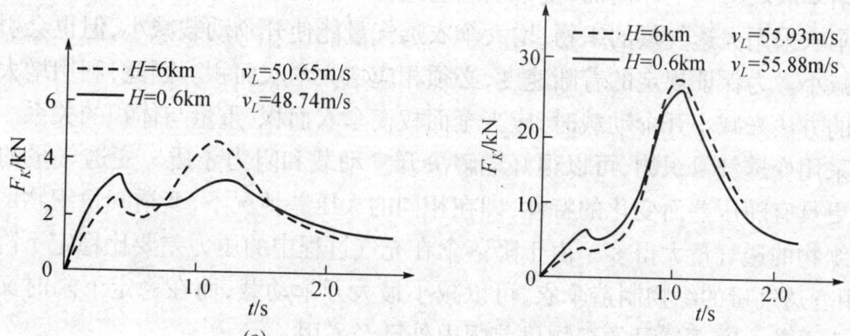

(a)　(b)

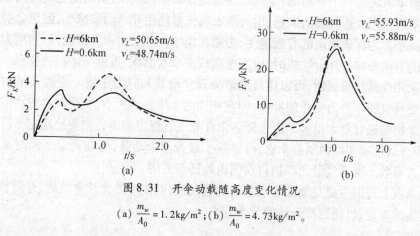

图 8.31　开伞动载随高度变化情况

（a）$\frac{m_w}{A_0}=1.2kg/m^2$；（b）$\frac{m_w}{A_0}=4.73kg/m^2$。

3. 伞衣负荷 m_w/A_0 的影响

m_w/A_0 大小决定了最大开伞动载是前期峰值还是后期峰值，见图 8.26。对于 m_w/A_0 较小的情况，在低空开伞时，最大开伞动载出现在前期；在高空时，最大开伞动载出现在后期。但 m_w/A_0 较大时，无论高空、低空，最大开伞动载均出现在后期。高空、低空造成开伞动载峰值的原因各不相同：在高空前期，是由于速度大造成峰值；后期低空则是因为密度大、阻力特征大造成峰值。

4. 伞衣透气量对最大开伞动载的影响

当保持其它参数不变时，增大伞衣透气量，会使进入伞衣内的空气向外流出的量增多，结果使伞衣充气缓慢，张满时间增加，使最大开伞动载降低。另外，由于透气量增加，使伞衣的阻力系数减小，也会使最大开伞动载降低。

8.4.6 减小开伞动载的措施

目前减小开伞动载的具体方法很多,但从原理上来说主要有下面两方面。

1. 减小开始充气时的速度 v_L

(1) 延迟开伞。采用延迟开伞的方法是借助了落体本身的阻力,将落体速度降低使其处于较小的速度下开伞,因而也就降低了张满时作用在伞衣上的最大动载。延迟开伞时间的长短取决于落体的高度和速度,高空延迟时间比低空要长一些。延迟开伞方法只适用于高空大速度的情况。对于低空,特别是低空救生伞,因为高度不够,一般不能采用此法。

(2) 使用减速伞。减小 v_L 的另一方法就是采用一具小面积减速伞或一系列的这种减速伞。它们在主伞充气前按一定时间间隔逐次打开,保证将物伞系统的速度迅速减小。

(3) 多次开伞。采用收口方法控制伞衣进气口面积,使伞衣在完全张满前呈未张满状态下降,未张满伞衣像减速伞一样将系统由较高的速度减到系统允许开伞速度后解除伞衣进气口的控制,使伞衣完全张满。此时由于速度较小,开伞动载也就小了。收口比可根据设计要求进行选择。目前一般采用两次开伞(即收口一次),也有采用三次开伞(即收口两次)的,例如“阿波罗”飞船的主回收伞等。

2. 延长充气时间

(1) 沿伞衣底边缝上导向面,使伞衣底边进气口面积减小,从而使充气时间延长。

(2) 伞衣采用大透气量的织物,增大伞衣透气量能使开伞动载减小,但也会引起伞衣阻力系数减小。为保证规定的着陆速度,必须相应增大伞衣面积。因此,利用增大伞衣织物透气量的方法来减小开伞动载时,应当全面权衡伞衣面积、重量与体积的关系。

(3) 采用变透气量织物,可以很好地解决开伞动载和阻力矛盾。变透气量的织物比一般织物更具有随压差而变化的特性,即在相同的大压差情况下,变透气量织物的透气量要比一般织物的透气量大得多。由于降落伞在充气过程中的压力差要比稳定下降时大得多,所以用变透气量的织物制造伞衣,可以减小最大开伞动载,而在稳定下降时又不会降低伞的阻力系数。变透气量的织物目前国内外已经采用。

(4) 伞衣上开洞主要是增加伞衣的结构透气量,以减小最大开伞动载,开洞数量与位置要通过实验确定,以便选择最佳的开伞方案。

8.5 降落伞稳降阶段分析

8.5.1 降落伞稳定阶段轨迹计算

在伞衣张满后,气动阻力使物伞系统持续减速达到稳定下降,称为稳定阶段。由于伞衣张满后,系统的外形和质量可以视为不变。因此,采用充气距离法来计算开伞过程的话,稳定阶段轨迹计算只要将$(CA)=(CA)_s$,$d(CA)/dt=0$,代入充气阶段轨迹方程组,再用同样方法一直计算下去,直到物伞系统运动速度 v 接近 v_d 为止。但临近 v_d 时系统减速很慢,稳定下降时间很长,在实际使用中没有必要。因此一般计算到 $v=1.01v_d$ 时,即认为稳定下降阶段结束。

物伞系统达到稳定下降速度 v_d 之后的轨迹计算,只要将稳定阶段的 $m_f=0$ 代入,再计算下去,直到着陆为止。

8.5.2 降落伞稳定阶段高度、时间估算

有时,要求对物伞系统稳定下降所损失的高度进行估算,可采用下述方法进行。认为物伞系统的轨迹角为 -90°。这样运动方程可简化为

$$(m_w + m_s + m_f)\frac{\mathrm{d}v}{\mathrm{d}t} = G_{xt} - Q_s - Q_w \tag{8-101}$$

其中,物伞阻力可表示为

$$Q_s + Q_w = \frac{1}{2}\rho v^2[(CA)_s + (CA)_w] \tag{8-102}$$

系统重力可表示为

$$G_{xt} = (m_w + m_s)g = \frac{1}{2}\rho v_d^2[(CA)_s + (CA)_w] \tag{8-103}$$

将式(8-102)、式(8-103)代入式(8-101)后可得

$$\frac{\mathrm{d}v}{1-\left(\dfrac{v}{v_d}\right)^2} = \frac{g}{1+\left(\dfrac{m_f}{m_w+m_s}\right)}\mathrm{d}t \tag{8-104}$$

速度初值取 v_m,终值取 $1.01v_d$,积分后得

$$t_d = \frac{v_d}{2g}\left(1+\frac{m_f}{m_w+m_s}\right)\ln\frac{201(v_m-v_d)}{v_m+v_d} \tag{8-105}$$

稳定阶段的高度,可利用微分式

$$\frac{\mathrm{d}h}{\mathrm{d}t} = v$$

代入式(8-105),可得

$$\mathrm{d}h = \frac{1}{g}\left[1+\frac{m_f}{m_w+m_s}\right]\frac{v\mathrm{d}v}{1-\left(\dfrac{v}{v_d}\right)^2} \tag{8-106}$$

$h=0, v=v_m$; $h=h_d, v=1.01v_d$ 边界条件下,上式积分得:

$$h_d = \frac{v_d^2}{2g}\left[1+\frac{m_f}{m_w+m_s}\right]\ln\frac{v_m^2-v_d^2}{0.0201v_d^2} \tag{8-107}$$

这样就可以使用式(8-105)、式(8-107)来估算稳定下降阶段所需要的时间和损失高度。

8.6 降落伞稳定性分析

降落伞的不稳定现象指在稳降过程中,物伞系统在空中摆动或围绕下降的轨迹作近似圆锥运动的一种现象。降落伞的不稳定现象,对于人用伞,会造成空降人员在空中呕吐

甚至发生昏迷；对于航弹伞，其稳定性好坏直接影响弹道轨迹与命中精度。降落伞稳定性分析一般针对稳降阶段至落地阶段开展工作。

8.6.1 降落伞的稳定性

一个物体的稳定与否是相对于物体的平衡状态而言的。物体的平衡是指物体受到若干力的作用时，合力和合力矩等于零。所谓物体稳定，就是处于平衡状态的物体，在受到外力或外力矩的干扰作用，当外力或外力矩消失后，仍能恢复其原来的平衡状态。对稳定性分析通常可以分为两大类：静稳定性分析和动稳定性分析。

静稳定性就是当物体被扰动而离开平衡位置时，物体有恢复平衡状态的趋势，即物体受扰动后，能产生趋于平衡位置的恢复力矩。动稳定性就是指物体保持原先运动状态的能力。或者说，当扰动作用停止后，物体有自动恢复到原先运动状态的能力。

1. 降落伞的静稳定性

降落伞的静稳定性是指在外干扰停止作用的最初瞬间，靠降落伞本身的气动特性使物伞系统恢复平衡位置的趋势。对静稳定物体而言，任何迎角变化必须产生阻止变化的力矩，这就要求物伞系统在稳定平衡姿态下其气动力矩系数(C_m)随迎角 α 的变化曲线的斜率小于0($dC_M/d\alpha<0$)，即气动力矩有恢复平衡位置的能力。

图8.32表示了用风洞支架固定的不同形式的柔性小伞的静稳定度。从图中可以看出，平面圆形伞、锥形伞、10%底边延伸伞和14.3%张满底边延伸形伞在 $\alpha=0°$ 时一般是静不稳定的，并出现了具有小到中等振幅($\pm2° \sim 15°$)的摆动，振幅的大小主要取决于总孔隙率，其中14.3%张满底边延伸形伞在 $\alpha=0° \sim 10°$ 时稳定性最差。

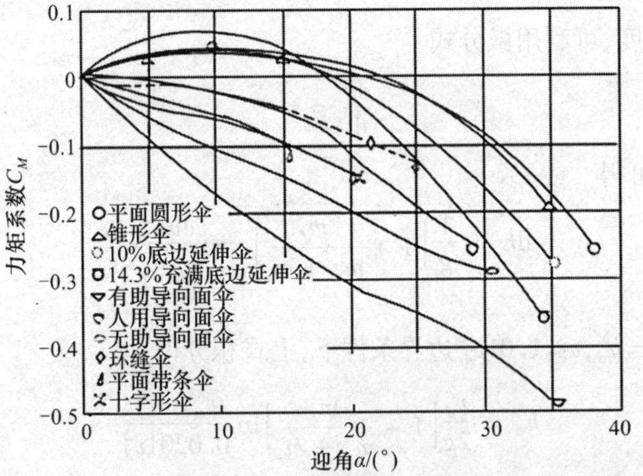

图8.32 在风洞中测量的小型织物伞的力矩系数随迎角的变化

图8.33表示了降落伞不同总透气量力矩系数随迎角的变化情况。当 $\alpha=0°$ 时，C_M 值是相同的。对于高孔隙率伞，由于在涡流扩散以前减小了涡流的增长，这就减小了气动侧向力分量，因而改善了静稳定性，同时开伞载荷系数减小，但是开伞能力也随之减弱。因此，不同伞型所用织物的透气量应有一个合理范围。

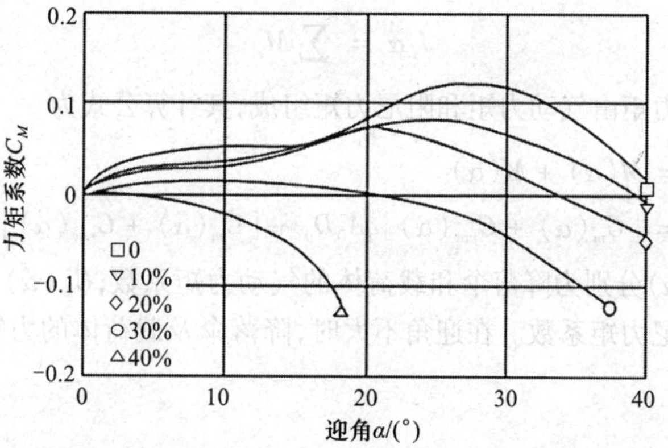

图 8.33　在风洞中测量的小型织物平面圆形伞衣在不同透气量下 C_M 与 α 的关系

2. 降落伞的动稳定性

动稳定性是指当扰动作用停止后，物体有自动恢复到原先运动状态的能力，即运动着的系统可以产生阻碍不稳定运动的力矩的能力。对动稳定物体而言，任何迎角角速度的变化必须产生阻止角速度变化的力矩，这就要求物伞系统的气动力矩系数随迎角角速度 $\dot{\alpha}$ 变化曲线的斜率小于 $0(\mathrm{d}C_M/\mathrm{d}\dot{\alpha}<0)$，即气动力矩有恢复运动状态的能力。

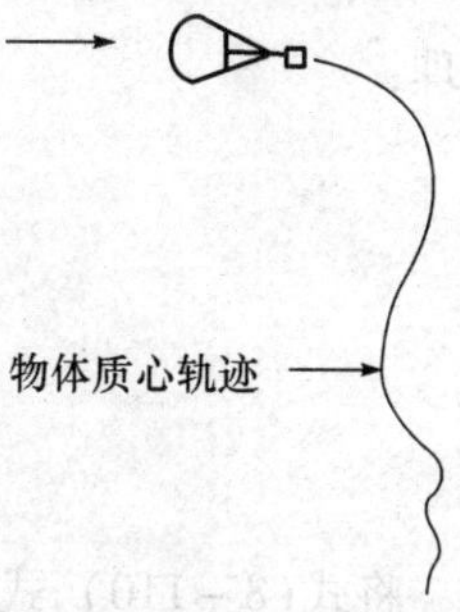

图 8.34　伞载系统摆动瞬变过程

在降落伞系统拉直和开伞瞬变过程中常常产生大振幅摆动，如图 8.34 所示。这个初始摆动因受气动力和重力联合作用而很快地被阻尼，这样经过大约一半的周期以后达到了平衡下降状态。平衡下降状态过程中的继续摆动仅仅反映了降落伞的静稳定性。任何由风的改变、阵风等紊流引起的扰动同样会被阻尼掉。当滑翔伞静稳定迎角小于0°时，大多数滑翔伞在俯仰时都呈现出满意的动稳定性。

据上述可知：$\mathrm{d}C_M/\mathrm{d}\alpha<0$、$\mathrm{d}C_M/\mathrm{d}\dot{\alpha}<0$ 分别反映了物伞系统的静稳定性和动稳定性能力，其负值越大，稳定度越强。

8.6.2　物伞系统稳降阶段一维稳定性分析

物伞系统在空中运动情况比较复杂，为了便于对降落伞稳降阶段的进一步理解，下面对物伞系统在稳降时绕重心的一个自由度转动情况进行分析。

假设：

(1) 稳降过程中动压不变，作垂直下降运动，横向位移不变。

(2) 系统在平衡状态时，攻角为0°。

(3) 扰动作用是瞬时不连续的，只讨论扰动作用停止后的运动情况。

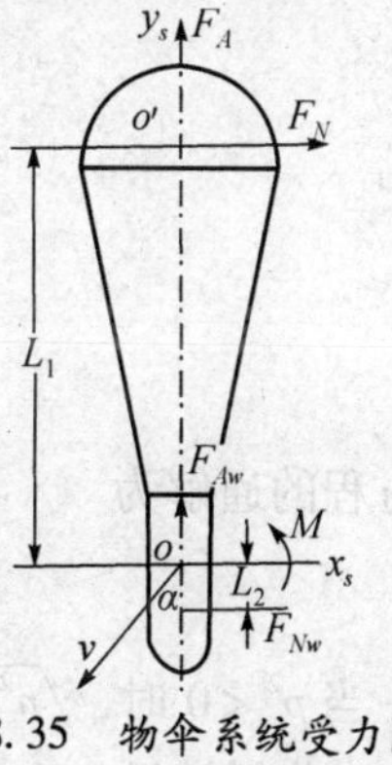

图 8.35　物伞系统受力图

物伞系统受力情况如图 8.35 所示，其中 F_A，F_N 分别表示降落伞所受的轴向力和法向力和法向力；M 为作用在物伞系统质心处的外力矩；α 为物伞系统的迎角。则系统的运动方程为

$$I_z \ddot{\alpha} = \sum M_z \tag{8-108}$$

物伞系统的外力矩由气动力矩和阻尼力矩组成,其计算公式为

$$\begin{aligned}\sum M_z &= M(\alpha) + M(\dot{\alpha}) \\ &= [C_m(\alpha) + C_{mw}(\alpha)]qA_0D_0 + [C_m(\dot{\alpha}) + C_{mw}(\dot{\alpha})]qA_0D_0\end{aligned} \tag{8-109}$$

式中:$C_m(\alpha)$,$C_{mw}(\alpha)$分别为降落伞和载荷体的气动力矩系数;$C_m(\dot{\alpha})$,$C_{mw}(\dot{\alpha})$分别为降落伞和载荷体的阻尼力矩系数。在迎角不大时,降落伞及载荷体的力矩系数可近似呈线性关系,因此:

$$I_z \ddot{\alpha} = [(C_m^{\alpha} + C_{mw}^{\alpha})\alpha + (C_m^{\dot{\alpha}} + C_{mw}^{\dot{\alpha}})\dot{\alpha}]qA_0D_0 \tag{8-110}$$

式中:C_m^{α},C_{mw}^{α},$C_m^{\dot{\alpha}}$,$C_{mw}^{\dot{\alpha}}$为力矩系数对迎角和角速度的导数。

根据几何关系:

$$F_N \cdot L_1 = M_s(\alpha) \Rightarrow C_m = -C_N L_1/D_0 \tag{8-111}$$

同理:

$$\begin{cases} C_m^{\alpha} = -C_N^{\alpha} L_1/D_0 \\ C_m^{\dot{\alpha}} = -C_N^{\dot{\alpha}} L_1/D_0 \\ C_{mw}^{\alpha} = -C_{Nw}^{\alpha} L_2/D_0 \\ C_{mw}^{\dot{\alpha}} = -C_{Nw}^{\dot{\alpha}} L_2/D_0 \end{cases} \tag{8-112}$$

将式(8-110)、式(8-112)代入式(8-109),可得

$$I_z \ddot{\alpha} + [C_N^{\alpha}\alpha + C_N^{\dot{\alpha}}\dot{\alpha}]qA_0L_1 + [C_{Nw}^{\alpha}\alpha + C_{Nw}^{\dot{\alpha}}\dot{\alpha}]qA_0L_2 = 0 \tag{8-113}$$

通常,载荷体的阻尼力矩远小于降落伞的阻尼力矩,令其为0,则上式可简化为

$$I_z \ddot{\alpha} + C_N^{\dot{\alpha}} qA_0L_1\dot{\alpha} + (C_N^{\alpha}L_1 + C_{Nw}^{\alpha}L_2)qA_0\alpha = 0 \tag{8-114}$$

上式也可写成如下形式:

$$\ddot{\alpha} + 2n\dot{\alpha} + p^2\alpha = 0 \tag{8-115}$$

其中

$$n = \frac{C_N^{\dot{\alpha}} qA_0L_1}{2I_z} \tag{8-116}$$

$$p^2 = \frac{[C_{Nw}^{\alpha}L_2 + C_N^{\alpha}L_1]qA_0}{I_z} \tag{8-117}$$

则方程的通解为

$$\alpha = C_1 e^{(\sqrt{n^2-p^2}-n)t} + C_2 e^{(-\sqrt{n^2-p^2}-n)t} \tag{8-118}$$

当$p^2<0$时,$\sqrt{n^2-p^2}>n$,无论n如何变化,当$t\to\infty$时,必然$\alpha\to\infty$,为不稳定运动;当$p^2>0$,分析结果如表8.2所示。

表 8.2　物伞系统一维扰动运动

参量 n 及 p^2 的符号			运动形式	图形
$p^2>0$	$n^2<p^2$	$n>0$	衰减运动	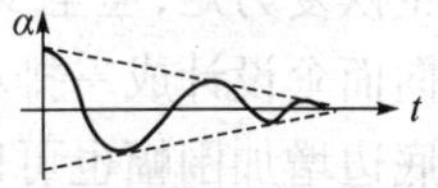
$p^2>0$	$n^2<p^2$	$n<0$	扩散运动	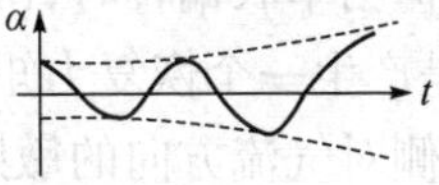
$p^2>0$	$n^2>p^2$	$n>0$	单调减小	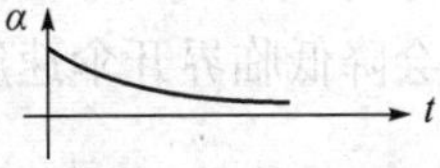
$p^2>0$	$n^2>p^2$	$n<0$	单调增加	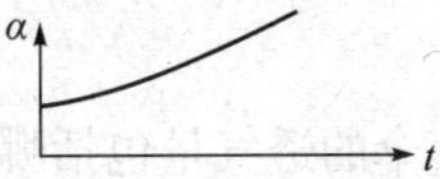

通过以上讨论,可以将物伞系统稳定运动条件归纳如下:

首先 $p^2>0$,由式(8-117),则 $C_{Nw}^{\alpha}L_2+C_N^{\alpha}L_1>0$;

通常 $C_{Nw}^{\alpha}L_2<C_N^{\alpha}L_1$,所以要求 $C_N^{\alpha}>0$,即 $C_m^{\alpha}<0$。

由此可知,物伞系统的静稳定性是系统稳定的必要前提。

其次要求 $n>0$,由式(8-116)可知 $C_N^{\alpha}>0$,即 $C_m^{\alpha}<0$。

8.6.3　改善降落伞稳定性的方法

图 8.36 所示为平面圆形伞的流线示意图,当迎角 $\alpha=0°$时,空气均匀地沿伞衣周围分离,周围侧向力相等,不会引起不平衡力矩。如图 8.36(a)所示,平面圆形伞在零迎角时是平衡位置,但不稳定,因为当外界扰动使伞衣略有偏转即 $\alpha\neq0°$时,如图 8.36(b)所示,下偏一侧伞衣外边气流分离点后移,减少了气流分离。而另一侧面使气流更猛烈地分离,侧向力不平衡,$F_1<F_2$,产生了使伞衣迎角继续增加的力和力矩,没有使伞衣恢复到平衡位置的趋势,它是静不定的,所以必然是不稳定的。

当迎角增加到某一值时(图 8.36(c)),由于下偏一侧伞衣迎角太大,使伞衣内外边气流产生分离。而另一侧伞衣迎风面增加。两侧向力虽然仍不平衡,但此时 $F_1>F_2$,使伞衣产生回转力矩,于是伞衣便产生了来回摆动的不稳定运动。

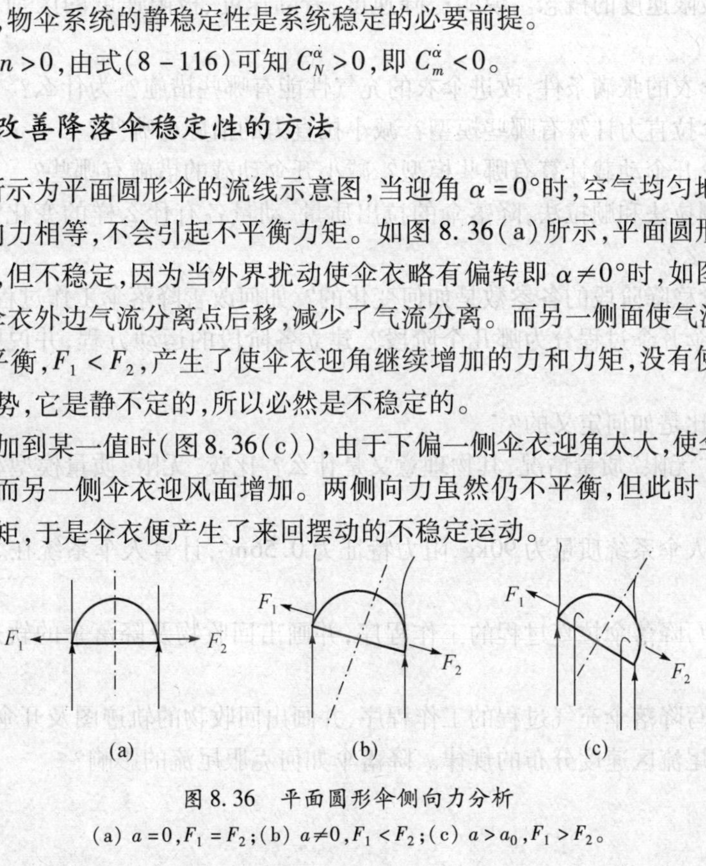

图 8.36　平面圆形伞侧向力分析

(a) $a=0, F_1=F_2$;(b) $a\neq0, F_1<F_2$;(c) $a>a_0, F_1>F_2$。

根据上述对平面圆形伞不稳定原因分析,可知若在伞衣底边附近加一气流分离装置,使流过伞衣的气流在任何迎角下均保证在伞衣底边附近分离,使两边侧力 $F_1 = F_2$。这样虽然不能产生恢复力矩,但至少不会使伞衣更加偏转。分离装置的具体结构各式各样,例如对有肋导向面伞设计成一排小孔等。

在伞衣底边增加围幅也可以增加稳定性。由于在 $\alpha = 0°$时两边围幅对称,不产生不平衡力矩。但当伞衣偏转时,由于下偏一边使围幅迎风面积增加,上偏一边使围幅迎风面积减小,于是产生一个恢复力矩。这种伞衣是静稳定的。另外增加降落伞的水平速度,能减低伞衣两侧对气流方向的敏感性,从而提高侧向稳定性。增大伞衣透气量,可使伞衣表面附着气流分离,减小伞衣内外压差,从而减少不稳定的侧向力,增加伞衣的稳定性。但增大透气量会降低临界开伞速度,因此不能无限制地增大伞衣透气量。

思考题与习题

1. 降落伞的透气量包括哪几个方面?压差、高度对织物透气量和有效透气量各有何影响?

2. 黏性流体以 50m/s 的速度匀速运动,附加质量惯性阻力为 0 吗?理想流体呢?若它们是以 $50\mathrm{m/s^2}$ 的加速度运动,附加质量惯性阻力又如何确定?

3. 伞绳数量(根数)是如何影响阻力系数的,为什么?透气量、速度呢?

4. 论述极限速度的概念。说明稳降速度、着陆速度、极限速度的区别。极限速度和哪些因素有关?

5. 论述伞衣的张满条件,改进伞衣的充气性能有哪些措施?为什么?

6. 降落伞拉直力计算有哪些模型?减小拉直力的措施有哪些?

7. 降落伞开伞动载计算有哪些模型?减小开伞动载的措施有哪些?

8. 对于倒拉法和顺拉法,降落伞的拉出质量、动量各有什么样的变化?它们工作时的异同点是什么?

9. 降落伞稳降阶段的各参数是如何变化的?如何改善降落伞工作过程的稳定性?

10. 降落伞开伞过程分为哪几个阶段?建立各阶段的运动方程,并说明其求解步骤和控制参数。

11. 收口比是如何定义的?

12. 所谓"无限"质量情况,其物理意义是什么?比较"无限"质量模型和"无质量"弹簧模型的含义。

13. 已知人伞系统质量为90kg,阻力特征为 $0.56\mathrm{m^2}$,计算人伞系统在5000m 高度上的极限速度。

14. 试编写降落伞拉直过程的工作程序,并画出回收物及降落伞的轨迹图及拉直力分布图。

15. 试编写降落伞充气过程的工作程序,并画出回收物的轨迹图及开伞动载分布图。

16. 简述尾流区速度分布的规律。降落伞如何克服尾流的影响?

第9章 降落伞设计及强度分析

9.1 降落伞结构设计

9.1.1 设计要求

设计任何一种用途的降落伞,原则上都应满足以下要求:

(1) 具有良好的开伞程序。在给定工作条件下,要保证降落伞系统正常开伞,工作可靠,强度足够。首要条件便是具有良好的开伞程序,要求降落伞全长拉直后,伞衣才开始充气。开伞程序设计是降落伞安全可靠的关键,要求设计人员有丰富的经验。

(2) 拉直力和开伞动载不得超过额定指标。如果不能满足要求,则需采用适当的方法加以处理。

(3) 下降稳定。对稳定性的要求是根据具体情况而定的,对于航弹伞要求比较高,对于人用伞、投物伞要求一般比较低。不同伞型稳定性有很大的区别,并且稳定性要求与阻力系数要求一般相矛盾,需要综合考虑。

(4) 着陆速度不得超过规定指标 根据对着陆速度的要求:

$$G_{xt} = \frac{1}{2}\rho_0 v_z^2 (C_s A_0 + C_w A_w)$$

可导出如下公式($\rho_0 = 1.225\text{kg/m}^3$):

$$A_0 = \frac{1.63 G_{xt}}{C_s v_z^2} - \frac{C_w}{C_s} A_w \qquad (9-1)$$

式中:$C_{xt} = G_w + G_s$ 为物伞系统重量,阻力系数 C_s 根据伞型、经验确定。

(5) 降落伞系统重量轻、体积小、包装与使用维护方便。要满足上述要求需要选择适当的材料、安全系数和设计合理的结构。

(6) 工艺性良好。

9.1.2 伞绳设计

增加伞绳数量能使伞衣进气口投影面积增加,从而提高伞衣的临界张满速度和阻力系数。但伞绳过多会形成"绳罩",阻碍气流流入伞衣,使临界张满速度下降;同时伞衣是近似流线形,反而使阻力系数减小,增加伞系统重量和体积。因此伞绳数量应该有个合适的范围。根据经验,一般对于几十平方米的大伞,伞绳在伞衣底边处的间距为 800 ~ 1250mm 为宜。对于平面圆形伞,伞绳数 n 也可按下式计算:

$$n = (2.5 \sim 3.9) D_0 \qquad (9-2)$$

平均可取:

$$n = 3.2 D_0$$

面积只有几平方米的小伞，为了保证伞形，伞绳在伞衣处的间距必须减小，常取

$$n = (6 \sim 15) D_0 \tag{9-3}$$

伞绳长度越长对阻力系数、稳定性、临界张满速度越有利，但同时会使伞系统重量、体积、成本增加。因此，设计时必须选取最佳值。目前以伞绳长度对阻力系数的影响作为选取伞绳长度的依据。图 9.1 为平面圆形伞不同伞绳长度对伞衣投影面积、阻力系数变化的影响。从图中可知，投影面积随着伞绳长度增加而增加，当伞绳长度增加到大于伞衣直径时，对伞衣投影面积的影响已很小，因而从增大阻力系数的角度来讲，伞绳长度与伞衣直径的最佳比值定为 1 或稍大于 1。

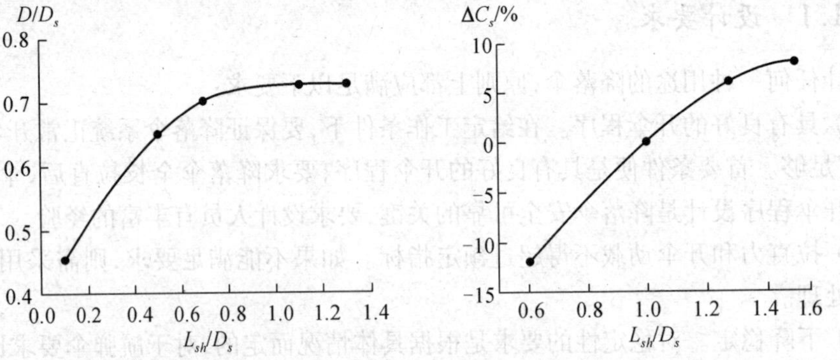

图 9.1 平面圆形伞伞绳长度对伞衣投影面积、阻力系数的影响

9.1.3 伞顶孔设计

对于大多数的圆形伞、导向面伞和带条伞等，由于制造工艺上要求，均开有伞顶孔，伞顶孔的大小对伞衣性能的影响，实质上就是伞衣结构透气量对伞衣性能的影响。伞顶孔增大能提高伞衣稳定性，减小开伞动载，但阻力系数下降，影响开伞性能。目前伞衣设计中，伞顶孔直径常在 $D_d = (0.04 \sim 0.1) D_0$ 范围内，对于伞衣性能影响较小。确定伞顶孔尺寸常常是从工艺上来考虑，例如伞顶孔的周长要保证径向加强带不会重叠；对于环帆伞设计，要调整伞项孔大小来调整整个伞衣的结构透气量，同时保证伞衣幅用料的经济性。

9.1.4 伞衣结构设计

当伞衣面积 A_0、伞顶孔直径 D_d、伞衣幅数 n 确定后，即可确定伞衣幅尺寸，现以平面圆形伞为例，见图 9.2。

(1) 伞衣幅的理论尺寸如下：

名义直径： $$D_0 = \sqrt{\frac{4A_0}{\pi}} \tag{9-4}$$

伞衣幅顶角： $$\beta = \frac{2\pi}{n} \tag{9-5}$$

伞衣幅下底长： $$a = D_0 \sin\frac{\beta}{2} \tag{9-6}$$

伞衣幅上底长： $$b = D_d \sin\frac{\beta}{2} \tag{9-7}$$

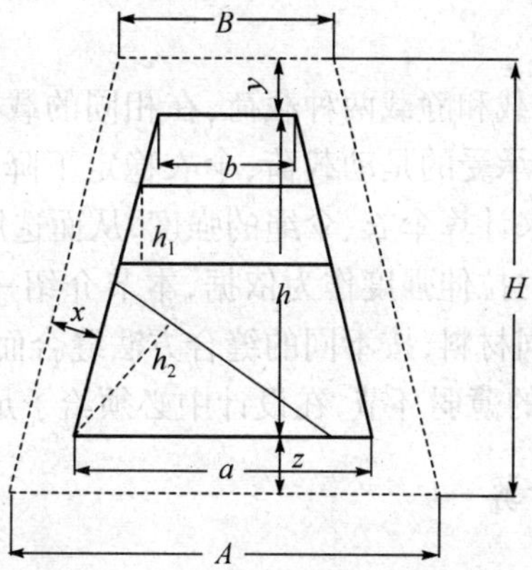

图 9.2　伞衣幅毛件尺寸

伞衣幅高：

$$h = \frac{D_0 - D_d}{2}\cos\frac{\beta}{2} \tag{9-8}$$

(2) 伞衣幅的毛件尺寸为：

伞衣幅下底长：

$$A = a + 2\left(\frac{x}{\cos\frac{\beta}{2}} + z\tan\frac{\beta}{2}\right) \tag{9-9}$$

伞衣幅上底长：

$$B = b + 2\left(\frac{x}{\cos\frac{\beta}{2}} - y\tan\frac{\beta}{2}\right) \tag{9-10}$$

伞衣幅高：

$$H = h + y + z \tag{9-11}$$

为了增加伞衣的强度及加工的方便，每一个伞衣幅均是楔形块或梯形块组成，伞衣幅各尺寸确定出来后，还要根据平面几何的原理确定各楔形块(或梯形块)的尺寸。在纺织材料布匹幅宽及伞衣幅尺寸的基础上，首先确定每一个楔形块(或梯形块)的高度(如图9.2中 h_1、h_2)，由此计算出每一块的具体尺寸。

9.2　降落伞的强度计算

降落伞强度计算的目的是在满足设计重量轻的条件下，使降落伞的各部件具有足够的强度。由于降落伞上各金属构件的强度计算方法与一般机械零件的强度计算方法相同，故不再叙述。本节仅介绍组成降落伞的主要织物件——伞衣、伞绳等的强度计算。

强度计算的过程首先是对织物中应力分布进行分析，确定伞衣和伞绳的最大应力，然后按强度条件校验其强度，因而强度计算的主要工作是确定降落伞主要受载部件的最大应力。

当降落伞工作时，伞衣表面受到流入空气的动量变化产生压力作用，使伞衣幅向外鼓起，织物的张力会沿径向和纬向传递到加强带上，又由加强带传递到伞衣底边的伞绳，并通过伞绳传递到物体上。

一般来讲，伞衣承受动载和静载两种载荷，在相同的载荷强度下，动载荷更易使材料破损。伞衣开伞过程，伞衣承受的是动载荷，伞衣稳定下降过程，承受的是静载荷。通常根据开伞过程的最大张力来计算伞衣、伞绳的强度，从而选用合适的材料。

校验强度通常以织物的拉伸强度作为依据，本节介绍一种常用的经验方法。降落伞各部件通常是由相同或不同材料，按不同的缝合方法缝合而成，由于缝合强度系数总是小于1，缝合部常成为降落伞的薄弱环节，在设计中必须给予足够重视。

9.2.1 伞衣强度计算

1. 确定伞衣最大应力

这种方法基于如下假设：

(1) 伞衣张满部分呈半球形，如图9.3所示。

(2) 内外压差沿张满部分的伞衣均布。

(3) 仅由张满部分的伞衣承受开伞动载。

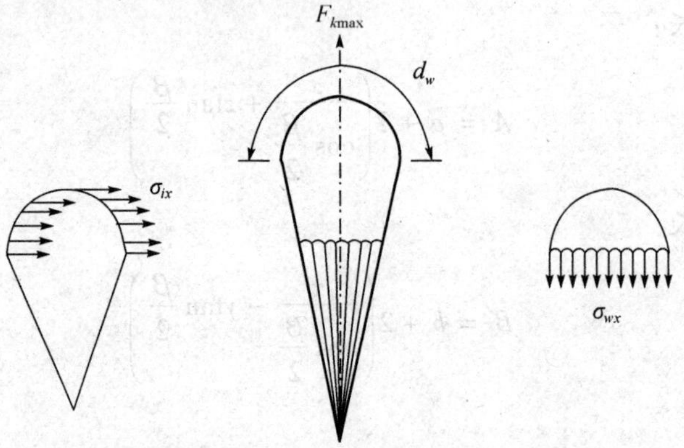

图9.3 伞衣应力图

根据以上假设，伞衣内外压差与开伞动载的关系可表示为

$$\Delta p = \frac{F_{k\max}}{\pi r^2} = \frac{F_{k\max}}{d_w^2/\pi} \tag{9-12}$$

式中：d_w 为最大开伞动载时，伞衣张满部分的展开直径，称为危险截面直径。

根据半球形的假设，张满部分伞衣径向截面内应力为

$$\sigma_{jx} = \frac{1}{2}\Delta pr = \frac{d_w}{2\pi}\Delta p$$

即

$$\sigma_{jx} = \frac{F_{k\max}}{2d_w} \tag{9-13}$$

在部分张满伞衣纬向截面上的应力与伞衣形式有关，对于平面型伞衣有

$$\sigma_{wx} = \frac{F_{k\max}}{\pi d_w} \tag{9-14}$$

由上式可明显看到：对于平面型伞衣，径向截面应力大于纬向截面应力，如果定义 A_w

为伞衣危险截面，则

$$A_w = \frac{\pi}{4} d_w^2 \tag{9-15}$$

则伞衣内应力也可表示为

$$\sigma_{jx} = \frac{1}{4}\sqrt{\frac{\pi}{A_w}} F_{k\max} \tag{9-16}$$

$$\sigma_{wx} = \frac{1}{2}\frac{F_{k\max}}{\sqrt{\pi A_w}} \tag{9-17}$$

2. 确定伞衣危险截面

伞衣危险截面即开伞动载为最大时伞衣张满部分的表面积。一般伞衣危险截面 A_w 由实验测定。如果没有实验资料，可通过经验方法求得 A_w 值。

对于伞衣单位面积载荷比较小的伞（简称大伞），最大开伞动载出现在充气前期，即 $A_w < A_0$；而对于伞衣单位面积载荷大的伞（简称小伞），最大开伞动载出现在张满期，即 $A_w = A_0$。因此可以将伞衣出现最大开伞动载的情况看成是一具小伞的充气情况，这具小伞的伞型、阻力系数和物体重量均与大伞相同，且在同样的拉直速度 v_L 下和大伞的最大开伞动载相同，则小伞的面积即认为是大伞的危险截面积。

计算步骤如下：

（1）对一伞衣面积为 A_0 的降落伞，根据最大开伞动载的经验公式（8-96）计算该伞的最大开伞动载 $F^*_{k\max}$。

（2）假设该伞的危险截面积为 A_{w1}，也可视为伞衣名义面积为 A_{w1} 的小伞。对于小伞，最大开伞动载可采用如下公式：

$$F'_{k\max} = \rho v_m^2 C_D A_{w1} = k_1 \rho v_L^2 C_D A_{w1}$$

所以

$$A_{w1} = \frac{F'_{k\max}}{k_1 \rho v_L^2 C_D} \tag{9-18}$$

式中：k_1 为修正系数，对于小伞，拉直速度和张满速度几乎相等，$k_1 \approx 1$。

对于无法确定大伞还是小伞的情况下，通常先假设 $k_1 = 0.5$，按式（9-18）算出第一个假设的危险载面积 A_{w1}。

（3）继续按式（8-96）计算伞衣面积为 A_{w1} 的最大开伞动载 $F^*_{k\max}$。此时，阻力系数仍采用 C_D，但着陆速度必须采用伞衣面积为 A_{w1} 时的着陆面积，即

$$v_{z1}^2 = v_z^2 \frac{A_0}{A_{w1}}$$

（4）如果计算出 $F^*_{k\max} = F'_{k\max}$，则说明上述假设的 A_{w1} 即为危险截面积。通常一次计算不能满足，则重新修正 k_1 值，新的修正系数 k_2 一般采用下式：

$$k_2 = \frac{F^*_{k\max}}{F'_{k\max}} k_1 \tag{9-19}$$

（5）再将 k_2 代入式（9-18），求出第二个假设的 A_{w2} 值，按 A_{w2} 值再求出 $F^*_{k\max}$，将其与 A_s 所得的实际最大开伞动载相比，若在误差范围内，则所得面积 A_{w2} 为实际的危险截面积。否则，重复上述步骤，直至满足误差范围为止。

3. 伞衣强度计算

在求得伞衣危险截面后,便可由式(9-16)、式(9-17)求得伞衣应力,经比较径向伞衣应力大于纬向伞衣应力。在求得伞衣应力后,可由下式校核伞衣强度:

$$\sigma_{jx} f_{sy} \leqslant P_{sy} \tag{9-20}$$

式中:P_{sy}为伞衣织物的断裂强度,伞衣安全系数f_{sy}取1.5~4.0。

4. 计算实例

现用平面圆形伞为例,来计算伞衣的强度。已知:伞衣面积$A_0=84\text{m}^2$,着陆速度$v_Z=5.18\text{m/s}$,阻力特征$(CA)_s=71.4\text{m}^2$,开伞高度$H=600\text{m}$(该高度上密度为1.156kg/m^3),最大开伞动载速度-加速度修正系数$k=0.01$、拉直速度$v_L=81.7\text{m/s}$,降落伞的阻力系数为$C_D=0.85$。

1) 伞衣危险截面的确定

按式(8-96)计算$F^*_{k\max}$:

$$F^*_{k\max} = \rho_0 v_z^2 (CA)_s \frac{kv_L^2 + \sqrt{A_0}}{k\dfrac{\rho_0 v_z^2}{\rho\Delta} + 2\sqrt{A_0}}$$

$$= 1.225 \times 26.89 \times 71.4 \times \frac{0.01 \times 6674.89 + 9.17}{0.01 \times \dfrac{26.89}{0.944} + 2 \times 9.17} = 9588.06(\text{N})$$

按式(9-18)计算危险截面积:

$$A_{w1} = \frac{F^*_{k\max}}{k_1 \rho v_L^2 C_D} = \frac{9588.06}{0.5 \times 1.156 \times 6674.89 \times 0.85} = 2.92(\text{m}^2)$$

按式(8-96)计算展开面积为A_{w1}的最大开伞动载:

$$v_{z1}^2 = v_z^2 \frac{A_0}{A_{w1}} = 26.89 \times \frac{84}{2.92} = 773.55$$

$$F^*_{k\max} = 1.225 \times 773.55 \times (0.85 \times 2.92) \times \frac{0.01 \times 6674.89 + 1.7}{0.01 \times \dfrac{773.55}{0.944} + 3.4} = 13884.97(\text{N})$$

按式(9-19)修正k_1:

$$k_2 = \frac{13884.91}{9588.06} \times 0.5 = 0.724$$

再按式(9-18)计算A_{w2}:

$$A_{w2} = \frac{9588.06}{0.724 \times 1.156 \times 6674.89 \times 0.85} = 2.018(\text{m}^2)$$

按式(8-96)计算展开面积为A_{w2}的最大开伞动载:

$$v_{z2}^2 = v_z^2 \frac{A_0}{A_{w2}} = 26.89 \times \frac{84}{2.018} = 1119.3$$

$$F^*_{k\max}(2) = 1.225 \times 1119.3 \times (0.85 \times 2.018) \times \frac{0.01 \times 6674.89 + 1.4}{0.01 \times \dfrac{1119.3}{0.944} + 2.8}$$

$$= 10935.4(\mathrm{N})$$

按式(9－19)继续修正 k_2：

$$k_3 = \frac{10935.4}{9588.06} \times 0.724 = 0.83$$

重复是述步骤，得：$A_{w2} = 1.76(\mathrm{m}^2)$，$v_{z2}^2 = 1283.4$，$F_{k\max}^*(3) = 9854.5(\mathrm{N})$

开伞动载误差为：$\varepsilon = \frac{9854.5 - 9588.06}{9588.06} = 2.78\%$

此时，开伞动载已经比较接近实际的 $F_{k\max}$，则伞衣危险截面积取 $1.76\mathrm{m}^2$。

2）计算伞衣织物应力

按式(9－16)计算 σ_{jx}：

$$\sigma_{jx} = \frac{1}{4}\sqrt{\frac{\pi}{A_w}}F_{k\max} = \frac{1}{4}\sqrt{\frac{\pi}{1.76}} * 9588.06 = 3148.35(\mathrm{N/m})$$

按式(9－17)计算 σ_{wx}：

$$\sigma_{wx} = \frac{1}{2}\frac{F_{k\max}}{\sqrt{\pi A_w}} = \frac{1}{2} \times \frac{9588.06}{2.35} = 1612.65(\mathrm{N/m})$$

9.2.2 伞衣孔口圈强度计算

伞衣孔口圈的受力状态与伞衣孔口的结构形式有关。伞衣孔口结构一般分为下列四种：

(1) 径向辐射加强件（伞绳或加强带）不通过孔口。

(2) 径向辐射加强件穿过孔口，其长度小于孔口直径。

(3) 径向辐射加强件穿过孔口，其长度与孔口直径相等。

(4) 径向辐射加强件穿过孔口，其长度大于孔口直径。

以上(1)，(4)两种孔口圈的受力状态基本相同，都是孔口圈受载较为严重的情况。下面就讨论这类结构形式孔口圈的强度计算方法。

如图 9.4 所示，伞衣充气后，孔口圈在辐射加强件的拉力作用下形成正多边形，正多边形边数等于辐射加强带数量，即伞衣幅数量。孔口圈的内力 F_d 与辐射加强件的拉力 T 的关系如下：

$$T = 2F_d\cos\left(\frac{\pi}{2} - \frac{\pi}{n}\right)$$

$$F_d = \frac{T}{2\sin\left(\frac{\pi}{n}\right)} \qquad (9-21)$$

式中：n 为伞衣幅数。

孔口圈张力 T 的分析如图 9.5 所示，取单根辐射加强件及其所附部分伞衣作受力分析，当开伞动载为最大值时，伞衣处于部分张满状态，在辐射加强件的顶端作用有载荷 T，下端则作用有伞绳张力 T_{sh}，假设伞衣张满部分呈半球形，则辐射加强件上半部分呈 1/4 圆弧，并假设系统的全部惯性载荷均可忽略不计，则辐射加强件两端的载荷关系可对圆弧中心 o 点取力矩平衡，得

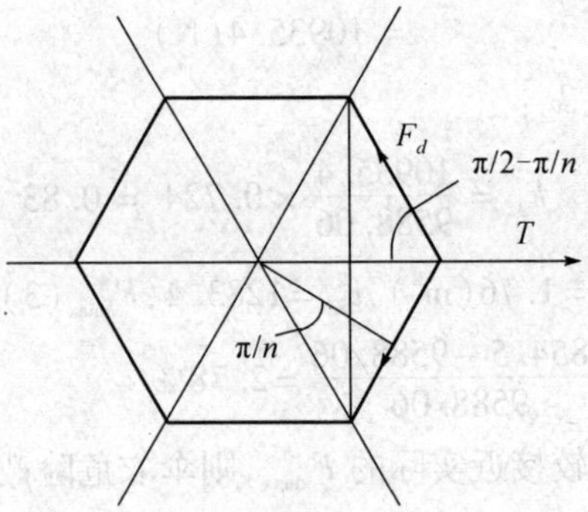

图 9.4　单根辐射加强件受力图

即　　　　$\sum M_o = 0$

则　　　　$T \times r = T_{sh} \times r \times \cos\alpha$

即　　　　$T = T_{sh}\cos\alpha$

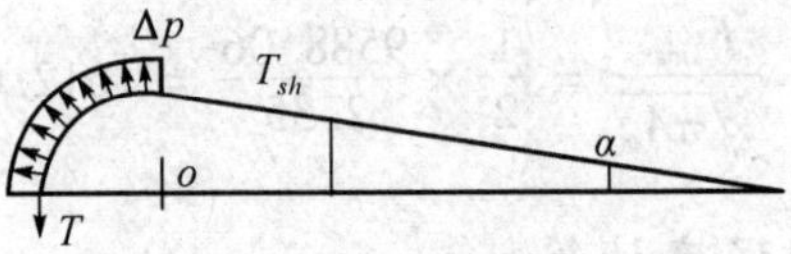

图 9.5　孔口圈张力计算分析图

上式中单根伞绳的张力：　　$T_{sh} = \dfrac{F_{k\max}}{n\cos\alpha}$

因此　　　　$T = \dfrac{F_{k\max}}{n}$

上式代入式(9－21)后，可得孔口圈内力为

$$F_d = \frac{F_{k\max}}{2n\sin\left(\dfrac{\pi}{n}\right)} \tag{9－22}$$

当伞绳数量趋于无穷大时，伞顶孔内力可简单表示为

$$F_d = \frac{F_{k\max}}{6} \tag{9－23}$$

伞顶孔强度校核条件可写成

$$F_d f_d \leqslant P_d \tag{9－24}$$

式中：P_d 为孔口圈结构的断裂强度；f_d 为孔口圈安全系数，取 1.5～3.0。

9.2.3　伞绳强度计算

降落伞工作过程中，伞绳在拉直和充气过程中，载荷较大。前者，全部伞绳几乎处在平行拉直状态，载荷为最大拉直力 $F_{L\max}$；后者，伞衣处于部分张满状态，伞绳与轴线间有一定的夹角，载荷为最大开伞动载 $F_{k\max}$。因此需要计算上述两种情况下的伞绳张力，取其大者进行校核。

对于拉直过程中每根伞绳的张力可简单表示为

$$T_{sh} = \frac{F_{L\max}}{nk_b} \tag{9-25}$$

式中：n 为伞绳数量；k_b 为伞绳不同时工作时的修正系数，通常取 0.667。

对于充气过程，设伞绳与伞轴线间夹角为 α，则每根伞绳的张力为

$$T_{sh} = \frac{F_{k\max}}{nk_b\cos\alpha} \tag{9-26}$$

伞衣充气过程中，α 是个变量，如果以完全张满时 α 角代入式(9-26)，则是偏于安全的，张满伞衣的几何关系如图 9.6 所示。

由图可知：　$\sin\alpha = (0.3 \sim 0.4)\dfrac{D_0}{L_{sh}}$

通常：　$L_{sh} = (0.8 \sim 1.2)D_0$

则可求出　$\sin\alpha = 0.33 \sim 0.375$

$\cos\alpha = 0.927 \sim 0.943$

取平均值 0.935 代入式(9-26)后得

$$T_{sh} = \frac{F_{k\max}}{0.935nk_b}$$

即

$$T_{sh} = \frac{1.6F_{k\max}}{n} \tag{9-27}$$

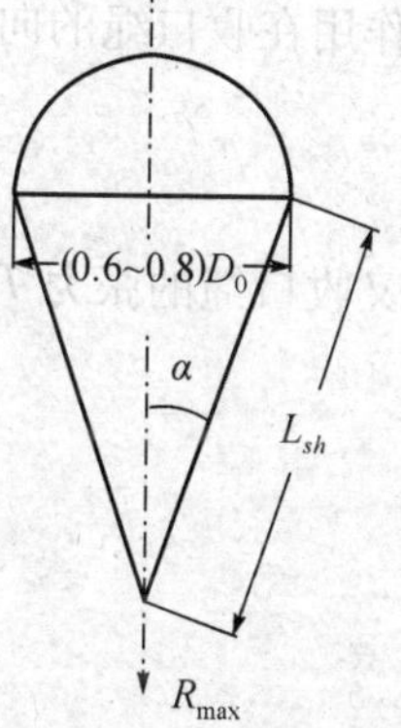

图 9.6　张满伞衣几何关系

求出单根伞绳的张力 T_{sh} 后，按下式进行强度校核：

$$T_{sh}f_{sh} \leqslant p_{sh} \tag{9-28}$$

式中：p_{sh} 为单根伞绳的断裂强度；f_{sh} 为伞绳的安全系数，一般取 1.5～4.0。

9.2.4　伞衣收口绳强度计算

伞衣收口绳受力状态下，伞衣张满情况如图 9.7 所示。假定伞衣张满部分呈半球形，未张满部分呈倒截锥体，伞绳与伞轴线的夹角为 α，伞衣未张满部分的径向带(加强带)与伞轴线之夹角为 β。则伞衣径向带的张力 T_1 为

由

$$nT_1\cos\beta = nT_{sh}\cos\alpha \tag{9-29}$$

又

$$F_k = nT_{sh}\cos\alpha$$

所以

$$T_1 = \frac{F_k}{n\cos\beta} \tag{9-30}$$

伞衣径向带的张力 T_1，在收口绳径向的向外(水平方向)分力为

$$nT_1\sin\beta = n\frac{F_k}{n\cos\beta}\sin\beta = F_k\tan\beta \tag{9-31}$$

伞绳张力在收口绳径向的向内分力为

$$nT_{sh}\sin\alpha = F_k\tan\alpha \tag{9-32}$$

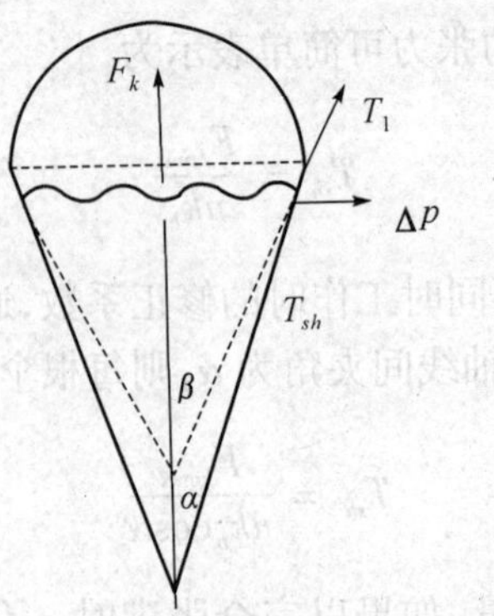

图 9.7　收口绳受力状态下伞衣张满图

作用在收口绳的向外载荷为

$$\Delta p = \frac{F_k \tan\beta - F_k \tan\alpha}{\pi D_{sk}} \tag{9-33}$$

又收口绳的张力 T_{sk} 与作用在收口绳上的对外载荷 Δp 有下述关系，见图 9.8。

$$T_{sk} = \Delta p D_{sk}/2$$

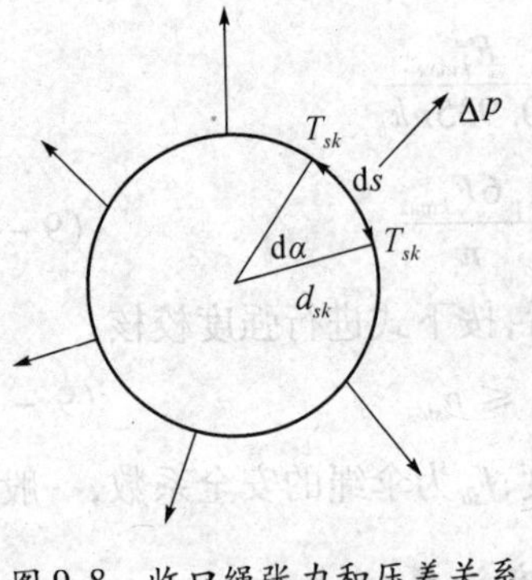

图 9.8　收口绳张力和压差关系

所以作用在收口绳的张力 T_{sk} 为

$$T_{sk} = \frac{F_k(\tan\beta - \tan\alpha)}{2\pi} \tag{9-34}$$

当 $F_k = F_{k\max}$ 时，T_{sk} 值为收口绳的最大张力。此时，强度校核公式为

$$T_{sk} f_{sk} \leqslant P_{sk} \tag{9-35}$$

式中：P_{sk} 为收口绳的断裂强度；f_{sk} 为收口绳的安全系数，一般取 2。

9.3　降落伞的设计步骤

降落伞设计一般包括：设计要求，设计任务分析，总体参数设计，部件结构尺寸确定，性能估算，部件强度计算，部件材料选择，重量和包装体积计算，透气量计算等步骤。不同伞型采用的模型不完全相同，但设计步骤基本相同。下面以圆形伞为例，介绍降落伞的一般设计步骤，其流程见图 9.9。

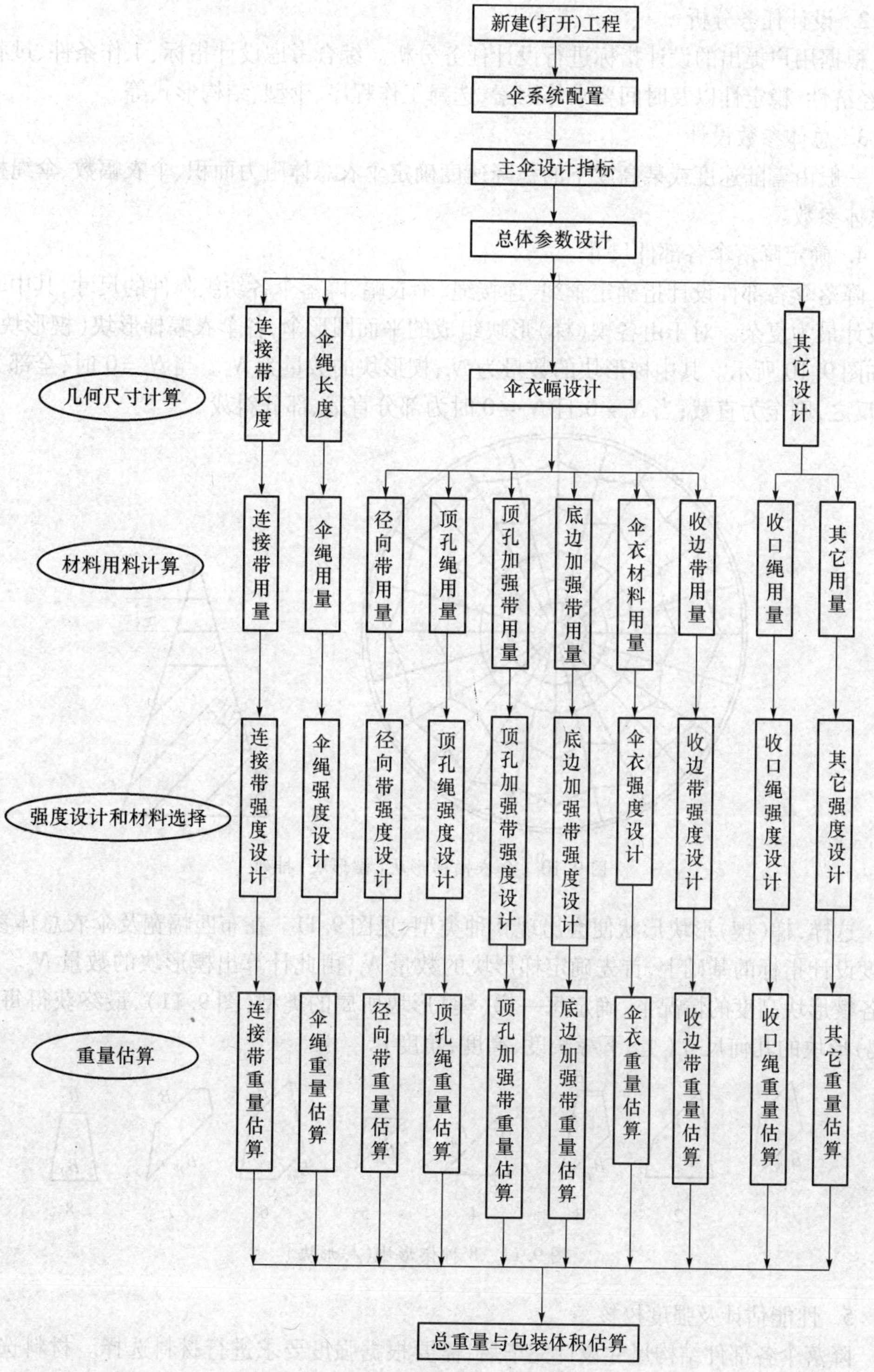

图 9.9 平面圆形伞设计流程

1. 设计要求

设计要求即用户提出的设计指标,一般包括过载要求、着陆速度要求,开伞条件等。

2. 设计任务分析

根据用户提出的设计指标进行设计任务分析。综合考虑设计指标、工作条件、过载限制、经济性、稳定性以及时间要求等因素，选择工作程序、伞型、结构形式等。

3. 总体参数设计

一般由着陆速度或某高度下的稳降速度确定伞衣总体阻力面积、伞衣幅数、伞绳根数等总体参数。

4. 确定降落伞各部件尺寸

降落伞各部件设计指确定伞绳、连接绳、伞衣幅、降落伞各纺织附件的尺寸，其中伞衣幅设计最为复杂。对于由各楔(梯)形块组成的平面圆形伞，各伞衣幅梯形块(楔形块)排列如图9.10所示。其中梯形块的数量为N_t，楔形块的数量为N_q。当$N_t=0$时，全部为斜裁，反之，则全为直裁；当$N_t\neq0$且$N_q\neq0$时为部分直裁、部分斜裁。

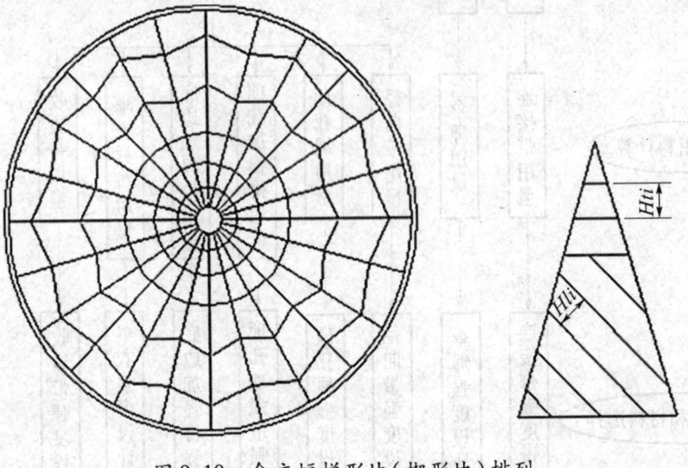

图9.10 伞衣幅梯形块(楔形块)排列

这样，梯(楔)形块形状便会出现8种类型，见图9.11。在布匹幅宽及伞衣总体参数、强度设计指标的基础上，首先确定梯形块的数量N_t，由此计算出楔形块的数量N_q。在确定各楔形块高度的情况下，确定每一梯(楔)形块所属的类型(图9.11)，最终获得每一梯(楔)形块的几何尺寸(上、下缘长度，高度，角度)。

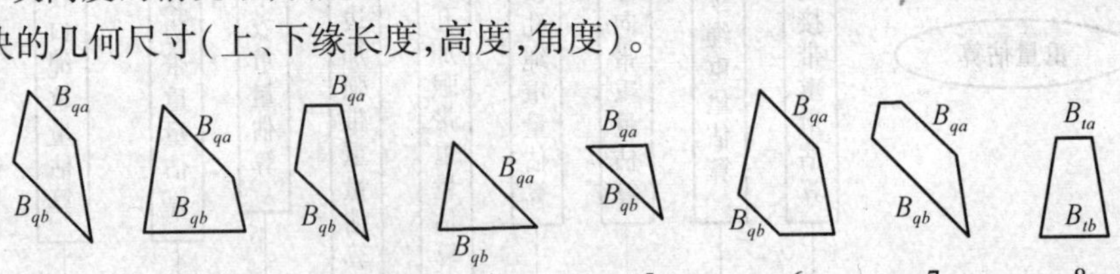

图9.11 8种楔形块(梯形块)

5. 性能估计及强度校核

降落伞各部件结构尺寸设计完毕后，需要根据强度要求进行材料选择。材料选择首先要获得各部件的工作载荷。降落伞工作时的载荷主要有开伞动载和拉直过程中的拉直力，可以采用经验法估算它们的最大载荷情况，也可以采用性能分析模型进行计算，以获得最大载荷情况。之后确定各部件的最大应力，进而选择各部件材料。

所估算的最大载荷必须满足用户的过载指标要求。

6. 各部件材料选择

由最大载荷情况，根据9.2节内容，来选择各部件的材料。

7. 重量和包装体积计算

材料、几何结构尺寸确定后，需要进行重量和包装体积的计算。

伞系统总重量：
$$M_s = (1 + K_m)\sum M_{si} \tag{9-36}$$

包装体积：
$$VOL = \frac{M_s}{K_{vol}} \tag{9-37}$$

式中：K_m、K_{vol}为调节变量，可依据经验调整。

8. 透气量计算

对于环帆伞等其他伞型，需要进行透气量的复算。透气量对于不同伞型，计算公式不同。

9.4 降落伞设计的主要问题及解决方法

1. 提高安全可靠性

降落伞不论何种用途，如救生伞，回收，表演等方面，首先必须安全可靠。一般从下面几个方面来保障安全可靠性：

(1) 设计良好的开伞程序，使各组件能可靠并顺利地工作。

(2) 克服尾流影响，使伞系统处于前置物体尾流区外，以使伞系统能正常工作。

(3) 防止伞系统各组件之间和人(物)、飞机、伞系统之间的钩挂、缠绕。如救生伞中引导伞开伞瞬间，飞行员一般处于翻滚姿态，引导伞容易与飞行员的肢体或身上装备钩挂。

(4) 防止伞绳抽打伞衣造成伞衣撕裂或灼伤。

2. 提高使用速度，减小最大开伞动载

随着降落伞使用速度不断提高，降落伞的开伞速度也相应增加。然而，高开伞速度使开伞动载增大，容易造成伞系统损伤，甚至失效。提高开伞速度而又不增加开伞动载，是降落伞设计的一个难点。目前，常采用以下措施改进：

(1) 改进伞衣结构，延缓充气时间以减小开伞动载。

(2) 改善开伞程序。

(3) 改进伞衣织物材料。

(4) 延迟开伞，如当降落伞采用稳定伞的开伞程序时，稳定伞的阻力通过主伞顶部吊绳，使主伞充气时间延长，改善充气性能。

(5) 采用减速伞或分级开伞。

3. 加快低空开伞速度，降低最低安全开伞高度

对于弹射救生而言，国内外大量实例表明，弹射救生失败多出现于低空。因此加快低空开伞速度、降低最低安全开伞高度也是降落伞设计的一个重要目标。目前常采用的措施有下列几种：

(1) 采用定力变长度或采用定力拉断中心绳。低速开伞时，动载小，中心绳不被拉断，中心绳可使伞衣充气速度加快；而高速时，中心绳拉断，开伞动载不会增加。

（2）采用伞衣底边强制撑开装置。在伞底边，沿周向增设有一定弹性又不影响包装的弹性胶棒或以火药为动力的底边展开枪，从而达到加速开伞的目的。

（3）采用快速拉直伞系统的开伞方式。例如采用射伞开伞方式可大大缩短拉直时间，从而减少开伞时间。

思考题与习题

1. 降落伞结构设计的一般要求有哪些？简述降落伞的一般设计步骤。

2. 装有中心绳的伞衣有哪些作用？

3. 简述降落伞危险截面积的概念。如何获得降落伞的危险截面积？

4. 已知某伞兵用伞，伞兵及武器的载荷重量95kg，若着陆速度不大于6.5m/s，试设计一平面圆形伞。若设计一锥形伞呢？（要求有各伞衣幅尺寸和楔形块尺寸）

第10章 翼伞理论

10.1 翼伞概述

最早具有滑翔性能的降落伞是德国人E·L·霍夫曼在1930年发明的“霍夫曼三角形伞”，其伞衣平面形状为三角形，切去一角形成一个大排气口，从而获得约1.3m/s的水平速度。1944年，富兰克·泰勒利用在普通的平面圆形伞衣上沿伞衣幅径向缝合部开两个半月形的“泰勒”缝，使普通的圆形伞衣获得一定的滑翔性能和可操纵性，这是第一个具有滑翔性能的圆形伞，这种滑翔伞在当时仅供一些特殊应用（如森林救护等）。直到20世纪50年代，航空跳伞运动的发展，要求性能更好的滑翔伞，使得在圆形伞衣上开各种不对称的排气口、缝，成为当时运动伞的基本形式。不过，这种通过切口来改变流出伞衣的气流方向从而获得反作用力，驱使伞衣产生滑翔运动所得到的升阻比，理论上最大只能达到1.0；实际上，由于伞衣的透气性等原因，最大却只能达到0.8左右。1964年法国的勒穆瓦涅发明了一种“勒穆瓦涅伞”，它是将圆形伞衣的伞顶用中心绳拉下一定高度，使充气后的伞衣更为扁平，并在伞衣前后开一系列帆状缝口，当空气流进这些缝口时产生一定的升力。这种伞衣在下降过程中可获得比下降速度稍大的前进速度，其升阻比达1.2。如果此前的降落伞设计主要是为了获得更大的阻力而没有考虑升力，那么勒穆瓦涅伞的设计开始考虑如何在降落伞上获得更大的升力。

20世纪60年代末美国在研制“双子星座”地球轨道飞船过程中提出用滑翔伞作为着陆手段。当时有一种名叫“陆伽罗”的风筝（它是陆伽罗在1945年发明的），由于它是一种柔性翼且具有很好的滑翔性能因而被美国NASA选中，作为“双子星座”着陆系统中的滑翔伞方案，进行了大量的试验研究，其结果设计了几种可供实用的龙骨式翼伞。除了全柔性单、双龙骨翼伞外，又出现了一种在矩形龙骨式翼伞的基础上发展而成的帆式翼伞。翼伞的出现改变了降落伞设计追求的目标，翼伞设计不仅要求获得更大的升力，还要尽可能减小翼伞的阻力。

在龙骨式翼伞研究的基础上，法国人D·C·贾必特在1954年发明了一种命名为parafoil的冲压式翼伞。冲压式翼伞的裁剪、缝制、充气加压和肋片成型都应用了流线形气球稳定面技术，下表面三角幅采用流线形气球悬垂幅。冲压式翼伞的出现推动了翼伞技术的新发展。由于这种伞有上、下二个翼面，上翼面主要承受气动力，而下翼面承受开伞冲击力。下翼面的局部破损不会引起整个翼伞气动性能破坏，比龙骨式翼伞具有更好的安全可靠性。同时，由于其良好的滑翔性，逐步替代圆形开缝伞成为体育比赛运动伞的主要伞型形式。随着冲压式翼伞在体育运动中的广泛应用，其结构形式、开伞控制等不断完善，在航天回收、返回和遥控精确空投等方面，已成为可控滑翔伞的主要伞形。

10.2 翼伞的典型结构

翼伞的分类主要有10.1节中介绍的龙骨式翼伞和冲压式翼伞两种，下面对其分别进行阐述。

10.2.1 冲压式翼伞

冲压式翼伞由伞衣、伞绳、操纵绳、稳定面、收口装置、吊带等组成。此外，为保证安全开伞，冲压式翼伞同样具有引导伞和伞衣套等展开控制部件。

1. 翼伞结构的基本参数

冲压式翼伞结构的基本参数（如图10.1所示）：

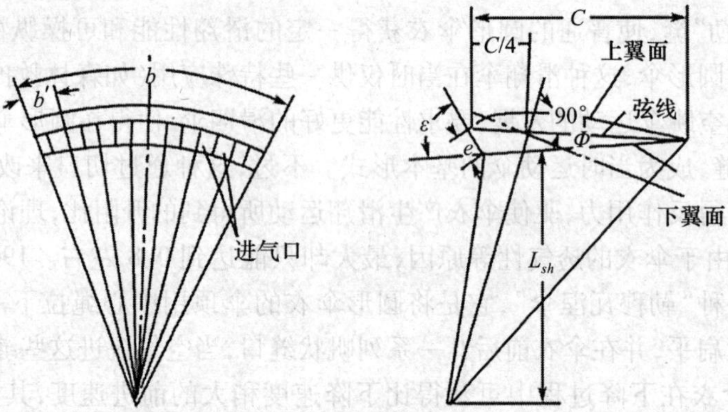

图10.1 翼伞基本结构参数

展长 b：在翼伞上表面距前缘150mm处，沿前缘方向测量，测量时施加25N张力所测得的尺寸。

弦长 c：翼剖面最前点和最后点间的直线距离。

展弦比 λ：$\lambda=\dfrac{b}{c}$，对矩形翼伞 $\lambda=\dfrac{b^2}{A_s}$，$A_s=bc$，其中 A_s 为翼伞伞衣面积；

安装角 ϕ：当翼伞作稳定滑翔时，翼剖面参考弦线与水平线的夹角。在物伞坐标系中为参考弦线与 ox_s 轴的夹角，此角是在设计时通过给予沿翼弦方向各伞绳不同长度而获得，一旦各伞绳长度确定后，安装角 ϕ 也就唯一确定了。

伞绳特征长度 L_{sh}：伞绳汇交点（或各伞绳延长线的交点）与下翼面的垂直距离。

切口角度 ε：前缘的切割线与下翼面上前后缘连线的夹角。

切口长度 e：前缘的切割线与上、下翼面交点间线段的长度。

气室宽度 b'：沿展长方向测量的气室的宽度。

2. 伞衣

冲压式翼伞伞衣（图10.2）由不透气的涂层织物制成上、下翼面，中间连有翼型的肋片。伞衣前缘开有切口，以便于空气进入形成气室。肋片上开有通气孔，便于各气室间空气流通，以保证伞衣迅速充气和各气室压力均匀。肋片分两种：一种下面连有伞绳，称为承载肋片，除了保证伞衣充气后具有一定翼形外，还将作用在上、下翼面上的气动力通过伞绳传递到吊带上;另一种仅连接上、下翼面使伞衣充气后保持翼形,称为非承载肋片或成形肋片。习惯上将两承载肋片间的气室看作一个气室,故一个气室含有两个“半气室”,通常用气室数量来命名冲压式翼伞。

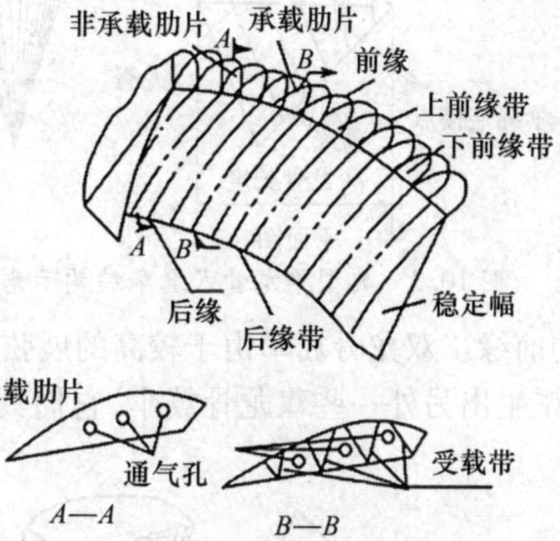

图 10.2 冲压式翼伞伞衣结构图

冲压式翼伞上下两翼面的构成有两种基本形式:

1) 弦向结构

构成上下两翼面的各幅是将织物的经线沿着弦长方向从前缘到后缘裁剪而成。

2) 展向结构

构成上、下两翼面的各幅是将织物的经线沿展长的方向从翼伞的一侧端到另一侧端裁剪而成。

冲压式翼伞出现至今,以其卓越的性能,应用范围不断扩大,结构也有了很大变化。例如最初翼伞的平面形状均为矩形,而目前高性能的冲压式翼伞已采用后半部为椭圆形的平面形状;翼剖面的最大厚度也从最初的17%下降到目前的12%,甚至更低;肋片形状也从最初的沿展向均相同,发展到沿展向不完全相同,中间肋片高,翼梢肋片低;切口内位置和大小也有新的形式出现,如中间开口、两侧翼梢进气口封闭等;最初规定伞绳的特征长度为展长的1.5倍,而目前已采用0.66甚至更小的数值作为设计参数。

10.2.2 龙骨式翼伞

1. 单龙骨式翼伞

伞衣由顶端向前,以短边作后缘的两个平面等腰三角形幅组合而成(图10.3),其连接边形成龙骨并成为对称中心线。顶端截去一部分并折进以形成一个翼型前缘。伞绳沿龙骨和两侧前缘安装。伞绳长度沿翼弦方向变化,其目的是使伞衣对飞行轨迹保持一定的迎角。在典型单龙骨翼伞基础上还派生出另外一些单龙骨翼伞,其变化主要体现在:头部截去量、前缘后掠角、伞衣上开孔或开缝,龙骨是否充气等方面有所不同。开孔或开缝的目的是为了减少开伞冲击力。

2. 双龙骨翼伞

伞衣由两个平面等腰三角形的侧幅和一个矩形或梯形的中幅组成(图10.4)。矩形中幅位于两等腰三角形侧幅之间,连接侧边形成两条相同的龙骨。矩形中幅的前缘收缩

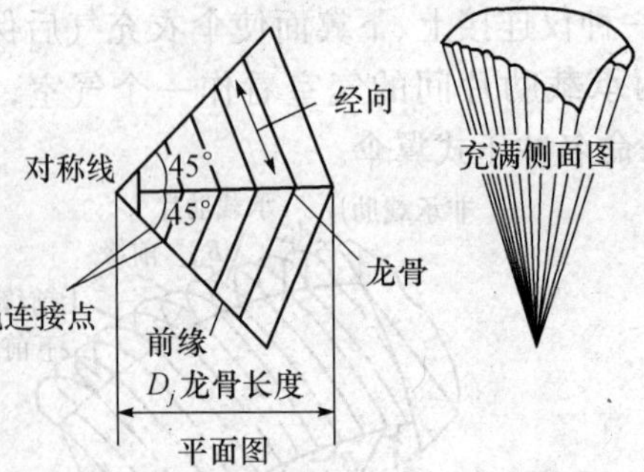

图 10.3　典型单龙骨式翼伞结构示意图

成圆形,形成类似机翼的前缘。双龙骨翼伞由于较高的展弦比,因而升阻比比单龙骨翼伞稍大。典型双龙骨翼伞派生出另外一些双龙骨翼伞,它们具有不同宽度的矩形中幅或不同形状的中幅。

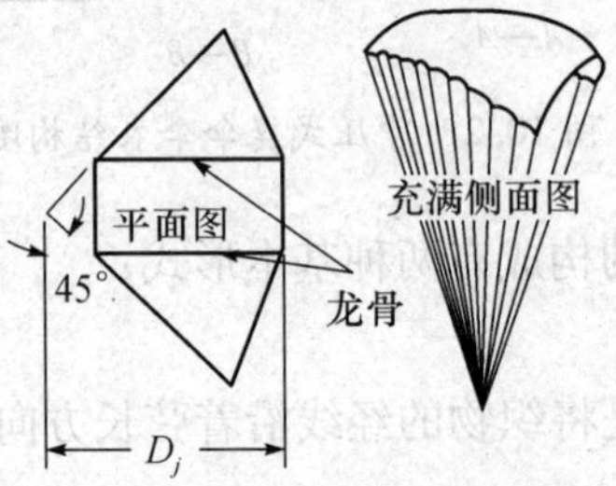

图 10.4　典型双龙骨式翼伞结构示意图

制造龙骨式翼伞伞衣的材料也是表面涂层或经碾轧处理的超低透气量尼龙绸。龙骨式翼伞是靠位于前缘和龙骨处的伞绳张力使伞衣张开后保持适当形状。在开伞过程中,伞绳上出现不能立即恢复的不均匀伸长,会引起伞衣的张开形状和气动性能变化。因此,用于龙骨式翼伞的伞绳材料,要求受载后的伸长小,可采用热拉伸处理过的涤纶绳作龙骨式翼伞的伞绳。

10.3　翼伞的气动力特性

冲压式翼伞较之龙骨式翼伞,应用范围较广,本节仅以冲压式翼伞为例,介绍翼伞的气动力特性。

10.3.1　流场分析

冲压式翼伞的翼剖面除前缘开有一个可充空气的切口外,其它与机翼的剖面相似。正是前缘切口改变了翼剖面的一些气动力特性。前缘开有切口的冲压式翼伞剖面的烟风洞流谱和压力分布示于图 10.5 和图 10.6,图中 α 为迎角。

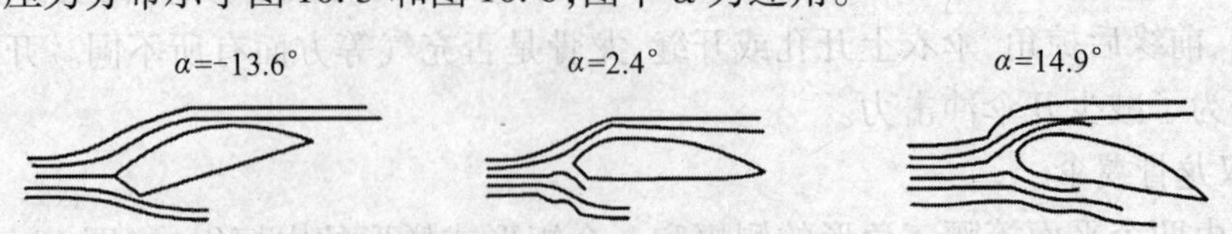

图 10.5　烟风洞获得的流谱图像

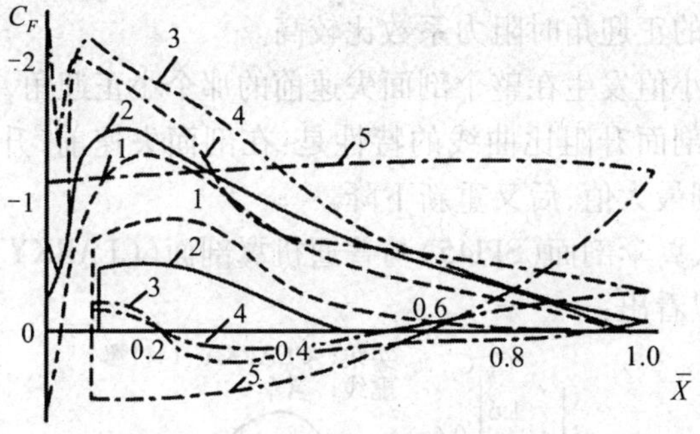

图 10.6 不同迎角下的压强分布曲线

1—$\alpha=-1.6°$;2—$\alpha=-2.4°$;3—$\alpha=-8.4°$;4—$\alpha=-12.4°$;5—$\alpha=-27.4°$。

从图 10.5、图 10.6 可以看出,剖面与机翼的翼剖面有所差别,特别是前缘附近差别较大。上表面为曲线,近似绕曲面流动;下表面为直线,近似绕平板流动。当迎角小于 0°时,上表面附体,下表面分离;迎角增加至约 2.4°时,上下表面均分离,但分离宽度最窄;继续增加迎角,下表面渐渐附体,上表面渐渐分离。在迎角从负值变到正的大迎角的过程中,上表面的流态变化极其复杂,发展过程包括附体、前缘气泡分离、后缘分离、前缘离体,是一种混合型分离过程。

10.3.2 升阻力曲线及升阻比

从图 10.6、图 10.7 可以得到翼伞剖面的升力曲线具有以下特点:

(1) 在一定迎角范围内升力与迎角基本呈线性关系。

(2) 剖面失速较早,大约 8.4°。以后升力开始下降。

(3) 失速后分离现象非常复杂,随迎角的增加,升力是先下降后再一次增加,形成另一个峰值。

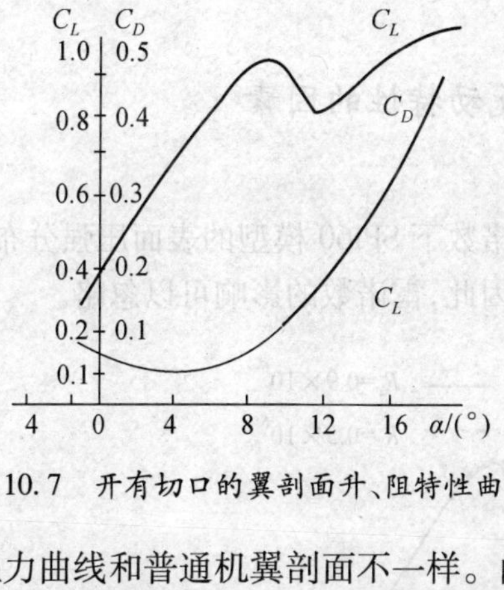

图 10.7 开有切口的翼剖面升、阻特性曲线

冲压式翼伞的翼剖面阻力曲线和普通机翼剖面不一样。由于在负迎角和小正迎角时下表面是分离的,尾流较宽,阻力系数较大。但在此范围内随着迎角的增加,上表面流动附体,下表面流动分离减弱,尾流变窄,阻力系数反而下降,并在上表面升力下降前的某个迎角下达到最小值。只有当正迎角较大,上表面后缘发生分离,并随着迎角的增加而加剧时,阻力系数才急剧增加。所以翼伞剖面阻力特性如下:

(1) 负迎角和小的正迎角时阻力系数比较高。

(2) 阻力系数最小值发生在整个剖面失速前的那个小正迎角,此时升力系数并不小。

(3) 冲压式翼伞剖面升阻比曲线的特性是:在剖面失速前,升阻比随迎角增大而增大,在失速前附近达到最大值,后又重新下降。

图 10.8 为冲压式翼伞剖面(SPI45)与普通机翼剖面(CLARKY-14)的升阻力特性实验值的比较,从中可以看出:

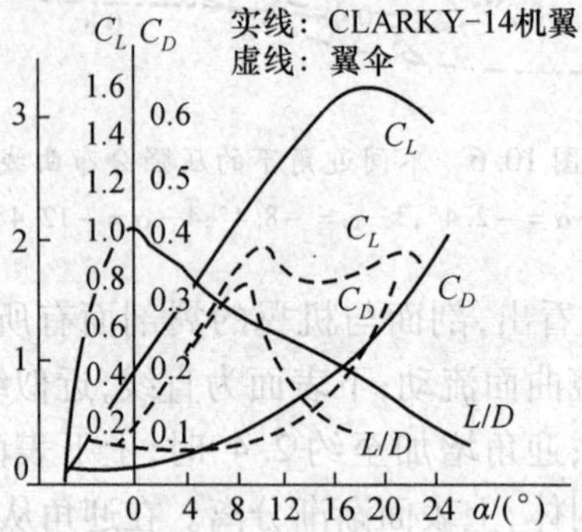

图 10.8 翼伞剖面与机翼的升阻力特性

(1) 冲压式翼伞剖面在小迎角下的升力线斜率与机翼剖面相近,但失速迎角和最大升力系数要低很多,而且失速后的升力曲线变化也明显不同。

(2) 冲压式翼伞剖面的最小阻力系数要比机翼剖面大一倍以上。

(3) 冲压式翼伞剖面的最小阻力系数和最大升阻比均发生在中等升力系数(大约 0.8)上,在此升力系数下升阻比并不算太低。

可见,冲压式翼伞剖面的升阻特性虽不如普通机翼剖面,如最小阻力系数大和最大升力系数小,但升力曲线斜率和中等升力系数下的升阻比仍不算低,对翼伞的实用性很有意义。

10.3.3 影响二维气动特性的因素

1. 雷诺数

图 10.9 给出了不同雷诺数下 SPI60 模型的表面压强分布曲线,虽然雷诺数相差一倍左右,但曲线无明显差别。因此,雷诺数的影响可以忽略。

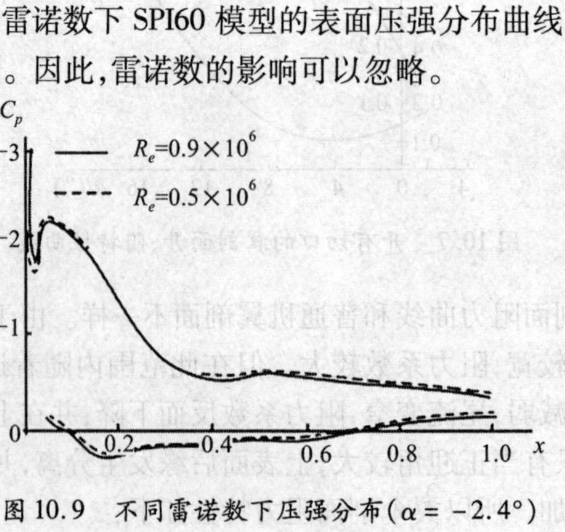

图 10.9 不同雷诺数下压强分布($\alpha = -2.4°$)

2. 切口角度 ε

图 10.10 为不同切口角度的压强分布试验结果。可见切口角度对下表面的压强分布有所影响,但对上表面的压强分布基本无影响。所以切口角度对升阻力曲线和升阻比不会有很大的影响。

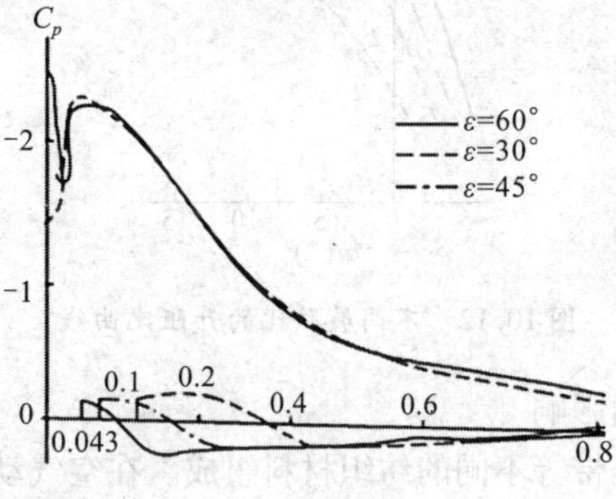

图 10.10 不同 ε 时压强分布($\alpha=-8.4°$)

3. 切口高度的影响

图 10.11 为不同切口高度时的实验结果。可见,切口高度对升阻力特性有极明显的影响。小切口时最大升力系数大,升力曲线斜率高,最小阻力系数小。大切口正相反。这是因为小切口的绕流情况较好,总压损失较小。

较小的切口角度、切口高度有利于提高翼伞的升阻比;但过低的切口角度、高度对翼伞充气性能又是不利的。

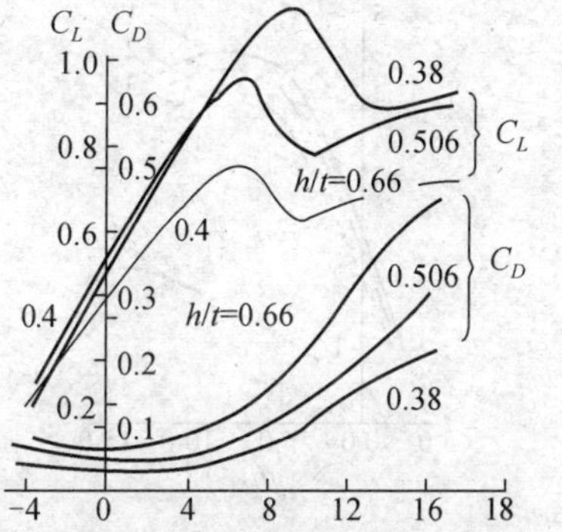

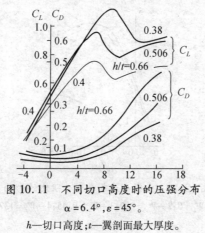

图 10.11 不同切口高度时的压强分布

$\alpha=6.4°$,$\varepsilon=45°$。

h—切口高度;t—翼剖面最大厚度。

10.3.4 影响升阻比的各种因素

1. 展弦比的影响

按机翼理论,展弦比越大,其气动特性更接近于二维翼型。对于一定迎角,会使升力曲线斜率增加,从而升力系数增加;同时会使诱导阻力系数减小,升阻比增加。图 10.12 为不同展弦比的升阻比曲线。不过,由于展弦比增加,也会使伞绳数量增加,引起附加阻力增加。

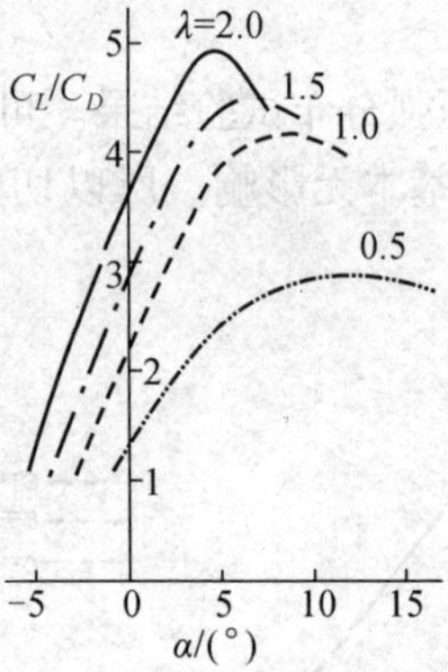

图 10.12 不同展弦比的升阻比曲线

2. 翼伞表面"鼓包"的影响

翼伞表面由伞衣、加强带等不同的纺织材料组成。在空气动力载荷、吊挂负荷及翼伞内腔气压的共同作用下,翼伞表面会产生凸起的"鼓包",翼伞刚性越差,"鼓包"越明显。"鼓包"一方面使翼伞的实际展长减小,另一方面使上翼面的流动过程更加复杂,边界分离加剧。因此,"鼓包"高度越高,升阻比越小。

3. 翼伞材料透气量的影响

冲压式翼伞在飞行时,内腔压力将高于上、下翼面的静压。如果伞衣材料的透气量增加,将会使内腔泄压而减弱翼伞的刚性;另一方面,透过表面的气流会破坏边界层的附着力,促使分离,从而降低翼伞的升阻力特性,见图 10.13。

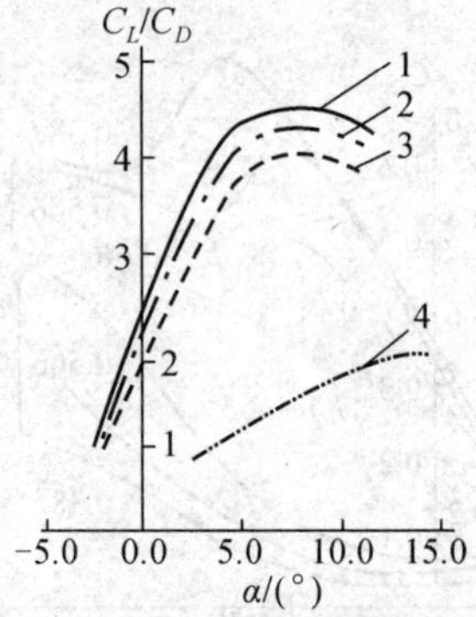

图 10.13 上翼面透气量对升阻比的影响

1—$W_z=0$;2—$W_z=2.9$;3—$W_z=9.45$;4—$W_z=137$。

4. 展向弯度(下反角)的影响

冲压式翼伞的展向弯度又称为下反角,见图 10.14 中的 β 角。当展向弯度(或下反角)增加时,气动力在展向上的分力增加,而在垂直方向上的分量减小。展向分量增加,增加了翼伞展向上的抗压能力,即增加了翼伞的刚性;垂直方向上的分量减小,就会减小升力。由此可知,展向弯度增加,其升阻比减小,但伞衣刚性增加。

5. 伞绳长度的影响

伞强长度增加,下反角减小,翼面变平,翼伞伞衣面的升阻比增加;但伞绳长度增加,又会造成伞绳阻力增加。因此,对于整个翼伞系统来讲,翼伞伞绳长度有个最佳值。

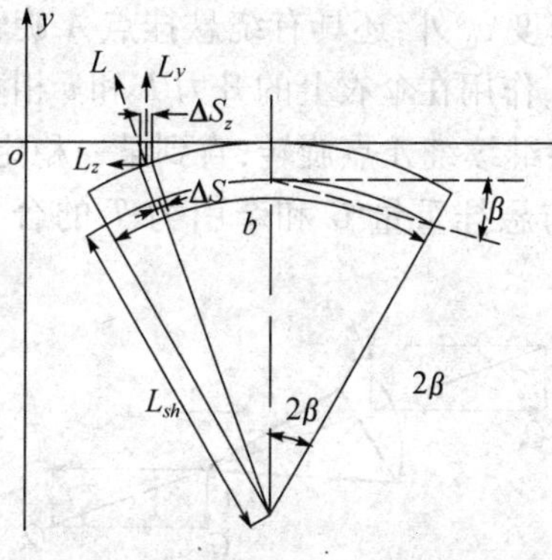

图 10.14　有展向弯曲时气动力示意图

图 10.15为翼伞升阻比和伞绳长度的变化关系，一般来说，伞绳与展长之比在 0.8 左右较好。

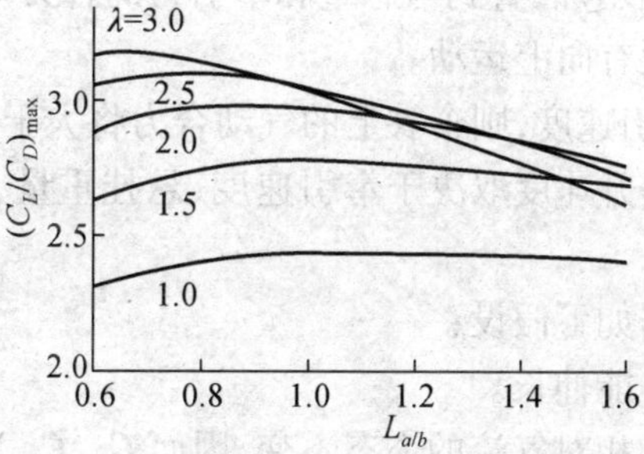

图 10.15　升阻比随伞绳长度的变化关系

10.4　翼伞的工作过程

翼伞的工作过程主要分为三个阶段：牵引升空过程、稳定滑翔过程、减速雀降过程。本节将以冲压式翼伞为例来分析其工作过程。

10.4.1　翼伞的牵引升空过程

牵引升空过程可分三个阶段。

第一阶段：为伞衣充气并绕牵引点旋转到某一稳定位置。当牵引绳牵动伞衣前进时，伞衣边缘展开充气，此时流进伞衣的气流由于伞衣的安装角作用而向下流动，气流的反推力使伞衣绕伞绳悬挂点 A 旋转，见图 10.16 和图 10.17。

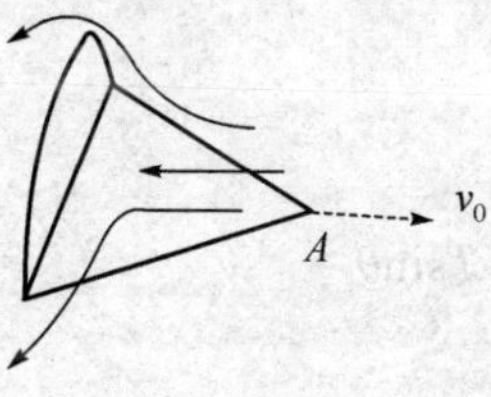

图 10.16　伞衣流场示意图

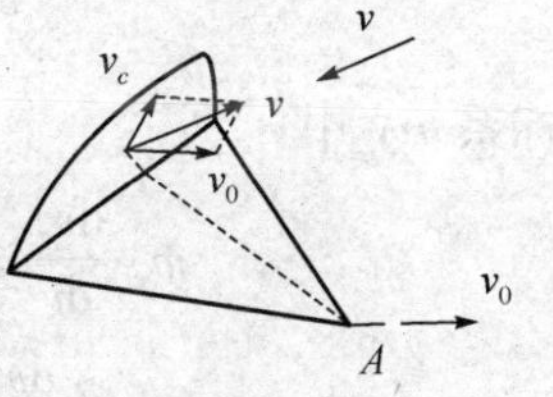

图 10.17　伞衣的旋转运动

伞衣除具有向前的牵引速度 v_0 外，还具有绕悬挂点 A 旋转的速度 v_c，其合速度为 v，因此气流相对伞衣的速度为 v，作用在伞衣上的升力 L 和 v 相垂直，而阻力 Q_s 与 v 方向一致。在升力 L 的作用下伞衣将继续绕 A 点旋转，直到某一稳定位置，见图 10.18。此时升力 L 和阻力 Q_s 的合力 R 将与悬挂重量 G 和牵引力 T 的合力 Q 在同一直线上而方向相反。

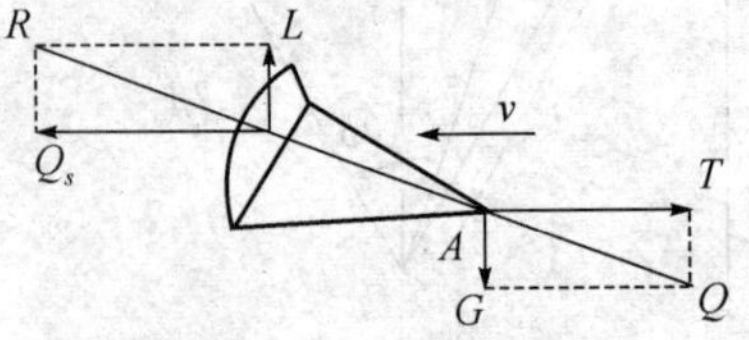

图 10.18　伞系统受力图

第二阶段：伞衣保持前一阶段的姿态被继续牵引前进；随着牵引速度的增加，作用在伞衣上的气动合力 R 也不断增加，直到与悬重和牵引力的合力 Q 相等为止。在此以前物伞系统仅是沿地面滑动而没有向上运动。

第三阶段：继续增加牵引速度，则伞衣上的气动合力将大于合力 Q。于是伞衣便将悬挂物向上提升。悬挂物的提升速度取决于牵引速度、悬挂重量、牵引绳的长度、重量和牵引绳的角度等因素。

在推导运动方程时先作如下假设：

（1）牵引绳无质量且不能伸长。

（2）牵引升空过程中伞相对气流的姿态不变，因而 C_D、C_L 为常数。

（3）牵引升空过程是在垂直平面内进行。

（4）牵引车迎风作水平直线匀速运动，即 v_0 为常量。

（5）物伞系统为质量为 m_{xt} 的单质点。

图 10.19 是牵引升空示意图，坐标系 $o'x'y'$ 固定在牵引车上随牵引车一起运动。坐标系 oxy 为地面坐标系。

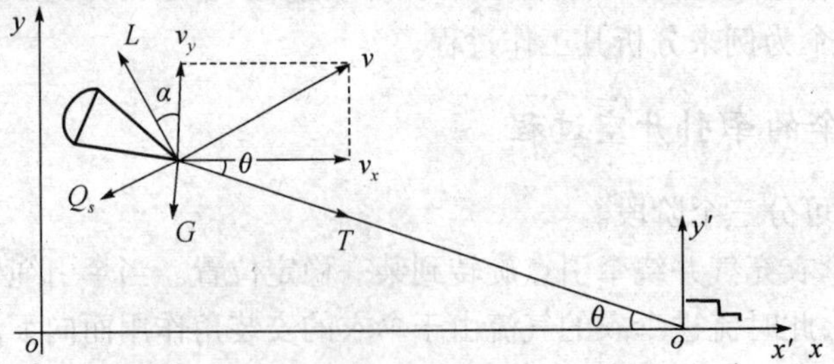

图 10.19　牵引升空示意图

在坐标系 oxy 中：

$$m_{xt}\frac{\mathrm{d}v_y}{\mathrm{d}t} = L\cos\alpha - Q_s\sin\alpha - G - T\sin\theta \tag{10-1}$$

$$m_{xt}\frac{\mathrm{d}v_x}{\mathrm{d}t} = T\cos\theta - Q_s\cos\alpha - L\sin\alpha \tag{10-2}$$

在坐标系 $o'x'y'$ 中：

$$\Delta y' = l[\sin(\theta' + \Delta\theta') - \sin\theta']$$

$$v_{y'} = \lim_{\Delta t \to 0} \frac{\Delta y'}{\Delta t} = l(\sin\theta')\frac{d\theta'}{dt} = l\cos\theta'\frac{d\theta'}{dt}$$

同样可得

$$v_{x'} = -l\sin\theta'\frac{d\theta'}{dt}$$

所以 $\frac{v_{x'}}{v_{y'}} = -\tan\theta$

转换到 oxy 坐标系中：

$$v_x = v_0 + v_{x'} = v_0 + v_{y'}\tan\theta'$$

因为牵引车沿 x 轴作直线匀速运动，因此：

$$\theta = \theta', v_{y'} = v_y$$

$$v_x = v_0 + v_y\tan\theta \tag{10-3}$$

以上各式中：

$$L = \frac{1}{2}\rho v^2 C_L A, Q_s = \frac{1}{2}\rho v^2 C_D A$$

$$G_{xt} = m_{xt}g, v = \sqrt{v_x^2 + v_y^2}$$

$$\alpha = \arctan\frac{v_y}{v_x}, \theta = \arcsin\frac{H}{l}$$

利用初始条件 $t=0$ 时：

$$\boldsymbol{v}_x = \boldsymbol{v}_0 + \boldsymbol{w}\text{（}\boldsymbol{w}\text{ 为地面风速）}$$

$$\boldsymbol{v}_y = 0; H = 0; \theta = 0$$

求解常微分方程组得牵引升空的速度 $\boldsymbol{v}_y$、牵引高度 H 和牵引力 T。

10.4.2 翼伞的滑翔性能

1. 运动方程

牵引升空结束后，便进入滑翔运动阶段，为建立翼伞—载荷系统的运动方程，首先对翼伞系统作如下假设：

(1) 翼伞系统仅在纵向对称平面（垂直平面）内运动，即 $v_z=0, w_x=0, w_y=0$。

(2) 翼伞系统是个双质点系统。

(3) 翼伞的质心位于翼弦面上，并与压力中心重合，其位置在运动过程中保持不变。

(4) 物体压力中心与其质心重合，其升力不予考虑。

(5) 物、伞两者之间为刚性连接，系统质心相对物、伞的距离保持不变。

(6) 翼伞的气动力仅与瞬时迎角和瞬时速度有关，加速度对气动力的影响忽略不计。

翼伞—物体系统受力情况如图 10.20 所示。则系统纵向对称平面内的控制方程可以简化为

$$\begin{bmatrix} F_x \\ F_y \end{bmatrix} = m\left(\frac{d}{dt}\begin{bmatrix} v_x \\ v_y \end{bmatrix} + \begin{bmatrix} 0 & -\omega_z \\ \omega_z & 0 \end{bmatrix}\begin{bmatrix} v_x \\ v_y \end{bmatrix}\right) \tag{10-4}$$

$$M_z = I_z \frac{d\omega_z}{dt} \tag{10-5}$$

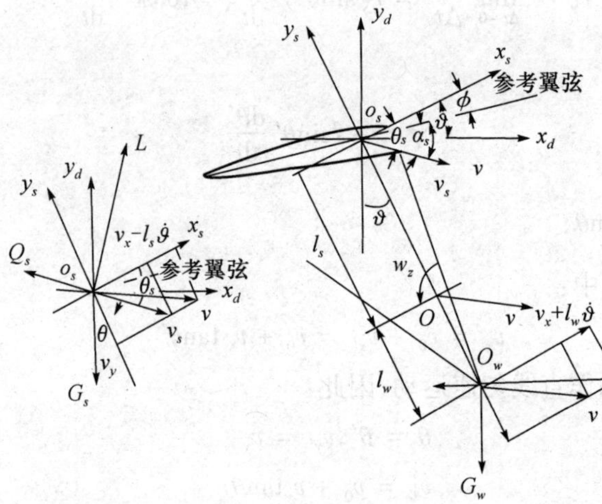

图 10.20　翼伞系统纵向对称平面示意图

式中:

$$F_x = L\sin\theta_s - Q_s\cos\theta_s - Q_w\cos\theta_w - (G_s + G_w)\sin\vartheta$$

$$F_y = L\cos\theta_s + Q_s\sin\theta_s + Q_w\sin\theta_w - (G_s + G_w)\cos\vartheta$$

$$M_z = M_0 + l_s(Q_s\cos\theta_s - L\sin\theta_s) - l_w Q_w\cos\theta_w - (G_s l_s - G_w l_w)\sin\vartheta$$

$$m = m_s + m_w$$

$$I_z = I_s + I_w + m_s l_s^2 + m_w l_w^2$$

$$\theta_s = \arctan\frac{-v_y}{v_x - \dot{\vartheta} l_s}$$

$$\theta_w = \arctan\frac{-v_y}{v_x + \dot{\vartheta} l_w}$$

$$v_s = \sqrt{(v_x - \dot{\vartheta} l_s)^2 + v_y^2}$$

$$v_w = \sqrt{(v_x + \dot{\vartheta} l_w)^2 + v_y^2}$$

$$\alpha_s = \theta_s - \phi$$

由于上面这些公式是相对于物伞坐标系的,要转换到地面坐标系下应采用如下坐标转换矩阵:

$$\begin{bmatrix} v_{xd} \\ v_{yd} \end{bmatrix} = \begin{bmatrix} \cos\vartheta & -\sin\vartheta \\ \sin\vartheta & \cos\vartheta \end{bmatrix} \begin{bmatrix} v_x \\ v_y \end{bmatrix}$$

2. 稳定滑翔轨迹

翼伞—载荷系统随着姿态、速度的变化,便很快进入稳定滑翔阶段(图 10.21)。

在稳定运动时,由于系统的加速度为 0,且系统没有转动,因此伞坐标系和地面坐标系重合。系统的轨迹倾角 $\theta_{xt} = \theta_s = \theta_w$,此轨迹倾角即为滑翔角,其受力如图 10.21 所示。

据此 oz_d 轴与 oz_s 轴重合，翼伞在空中的运动就变成三自由度的平面运动。

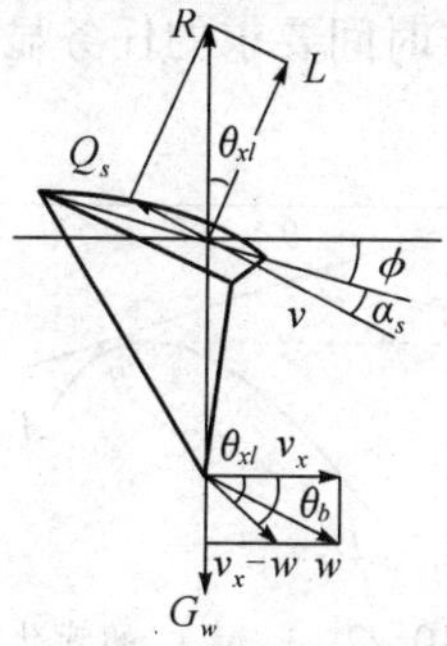

图 10.21 稳定滑翔阶段受力图

如图 10.21 所示，在稳定情况下，翼伞的控制方程如下：

$$L\sin\theta_{xt} - (Q_s + Q_w)\cos\theta_{xt} = 0 \tag{10-6}$$

$$L\cos\theta_{xt} + (Q_s + Q_w)\sin\theta_{xt} - (G_s + G_w) = 0 \tag{10-7}$$

由式(10-6)得

$$Q_s + Q_w = L\frac{\sin\theta_{xt}}{\cos\theta_{xt}} \tag{10-8}$$

将式(10-8)代入式(10-7)得

$$L = (G_s + G_w)\cos\theta_{xt} \tag{10-9}$$

由此得

$$v = \sqrt{\frac{2(G_s + G_w)\cos\theta_{xt}}{\rho C_L A_s}} \tag{10-10}$$

由图 10.18 可见：

$$\frac{v_x}{v_y} = \frac{v\cos\theta_{xt}}{v\sin\theta_{xt}} = \cot\theta_{xt} = \frac{L}{Q_s + Q_w} = \frac{C_L}{C_{Ds} + C_{Dw}} = K \tag{10-11}$$

式中：K 为滑翔比，上式关系说明滑翔比也为升阻比。当系统的升阻比确定后，稳定滑翔的轨迹角即是与高度无关的常数。滑翔轨迹是一条直线。因此水平滑翔距离可按开始滑翔高度求得：

$$x = h_0\cot\theta_{xt} \tag{10-12}$$

则滑翔总时间为：$t_n = \sum_{i=1}^{n}\frac{\Delta h_i}{v_{yi}}$

3. 滑翔性能

如图 10.21 所示，在稳定滑翔时：$\theta_{xt} = \alpha_s + \phi$。

通过求解滑翔运动的控制方程，可以得到稳定滑翔不同升高阻比下时 v_x 随 v_y 的变化曲线，见图 10.22。曲线上依次由 $A-B-C-D$ 点反映了平衡迎角不断增加时，滑翔比的变化。A、D 两点分别代表最小、最大设计迎角。在 A、D 两点之间，通过改变安装角 ϕ 或使后缘偏转等方法来调整滑翔比。B、C 为两个特性点，B 为相切点，为最大滑翔比点，所对应的升阻比最大。一般情况下，翼伞系统的设计应选在这个位置，因为这个位置意味着滑翔轨迹有最大的水平速度。C 点为最小下沉速度点，即用 C 点的迎角滑翔，可获得最大的留空时间。这点对于某些有留空时间要求的任务显然是很有意义的。

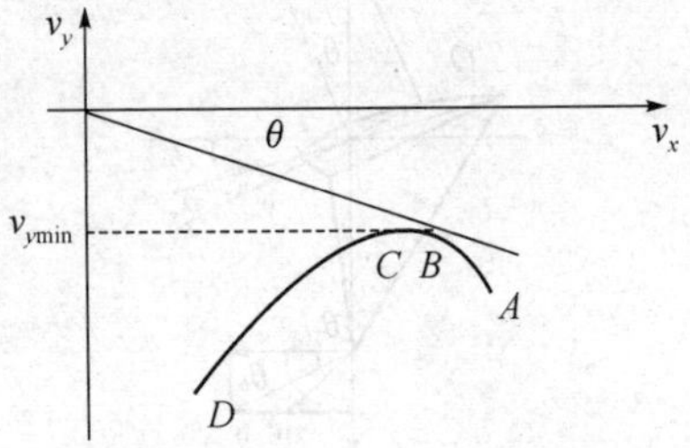

图 10.22　v_x 随 v_y 的变化曲线

10.4.3　翼伞的减速雀降过程

1. 减速性能

冲压式翼伞可以通过同时拉下两根操纵绳来实现减速，减速的大小和操纵行程有关。如果以达到失速前（但未失速）的行程作为全行程，通常对人用翼伞，当拉下 25% 的全行程时，翼伞可获得最小的垂直下降速度而前进速度并不减小，此时可得到最大的滑翔距离。当拉下 50% 的全行程时，前进速度将是全滑翔时的 1/2，而下降速度也比全滑翔时稍小。当拉下全行程时（未失速），下降速度和前进速度均将减到最小值。如果不拉操纵绳，而是拉下前吊带，则由于翼伞迎角减小，伞衣会以比全滑翔时更大的前进速度和下降速度滑翔。

2. 雀降性能

1）失速和动力失速

当拉下翼伞的操纵绳达到全行程后再继续拉下一些，此时翼伞的前进速度突然消失而垂直下降，速度将会从最小值而迅速增大到某一极值，伞衣产生摆动，这一状态称为失速。这是因为翼伞后缘弯曲到一定程度后，上翼面的气流完全分离、升力突然消失和阻力迅速增加到某值所致，退出失速状态的方法是将操纵绳缓缓放回。

如果突然拉下操纵绳，在伞衣上引起一个突加的阻力使伞衣迅速减速，而此时伞衣下面的物体由于惯性仍向前运动，结果使翼伞的迎角增大。此新的迎角先在很短的时间内产生很大的升力，接着升力突然消失或伞衣由于失去前进速度而失速，这种状态称为动力失速。

2）雀降

雀降是翼伞的一种重要性能。当翼伞以滑翔状态接近地面时，如果以较快的速度将两操纵绳同时拉下，在很短的时间内翼伞的前进速度和垂直着陆速度将会先迅速减小到极小值（接近零）。如果开始操纵的高度选择适当，使落地时的速度正好达到极小值，此种操纵着陆便称为雀降着陆。

雀降在本质上是一种小心操纵的动力失速。当较快拉下操纵绳时伞衣的气动外形发生变化，升力系数和阻力系数迅速增大（在失速前），但由于惯性，物伞系统的速度仍然很大，很大的速度和很大的升、阻力系数会在伞衣上产生很大的升力和阻力，结果使伞衣迅速减速直到新的稳定平衡状态为止。

3. 减速雀降运动分析

在推导运动方程时先作如下假设：

(1) 物伞系统看成为质量集中在质心处的质点。

(2) 不考虑雀降过程中绕质心处的旋转。

(3) 雀降开始前，系统作稳定滑翔，没有受到干扰。

(4) 雀降过程中，系统的对称面始终在铅垂平面内。

(5) 不考虑物体的气动力。

图 10.23 为雀降过程中系统分析图，据图示，轨迹角 θ 为负值。在航迹坐标系下，建立系统运动方程如下：

$$m_{xt}\frac{\mathrm{d}v}{\mathrm{d}t}=-Q_s-m_{xt}g\sin\theta \quad (10-13)$$

$$m_{xt}v\frac{\mathrm{d}\theta}{\mathrm{d}t}=L-m_{xt}g\cos\theta \quad (10-14)$$

将阻力计算公式、升力计算公式代入式(10-13)和式(10-14)，可得

$$\frac{\mathrm{d}v}{\mathrm{d}t}=-g\sin\theta-\frac{\rho}{2m_{xt}}v^2C_D(t)A_s \quad (10-15)$$

$$\frac{\mathrm{d}\theta}{\mathrm{d}t}=-\frac{g\cos\theta}{v}+\frac{\rho}{2m_{xt}}v^2C_L(t)A_s \quad (10-16)$$

求解常微分方程组可得雀降过程的运动规律。

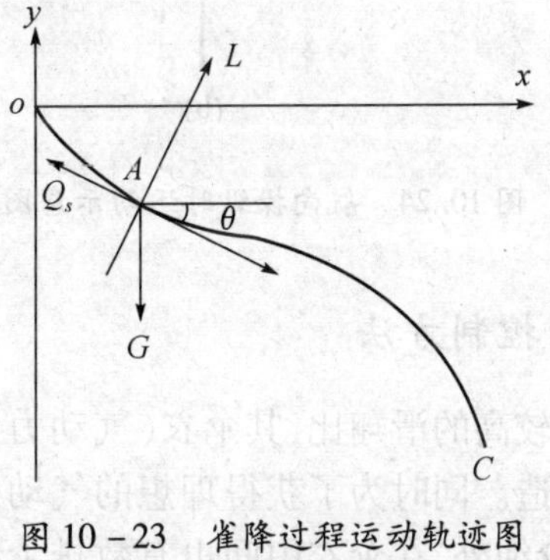

图 10-23 雀降过程运动轨迹图

10.5 翼伞的操纵及开伞控制方法

10.5.1 翼伞的操纵性

翼伞系统的操纵性能是指其改变速度大小和方向的能力。关于翼伞系统改变速度大小的能力在上一节减速和雀降性能中已经讨论，本节讨论其改变方向的能力。

冲压式翼伞的航向操纵有两种方法：第一种拉下一边后缘；第二种用操纵绳关闭外翼一侧几个进气口，从而使翼伞的单边外翼折倒。

一般来说，冲压式翼伞具有良好的操纵性能和稳定性。但是采用第一种航向操纵方式时，会出现一些不利的情况。当跳伞员拉动一边后缘时，该侧翼面的升力增大(在翼面

不失速的前提下)，但是阻力增加得更快。首先，升力增量在横向平面内产生一种侧滚的趋势，见图10.24；而阻力增量则主要在水平面内造成一个航向的偏转角速度，因此偏航的角速度比滚转角速度更明显。当偏航角速度达到一定值，使翼面两边的有效速度和有效迎角的差别大到某种程度，而进入单边翼面失速状态。此时翼伞向一侧(拉操纵绳一侧)倾斜，绕操纵轴旋转并以更大的下沉速度下降。由于离心力的作用，跳伞员以螺旋线向下运动。从这种航向操纵的动力过程来看，每个航向操纵动作都会引起翼伞左右两个方向的侧滚。因此，跳伞员被甩得格外厉害；此外，由于反向侧滚趋势的存在，使操纵显得不够灵活，往往容易形成操纵过度而进入螺旋失速运动。因此，采用第二种翼尖折倒的操纵方法更有利。尤其对于大面积投物翼伞用关闭外翼部分进气口的方法进行航向操纵时，操纵力和操纵量均比较小。

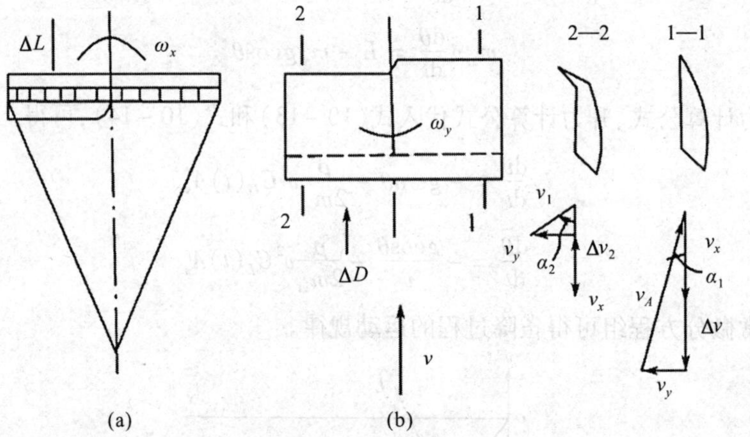

图10.24 航向操纵时运动示意图

10.5.2 翼伞的开伞控制方法

高性能滑翔伞为了获得较高的滑翔比，其伞衣(气动力发生面)都采用不透气或超低透气量的涂层或轧光织物制造。同时为了获得理想的气动外形，伞绳的配置也与传统降落伞不同，除了伞衣周边有伞绳外，在伞衣中间也有数排伞绳，并且各个伞绳长度也不相同，这就导致高性能滑翔伞的充气时间要较传统降落伞快得多，开伞冲击载荷也随之增大，试验表明龙骨式翼伞的开伞冲击载荷是同样开伞条件下相同面积平面圆形伞的3倍；而冲压式翼伞如控制开伞的装置失效，其开伞冲击力将会是采用控制装置冲压式翼伞的2~3倍。

最早冲压式翼伞由于没有找到理想的开伞控制方法，只能在直升机上以不大于10km/h的飞行速度作跳伞表演，随着开伞控制方法的不断完善和开伞冲击力的有效控制，冲压式翼伞的应用也从跳伞运动发展到空降空投。龙骨式翼伞由于其开伞控制方法不够完善，尽管具有体积更小的优点，其实际应用仍受到限制。因此可以说开伞控制方法的进展决定了高性能滑翔伞的应用范围。目前，冲压式翼伞的开伞控制方法发展比较完善、简便，主要有收口绳控制和收口布控制两种方法。龙骨式翼伞的开伞控制方法，主要是采用传统降落伞的多级收口方法，其控制方法比较复杂而且不太理想。

1. 收口绳控制

1）前缘进气口控制

利用收口绳部分地封闭冲压式翼伞前缘孔口面积是冲压式翼伞减小开伞动载的重要措施。在前缘孔口处安装有上、下两排收口环、收口绳穿入收口环中，当收口绳拉紧时，两收口环相互贴近，使孔口面积减小，延缓充气，伞衣展开迟缓因而使动载减小。

2）伞衣底边控制

此方法的主要原理是利用引导伞的阻力控制收口绳，收口绳穿过翼伞下表面四周的收口环（图 10.25），最后从后缘两收口环（A，B）出来，到上翼面后与引导伞相连，收口绳的长度应使伞衣能完全张满，包伞时拉紧引导伞使收口绳收紧。翼伞伞衣就像一只被收紧的袋子。在开伞时引导伞的阻力拉紧收口绳，但同时进入伞衣底边的空气使伞衣充气，结果使收口环有向外扩张的趋势，当后者的力量超过引导伞的阻力时，伞衣就逐渐张开。因此只要选择合适的引导伞面积，就可得到不同的收紧时间和效果。

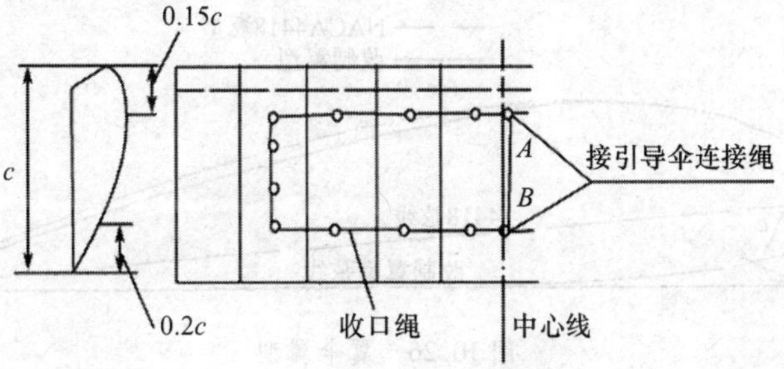

图 10.25　底边收口绳控制方案

2. 收口布控制

所谓收口布是指一块矩形的帆绸，在其四角安装有四个金属环孔。装配时冲压式翼伞的所有伞绳分成四组，分别穿过一个金属环垫。包伞时收口布拉到伞衣底边；开伞时伞衣底边充气使伞绳向外扩开，结果对收口布的四个环孔产生压力，促使收口布沿伞绳向重物系留点方向滑动，而收口布的阻力和环孔与伞绳的摩擦力使收口布的移动速度得到控制，从而控制了翼伞的张开速度。

10.6　翼伞结构设计

10.6.1　概述

根据战术指标，选择翼伞系统的形式及确定主要参数是结构设计和性能计算的必要前提。

翼伞设计程序可概述为如下几个步骤：

(1) 选择翼型，确定翼伞翼型参数。

(2) 三维翼气动性能分析。

(3) 伞衣面积设计。

(4) 伞绳及吊挂系统设计。

(5) 收口及操纵方案选择。

(6) 系统重量及包装容积估算。

本节以一典型示例来说明冲压式翼伞的具体设计,主要对结构设计的部分内容进行介绍。

设计指标:伞系统质量小于 20kg,载荷体(人)质量 70kg,全滑翔时水平速度为 12m/s,垂直下降速度 4.5m/s,失速后着陆速度小于 8/s。

10.6.2 翼型确定

由于翼伞的飞行速度较低,因而低速飞机所采用的古典翼型均能满足气动性能要求。但是翼伞是一种柔性冲压式滑翔装置,除了气动方面的考虑外,还要考虑结构、工艺和使用方面的要求,因此要对所选翼型进行改制设计。

首先,翼伞前缘应该有进入空气的切口,切口对翼型气动性能的影响是减小了升阻比,这是因为切口附近形成的高压区使阻力增大。描述切口几何参数的主要有两个特征量:切口高度和切口角度(图 10.26)。

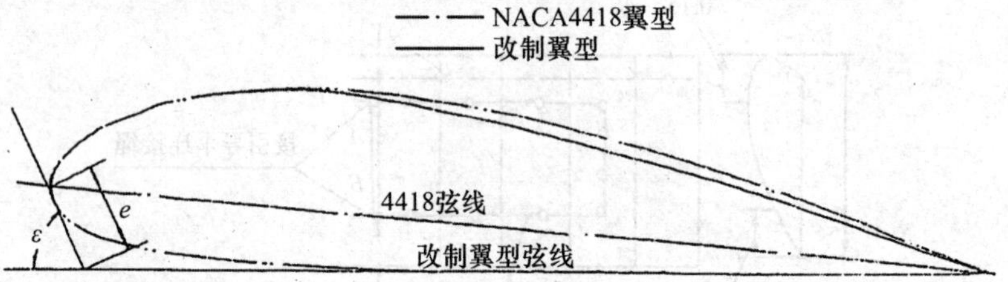

图 10.26 翼伞翼型

切口高度增加,会使升阻比降低,但是切口高度过小,又会使充气性能变差。切口高度与翼剖面最大厚度之比一般为 0.4 ~0.6。

切口角度 ε 由滑翔姿态角决定,应尽可能使翼伞在设计滑翔姿态下形成正面冲压,同时保证上翼面可能的负迎角尽量减小,一般采用如下公式计算:

$$\varepsilon + \theta - \varphi = 80^\circ \tag{10-17}$$

式中:$\varepsilon,\theta,\varphi$,分别为切口角度,滑翔角和安装角。根据设计指标,该翼伞滑翔比为 2.7(水平速度和垂直速度之比),则滑翔角为 21°,通常安装角 φ 取 5° ~13°,因此切口角度确定为 65°,考虑到前缘切口在气动力作用下,切口角度有增大的趋势,本项目中切口角度设计为 55°。

其次,是下翼面的形状设计。由于翼伞工作时,内腔压力高于外腔压力,下翼面有向外凸的趋向,因此下翼面凸起不宜过大。

根据改制翼型几何外形(表 10.1),通过试验或数值计算,获得该翼型气动参数。图 10.27为通过数值计算方法得到该改制翼型的气动参数随迎角的变化曲线。

表 10.1 改制翼型参数

X/%	0	0.3	0.6	1.2	2.4	4.8	7.2	10	15	20
Y/%	7.99	8.16	8.5	8.98	10.2	12.5	13.86	14.68	15.5	15.67
X/%	25	30	40	50	60	70	80	90	95	100
Y/%	15.47	14.96	13.66	11.57	9.51	7.48	5.30	2.71	1.32	0

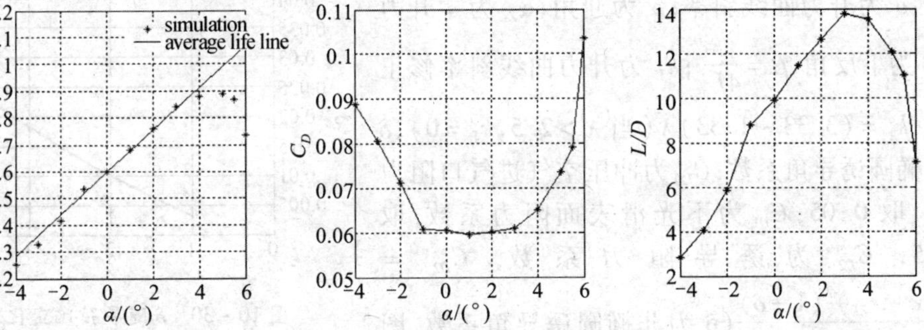

图 10.27　改制翼型气动参数

10.6.3　三维翼气动性能

翼伞气动性能是通过理想情况三维改制翼的气动性能(图 10.28)获得三维翼伞的气动性能。理想三维改制翼的气动性能可通过试验或数值计算得到。图 10.29 为不同展弦比(A)下三维改制翼的气动参数随迎角的变化曲线。

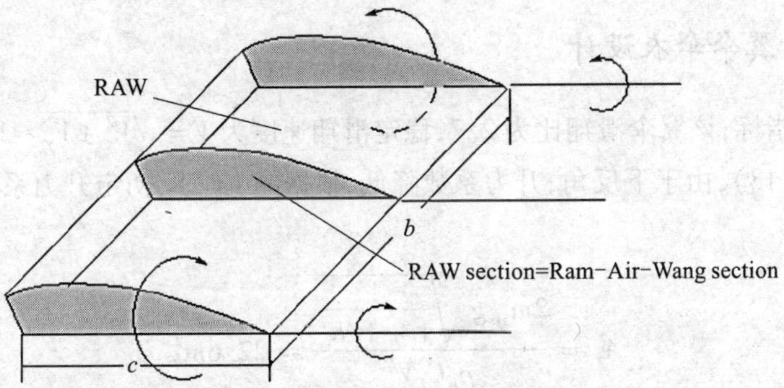

图 10.28　改制翼三维展平图(理想)

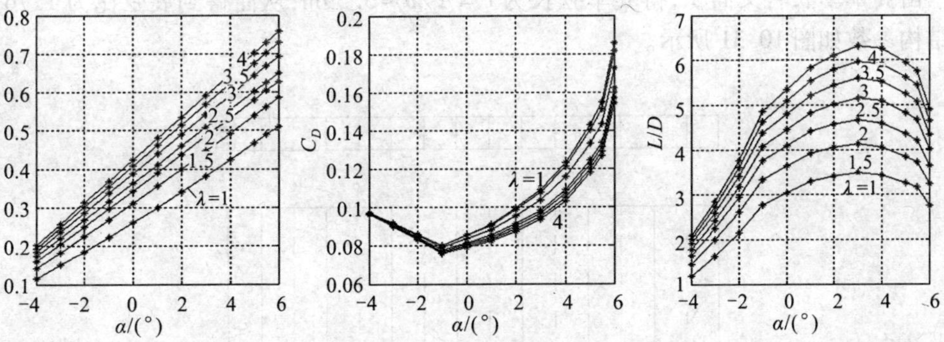

图 10.29　理想三维改制翼气动参数

翼伞由柔性材料组成,为了维持一定的刚性,翼伞的展弦比一般较低。在缺少试验数据的情况下,可按照下面的公式估算冲压式翼伞的气动参数:

$$C_L = a(\alpha - \alpha_{ZL})\cos^2\beta + k_1 \sin^2(\alpha - \alpha_{ZL})\cos(\alpha - \alpha_{ZL}) \qquad (10-18)$$

$$C_D = C_{D0} + C_{D1} + C_{D2} + C_{D3} + C_{Dl} \qquad (10-19)$$

式中：a 为升力曲线斜率；α 为迎角；α_{ZL} 为零升力角；β 为下反角，$\beta=\frac{b}{4L_{sh}}$；k_1 为升力曲线斜率修正系数，$k_1=(3.33\sim1.33)\lambda$（当 $\lambda>2.5$，$k_1=0$）；δ 为非椭圆诱导角系数；C_{D0} 为冲压空气进气口阻力系数，取 0.05；C_{D1} 为不光滑表面阻力系数，取 0.015；C_{D2} 为诱导阻力系数，$C_{D2}=\frac{a^2(\alpha-\alpha_{ZL})^2(1+\delta)}{\pi\lambda}$（$\delta$ 为非椭圆诱导角系数，图 10.30 为非诱导角系数随展弦比的变化情况）；C_{D3} 为小展弦比阻力系数，$C_{D3}=k_1\sin^3(\alpha-\alpha_{ZL})$；$C_{Dl}$ 为伞绳阻力系数，$C_{Dl}=\frac{nL_{sh}d\cos^2\alpha}{A_s}$（$n,L_{sh},d,A_s$ 分别代表伞绳根数、特征长度、直径及伞衣面积）。

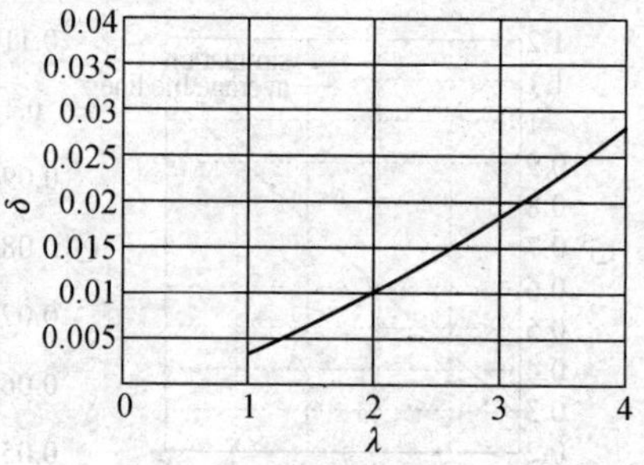

图 10-30　δ 随展弦比变化

根据式（10-18）、式（10-19），三维翼伞的气动特性与翼伞的结构尺寸密切相关，因此要完成翼伞的结构设计才能预估出翼伞的气动性能。

10.6.4　翼伞伞衣设计

根据设计指标，该翼伞滑翔比为 2.7，稳定滑翔速度为 $V=\sqrt{V_x^2+V_y^2}\approx12.82\text{m/s}$。

由式（10-18），由于下反角，升力系数降低，根据图 10.28，初定升力系数为 0.4，则翼伞伞衣面积为

$$A_s=\frac{2m_{sys}g\sqrt{\frac{1}{1+1/K^2}}}{\rho_h C_L V^2}\approx22.6\text{m}^2$$

设计为 7 气室结构，每一气室宽度为 0.9m，则翼伞展长 $b=6.3\text{m}$。

由翼伞伞衣名义面积，得翼伞弦长为 $c=A_s/b\approx3.59\text{m}$；从而得到展弦比为 1.76。伞衣结构参数如图 10.31 所示。

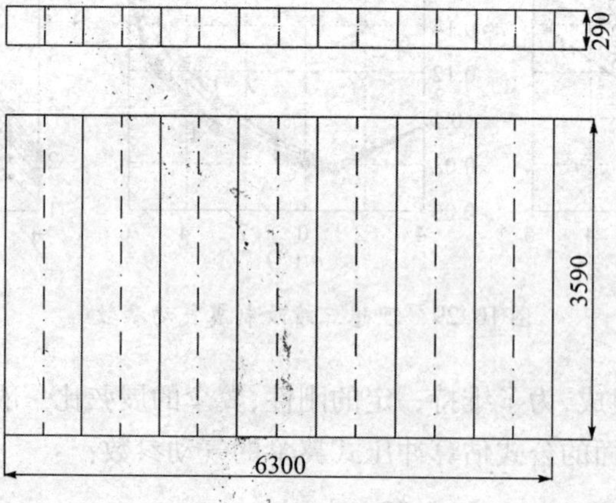

图 10.31　翼伞伞衣结构

10.6.5 伞绳特征长度及安装角计算

伞绳特征长度根据翼伞下反角(β)确定。选择直径为 0.006m 的伞绳,采用弦向 4 组、展向 6 组的伞绳布置方式,共 24 根伞绳。

根据式(10-18)、式(10-19)可得到不同伞绳特征长度下的升阻比曲线,如图 10.32 所示。由伞衣面积展弦比为 1.76,在滑翔比为 2.7 时,$\frac{L_{sh}}{b}=0.6$,则伞绳特征长度为 3.78m。根据式(10-16)、式(10-17),可得到该翼伞的气动参数曲线,如图 10.33 所示。

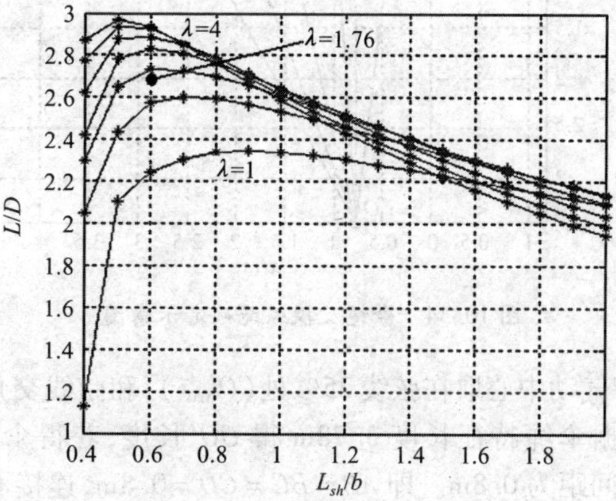

图 10.32 不同伞绳长度的升阻比

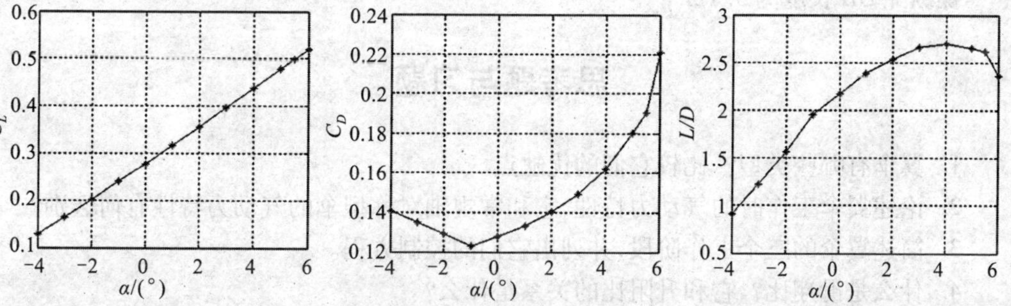

图 10.33 翼伞气动参数曲线

根据图 10.21,翼伞滑翔角、迎角、安装角有如下关系:

$$\theta_s = \alpha + \phi \tag{10-20}$$

根据图 10.33 升阻比曲线,选定迎角 4°。

假设载荷体(人)的阻力特征为 0.5m²,则翼伞的滑翔比由式(10-21)确定:

$$K_s = \frac{KC_L}{C_L - \frac{K(CA)_w}{A_s}} \tag{10-21}$$

根据翼伞滑翔比,得到无载荷体时翼伞滑翔角为 18°,得到该翼伞安装角为 14°。

10.6.6 伞绳及操纵绳设计

伞绳及吊挂系统的设计采用作图法确定(图 10.34)。

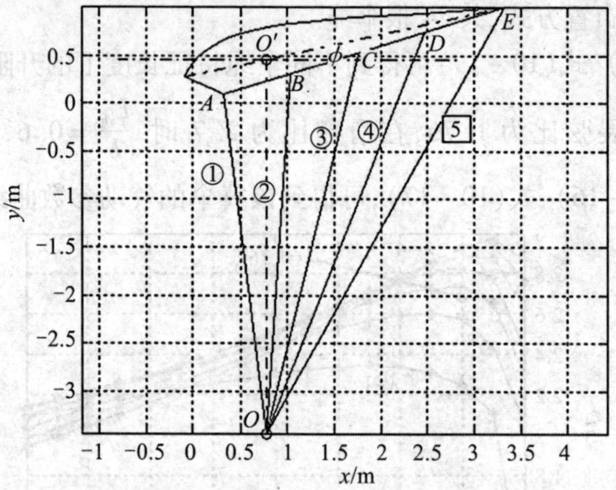

图 10.34 伞绳及操纵绳确定示意图

根据翼伞翼型,将气动中心取在弦线 25% 处(O'点),和弦线交角 14°确定为水平轴,从 O'处作一垂直轴,据伞绳特征长度 3.78m 得 OO'长度,获得伞绳的交点,根据弦长 3.59m,取伞绳连接点间距为 0.8m。即 $AB = BC = CD = 0.8$m,连接 OA, OB, OC, OD,即得各组伞绳长度:①组:3.56m;②组:3.76m;③组:4.1m;④组:4.5m。

操纵绳 OE 长度为 5.1m。

思考题与习题

1. 翼伞有哪些类型?比较它们的优缺点。

2. 论述翼伞工作时的气动力特性,它和常规轴对称型伞的气动力特性有何区别?

3. 简述翼伞的三个工作阶段,并列出它们的控制方程。

4. 什么是滑翔比?它和升阻比的关系是什么?

5. 论述各种风场的影响下,稳定滑翔时的轨迹会发生怎样的变化。

6. 降低翼伞开伞动载的方法有哪些?

7. 论述翼伞的设计步骤。若一空投物体重量为500kg,系统滑翔比为 3.5,请对该翼伞进行设计。

第 11 章　飞行器应急救生装置及野外救生

11.1　弹射座舱及分离座舱

随着飞机技术战术指标的提高,救生也越来越复杂和困难,因而对飞机救生系统提出了越来越高的要求,救生系统也正是在适应这些新要求中不断向前发展的。救生复杂化的原因之一是飞行高度的增加。在高空救生必然会遇到低气压、低气温和低密度所带来的问题,例如包括体液沸腾在内的高空病、冻伤、高空大开伞动载及稳定性等问题。高速度是使飞机救生条件恶化的更重要的原因。随着飞机速度的提高,弹射轨迹和弹射过载的矛盾也进一步尖锐;高速气流的吹袭、人椅系统的不稳定都相继变得严重起来。在超声速弹射救生中,制动过载将成为救生设备设计的主要问题,同时气流吹袭也更严重。因此,可以说速度问题是推动救生设备发展的主要因素。

根据飞机救生系统的组成及其形式,可以将其分为四大类,实际也可认为是飞机救生系统发展的四个阶段:

(1) 救生伞。在低速飞机上使用。

(2) 敞开式弹射座椅。一般用于亚声速飞机;目前随着各项技术的发展,敞开式弹射座椅也开始用于跨声速飞机。

(3) 封闭式(半封闭式)弹射座椅。用于超声速飞机。

(4) 弹射座舱和分离座舱。用于高超声速飞机。

弹射座舱(救生舱)和分离座舱都是将飞行员连同座椅和密闭座舱一起弹离飞机,或与机身分离而脱离险境。只是分离座舱在重量和外形尺寸上一般较弹射救生舱大。由于飞行员是在密闭舱内,因此不会受到高速气流的吹袭,也不会受外界环境的低气压和低温度的影响。同时,由于救生舱的质量很大,气动力所产生的制动过载也不会太大,从而解决了高速救生制动过载大的问题。

弹射座舱是专门为弹射救生而设计的密闭舱。平时飞行员在飞机的密封舱内工作,应急离机时,飞行员连同座椅移入救生密闭舱,救生舱立即密封增压,并由乘员操纵弹离飞机。这种救生舱一般都是单座的。如美国 B－70 飞机弹射救生舱,四个乘员分前后两排。应急弹射时,座椅向后移入各自的救生舱,躯干和腿定位,上下舱门闭合(图 11.1),同时增压。在救生舱闭合后,正副驾驶员仍可操纵飞机。当决定弹射时,可操纵弹射手柄,抛掉座舱盖,火箭点火,弹离飞机。弹射后 0.1s,舱背伸出两根稳定杆,在中高速下起稳定作用。再经 1.5s,稳定杆顶部两个小伞张开,保证低速和降落时的稳定。高度下降到 4550m 时,10m 直径的回收伞展开,同时舱底减振气囊充气,以便着陆缓冲。降落后,乘员可利用舱内设备进行通信联络和生存。水上降落时,四个漂浮气囊以保证舱体漂浮。该系统火箭动力总冲量为 20500kgf · s,最大过载为 17,弹射高度可达到 110m 以上。可在零高度、167km/h 及 21000m、$Ma=3$ 的情况下救生。

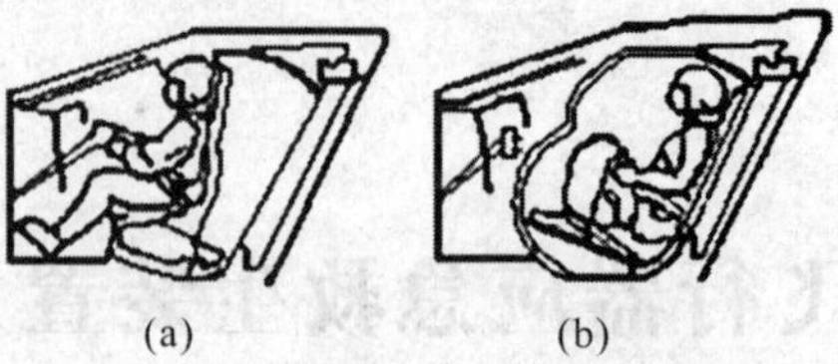

图 11.1　B－70 飞机的救生舱
(a) 正常飞行状态;(b) 准备弹射状态。

B－58 飞机的弹射座舱与 B－70 舱相似,采用了三个单独的铝制密闭弹射座舱。弹射舱工作分为三个阶段:准备弹射(人体躯干和腿定位,舱门关闭,增压等);弹射(抛盖,火箭点火,稳定伞射出,稳定杆伸出);着陆及生存(直径 11.7m的回收伞展开,减振气囊充气,着陆或水上漂浮,生存待救)。该弹射舱质量约 320kg,给乘员提供了"全环境"保护,在海上漂浮可维持生存 72h。

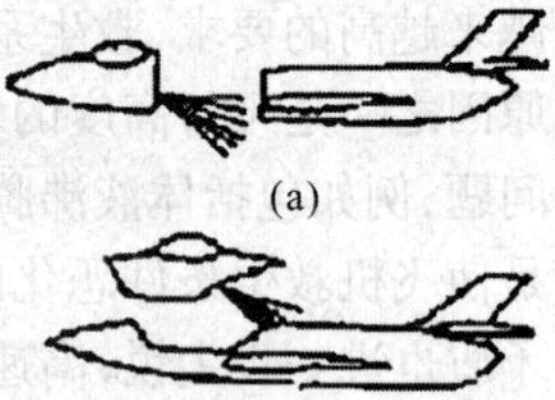

图 11.2　分离座舱分离示意图

分离座舱是将整个座舱与飞机分离,人员在座舱内得到保护,安全离机,降落获救。分离救生舱的形式不一,有将机头段全部分离的,也有将座舱与机身分离的,图 11.2 示出了这两种分离形式。座舱或机头段的分离一般靠爆炸螺栓和线状炸药将连接部分断离,用火箭发动机推动座舱离开飞机。火箭发动机可以将座舱弹射到 130m 高度以上,可以保证零高度下的安全救生。

分离座舱应具有稳定板和稳定伞,以保持座舱稳定。当座舱下降到预定高度时自动打开主伞,同时减振气囊充气,保证着陆安全。在着水时,自动充气的漂浮气囊能使座舱稳定地漂浮在水面上,座舱可以增压、供氧,并有必要的生存设备。图 11.3 是美国 F－111 飞机的分离座舱图,它由座舱段(双座)与其后的舱翼组成。采用了线状炸药断离系统,并用固定火箭发动机将分离舱推离飞机,稳定伞为直径 1.8m 的带条伞,主回收伞直径 21m。座舱下部装有着陆减振气囊和水上漂浮平衡气囊;舱内装有包括救生电台在内的各种救生装备。该系统具有零高度、零速度,海平面超声速以及 18500m 高度以上,$Ma = 2.5$飞行条件下的救生能力。图 11.4 为其救生程序示意图。

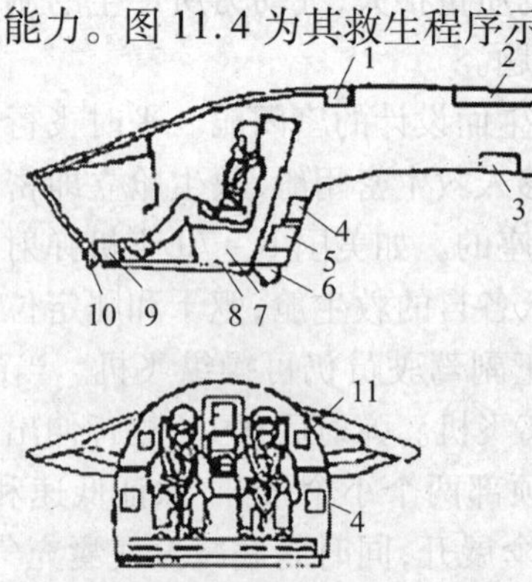

图 11.3　F－111 飞机的分离座舱
1—回收伞;2—稳定－减速伞;3—后漂浮;4—食品箱;5—生存设备贮存器;
6—火箭发动机;7—飞行员座椅;8—减振包;9—辅助漂浮;10—稳定板;11—水箱。

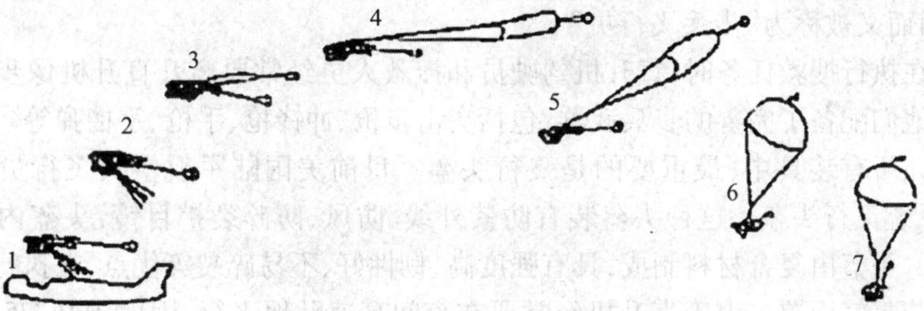

图 11.4 分离座舱救生程序示意图

1—弹射;2—稳定伞稳定;3—启动回收伞;4—拉出回收伞;5—回收伞充气;6—回收伞张满;7—稳定下降。

分离座舱的缺点是低空性能差,舱体目标大,容易被攻击。此外,分离座舱技术复杂,研制成本高,目前正式使用较少。

美国空军对超声速分离座舱提出下列主要要求:

(1) 座舱应考虑在 16km 高度上,速度为 1600km/h 或 l6 ~ 32km 高度上,速度范围达到 $Ma = 4$ 的情况下,乘员能安全救生。

(2) 座舱应具有浮力,并能保证在任何气象条件下着陆或着水后,给飞行员以可靠的掩蔽。

(3) 座舱里的飞行员装备应由标准的代偿服、保护头盔和其他轻便的高空装备组成。

(4) 在弹射救生时,飞行员不需做任何其他动作,只要打开系统的协调机构,完成单一的动作即可使整个系统启动,并自动工作。

(5) 在停机、起飞和滑跑时,飞行员也能救生。

(6) 座舱落水后,在沉没深度不超过 5m 时,应保证飞行员在水下救生。

(7) 座舱里应配备有急救物品、无线电台、应急信号装置、水、食品、衣服、打猎和捕鱼的工具等。

关于救生舱设计的通用要求,美国军用规范 MIL - C - 25969B 中作了详细的规定,其中包括救生舱尺寸、外形和重量方面的要求,救生舱与机身结构的连接和分离要求;增压、供氧、气密和水密要求;舱内座舱、约束系统及其他设备的要求;回收及减振系统的要求等。在具体设计救生舱时可以参考。

11.2 直升机救生设备

11.2.1 概述

直升机由于其不同于固定翼飞机的特点,因此对于直升机的防护救生、生命保障系统又有其自身的特点:

(1) 直升机一般在 2000m 以下高度飞行,在执行作战任务时通常采用超低空飞行方式,飞行高度为 5 ~ 50m。较低的飞行高度决定了直升机飞行员一般不用使用氧气面罩、氧气导管、氧气瓶等供氧设备。

(2) 直升机由于其结构特点,只能进行低速飞行,也无法完成战斗机的高难度飞行动作,因而飞行员通常只穿着军用飞行夹克,而不会穿着抗荷飞行服。这样,他们的穿着非常轻便,因而又被称为“步兵飞行员”。

(3) 在执行搜救任务时,直升机驾驶员和搜救人员经常要离开直升机像步兵一样作战,因而,他们配备了完善的步兵武器,包括突击步枪、冲锋枪、手枪、手榴弹等。

(4) 在所有装具中,最重要的是飞行头盔。目前美国陆军航空兵飞行员采用的是M2L/25系统飞行头盔。这种头盔装有防紫外线、防风、防碎裂扩目镜,头盔内装有机内通话装置。头盔由复合材料制成,具有强度高、韧性好、不易碎裂等优点,在执行高原任务时也可安装氧气面罩。由于直升机经常要在夜间高速贴地飞行,因而M2L/25飞行头盔还可以挂装红外线夜视装置。

(5) 与军用喷气式飞机不同,直升机飞行高度极低,而且座舱上方通常还有旋翼,因而绝大部分直升机都没有安装弹射座椅系统。在实战中,直升机飞行员也很少能够有时间跳伞,因而很多直升机主要依靠抗坠毁设计来保障直升机机员的生命安全。现在美国陆军的直升机都符合MIL-STD-1290军用标准。飞行员在直升机以13m/s的垂直下落速度坠毁时,生存几率大于95%。

(6) 由于飞行器坠毁后,通常会引发火灾,因而除了在直升机上安装防火油箱外,飞行服还采用了新型MOMEX面料,具有很强的防火能力。同时,驾驶员还配有防火手套。

(7) 在直升机坠毁后,驾驶员通常要用脚踢碎防风玻璃逃生,而且他们穿的是钢头陆战靴,这与战斗机飞行员穿用的轻型跳伞靴完全不同。

(8) 直升机飞行员的营救设备与喷气式作战飞机基本相同,也配有搜索电台、防寒睡袋、救生药品、简易口粮、指南针等设备。

直升机的广泛使用,特别是在军事上应用,使得直升机的飞行任务变得越来越复杂,其飞行环境、高度和速度更不利于自旋下滑着陆;更主要的是空中灾难性事故常要求乘员迅速脱离直升机。因此,从20世纪60年代开始发展了直升机应急离机救生系统。

由于直升机的构造和飞行情况不同于一般固定翼飞机,因此其救生条件也就不同于一般飞机:①直升机有巨大的旋翼,位于飞机的上方,飞行员离开直升机时很容易与旋翼相撞而伤亡。②直升机飞行速度一般在400km/h以下,速度不大,但常伴有一定大小的垂直速度,上升或下沉。显然,下沉速度是不利于救生的。③直升机一般具有一定自旋下降能力,即当直升机发动机在空中停车时,直升机在下坠过程中,旋翼受空气动力作用而自旋,可减少直升机下坠速度,直至着陆。

20世纪90年代的几场局部战争表明,直升机在成为先进的攻击武器的同时,也成为敌方各种先进武器的打击对象,直升机乘员在直升机受损或被击中时的救生问题越来越不容忽视。战争实践表明,直升机乘员在遇难后,具有较强的自我救生的能力,并在离机后能快速准确地报告自己降落的位置,是获得成功营救的关键因素。各国军方(尤其是美军)在吸取了20世纪90年代以来战争中成功与失败的经验教训后,制定了现代直升机救生系统的研制计划,将直升机乘员在战场上的生存能力与直升机的飞行性能和作战能力视为同等重要的位置而加以不断发展。

曾经有一种错误观点,认为直升机速度小,飞行安全,又能自旋下滑着陆,因此不需要救生设备。事实上直升机由于旋翼的存在,其气动、操纵技术都较复杂,升力、传动和操纵系统容易出故障,因此直升机事故率明显高于定翼机,而且往往都是灾难性事故。至于自旋下滑着陆,并不是一定能成功的。它必须具备很多条件,例如一定的高度、直升机有良好的自旋特性和稳定性、飞行员的能力等。因此，随着直升机的广泛应用，直升机救生问题也日益尖锐，直升机救生技术在近40年才得到一定发展。

11.2.2 直升机应急救生系统

目前直升机救生途径主要包括乘员机内防护救生、应急离机救生和离机后的生存救生等。

1. 乘员机内防护救生

乘员机内防护救生是指直升机乘员在直升机发生事故或受损时，在直升机机内实施自我防护救生的一种措施。目前世界上已付诸实施的方案是“抗坠毁吸能方案”。这种方案是指在发生事故应急时，依靠吸能起落架和耐坠毁吸能座椅，吸收一部分在坠机时从直升机结构传递给座椅的冲击能量，使冲击过载不超出乘员的生理极限，达到保障乘员安全的目的。

在一般情况下，发动机发生故障停车时，直升机仍可利用旋翼的自转作用，以较小的速度下坠着陆。在下坠着陆的瞬间，直升机会受到地面作用的冲击载荷，这种冲击载荷也会传到飞行员身上。因此，从20世纪50年代开始，飞机设计者在研究直升机耐坠毁能力的同时，就开始进行耐坠毁座椅的研制工作。

耐坠毁座椅的工作原理是利用其能量衰减装置(即吸能装置)吸收直升机坠落时从飞机结构传到座椅的冲击能量，使之衰减到人体耐受限度以内，从而保证直升机飞行员在坠毁中的安全。显然这种耐坠毁座椅只能在一定冲击条件范围内使用；超过一定范围，例如直升机在较高的空中碰撞，发生翻滚而自由坠落，耐坠毁座椅就不能保证飞行员的安全了。

美国在直升机耐坠毁救生方面做了大量研究试制工作，并颁布了有关的军用标准和规范。如1967年颁布的TR67－22的“坠毁救生设计指南”，1971年颁布的TR71－22“直升机耐坠毁设计指南”及军用标准MIL－STD－1290“轻型飞机设计指南”和MIL－S－58095(AV)“抗坠毁不弹射的乘员座椅系统军用规范”以及1979年颁布的TR79－22“直升机耐坠毁设计指南”等。在这些规范文件指导下，设计了多种类型耐坠毁座椅，使直升机耐坠毁救生能力有较大提高。目前，UH－60“黑鹰”直升机抗坠毁能力已达到95%。

直升机耐坠毁座椅是一种不弹射的飞行员座椅，除具有一般座椅的结构部件外，还安装了在坠毁时能吸收冲击能量的部件——能量衰减装置。图11.5为一种耐坠毁座椅的原理图。座椅支持在支臂和吸能器上。当直升机坠毁时，座椅向下运动，吸能器工作。

美国联邦航空局于1985年颁布了FAR25.562，其中规定了新直升机必须使用16g抗坠毁座椅。而能量衰减装置(或能量吸收器)是耐坠毁座椅的主要工作元件。由于重量和尺寸的限制，不宜采用液压减振筒形式，同时也不能采用弹性回弹大的结构，一般采用金属结构件破坏或塑性变形的方式吸收冲击能量，达到减少乘员所受过载的目的。这类金属结构有由管、板、丝、带等材料组成的组件或零件。图11.6所示为一种挤压扩张管吸能组件。它采用钢球在外载荷作用下挤入扩张管内，使管子扩张而吸能。图11.7为挤压扩张管的静载试验曲线。安装在座椅上的吸能器在受到大于设计规定的启动载荷时，吸能器中的吸能管沿管子周向翻转,并均匀地产生塑性变型被拉出,由于管直径和壁厚在整个吸能管长度上是相等的,所以在冲击过程中产生的吸能载荷是稳定的,从而解决了高过载条件下乘员救生难题。若管直径和壁厚在整个吸能管长度上不等,则吸能载荷是不稳定并变化着的。

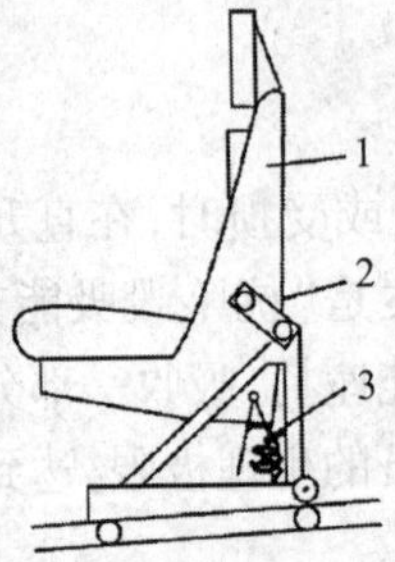

图 11.5　耐坠毁座椅原理图

1—座椅;2—支壁;3—吸能器。

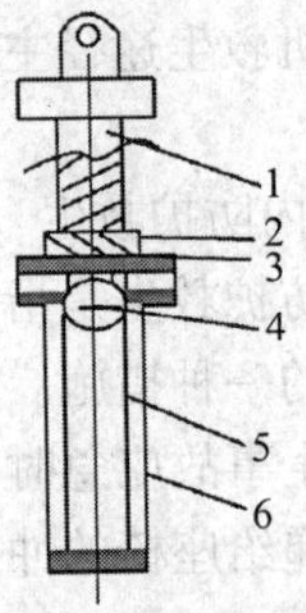

图 11.6　挤压扩能管吸能组件

1—杆;2—螺盖;3—导向螺栓;
4—钢球;5—扩张管(减振器);6—外筒。

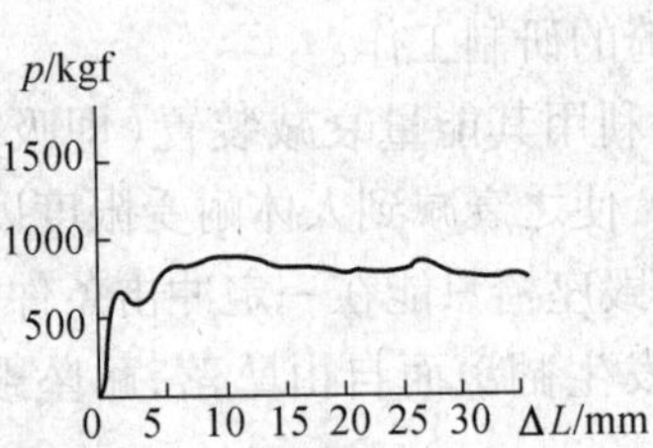

图 11.7　扩张管静载试验曲线

目前已发展研制了多种类型的吸能器。表 11.1 为部分吸能装置的性能数据。吸能装置的吸能特性可以用其行程—阻力曲线来表示,所吸收的能量可以用曲线下的面积来表示。对于有回弹的装置,吸收能量应等于正反行程所做功之差。对于反行程也能吸收能量的装置,吸收能量应等于正反行程所做功之和。

表 11.1　部分能量吸收器性能数据

装置	冲程长度比	力 - 冲程特性	比能量 /(kJ/kg)	评价
不锈钢张力带	~0.5	张力随变形而变化	~15	简单便宜,若过份伸长会断裂
压扁管组件	~0.7	冲程长度比为 0.7 时,几乎连续稳定	4.5 ~ 15	可靠
内侧外翻管	~0.5	连续、稳定	6 ~ 12	可靠,能承受回弹载荷
收缩管	~0.5	稳定	/	/
扩张管	~0.5	稳定	~24	可靠、便宜,能承受一些偏心载荷
折叠管	0.7 ~ 0.8	接近稳定(正弦曲线)	~30	可靠,能承受回弹载荷

（续）

装置		冲程长度比	力－冲程特性	比能量/(kJ/kg)	评价
导管与轴	破碎	~0.8	变化大(平均值稳定)	45~105	载荷上有较大波动
	撕裂与卷曲	~0.8	近于稳定	~15	可靠,使用锥形心轴较便宜
金属带或金属丝弯曲		~1.0	稳定	/	实用、可靠,在紧张时有大的冲程,大的功量
滚动钢丝螺旋线		~0.3	稳定	~30	实用可靠,在张紧或压缩时做功。增减钢丝可调节该装置
挤出装置	塑性胶	~0.8	几何函数	/	非常简单,便宜,能承受回弹
	活塞式	~0.3	对速度敏感	/	液体、黏弹性的,可以再使用
	几何变形	~0.8	对速度敏感	/	非常简单,如水缓冲器
挤出材料	胶接木	/	/	30~75	全方向载荷能力
	铝制蜂窝	~0.7	冲程长度比为0.7时,连续稳定	15~30	全方向载荷能力,可靠
	热塑料	0.5~0.7	指数型	30~60	全方向载荷能力,可靠

耐坠毁座椅应满足不同百分位的飞行员在水平和垂直方向的冲击减震要求。美国将95%可生存坠毁条件作为合理的设计要求。这些条件见表11.2。

表11.2 95百分位可生存事故中的设计冲击值和人的加速度耐受值

项目／单位／方向	速度变化 (m/s)	冲击峰值 (g)	冲击平均值 (g)	冲击时间 (s)	人的耐受值 (g)	人的耐受值 (s)
垂直向下	12.8	48	24	0.054	15	0.54
侧向	7.6	16	8	0.097	11.5	0.1
纵向向前(驾驶舱)	15.2	30	15	0.104	45	0.104
纵向向前(客舱)	15.2	24	12	0.13	35	0.13

图11.8表示了可生存坠毁对初始撞击速度的限制,图中的安全区即可生存坠毁的垂直速度和水平(纵向)速度的组合范围,耐坠毁座椅应保证在安全区坠毁的安全性。因此耐坠毁座椅应保证在不同方向上的吸能。但因人体在不同方向上过载耐受值的差别,在垂直方向上的吸能应是耐坠座椅的主要设计要求。

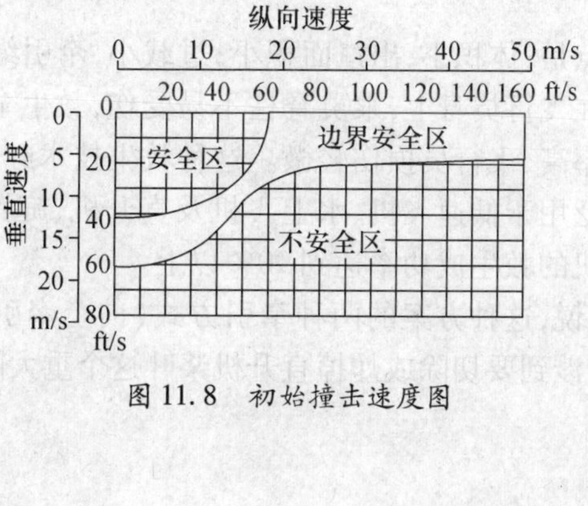

图11.8 初始撞击速度图

但是,抗坠毁吸能方案只能吸收一部分能量,并有很大的局限性,例如,坠毁时的过载如果大于设计指标,人体所受过载将超过耐受极限;坠机时着地方位无法预先选择,会遇到不可生存的恶劣环境,难以避免坠毁时引起的乘员损伤;直升机一旦出现翻倒,乘员大部分难以生存;机体在坠地时超过设计载荷,无法保留乘员生存空间;当坠地时起火或在空中起火时,乘员无法幸存。可见,这种救生方案在实施时,效果并不令人满意。

2. 乘员应急离机救生

乘员应急离机救生是在发生事故应急时,乘员靠特有的航空救生装备脱离直升机或脱离危险,并安全着陆(水),从而保障其生命安全的乘员救生途径。乘员应急离机救生目前主要考虑3种方案。

1) 火箭牵引离机乘员救生方案

牵引救生技术是20世纪60年代为低速飞机而发展的一种救生技术。直升机应急离机救生系统曾有过多种方案的设想。例如:带旋翼的弹射座椅,切除旋翼向上弹射或牵引救生;水平方向弹射或牵引;L形弹道弹射或牵引;自动充气降落锥加充气缓冲气垫救生以及救生舱方案等。但到目前为止,使用比较成熟的是直升机火箭牵引救生系统,包括旋翼桨叶分离和火箭牵引离机两大部分。

牵引火箭通过牵引绳与飞行员背带系统相连。桨叶切除系统采用爆炸切除技术把旋翼从桨根套箍处切除,然后抛掉或炸掉座舱盖,点燃牵引火箭,按一定顺序将乘员以站立姿势连同座椅组件向上牵引离机,座椅主体被留在座舱内。火箭发射后2s内,由火药机构打开安全带,使人与座椅组件分离,再打开救生伞,降落着陆。

图11.9是美国旋翼机(RSRA)应急救生系统工作示意图。图11.10为直升机侧向牵引离机示意图。

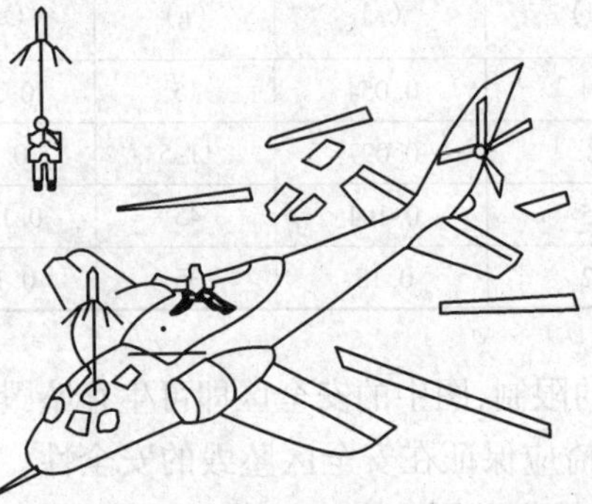

图11.9 旋翼机救生系统工作示意图

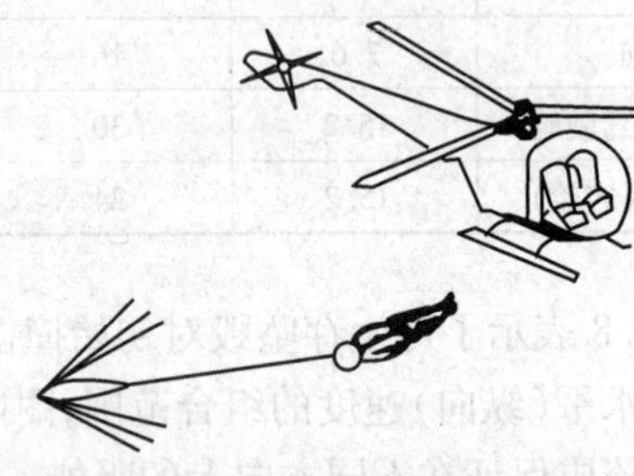

图11.10 直升机侧向牵引离机示意图

这种离机系统的特点是:体积小,出口面积小;过载小,牵引绳能吸收火箭冲击力,并把它通过背带系统分散在飞行员身上,乘员脊柱不易受伤,救生伞用火箭牵出,开伞迅速可靠。因此其救生生存率高,飞行员损伤轻微。这种救生技术经多年来的试验研究和实际使用,已趋成熟,可广泛用于低速飞机、水上飞机及直升机、旋翼机等的救生。目前,这种技术在固定翼低速飞机的救生成功率达到90%以上。

但是,对于直升机来说,这种方案的两种牵引方式(向上牵引和侧向牵引)都存在着一定的缺陷:向上牵引牵涉到要切除或炸掉直升机桨叶这个重大问题,人们对此多持保守态度;侧向牵引是人们力图避开旋转的桨叶,从直升机现有的侧舱口将乘员从机内拉出。但人们所顾虑的是,应急时直升机的飞行高度和飞行姿态可能不如人意。

2）降落伞救生舱式乘员救生方案

救生舱在航天飞行器方面是一项成熟的技术,也是直升机救生系统的方案之一。对于直升机救生系统来说,它是将直升机的乘员舱作为救生舱使用。在应急时,炸掉或切除直升机的桨叶以及乘员舱外面多余的机身部分,减轻乘员舱作为救生舱部分的重量,依靠打开的降落伞,把舱体和乘员安全稳定地降落到地面。

这种方案曾在美国海军 UH－25B 直升机上进行过试验,并预定用于 CH－46 和 UH－1 直升机上。图 11.11 和图 11.12 分别为 UH－1 和 UH－46 直升机救生舱工作示意图。救生舱是直升机机身的一部分,应急救生时,线状炸药将旋翼、油箱和其他部分炸掉,然后展开降落伞,回收载有乘员的救生舱。为减少着陆冲击,还可以使用着陆火箭缓冲。

这种方案同样存在着人们对切除桨叶和多余机身部分的顾虑。但随着直升机总体机身水平的提高,这种方案可能会成为未来直升机乘员离机救生的方案之一。美国有关专家曾预言,直升机救生舱技术在 21 世纪将得到广泛的应用。

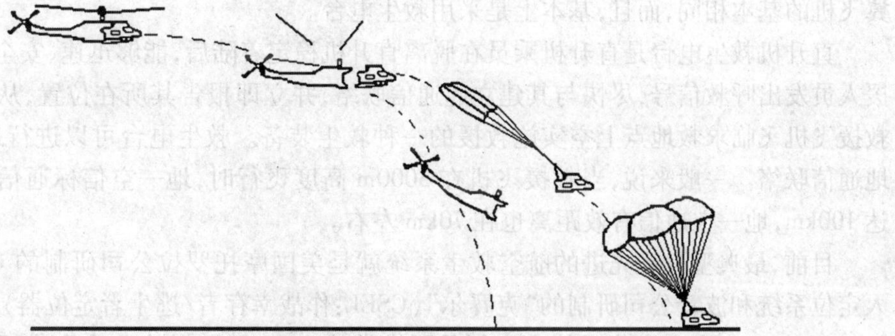

图 11.11　UH－1 直升机救生舱工作示意图

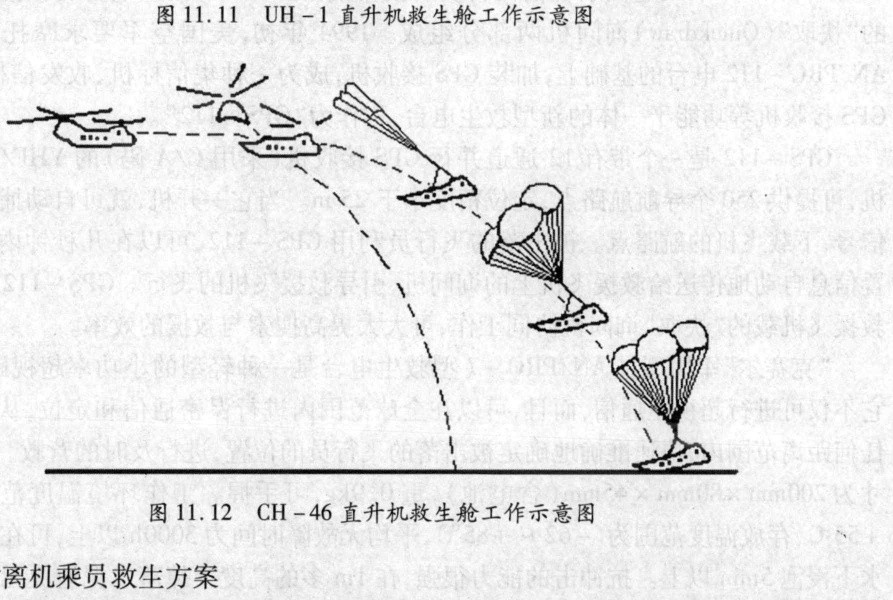

图 11.12　CH－46 直升机救生舱工作示意图

3）弹射离机乘员救生方案

弹射离机乘员救生方案在固定翼作战飞机方面积累了很多成功的经验。自德国人在 1941 年首次使用驾驶舱弹射座椅以来的 60 年间,已经发展了 4 代弹射座椅,是目前正在使用的一项成熟技术。

目前,这种弹射离机救生主要考虑4种方式:侧向弹射、侧上弹射、向上弹射和向下弹射。这4种弹射方式都是针对现役弹射离机所用的弹射座椅的性能来设计的。现役弹射座椅重量较重,弹射动力的大小和方向不能调节,缺少智能化的姿态控制系统,不能回避地形自由飞行。因此,目前采用的弹射离机救生方案和火箭牵引离机方案存在着同样的问题。

为了彻底解决军用直升机的乘员应急离机安全救生问题,研究人员正在积极寻求一种"自适应弹射座椅"的方案。这种方案一方面可以不改变现有军用直升机的任何部分,同时,还能充分发挥军用直升机在现代军事作战中的重要作用。因此,有人认为,轻型智能弹射座椅将成为未来军用直升机配备乘员应急离机救生装备的一种优先选择。

3. 乘员离机后的生存救生

乘员离机后的生存救生是指直升机乘员在脱离遇难的直升机后,需要采取的一种生存救生途径。遇难飞行员的救生装备与营救人员所配备的搜索装备一起,构成一种"搜索与救援"(SAR)系统。直升机乘员在脱离直升机后,所采用的搜索与救援系统与固定翼飞机的基本相同,而且,基本上是采用救生电台。

直升机救生电台是直升机乘员在脱离直升机稳定着陆后,能够迅速、安全地向己方救援人员发出呼救信号,尽快与其建立起通信联络,并立即报告其所在位置,从而引导己方救援飞机飞临求救地点上空实施救援的一种救生装备。救生电台可以进行地—空、地—地通信联络。一般来说,当救援飞机在3000m高度飞行时,地—空信标通信有效距离可达100km,地—空通信有效距离也在70km左右。

目前,最典型且最先进的航空救生系统就是美国摩托罗拉公司研制的GPS-112个人定位系统和波音公司研制的"克赛尔"(CSEL:作战幸存者/逃生者定位器)救生电台。

GPS-112个人定位系统由飞行员所携带的GPS-112救生电台和救援飞机所携带的"快取"(Quickdraw)询问机两部分组成。1994年初,美国空军要求摩托罗拉公司在AN/PRC-112电台的基础上,加装GPS接收机,成为一种集信标机、收发信机、应答机和GPS接收机等功能于一体的新型救生电台,称作为"GPS-112"。

GPS-112是一个带有12通道并行GPS接收机(采用C/A码)的VHF/UHF收发信机,可提供250个导航航路点,定位精度小于25 m。当它一开机,就可自动捕获GPS卫星信号,下载飞机的航路点。被击落的飞行员利用GPS-112,可以在几秒钟内将自己的位置信息自动地传送给救援飞机上的询问机,引导救援飞机的飞行。GPS-112救生电台与救援飞机载的"快取"询问机协同工作,可大大提高搜索与救援的效率。

"克赛尔"军用型号AN/PRQ-7型救生电台是一种轻型的小功率超视距救生电台。它不仅可进行超视距通信,而且,可以在全球范围内进行保密通信和定位,从而实现可在任何距离范围内,快速准确地确定被击落的飞行员的位置,进行及时的营救。该电台的尺寸为200mm×80mm×45mm(含电池),重0.9kg,可手握。工作环境温度范围为-40~+55℃,存放温度范围为-62~+85℃,平均无故障时间为3000h以上,可在30m深的盐水下浸泡5min以上。抗冲击的能力很强,在1m多的高度上掉落水泥地板无损伤。

"克赛尔"救生电台装有一个GPS接收机,可向搜索与救援队伍提供被击落的飞行员的位置信息。这种GPS接收机采取了选择可用性(SA)和反欺骗(AS)措施(增加了一种多芯片模块)，抗干扰能力较强。“克赛尔”救生电台有3种超视距数据链供被击落的飞行员使用，使其可以与救援部队进行远距离通信联系：一种是军用UHF卫星通信系统，一种是称作为“国家财产”(National Assets)的卫星数据链(现仍处于保密阶段)，另一种是非保密的民用搜索与救援卫星通信系统。据称，这种救生电台“将会使搜索与救援能力产生一种革命性的变化”。

11.2.3 直升机水面充气救生系统

直升机有时自旋下滑迫降，特别是海军飞机在海上执勤时迫降在海面。在这种情况下往往由于直升机急速倾覆和下沉，飞行人员来不及从落水的直升机内逃出而丧生。因此应当有一种防止直升机倾覆和下沉的应急漂浮救生系统，这就是直升机充气救生系统。

直升机充气救生系统分两类：一类是针对飞行人员的海面救生，另一类是着眼于整个直升机的漂浮待救。前一类即自动救生筏系统。海上直升机内一般都存放有救生筏。但是存放在机内的救生筏在使用上很不方便，往往来不及取出使用，直升机就沉没了，这就使已经逃离直升机的人员也得不到安全救生。为了解决这个问题，美国H-46直升机采用了机外贮存救生筏的方案。图11.13为该方案的示意图。在直升机机体外左右两侧配置了两个贮存舱，每个舱内存放十多个座位救生筏。在直升机落水后，可以自动或手动抛出救生筏。救生筏在10s内展开并张满气。这样，在直升机下沉前逃离直升机的乘员就可以安全获救。

漂浮稳定救生系统是将整个直升机漂浮在水面上，乘员在直升机内等待救援。该系统由数个充气浮囊组成。直升机落水后，浮囊迅速自动展开充气，或由乘员控制充气。如果驾驶员选择水上降落并随后起飞，也可控制该系统充气而不抛放。

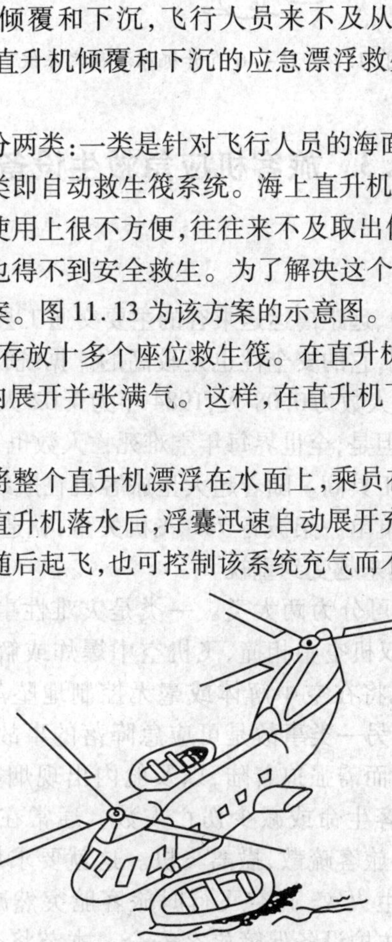

图11.13 H-46直升机救生筏方案

图11.14为H-46直升机漂浮稳定系统方案图。它采用四个球形浮囊，浮囊分别存放在机头的两个流线形外罩和机身后段的两个短翼舱内。浮囊用涂胶尼龙布制成。每个球有两个密封气室。未充气时每个浮囊体积为0.028m^3，充气后体积为3.2m^3。四个浮囊产生的总浮力约133440N，可以使直升机(重10433kg)稳定漂浮。浮囊有较强的强度，能防火、耐油、耐霉、耐盐酸以及能抵抗各种极端的环境。漂浮稳定系统重量较大，但它能保证救生可靠和回收价格昂贵的直升机，因此是比较有利的方案。

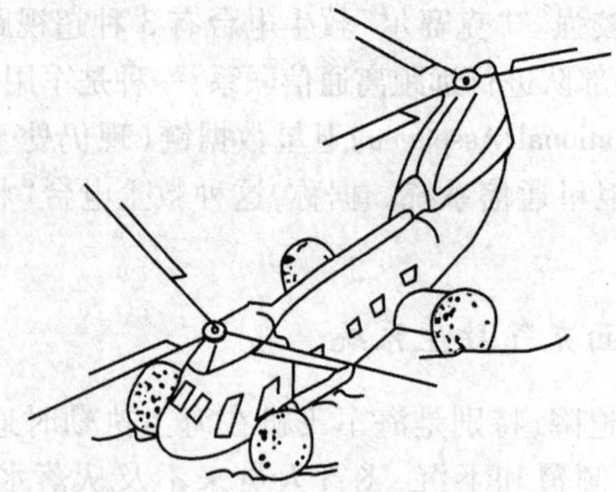

图 11.14　H－46 直升机漂浮稳定系统

11.3　旅客机应急救生设备

11.3.1　概述

当前,旅客机已经成为中、远距离运送乘客的主要交通工具。这不仅由于它能节省时间,而且和铁路公路运输相比,它的安全性也是较高的。据统计,国际民航客机按千米计算,1983 年为每 1 亿 km 死亡人数为 0.08 人,1984 年为 0.02 人,1985 年为 0.09 人。这些数字远比其他交通工具低。但是,全世界每年空难死亡人数也是相当可观的,而且每次空难死亡人数也远比其他交通工具高。随着超大型旅客机在航线的应用,空难事故的严重性就更为尖锐了。1985 年,单单一架波音 747 飞机失事,就造成 250 人死亡的惨剧。因此,旅客的安全救生问题也越来越受到重视。

旅客机的飞行事故大致可分为两大类。一类是灾难性事故。在这类事故中,飞机不能连续飞行和操纵,例如双机空中相撞、飞机空中爆炸或解体、发动机及飞行操纵系统的严重故障等。这时飞机将在空中解体或毫无控制地坠落。在这类灾难性事故中目前暂无拯救旅客的可能。另一类事故是可应急降落的事故,例如在起飞着陆时飞行员的操作失误或起落架故障而需强迫着陆,以及舱内出现烟雾需立即应急降落等。在这些情况下,有可能拯救旅客生命或减少伤亡人数。通常在应急降落时,应尽量避免旅客受伤;降落后,要迅速将旅客疏散,撤离飞机。这就要求旅客机上设计和安装应急救生设备。此外,当机内发生火灾,高空飞行时旅客舱突然减压以及飞机在水面迫降时,都需要各种应急救生或防护设备保障旅客安全。本节将介绍目前旅客机上使用的各类应急救生设备。

11.3.2　旅客机应急救生系统

1. 旅客座舱和安全姿态

根据美国 1959—1979 年喷气式运输机事故的统计,70% ~80% 的事故发生在起飞和着陆阶段。表 11.3 为事故分类统计表。在起飞着陆阶段的事故,一般常以应急强迫降落处理。在迫降中,应尽量避免旅客受伤,通常是由飞机和座舱的耐坠毁性来保证的。飞机的结构在坠毁时其主要部位如客舱等应保持完整;次要部位如机身腹部、行李舱等允许部分损坏，以吸收坠落冲击中的能量。在舱内的旅客座椅则要求完整无损。旅客用安全带固定在座椅上，不发生与机体其他结构相碰撞的危险。座椅应牢固地固定在地板上。在设计座椅时，通常假定旅客平均质量为77kg，经济舱内的座椅质量为11kg（头等舱座椅重21kg）。强迫着陆时座椅及其上的旅客向前的过载若取9，设计安全系数取1.33，则固定座椅的装置在前后方向上将受到约10330N的载荷。这就要求固定装置设计得足够强，以使座椅和旅客不因固定不牢而发生碰撞损伤。

表11.3　1959—1979年美国运输机事故统计

飞行阶段	事故发生比例/%
装载和滑行	3.3
起飞	12.4
爬升	15.4
巡航	5.8
下滑	15.4
进场	26.6
着陆	20.9

飞机迫降时，为了避免受重伤，旅客应系好安全带，同时尽可能采取安全姿态。安全姿态有两种（图11.15）：一种姿态是用两肘将上身支托在前面座椅背部，头部贴在两手上；另一种姿态是当前面无倚托时，将上体向前下方尽量弯曲，用两手抓住双脚，此时可将安全带尽量放在腰部，以避免下腹部受力过大。

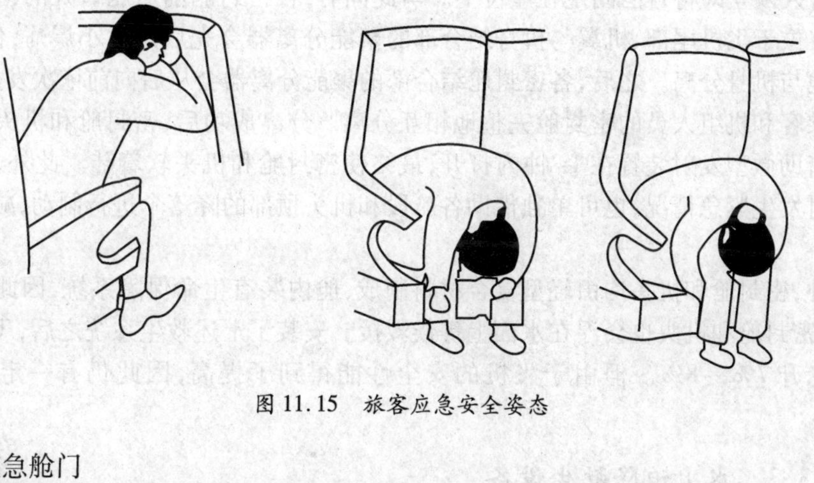

图11.15　旅客应急安全姿态

2. 应急舱门

飞机迫降后，由于冲击和摩擦，往往会使燃油着火而发生火灾或爆炸，因此飞机着陆后要使旅客迅速撤离飞机，这就需要有应急舱门作为应急离机出口。应急舱门的位置因机翼而异，其位置和数量应保证在最短时间内将旅客撤离客舱。应急舱门的尺寸比正常出入客舱的舱门要大得多。其结构和应急操作方法也因机型而不同，可以自动或手动开启；当结构变形、自动系统发生故障时，可由人力打开舱门。

应急舱门附近应装有电池供电的照明灯。在通往应急舱门的通道地板上应装有应急离机的萤光指示箭头，以便旅客在烟雾中识别离机方向。

3. 应急滑梯

乘客从应急舱门撤离飞机,要使用应急滑梯。现代旅客机装有充气式应急滑梯。根据美国航空法规要求,在飞机发生火灾的情况下,乘客应在90s内撤离飞机,这在当前已成为世界通用的应急脱离标准。大型客机的滑梯已被证实,在90s内可供110人撤离飞机。图11.16是充气式应急滑梯工作示意图。

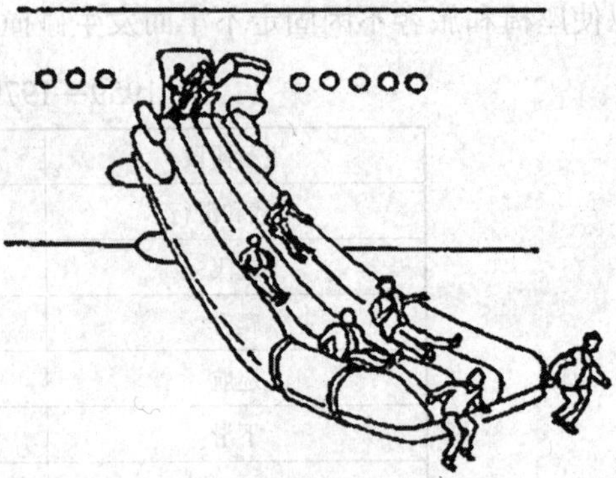

图11.16　应急滑梯工作示意图

应急滑梯由合成橡胶或涂胶(氨基甲酸乙酯)尼龙布制成。平时折叠在应急舱门的下部隔舱内;一旦舱门被应急打开,滑梯便自动向机外展开。同时由高压气瓶在7~9s内充气膨胀,形成滑梯。滑梯的上端与舱门出口地板相接,梯身与地面成40°角,因而任何人都能顺利沿滑梯滑下。

应急滑梯和其它救生设备一样,必须严格定期检查,以保证其工作的可靠性。

最近,有的专家建议将旅客机(货机)机身的最内层改装成数个前后相通的密封舱,在各密封舱结合部的机身夹层中和机翼与机身的结合部安装聚能分离器(即小型爆破装置),在各密封舱顶部的中心位置加装降落伞。当飞机在空中遇到严重的紧急情况时,人工智能电脑可根据飞行高度、下落速度、剩余飞行时间等信息,综合分析情况的紧急程度。如果飞机坠毁不可避免,电脑将通知机组人员启动救生系统。当听到警报后,飞机上的所有人须立即将自己固定在座位上。与此同时,各密封舱前后舱口处的密封门会迅速关闭。位于飞机尾部、机翼与机身结合部的聚能分离器会先后发生小爆炸,使机尾、机翼完整地与机身分离。之后,各密封舱结合部的聚能分离器会从后向前依次发生小爆炸,使载有乘客和机组人员的密封舱完整地相互分离。分离成功后,密封舱和机头顶部的降落伞会借助微型发射装置在1s钟内打开,最终使密封舱和机头软着陆。此外,如果在飞机起降时发生紧急情况,也可单独借助各舱段和机头顶部的降落伞进行制动,减小事故的危害性。

另外,密封舱和机头均由轻型复合材料制成,舱内装有生命保障系统,因此即使降落于水面,密封舱和机头也会浮在水面上等候救援。安装了上述救生系统之后,飞机的制造成本会上升7%~8%。但由于飞机的安全性能得到了提高,因此仍有一定的市场竞争力。

11.3.3　水上迫降救生设备

1. 滑梯—救生筏

据统计,在旅客机可生存事故中,落水事故约占10%。飞机在水上迫降要解决旅客的漂浮待救问题。漂浮设备有个人用救生衣及供多人使用的救生船。此外,应急充气滑梯也可作为水上迫降的漂浮救生设备,它的载员能力比救生船大得多,一般可载50~100人,是很好的水上救生设备。

滑梯—救生筏安装在应急舱门下隔舱内,舱门应急打开时,自动向机外展开并充气。

由于滑梯—救生筏直接和舱门相连，旅客可以很方便地登上救生筏。当全部旅客均登上救生筏后，将滑梯和舱门出口地板相连处的"迫降把手"拔出，即可使救生筏和飞机分离。

滑梯—救生筏上配备有应急物品和通信设备，如筏蓬、浮锚、修理用具、信号发生器、应急定位发射机等。应急定位发射机在海水中，海水电池开始工作，发射机发出求救信号。

2. 救生船

在没有滑梯—救生筏的旅客机上，水上漂浮设备主要是充气式救生船。救生船有6人型、10人型、25人型、42型等多种规格。救生船有高速充气系统，在开始充气后15s就能载人。

救生船平时紧密包装，收藏在飞机客舱出口顶部隔舱内，在隔舱口盖上标以"救生船"字样。在应急条件下，取出救生船，从打开的应急舱门投入水中。当救生船落水瞬间，猛拉D型拉环，启动高压气瓶使救生船充气展开（应避免在客舱内拉动充气环而使救生船在机内展开）。救生船充气漂浮在水面上，可用拉索拉回到应急舱口，以便乘客登船。登船结束后割断拉索，救生船即脱离飞机。救生船上备有的物品和设备，大体上与滑梯—救生筏的相同。

3. 救生衣

机上充气式救生衣是供成人和儿童落水时使用的。救生衣平时呈带状，一般存放于座位下或客舱顶部。飞机着水前，由乘务员协助旅客穿上救生衣。旅客在离机前后拉开充气开关，高压二氧化碳气瓶即向救生衣充气。充气后的救生衣呈倒U形，围绕颈部和胸前，可以保证落水者头部高出水面，面部向上，身体与水面呈40°左右的角度漂浮。由于救生衣的浮力大部分分布在穿着者的胸前，因此能产生足够的力矩，保持良好的稳定性。穿着救生衣在水中漂浮时，除非急需，不要游泳，以免过多消耗体力。

11.3.4 应急氧气设备及防火灭火设备

1. 应急氧气设备

旅客机的巡航高度为8~12km，相应的密闭增压座舱的座舱高度约为2.4km，因此，正常飞行时旅客不需要供氧。旅客机应急氧气设备是在高空飞行中座舱突然减压时，向旅客应急供氧的设备。座舱突然减压的原因有：增压装置发生故障，飞行中舱门飞掉，机身结构破坏使座舱失去气密等。在这些情况下，旅客和乘务员均要使用应急氧气设备供氧。应急氧气的贮量必须能保证飞机从高空下降到呼吸大气高度时间内旅客所需的氧气供应。

旅客机应急氧气设备由应急氧源和氧气面罩组成。应急氧源可采用高压氧气瓶、固态化学产氧器或分子筛产氧。氧气瓶供氧迅速。产氧器供氧有一个时间滞后，但在火灾情况下较安全，也没有高压贮存和泄漏的危险，可取性高，维护使用方便。分子筛产氧是一种物理性产氧，通过压力变化产生氧气。产氧器和氧气面罩都在旅客座椅上方的旅客服务箱内。

在应急情况下，座舱高度升到4000m后，7~15s内，旅客服务箱门由气压膜盒开关驱动而自动打开,氧气面罩向下掉出,旅客即可使用。当自动开关不工作时,驾驶员可以操纵手动电磁开关使活门打开,面罩展开。

固态化学产氧器又叫氯酸钠氧烛。掉出的氧气面罩由打火绳悬挂着,当旅客把面罩拉到脸部位置时,打火绳拉动打火机构,击发点火剂使氧烛燃烧而产生氧气,氧气通过过滤器进入供氧分配管道,向旅客应急供氧。

分子筛床供氧在军用飞机用得较多。主要设备为分子筛上的产氧器。分子筛床内装有晶态铝硅酸盐。这是一种多孔材料,可以吸附空气中的二氧化碳、氮气、水汽等,从而将氧气筛出。可以通过变压循环对筛床进行清洗。

2. 防火灭火设备

旅客机的防火灭火设备是在飞机发生火灾时使用的。飞机在空中发生故障或强迫着陆时都可能发生火灾。防火设备包括各种阻燃材料制造的座椅坐垫、客货舱的内壁结构和其他保护设备。座椅坐垫一般由聚氨基甲酸酯泡沫材料制成,外面包覆尼绒套罩。这些材料都应满足现行的耐火标准。但在强辐射热作用下它们也会着火,并使火焰在客舱中蔓延,而且会产生有毒的燃气。因此,国外正在用新的阻燃良好的材料制造座椅外罩。

为了确定材料的耐火性能,要进行耐火试验。按新的耐火试验标准,应将被试材料制成标准大小的靠垫和坐垫,按座椅形式放置。在距离座椅的侧方 10cm 处用大火源(煤油喷燃器)的火焰喷烧 2min,然后测定坐垫和靠垫的燃烧长度和重量减少值。如果燃烧长度在标准范围内,重量减少值在 10% 以内则认为符合标准。

货舱内的壁板、天棚镶板等也应由耐火阻燃材料制成,如含玻璃纤维的聚酰亚胺面板和聚酰胺—诺梅克斯蜂窝材料,材料表面蒙上一层抗燃的聚醚酮透明薄膜。这种材料在火焰燃烧试验中表明其抗燃时间超过 6min,是一种比较好的抗燃材料。

当飞机发生火警时,机上的报警设备会发出警报,并指示出火警发生部位。在火灾情况下,化学合成物质燃烧会产生大量有毒烟雾,这些烟雾会使人中毒窒息。因此当火势已起,旅客应用湿毛巾或湿布掩住口鼻,采取低的姿势奔向应急舱门。现代旅客机上可以装备防烟头罩防止旅客在火灾时吸入有毒烟雾。简单的一种是用透明乙烯纤维制成的口袋,应急时套在头上,并在颈部系紧。罩内空气大约可供 3min 呼吸。还有两种较复杂的防烟头罩:一种是带过滤器的;另一种是带呼吸气体(氧气或压缩空气)源的。带过滤器的头罩除能滤掉烟雾微粒和有毒气体,如氰化氢、氮化氢、氟化氢、氧化氮、二氧化硫等外,在采用催化过滤器的情况下还能滤除一氧化碳。这种头罩在煤油和塑料燃烧产生的浓烟中,可有效地使用 5min。带呼吸气源的头罩可以提供比 5min 长得多的有效工作时间,但其尺寸较大,重量重,价格贵。英国生产的一种新型防烟雾和防毒面罩装置,其口罩结构分三层:外层是防火隔热的碳纤维防护层;中间一层是活性碳织物层,带静电,可除掉烟粒;内层是浸渍活性碳的网状泡沫塑料层,用来渗滤气流和进一步滤掉烟粒。口罩共能滤掉 98% 的烟雾。整个面罩为耐火透明材料制成,可耐火焰 450℃。

旅客机上的灭火设备主要是自动灭火器和手提式灭火器。自动灭火器安置在易着火的部位,可以自动或手动启动工作。

11.4 航天飞行器的救生设备及方案

11.4.1 概述

从1961年苏联成功发射世界上第一艘载人宇宙飞船以来，到目前，苏联和美国已经进行了几百次载人航天飞行，中国目前已经掌握了载人航天技术，中国自行设计研制的载人飞船也已升入太空。融汇了现代尖端科技的载人航天活动，同时也是一项张满风险与挑战的事业。无论计划有多么好，太空飞行永远是极其危险的活动。载人航天器的发展并非已经十分完善，还有许多问题有待解决，航天飞行器的安全救生问题就是其中之一。

在近半个世纪的航天飞行实践中，曾经发生了十余次重大事故，有多名航天员不幸遇难。这些事故几乎都发生在航天器起飞和着陆阶段。美国原有的5架航天飞机，在过去的113次飞行中已经损失了2架。按此推算，发生飞行事故的概率为2%。据官方统计，迄今为止共有22名航天员在载人航天事故中牺牲，其中美国17人，苏联5人。另外还有在飞行事故死亡的航天员18名，其中美国11名，苏联7名。1961年3月23日，苏联航天员邦达连科在张满纯氧的舱室里进行紧张的训练，休息时，他用酒精棉球擦完身上固定过传感器的部位后，随手将它扔到了一块电极板上，结果舱内燃起大火，他被严重烧伤，10h后死亡，成为人类载人航天活动中第一个遇难的航天员；1986年1月28日，美国"挑战者"号航天飞机在升空73s后爆炸，7名航天员全部丧生，其中包括中学女教师克丽斯塔·麦考利；2003年2月1日，"哥伦比亚"号航天飞机在原定降落时间16min前与地面控制中心失去联络，继而在得克萨斯州中部上空解体，7名航天员无一生还。这些灾难性事故，引起了人们对航天飞行安全的重视，并对航天飞行器救生设备研究提出更迫切的要求。

保证航天员的安全是载人航天飞行的一个基本问题。从进入座舱起，到着陆后离开座舱止，只要航天员在载人航天飞行器内，任何时候都有发生危急情况的可能。航天员的安全是由整个航天大系统的状态所决定的。所谓航天大系统，是指为特定目的而建造的载人飞船、运载工具(运载火箭)、发射装置、测控设施以及搜索救援工具等所组成的组合体。下列各项因素都会使航天员面临危险：①飞行器上系统的故障(或失效)；②航天员动作的失误；③缺乏预防疾病的手段；④在研制阶段所犯的错误；⑤地面飞行控制小组所犯的错误；⑥选拔航天员和组成乘员组时的错误；⑦航天飞行不利因素的影响；⑧未预料到的外界环境；⑨未遵守安全工程的要求；⑩制定飞行计划时的错误。

总之，航天飞行的安全不仅取决于飞行器及其各系统的可靠性，而且还取决于航天员的训练质量，航天人—机系统中人和设备特性的合理协调，飞行和飞行控制准备工作的组织，航天员的健康条件及其他因素等。这些因素的优劣成败，都直接影响航天员的安全。

航天飞行器救生设备是在航天飞行安全得不到保证的紧急情况下，为拯救飞行员生命而装备的设备。救生设备应能满足航天飞行各阶段条件下安全救生的要求。航天飞行一般要经过发射、上升、轨道运行、返回(再入)、下降、着陆等阶段。如前所述，在起飞(发射、上升)和着陆(下降、着陆)阶段常出现严重的飞行事故，要求航天员紧急离开飞行器安全救生。在轨道飞行中的事故也会造成严重后果。但是轨道救生与大气层救生各有其不同的特点，下面分别介绍航天飞行器在上述两种情况下所采用的救生方案和救生设备。

11.4.2 大气层内救生

航天飞行器在大气层内的飞行包括发射、上升、下降、着陆。在这些阶段中都可能发生紧急情况,需应急救生。

1. 发射台紧急撤离系统

航天飞行器在发射台上准备发射和进行检查试验时,都可能出现要求航天员必须离开飞行器或现场的紧急情况,例如火灾、有毒气体泄漏等。1967 年 1 月 27 日美国"阿波罗"号飞船在发射台上进行模拟试验,由于指令舱内电线短路打火,引起火灾,三名航天员全部殉难,就是一个很好的例证。

在发射台上应急救生一般采用滑索—吊篮系统和发射勤务塔升降机系统。例如"土星—阿波罗"飞船为使航天员尽快撤离飞船,设计了快速开启舱门及长约 600m 的专用斜拉索。快速开启舱门可保证航天员在 2 ~ 3s 时间内离开飞船,然后乘特制的座舱—吊篮,从 98m 高度沿斜拉索降下进入安全区。

另一种方案是利用斜滑梯转移到专用的斗车或特制的具有良好防热、密封性能的装甲运输车中,再迅速离开危险区;垂直起飞的航天飞机也采用发射台滑篮救生系统(图 11.17)。在应急情况下,航天员从应急舱口出来,通过发射台专设的桥形甬道进入滑篮,利用重力滑向远离发射台的安全区。滑行时间约 35s,滑行距离为 365m。桥形甬道带有防火防爆罩或防水雾罩等防护设施。

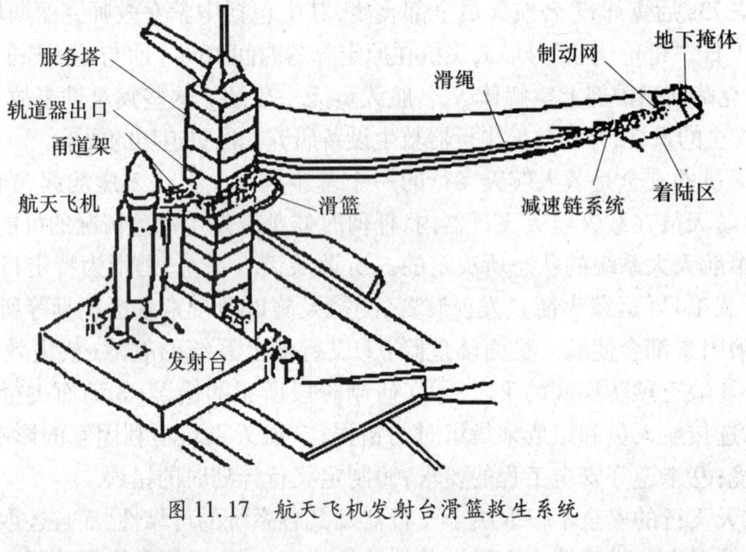

图 11.17 航天飞机发射台滑篮救生系统

航天飞机另一套紧急撤离系统是发射勤务塔的升降机系统。升降机装设在航天飞机勤务和出入设备内,如图 11.18 所示。在应急工作状态时,可用它将人员从发射勤务塔输送到发射台的最底层,远离发动机爆炸危险区。

2. 应急发动机救生系统

应急发动机救生系统是航天飞行器在发射台及低空上升段时的应急救生方案。它利用载人飞船载人舱作为救生舱,用应急发动机将座舱发射到一定高度,再用降落伞系统安全回收着陆。例如"水星号"飞船在发射台上及主动段初始段的应急救生方案,就是用应急发动机将飞船送到 760m 高度,然后系统工作,飞船乘主伞着陆。应急发动机产生的最

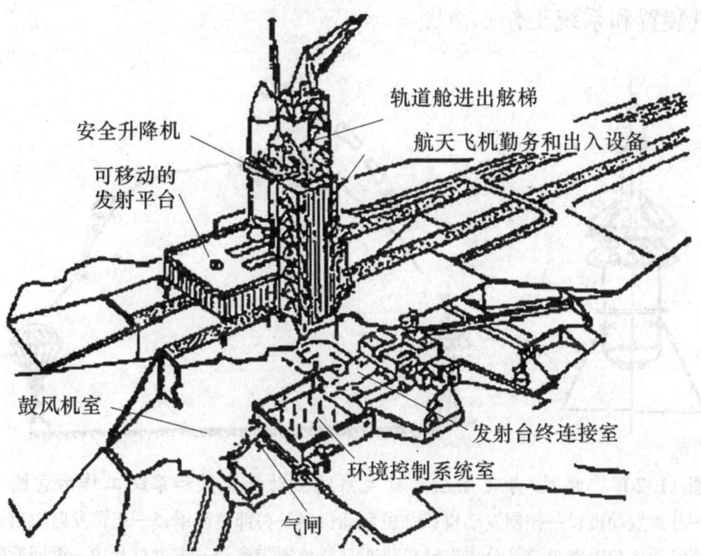

图 11.18 航天飞机发射勤务塔救生系统

大过载达到30。"水星"号飞船应急救生系统工作程序见图11.19。

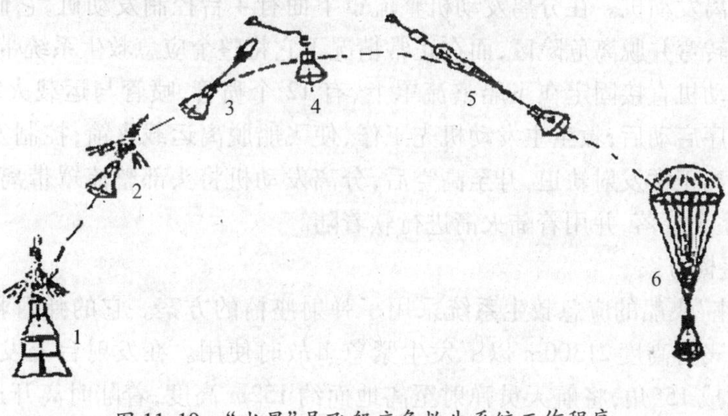

图 11.19 "水星"号飞船应急救生系统工作程序

1—飞船和运载火箭分离;2—应急救生系统的救生塔分离;
3—减速伞打开;4—天线整流罩分离;5—拉出主伞;6—主伞张满。

发射"阿波罗"飞船的"土星"火箭,也采用应急发动机救生系统方案。该系统在发射前30min至发射后飞行3min这段时间内,随时能将救生舱发射到1220m高度上,水平距离达到610m,脱离危险区,然后开伞着陆。系统包括Q式球连接装置、前置安定面、俯仰控制发动机、分离发动机、发射救生发动机、结构裙、发射救生塔和助推器保护罩等部分。应急程序开始时,首先启动发射救生火箭,使火箭点火将指挥舱带离运载火箭,接着俯仰控制发动机点火,指挥舱偏离起飞弹道,当救生发动机和控制发动机熄火时,救生塔分离螺栓即爆炸,同时救生塔分离发动机点火,将塔和座舱分离开;座舱乘降落伞着陆。在正常飞行时的70~80km高度上,应急发射救生系统及其支架被抛掉,不再使用。

"联盟"号应急救生系统除发射台紧急撤离装置外,在地面人员离开发射台,工作塔架撤离现场的待发状态下,也采用了应急救生发动机方案。图11.20为联盟号飞船应急救生系统发动机装置和系统工作示意图。

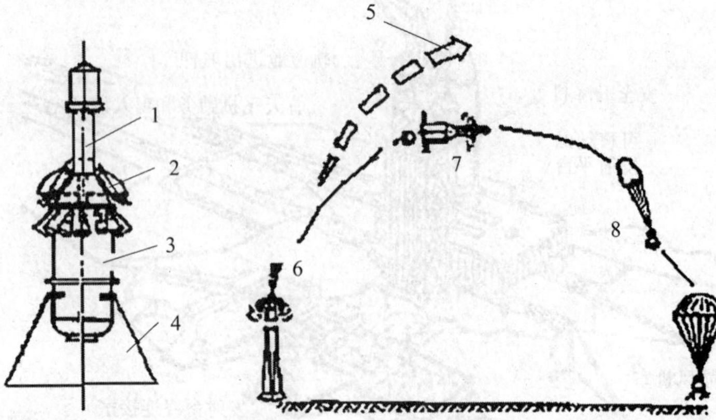

图 11.20 “联盟”号飞船应急救生系统发动机装置和系统工作示意图

1—分离发动机;2—控制发动机;3—主发动机;4—头部整流罩;5—正常发射轨道;
6—应急救生系统发动机装置点火;7—分离发动机将头部整流罩带离;8—主伞打开;9—返回舱降落并软着陆。

“联盟”号飞船应急救生发动机装置由三种固体推进剂发动机组成。在应急救生系统的上部是分离发动机。在分离发动机整流罩下面有 4 台控制发动机,它们保证飞船返回舱和生活舱转弯并脱离危险区,而在正常情况下它将整个应急救生系统带离飞行轨道。应急救生主发动机直接固定在飞船整流罩上,有 12 个喷管,喷管与运载火箭中心呈 30°倾斜。救生程序启动后,救生主发动机先工作,使飞船脱离运载火箭;控制发动机工作保证救生系统偏离正常发射轨道,升至高空后,分离发动机将头部整流罩带离;然后主伞打开,返回舱乘主伞降落,并用着陆火箭进行软着陆。

3. 弹射座椅方案

“双子星座”飞船的应急救生系统采用了弹射座椅的方案。它的弹射救生系统可以在发射台上和飞行高度 21300m 以下发生紧急事故时使用。在发射台上发生故障时,弹射座椅与地面成 15°角,将航天员弹射至离地面约 152m 高度,着陆时离开运载火箭的距离为 305m。在高空弹射时,应备有可使用 15min 的供氧设备,并使用稳定伞使人椅系统稳定。图 11.21 为“双子星座”飞船高空弹射救生的主要程序。

苏联的“上升”号和“东方”号飞船也采用了弹射座椅作为应急救生和正常着陆的设备。在发射台上弹射座椅可将航天员送到离水源数百米远以外,开伞着陆。在正常返回或高空救生时,飞船座舱降落至 5 ~ 7km 左右高度即自动抛盖,人椅弹射离开座舱,再由伞系统保证航天员安全着陆。

4. 高空应急救生

载人飞船在上升段高空应急救生,多使用飞船原有的回收着陆系统,因为在高空飞行有足够的高度允许原有的回收着陆系统工作。例如“双子星座”飞船在 21300m 以上及飞船与运载火箭级分离前,座舱可以靠启动制动火箭撤离运载火箭,航天员在座舱内得到保护,并靠回收着陆系统安全着陆。

“阿波罗”飞船在高空抛掉救生塔后,如遇紧急情况,可通过服务舱反作用推进控制发动机点火或服务舱主发动机点火,来启动应急程序。紧接着指挥舱与运载火箭分离,服务舱被抛弃，指挥船实现正常再入，并以正常回收着陆系统安全着陆。

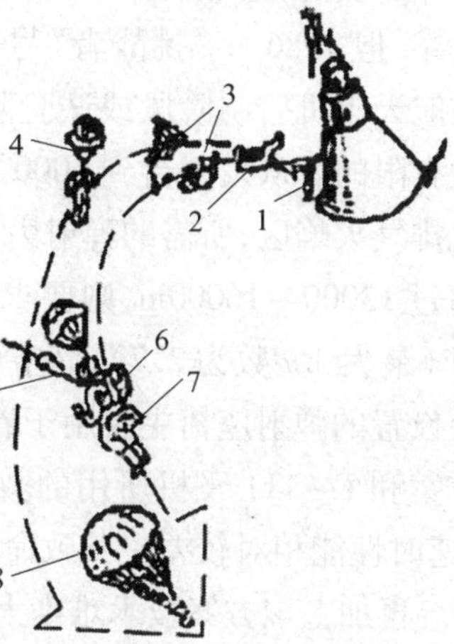

图 11.21 “双子星座”飞船弹射救生程序

1—飞船座舱舱门打开；2—弹射座椅的固体发动机工作；3—航天员与座椅分离；4—气球伞充气；5—引导伞；6—带降落伞和应急物品的背包；7—装有氧气的气瓶组件；8—主伞。

5. 航天飞机飞行中救生方案

航天飞机在主动段飞行中的紧急救生曾考虑过采用弹射座舱和弹射座椅的方案。但由于重量和研制费用的原因，最后都未采用，而寄希望于航天飞机本身的可靠性上。在主动段飞行中，如果飞行到 110s 时系统发生故障并必须返回时，航天飞机可先抛掉第一级固体发动机，接着抛掉第二级外挂贮箱，抛掉轨道器（航天飞机）多余的推进剂，然后轨道器在备用机场着陆。如果主发动机在飞行的最后几秒钟发生故障，则利用机动发动机补充加速，将轨道器送入低轨道（185km），然后在第一至第三圈返回着陆。图 11.22 为航天飞机在爬升阶段的四种应急处理模式。①返回到发射场；②横越大西洋或太平洋着陆；③绕地球一周着陆；④低轨道返回着陆。

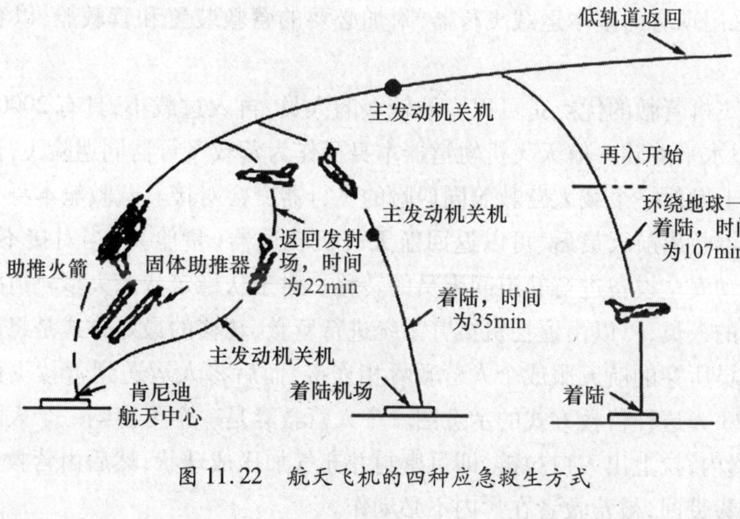

图 11.22 航天飞机的四种应急救生方式

可以看出，这四种模式都建立在航天飞机本身的可靠性上。当航天飞机（轨道器）出现紧急情况必须离机时，目前尚无应急救生手段。

航天飞机本身虽然十分可靠，但1986年“挑战者”号航天飞机失事说明航天飞机仍需考虑应急离机救生系统。在航天飞机研制阶段或试验阶段，均需安装弹射座椅。弹射座椅在发射及上升段的使用是有限的。从发射台到1000～1500m高度范围内，想要把航天员弹离爆炸火球区或发动机排气火焰区，所需的弹射力是很大的，以致超过了航天员的承受能力。如果弹射时高度超过13000～16000m，则要求航天员穿上笨重的弹射救生服（压力服）。这种服装能在高速（最大 *Ma* 数为2.7）、高空（最大高度24000m）下保护航天员安全救生。因此航天飞机上设置的弹射座椅主要用于着陆过程的救生。

航天飞机弹射座舱救生方案和F－111飞机所用的救生舱相类似。它具有较好的高空高速救生性能，但在低空低速时性能相对较差。其致命的缺点是结构重量太大，会使航天飞机损失6～7t的运载能力。再加上该方案技术难度大、成本高，因此该方案未被实际采用。

11.4.3 飞行轨道上的救生方案

在太空轨道上的飞行器有时也会出现各种严重程度不同的紧急情况。为了营救航天员，可以采用两类方法：一类是由飞行器以外的装置和人员对发生事故的飞行器中的人进行空间营救；另一类是航天员利用飞行器本身携带的应急救生系统，脱离飞行器，进行太空逃逸并再入、返回地球。

1. 地面发射的营救飞行器

空间营救的方案主要有两种：一种是从地面发射的营救飞行器；另一种是轨道营救飞行器。当空间事故发生后，可以从地面发射载人或不载人的飞行器进入太空，和被营救的飞行器交会对接，救出航天员，最后返回地面。营救系统可以用一次使用的运载火箭发射，也可以由可重复使用的航天飞机发射。营救飞行器又可分为专用的和非专用的两种。非专用的是利用一般的航天飞行器作为临时的营救飞行器。专用的营救飞行器需专门设计制造，可以采用现有的基本运载飞行器，附加必要的营救装置和营救舱，以容纳被营救人员。

利用航天飞机营救的优点是可以容纳较多的人员，再入过载小，具有2000km的侧向航行能力，可以水平着陆。航天飞机轨道器本身可作为营救飞行器同遇险飞行器对接，也可从航天飞机上发射一个载人营救舱同遇险的飞行器交会对接。营救舱本身具有推进能力。营救飞行器救出航天员后，可以返回航天飞机轨道器（货舱）。当对接不可能时，可以采用出舱活动安全设备进行轨道间乘员的转移。对于从稳定状态失事轨道路的气闸舱或侧舱口出来的人员，可以由遥控机械臂系统进行营救，转移的最好方式是将遥控机械臂直接与遇险乘员所穿的航天服或个人营救囊相连接，而后将人运送到营救飞行器的气闸舱里。图11.23为这种营救方式的示意图。个人营救囊是一个可容纳一个人的球形压力囊，乘员进入囊内，拉上出入口拉链，即可密封并充气加压成球状；然后由营救人员和机械臂将个人营救囊带回，被营救者在囊内不必动作。

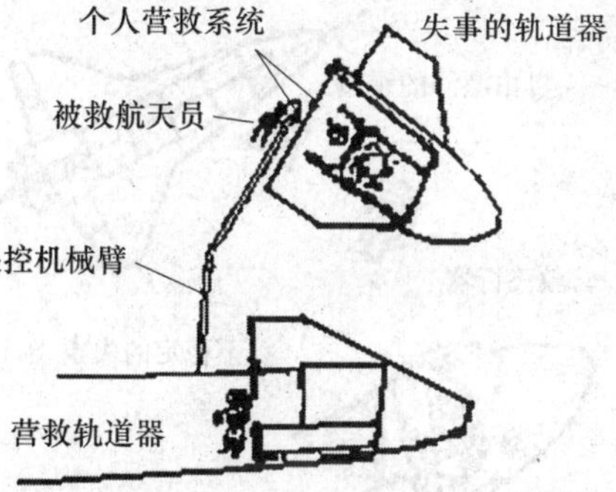

图 11.23　遥控机械臂营救方式

从稳定的失事轨道器上救人的另一种方法是将遥控机械臂与失事的飞行器相连接，以提供飞行器之间的直接转移路径；或者展开转移器系统，例如标准系绳或环状的晒衣绳装置，以便航天员用手操作协助在飞行器之间的转移。图 11.24 为这种营救方式的示意图。

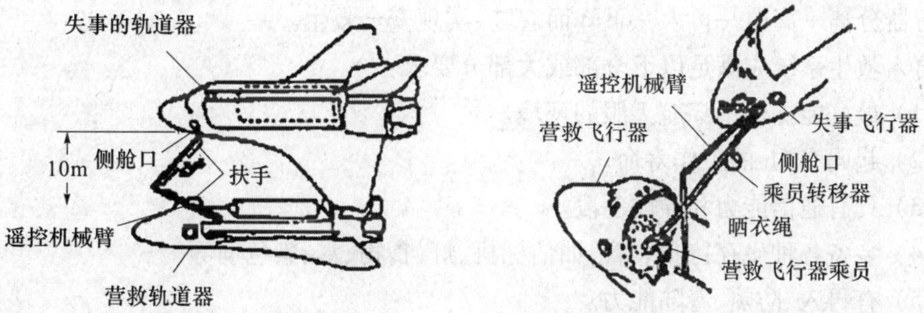

图 11.24　航天飞行器间转移营救方式

对不稳定状态的失事飞行器，不能采取以上两种方式营救，而要求失控飞行器中的航天人员穿着航天服或备带个人营救囊，离开飞行器，由载人机动营救装置对漂浮在空间的人或囊进行救援，抓住他们，把他们送回到营救航天器。这种方法对于不稳定轨道器，目前还是唯一可行的营救方法。其工作示意图见图 11.25。

2. 轨道营救飞行器

从地面发射营救飞行器所需的发射设备较多、上升和交会对接的时间太长，如果事先没有准备，可能需数十天；即使有所准备也至少需一天或十数天时间。为了缩短时间，可以事先发射一个营救系统——轨道营救飞行器——进入特定的驻留轨道。当其他飞行器发生紧急情况需要救援时，轨道营救飞行器通过变轨、克服相位差，实现与遇险飞行器的交会、对接，最后完成轨道救生任务。这样，可以省去地面发射准备、发射上升的时间。

轨道营救飞行器应具有很强的变轨能力，并装置必需的空间救生设备系统。轨道营救飞行器救生方案的致命缺点是救援人员长期在空间值班，以备随时应急之需。这样做在目前是不现实的，因此也未实际采用。

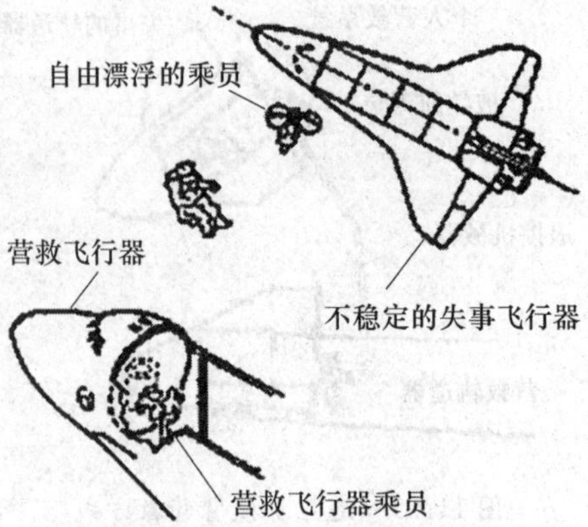

图 11.25　不稳定的飞行器的营救方式

3. 再入救生系统

如前所述,轨道救生还可以采取太空逃逸—再入—返回地球的方案,称为再入救生系统。再入救生系统安装在空间站上或轨道器上。应急时,航天员进入救生系统,救生系统与飞行器分离—离轨—再入—下降而着陆,实现安全救生。

再入救生系统应满足以下全部或大部分要求:

(1) 最好能提供不穿航天服的环境。

(2) 起码有 6h 的工作寿命。

(3) 具有通信能力和导航手段。

(4) 装备各种生存待救装置,如信标机、灯、食物、水、染色剂等。

(5) 有再入、防热、着陆能力。

(6) 能长期暴露在空间环境。

(7) 再入机动性能好,并能保持较低的过载。

(8) 具有一定的升力控制能力,以便选择合适的着陆点。

(9) 应具有一定稳定性。

(10) 能与飞行器连接和分离。

根据以上要求,再人救生系统应由下列各部分组成:①结构系统(包括对接口);②通信、导航系统;③姿态控制及稳定系统;④离机反推推进系统;⑤生命保障系统; ⑥能源系统;⑦再入防热系统;⑧降落伞减速着陆系统;⑨信标装置和漂浮装置。

根据再入救生系统的结构和工作方式,可以分为固定式和展开式两类。固定式又称为刚性救生系统,它具有固定的结构形状,可以存放在飞行器内部,也可以对接在飞行器或空间站外面,有的则由飞行器头部和航天员座舱组成。展开式系统在使用前折叠存放在救生袋或容器中,占用体积较小。在应急救生时展开并被刚性化(即硬化或加固)。展开或刚性化过程可以借助机械方法、充气方法或化学方法。

目前已经提出多种再入救生系统,表 11.4 为几种刚性再入救生系统的示意图及其特征。表 11.5 为几种展开式再入救生系统的示意图及其特征。

表 11.4 刚性再入式救生系统

方案名称	示意图	特征
密闭弹射座椅式救生舱（马丁·马里埃塔公司）	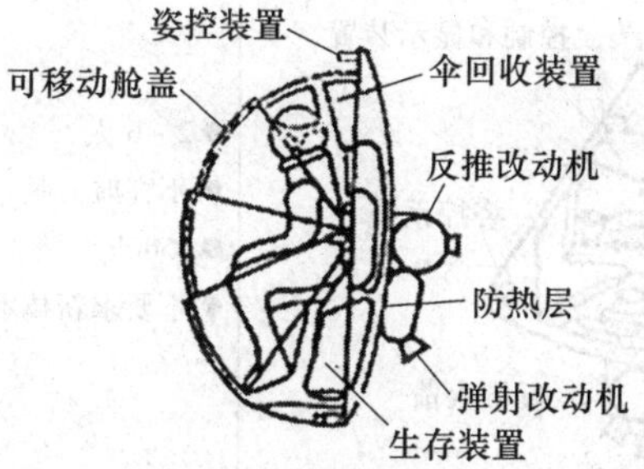	●1 人 ● 不穿航天服 ● 弹射座椅 ● 370kg ● 需要发展的新技术 ○ 可移动式舱盖 ○ 新型防热层 ○ 改进 B－58 座舱
救生艇（通用电子公司）	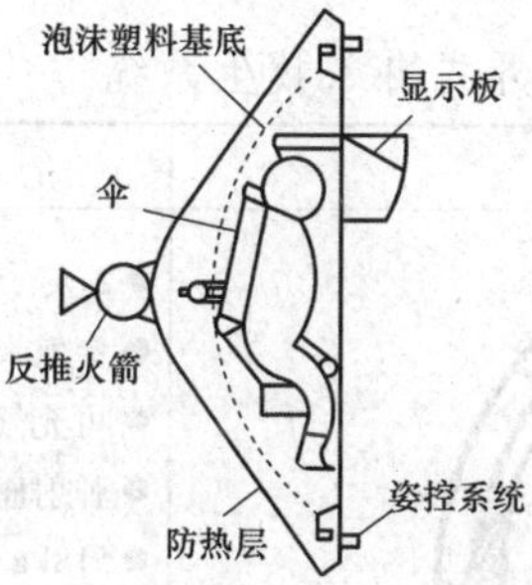	● 3 人 ● 穿航天服 ● 要求人用伞 ● 1950kg ● 新技术要求 ○ 新防热层 ○ 泡沫材料
升力体（诺斯罗普公司）	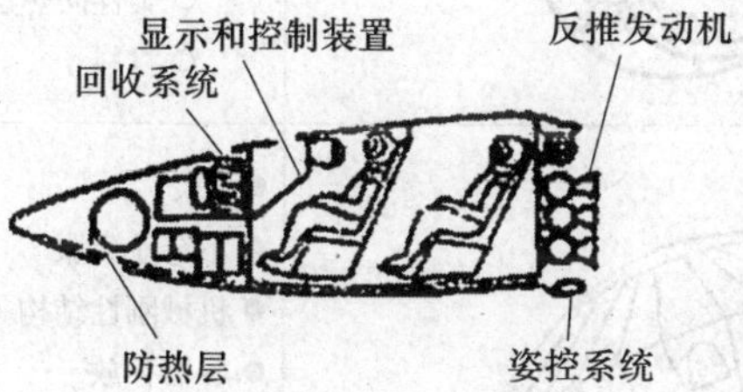	● 3 人 ● 不穿航天服 ● 1950kg ● 新技术要求 ○ 新防热层 ○ 再入技术 ○ 高速驾驶技术
地球轨道应急逃生装置（航宇局和洛克希德公司）	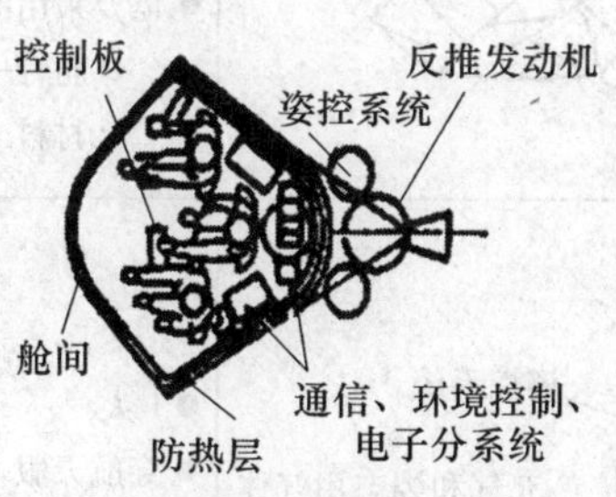	● 3 人 ● 不穿航天服 ● 1240kg ● 新技术要求 ○ 新防热层
球形防热层（罗克韦尔公司）	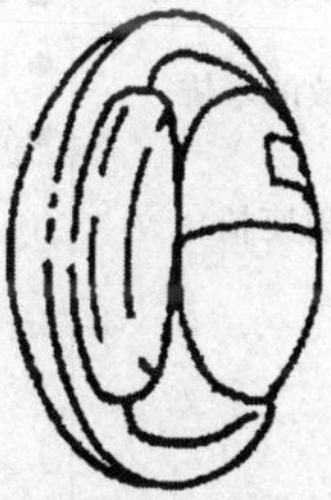	●2 人 ●不穿航天服 ●445kg ●新技术要求 ○新型防热层

（续）

方案名称	示意图	特征
阿波罗逃生指挥舱（罗克韦尔公司）	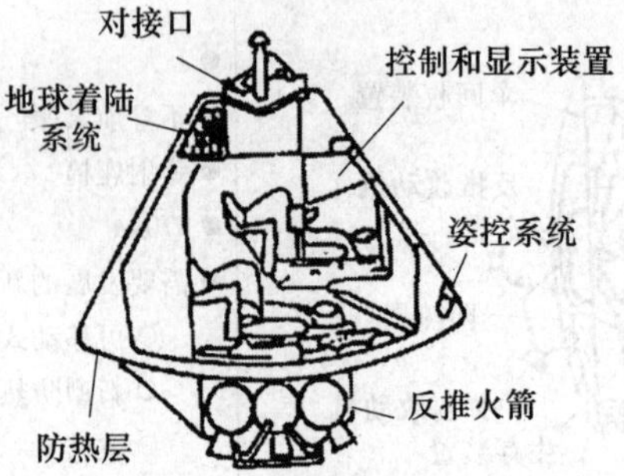	● 2~6 人 ● 不穿航天服 ● 4500kg ● 不要求新技术

表 11.5　展开式再入救生系统

方案名称	示意图	特征
气垫（古德伊公司）	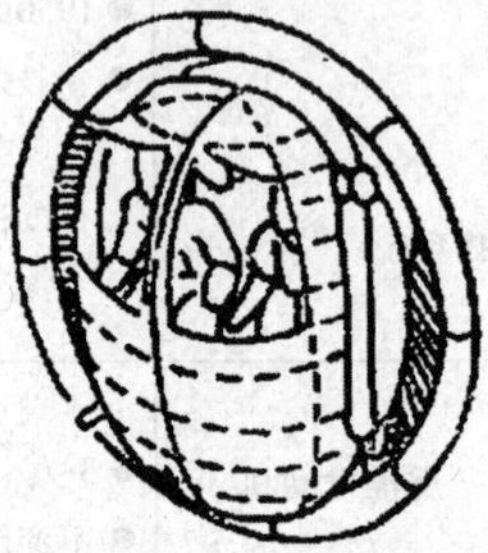	● 2 人 ● 穿航天服 ● 可充气 ● 弹射座椅 ● 518kg ● 需要采用的新技术 ○ 柔性防热层 ○ 材料
肋骨增强的展开式结构（罗克韦尔公司）	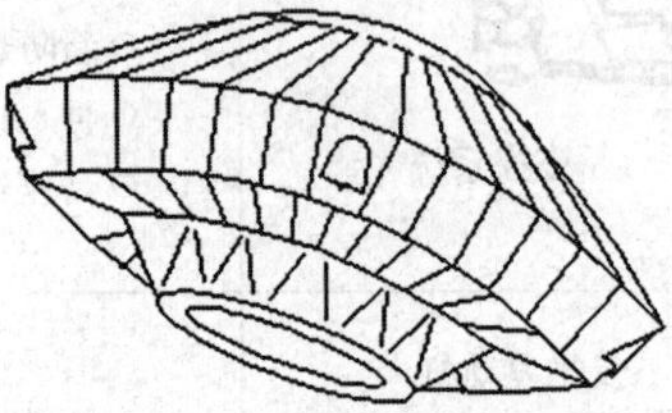	● 3 人 ● 不穿航天服 ● 机械刚性结构 ● 容器存放 ● 660kg ● 需要采用的新技术 ○ 肋骨—桁架连接机构 ○ 材料
伞锥（麦道公司）	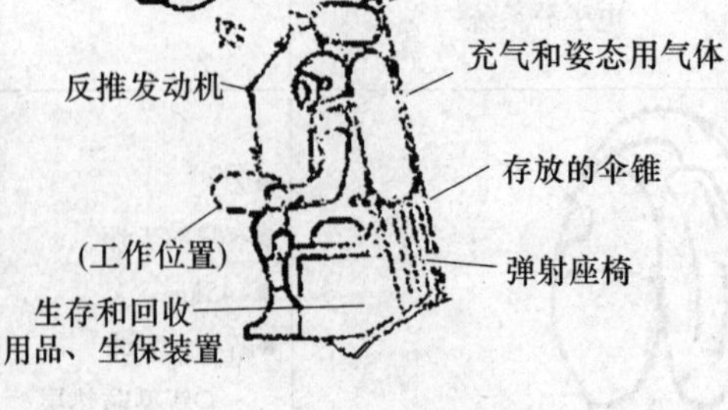	● 1 人 ● 穿航天服 ● 可充气 ● 192kg ● 需要采用的新技术 ○ 大的可充气展开结构 ○ 材料

（续）

方案名称	示意图	特征
MOOSE （通用电气公司）	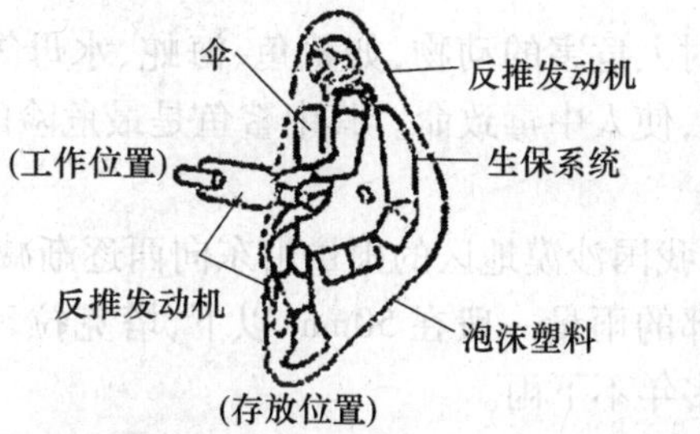	●1 人 ● 穿航天服 ● 手持反推火箭 ● 全部设备在舱外活动时携带 ● 泡沫填充塑料 ●215kg ● 需要采用的新技术 ○ 在空间形成泡沫填充塑料 ○ 可折叠的防热层
ENCAP	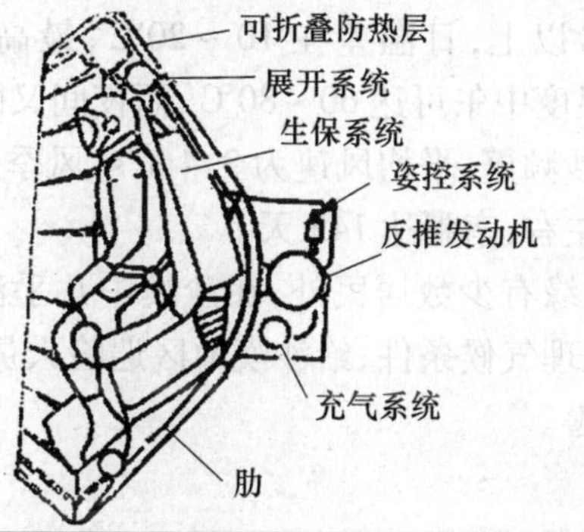	●1 人 ● 穿航天服 ● 舱外活动 ● 机械展开式 ●240kg ● 需要采用的新技术 ○ 机械展开结构 ○ 可折叠的防热层

11.5 海上及沙漠救生

11.5.1 海上及沙漠环境对人体的影响

地球表面约有 70% 的地方是海洋，而 30% 的陆地上又有大片寒冷的冻土地带和干旱的沙漠地区。我国幅员辽阔，有 470 多万平方千米领海，海岸线长达 18000 多千米。我国沙漠分布于北部 9 个省、自治区，总面积有 100 多万平方千米。因此，当飞机发生意外，飞行员和乘客降落在这些荒无人烟的地方以后，如何维持生命，保持健康和及时获得营救，是航空救生中的一个重要环节。

海上环境的特点主要是：

（1）海上缺乏参照物，难辨方向，不易发现目标。飞行员应急落入海上，尤其在远离海岸时，周围一片汪洋，很难判断自己所处的方位。在有海雾时，能见度极差，对观察目标、辨别方向更为不利，救护飞机或舰船要寻找遇险人员也很困难。

（2）海上风大浪高。通常风力为 3 ~ 4 级，大风时可达 10 级以上。应急离机后降落水面的飞行员必须迅速解脱降落伞，否则可能被伞缠住，甚至沉入水底不能自救。飞行员在大风大浪中颠簸、漂泊，容易筋疲力尽，产生眩晕、恶心等症状。

（3）海水温度低。海洋表面水温年平均不超过 20℃，有 13% 的海洋表面水温在 4℃以下。水温越低，人在水中存活时间越短。穿着轻便服装的人浸泡在接近 0℃ 的水中，一般只能存活几分钟。

(4) 缺乏淡水。由于海水不能饮用,飞行员必须预先备有一定量的淡水或具有取得淡水的能力。必须指出,任何情况下都不要饮用海水,否则只能加速脱水的发生。

(5) 动物的危害。海洋中有对人危害的动物,如鲨鱼、海蛇、水母等,直接伤害人体,危及生命;或施放毒素等有害物质,使人中毒致命。其中鲨鱼是最危险的动物。

沙漠地区的特点是:

(1) 雨量少,水的蒸发量大。我国沙漠地区的雨量由东向西逐渐减少,大部分地区都在400mm以下,巴丹吉林沙漠内部的雨量一般在50mm以下,塔克拉玛干沙漠中部和东部雨量更少,在10mm以下,有时多年不下雨。

(2) 气温变化剧烈。我国气温最高的地区是吐鲁番。据记载,绝对最高气温为48.9℃。沙漠中夏季气温可达40℃以上,日温差在10~20℃,最高达30℃,年温差达50℃,绝对年温差则达60℃。沙面温度中午可达60~80℃,而夜间又降到10℃以下。

(3) 风沙大。我国沙漠池区风沙频繁,平均风速为3.4m/s,风季可达6m/s。大风日每年30~50天,有风日每年100天左右,南疆达145天。

(4) 人烟少,行走难。除沙漠边缘有少数居民外,在沙漠中几乎渺无人烟。沙质松,缺乏道路,不易行走。这些恶劣的地理气候条件,给沙漠地区遇险人员造成最大的威胁是缺水,使人体很快发生急性脱水、中暑。

11.5.2 海上救生

1. 海上救生要求

对降落在海上的飞行员来说,要生存既要做到以下几点。

1) 防止淹溺

飞行员被迫跳伞,不论是降落在海上还是落在江湖中,如果因意外而丢失漂浮工具,均有发生淹溺的可能。此外,飞行员在跳伞时,还可能因未能及时解脱伞衣,被大风拖曳拉入水中淹溺,也可能因高度判断错误、过早解脱伞衣、从高处坠入水中而致溺死。

防淹溺的主要措施有两方面:①使用漂浮装备,如救生背心、救生船等;②学会游泳和防淹技术。

2) 防止冷水浸泡

冷水浸泡是入水后使入致死的又一重要原因,冷水浸泡死亡主要由于低温症(人体中心体温达到35℃以下时,就叫低温症)造成。陆地上和水中都可能发生低温症,但冷水浸泡时对生命的威胁更大。因为水的热传导率要比空气大25倍,热量散失要比空气中快得多。人在冷水中浸泡时的生存时间主要取决于水温。水温越低,生存时间越短。一般来说,人体浸泡在20℃以上的水中,可生存80h以上;浸泡在15~20℃的水中,可生存12h以上,水温10~15℃,多数人可以生存6h;水温5~10℃,有一半人可生存1h以上;水温在2~5℃,大部分人生存时间不超过1h;在于2℃以下水中,一般人只能耐几分钟(图11.26)。

防止冷水浸泡的最好办法是爬上救生船,其次是穿上抗浸服。

图11.27为穿着抗浸服后在冷水中的生存耐限。

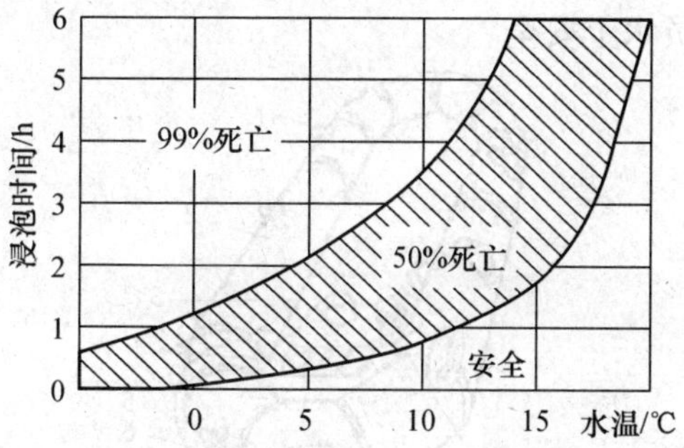

图 11.26 穿普通衣服浸泡在不同水温中生存时间

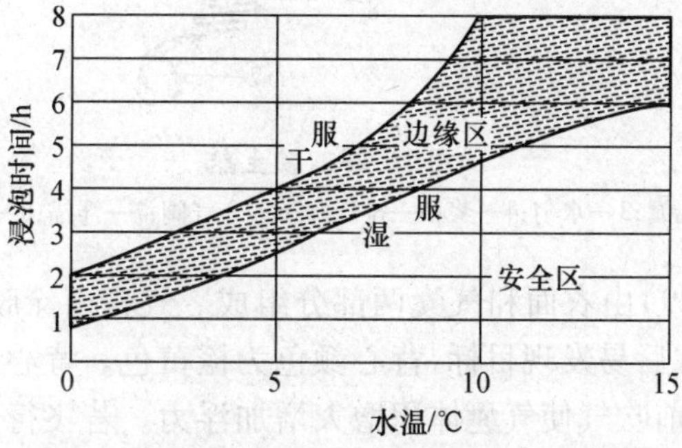

图 11.27 穿着抗浸服在冷水中的生存极限

3）抗危险动物

首先是防鲨鱼咬伤，主要有两方面：①遇到鲨鱼保持镇定，并采取一些简单易行的防护措施（如穿好衣服，人坐在救生船里不把手臂和腿放在外边等）；②使用驱鲨装备。此外，还要注意防海蛇、水母等的伤害。

4）水和食物

在海上生存，水是至关重要的，它直接影响生存时间。没有饮用水时，应尽量使身体少出汗，不吃或少吃食物，同时随时准备好下雨时接雨水。必要时，可使用携带的海水脱盐剂或淡化海水来饮用。

海上生存除需要足够的淡水外，还需要食物。海洋上动物异常丰富，可以补充的食物主要有鱼类、海鸟、海龟等。

2. 海上救生物品

海上救生物品通常包括救生船、救生背心（或腋下救生器）、抗浸服、通信工具、生活用品、急救用品等。

1）救生船

这是应急落水的飞行员落水后使用的一种充气船。船体用涂胶织物或橡胶布制成，多呈鲜艳的橙黄色，以使目标明显，便于寻找。气源为高压二氧化碳气瓶，可自动向船体充气，亦可手动充气。图 11.28 所示为单人救生船，其额定载重量不小于 1176N。

2）救生背心

这是用来保证空勤人员落水后头部能浮出水面的不透水的背心。一个体重 686 ~ 784N 的人在水中（头部露出水面）的重量约为 59 ~ 64N，因此救生背心只要具有 59 ~ 64N

的浮力,即能确保飞行员水上安全。

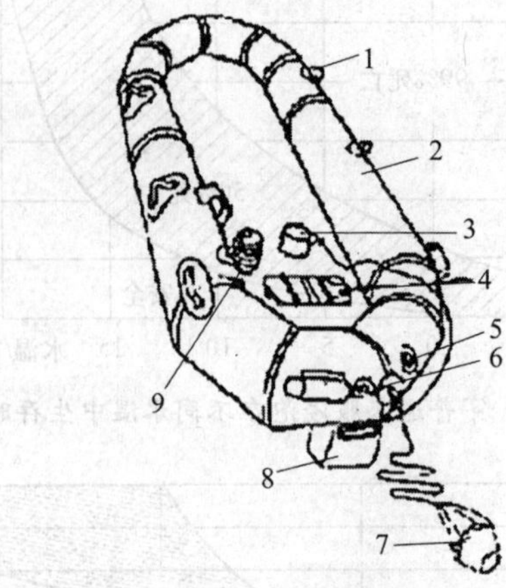

图 11.28　救生船

1—把手;2—船囊;3—水勺;4—桨;5—排气阀;6—充气阀;7—浮锚;8—水囊;9—气阀。

救生背心(图 11.29)由衣面和气囊两部分组成。气囊由涂胶布粘结而成,内装木棉以产生浮力。为了落水后易发现目标,背心颜色为橙黄色。背心左、右各有一个气囊,气囊上装有吹气管,入水前吹气使气囊体积增大增加浮力。若飞行员由于某种原因而不能吹气时,则气囊内木棉所产生的浮力仍能使飞行员头颈部都浮出水面。露水后,飞行员身体能在水中保持直立。

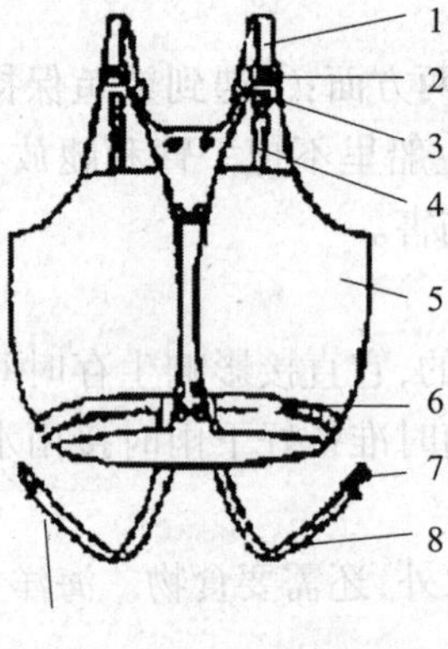

图 11.29　救生背心

1—肩带;2—调节扣;3—吹气囊;4—吹气管;5—衣面; 6—半圆环;7—挂钩; 8—裆带。

3) 腋下救生器

腋下救生器(亦称腋下气囊或腋下救生气囊,见图 11.30)与救生背心作用相同。它是由浮筒(气囊)、救生器包(囊包)、充气机构、浸水电池等部分组成。浮筒常用色泽鲜艳的桔红色涂胶织物制成哑铃形,左右各一,折叠包装配挂在背带两侧,位于飞行员腋下。浮筒应有良好的气密性,常温下 24h 内浮力不小于 118N,以保证着全套装备的飞行员肩部以上浮出水面。

充气机构具有手动和自动工作两套系统。着水前可采用手动,若来不及手动,则着水后自动充气系统自动地将二氧化碳气瓶打开充气。当海水水温为 10℃ 以上时,自动充气系统保证在飞行员头部入水后5s内自动工作,将飞行员肩部以上浮出水面。

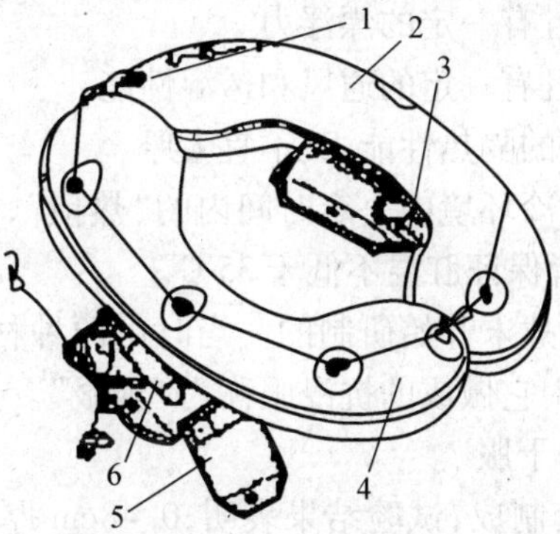

图 11.30 腋下救生器具

1—排气囊;2—右浮筒;3—电池;4—左浮筒;5—救生器包;6—二氧化碳瓶。

4）救生颈套

这是为了使溅落水面的飞行员能够漂浮在一个舒适的位置上,并有可能向需要的方向漂流而设计的装备。为了保持人的头部高于水面需要提供不小于49~69N的附加漂浮力。实际上大多数救生设备提供98~196N的附加漂浮力。保证头部高出水面是重要的,人漂浮的姿态也重要。在垂直的位置,因血液循环不良,身体会更快速冷下来。现有的救生设备将人体与水面保持在20°~40°角的倾斜姿态;漂浮颈套重6.9~9.8N。颈套中CO_2的工作压力为9.8~19.6kPa。充气所需CO_2的体积为30~40L。救生颈套折叠成尺寸很小的披肩形式,穿在飞行服的最外层,见图11.31。

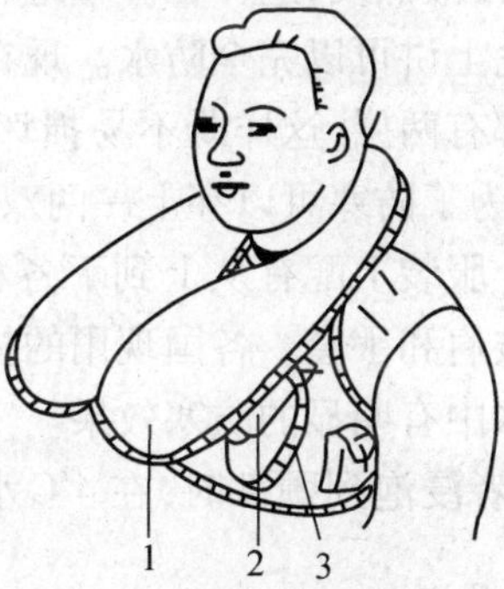

图 11.31 救生颈套(已充气)

1—漂浮颈套;2—二氧化碳瓶;3—拉绳。

5）抗浸服

这是保证飞行员在冷水中,防止体热在短时间内大量丧失,以延长人在水中存活时间的一种个人防护装备。

对抗浸的主要要求:

(1) 服装设计应与有关的防护救生装备协调一致。

(2) 应穿脱方便、轻便合体、活动自如,不影响飞机操纵及弹射跳伞。

(3) 应选用高强度的衣服织物材料。一般应能经受600~900km/h的飞行速度下弹射跳伞时的高速气流吹袭。

（4）服装应不易燃，并且有一定的漂浮力。

（5）服装应能防水，并且有一定的通风和透湿性能。

（6）保暖层既要有较好的隔热性能，又不宜太厚。

（7）服装能保证人体在冷环境中一定时间内的“热债”，最高不超过 80kcal/m^2，一般以 $40\ \text{kcal/m}^2$ 以下为好，或者保证肛温不低于 35℃。

抗浸服是第二次世界大战末开始研制的。当时由两种材料做成。一种材料不防水，但在水中有相当保温能力，用它做成的抗浸服称为“湿服”。另一种材料则既能防水又能保温，它所做成的抗浸服叫“干服”。

湿服曾用氯丁泡沫橡胶制成，试验结果表明，0.48cm 厚的抗浸服在水温 10℃浸泡，可耐受 4h。在 4.4℃水温中耐受时间为 2h。在 -1.9℃时仅耐受 1.5 ~ 1.3h。试验者主要因四肢冻得疼痛而停止试验。这样，在冷水中要得到适当的保温性能就需要 2.54cm 厚的氯丁橡胶。这种服装显然太笨重，必然使人体关节难以弯曲，行动不便。由于其导热系数小，在正常飞行时穿着这么厚的衣服又太热。有人建议服装再附加一个热源，这样结构就更为复杂，因此，这种“湿服”的方案很快被抛弃。

“干服”有内外两件。外面的一件用于防水，为抗浸层。里面的一件属保暖层。由于外面的不透气，为了使飞行中不至于太热，里面需要有一件通风服。这种通风服往往与干服的内层衣服组合在一起。这样整套服装也是相当厚的，因而很笨重，此外不透气性也是尚待改进的问题。

后来，在干服的基础上研制成功了一种透气不透水的抗浸服。这种以棉织物为基础的材料允许让空气透过，容易使汗液蒸发，这样在温带地区飞行时就不用通风服了。一旦与水接触，棉纤维即膨胀，从理论上讲可以完全防水。现在世界各国大部分抗浸服都是以这一原理设计的。服装的手腕部有两层，这样既不易损坏也可避免水在静压下通过手腕部织物渗入。脚上因有防水鞋，为了防寒可以穿上一两双毛袜子。头、腕部与皮肤紧密接触处均用防刺激的材料处理过。服装上配有从上到下各种形式的防水拉链，以便于穿脱及身体弯曲。还有涂有涂料的披肩和手套。各国现用的抗浸服虽然式样不一，但也都大同小异，在水中有明显的防寒效果。

这些装备经试验证明，被浸者浸泡到颈部时，在 4℃水中可以耐受 1.5 ~ 2h。

6）其它

其它还有信号和联络设备（电台、烟火管、反光镜、标位器、信号枪、冷光管、染色剂），生活用品（淡水、口粮、渔猎用具、火柴），防护急救用品（药包、防鲨鱼剂），辨别方向用品等。

以上救生物品，除救生船、救生背心（或腋下救生器）、救生颈套、抗浸服外，均装在救生物品包中。救生物品包应不漏水且具有一定的浮力，它与救生船一起装在与降落伞背带系统相连的救生包内。用一根连接绳，末端连着救生物品包，中部系着救生船，另一端挂在飞行员腰部的挂钩上（图 11.32）。飞行员离水面（或陆地）200m 时，操纵手柄打开救生包，使救生船或救生物品包吊在下面，由连接绳把

图 11.32 救生稳降图

它们挂在飞行员腰部。救生船在空中因惯性自动充气,如有故障,入水后还可由浸水电池工作而自动充气或手动充气。救生包上有一根与背带相连的下降绳和两个与背带上快速释放接头相连的插头。这样,尽管救生物品重量很大(总重可达157N),但可在着水(或着陆)前,操纵任一快速释放接头从背带上放开救生包,救生包先行着水。这样在飞行员着水(或着陆)前可减轻负荷,从而减小着水(或着陆)时的冲击力。飞行员着水后可立即登上救生船,收回救生物品包,并开始呼救。

11.5.3 沙漠救生

在沙漠里,对人员生存的主要危险是缺水,其次才是食物。

1. 防止脱水

人在沙漠中,不仅从空气中受热,还可从地面反射受热;人体为保持正常体温就必须散热,气温高时主要是出汗蒸发散热,天气越热出汗越多,这就容易脱水。

防止脱水的主要办法有:

(1) 及时饮水。在有充足的饮水时,应尽可能多喝水。

(2) 减少出汗。这主要靠减少身体受热、减少体力活动。减少受热的最好的办法是白天呆在荫影里,不要直接躺在沙面上,不可赤膊。应穿上衬衣。

图11.33为人体需水量与气温及活动强度间的关系。

图11.34表示不同气温下在沙漠中可行走的距离与时间。

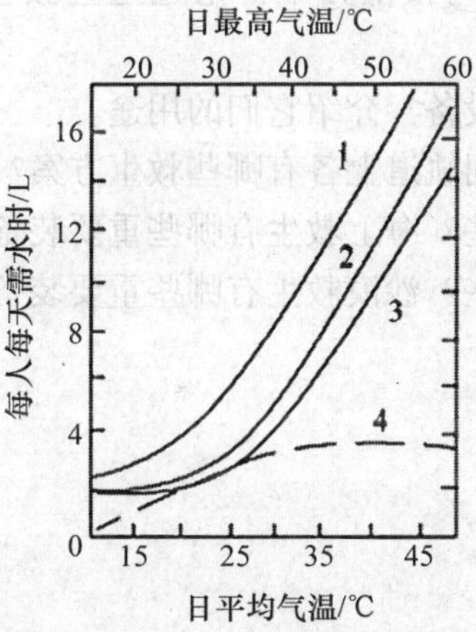

图11.33　人体需水量与气温劳动强度的关系

1—白天8h重活;2—夜间8h重活;3—在阴凉外休息;4—夜间工作节省的水。

2. 寻找可食用动植物

在多数沙漠里,动植物都是不多的。但也不是像一般人想象的那样,到处都是寸草不长的不毛之地。只要有水,就有动植物。新疆北部的动物较为丰富。沙漠里还有不少可食用的植物,如沙拐枣、沙枣等。

必须注意的是,只有在充足的饮水供应情况下,才可进行捕捉动物和采集食用植物的活动,因为这要消耗大量的体力和汗液。在缺水时,则应避免进行这种狩猎与采集活动,而且也不应多吃食物。

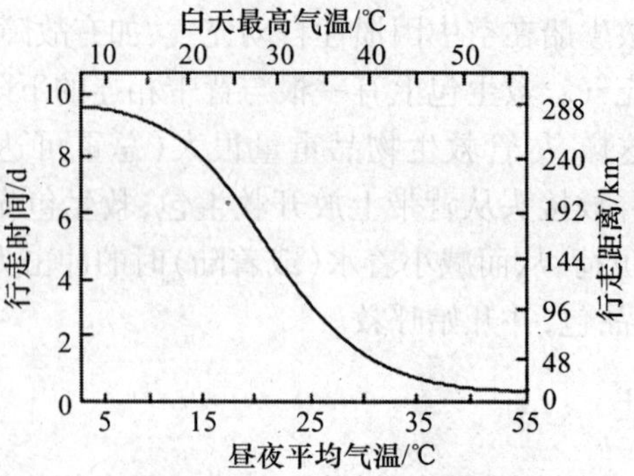

图 11.34　不同气温可在沙漠中行走的距离和时间

3. 沙漠救生物品

沙漠生存的主要问题是炎热缺水,因此除了像海上一样需要携带通信联络工具、生活用品、急救药品包外,还要带有淡水饮料、止渴药、防晒油、有色眼镜等。

思考题与习题

1. 根据飞机飞行速度的增加,有哪些飞机救生方式?各有何特点?

2. 目前直升机的救生途径有哪些?直升机机内救生的主要方法是什么?

3. 直升机应急离机有哪些救生方案?论述这些救生方案是如何救生的,各有何特点。

4. 水上迫降有哪些救生设备?介绍它们的用途。

5. 航天器在大气层和空间轨道上各有哪些救生方案?是如何实施救生的?

6. 海上救生的特点有哪些?海上救生有哪些重要装备?

7. 沙漠救生的特点有哪些?沙漠救生有哪些重要装备?

第12章　救生设备的试验与测试技术

12.1 概　述

救生设备是现代飞机最重要的系统之一。救生设备中任何一个设备或附件在工作中出现故障,都可能导致机毁人亡的结果。为了救生安全,不仅要从设计上考虑各种安全措施,例如采用双套设备、联动装置、余度设计和自动控制等,而且还要求所设计的设备在工作时完全可靠,在各种可能的工作条件下不出故障。为此,须对救生设备进行专门的试验,直到认为其完全合格时才交付生产和使用。

按救生设备设计生产过程顺序,试验可分为设计试验、新品鉴定试验、产品验收试验几种类型。设计试验是在产品设计阶段所做的试验。例如为了设计弹射座椅气动外形和稳定装置,须进行风洞试验取得有关的气动力数据;为了采用某些新结构、新材料或新工作原理,要根据工作条件进行一系列试验,然后才能将它们用于新设计中。

新产品在试制完毕后,要进行大量试验以检验设计的正确性,检查新产品是否完全符合设计技术要求。这种鉴定试验除检验救生设备工作原理和性能外,还要检查它们的强度、工作适应性和可靠性,并为改进设计取得可靠数据。

通过鉴定的新产品投入成批生产后,其产品还须经验收试验通过才能出厂投入使用。产品验收试验不须重复新品鉴定试验的全部内容,可根据生产和使用特点确定试验项目。

救生设备试验还可按其他方法分类,例如按试验性质可分为正常工作性能试验、强度试验、可靠性试验、寿命试验等;按救生设备配套情况可分为单项试验、配套试验以及系统试验等;按试验地点可分为地面试验、水中试验和空中试验;按产品对象可分为抛盖系统试验、弹射座椅试验、降落伞系统试验等。此外,还常以试验设备的不同来分类,例如可以分为用普通机械设备进行的试验(如各种机构的工作程序试验、静动力强度试验及振动试验等)、风洞试验、弹射器试验、离心机试验、火箭滑车试验、飞行试验和其他试验(如水池试验)等。

救生设备的试验是一项极其复杂和庞大的工作。救生设备的任一系统和附件,都需在它们可能的工作条件下进行单个的、配套的以及整个系统的试验。对于影响其工作的各项因素,也可进行单项的和综合的试验。在进行各种试验时,试验条件的选择是很重要的。新品试验不能只在一般的正常工作条件下进行,而要选取最不利情况来做试验。这主要是为了确保产品质量,不致在成批生产中造成过大浪费。例如在伞的试验中,常使用没有手脚的假人或弹头来试验最大开伞动载;选用较小透气量织物的伞进行强度试验,用较大透气量织物的伞进行下降速度试验。如果在不利情况下能保证工作可靠,在正常使用时则是偏于安全的。

试验通过模拟方法进行。使用专门的设备在地面或空中模拟产品的工作条件或所规定的试验条件,使产品工作,并用各种测量仪器测定和记录它们的工作参数及工作情况,最后将结果整理分析,并得出必要的结论。

通常的试验顺序是从简单到复杂,从单件到系统,从单项到综合。为了保证试验安全,在空中试验前必须先进行大量的综合性地面试验。地面试验不仅能减轻和简化空中试验的任务,而且成功的地面试验也是空中试验的必要条件。没有地面试验,空中试验的结果常是不可靠的,除非增加空中试验次数,这在经济上是不合算的。

在所有试验中,用真人进行试验必须慎重,要严格地按照先假人(模型)试验后真人试验的顺序进行,否则试验人员可能遭到伤亡的危险。

12.2 试验方法和设备

12.2.1 环境试验

环境试验是指在实验室内用各种环境对设备进行试验,主要有如下一些类型:

(1) 高温、低温试验。在高温及低温环境中,保持一定时间后,用各种测试仪器检查救生设备的各项技术参数。如在高温环境下,垫片有可能永久变形;而在低温环境下,垫片会失去弹性。

(2) 温度冲击试验。当弹射座椅从热环境突然到冷环境,或冷环境突然到热环境时,就会受到温度冲击,从而导致材料开裂。

(3) 湿热试验。在湿热环境中,机件容易生锈,某些材料可能出现"肿胀",导致其力学性能降低,有的电气控制材料在湿热环境中,可能会无法工作。按照湿热环境标准,将设备维持一段时间,取出设备,进行各项技术参数的检测。

(4) 盐雾试验。盐雾环境不仅使金属生锈,严重的盐渍还能堵住活动间隙,使机构工作失效。将被试设备置于盐雾试验箱内,调节喷雾浓度、喷雾时间、停歇时间和喷雾周期,同时控制箱内温度。试验后,检查设备的锈蚀程度,并对活动系统进行工作性能检查。

(5) 雨水试验。其目的是检查封闭盒和密封口盖的有效性。将试验件进行淋雨试验,试验毕,进行外观检查。

(6) 沙尘试验。沙尘侵入救生设备后会造成活动部件阻滞,电接触点失效,过滤器阻塞。按有关规定,将试件置于沙尘试验箱中,按有关规定喷沙雾。试验毕,进行外观检查,并对活动系统进行工作性能检查。

(7) 霉菌试验。霉菌能腐蚀大部分非金属材料和部分矿物材料,霉菌试验只要对这些材料进行试验。按有关试验规定的霉菌种类、浓度、温度和时间进行试验。试验毕,以样件的发霉等级确定是否合格。

(8) 振动和冲击试验。对救生设备进行力学强度试验,见6.3节。

(9) 电磁兼容性试验。现代飞机上的电子设备种类繁多,频率范围广,有的辐射力较强。弹射救生装备的电子设备还应针对飞机情况,进行电磁适应性试验,以验证座椅上的电子设备与飞机上的电磁干扰和电磁兼容性状况。

12.2.2 风洞试验

风洞是一种能造成气流并在其中进行试验的装置。对于救生设备,风洞可以用来试验一切与气流速度有关的附件，探讨它们的气动力学理论，测定气动力参数，作为设计计算的依据。同时还可以在风洞中进行实际工作试验，以检查附件在气流中工作的稳定性及可靠性等。

弹射座椅风洞试验内容有座椅气动特性试验、座椅稳定装置气动特性试验、座椅系统稳定性试验、高速气流吹袭试验等。气动特性试验是将试验件置于风洞试验段内，测量它所受的升阻力、力矩和气流速度、冲角等参数，即可得出座椅或稳定装置的气动力特性。高速气流吹袭试验，是在封闭试验段内由突然打开快速气门的方法造成气流对试件的冲击，在敞开式试验段内则是由专门的机构使座椅突然进入气流而造成吹袭。

降落伞风洞试验可以测定伞衣的阻力系数、稳定性、张满临界速度、开伞动载、伞衣压力分布等气动特性，可研究伞衣织物透气量、伞衣结构形式和参数等对伞衣气动特性的影响；还可以研究座椅的气动特性，座椅、伞的综合气动特性及其相互干扰情况等。由于降落伞面积很大，又是透气性材料制成，因此降落伞风洞试验模型很难按相似准则制造。所以在可能的条件下应尽量按1:1或小比例的模型做吹风试验。对于面积达60~80m^2，直径达7~9m的救生伞，只有建造专门的大风洞才能做全尺寸的试验。降落伞的透气性和柔性也是难以模拟的因素，因此模型试验的结果有一定误差，还需空投试验来修正。

风洞试验与其他试验方法相比，其主要优点是试验条件可以严格控制，测量精确，便于观察，并能在短时间内获得较多数据。不过风洞试验取得的数据还需由飞行试验、空投试验或其他比风洞更接近飞行情况的试验加以验证及修正，才能付诸实用。同时风洞试验由于条件的限制（例如试验段的直径、风速等），往往只能用模型在低速下做试验，这增加了试验数据整理分析的工作量，也影响数据的准确可靠。

风洞试验是研究设计弹射救生设备必经的一个阶段，没有风洞试验数据就无法进行最基本的设计计算，例如轨迹计算和稳定性计算。因此风洞试验数据常常是救生设备设计的原始依据，为了改进救生设备气动性能，也须经过风洞试验确定方案和取得数据。总之风洞试验在救生设备设计中占有重要的地位。

12.2.3 地面发射试验

地面发射试验是在地面试验设备上，将试验件用动力发射到空中所进行的试验。例如地面弹射试验、气动炮发射试验、火箭发射试验等。

1. 地面弹射试验

地面弹射试验是在地面弹射架上对弹射座椅系统进行自由弹射的试验。它可以通过弹射时座椅各部件的顺序工作来检查各部件的工作情况。它还可以试验弹射机构的工作性能，测定弹射初速、过载，研究弹射机构的内弹道特性等。地面弹射试验还是用来研究人对弹射过载的耐受能力、减轻过载或提高耐受极限的措施。地面弹射试验也可用来训练飞行员，使飞行员掌握救生设备的操作方法和弹射救生的基本要领。

弹射架的构造一般如图12.1所示。主架上装有滑轨，滑轨下端是弹射座椅试验台。用专门的或通用的弹射机构将座椅沿轨道弹射，即可试验弹射座椅的工作情况。利用地面测量设备可以精确地记录速度、过载等数据。高速摄影机还可以记录座椅的运动轨迹和运动状态。

长轨的弹射架常称为弹射塔，轨道可长达30m以上。座椅在弹射塔上试验时不离开弹射塔，只升到塔的上端，由重力和专门的制动器制动停止，座椅能绝对安全地回收。

自由弹射的弹射架轨道较短，它只要求能模拟座椅从座舱里弹出的情况。座椅弹出座舱后在空中运动，然后落到一个专门的防护网上。这种小型弹射架的试验与地面“零—零”弹射完全一样，只是弹射架配置了专门的测量记录仪器。把小型弹射架安装在空旷处，可以试验人体模型与座椅的分离及降落伞系统的工作情况。

除垂直弹射架外，还有一种水平弹射试验装置，即水平脉冲式小车。它的轨道是水平安放的，较长，因此可以得到更大的速度和过载，它与后来发展的火箭滑车极相似，试验方法也大致相同。

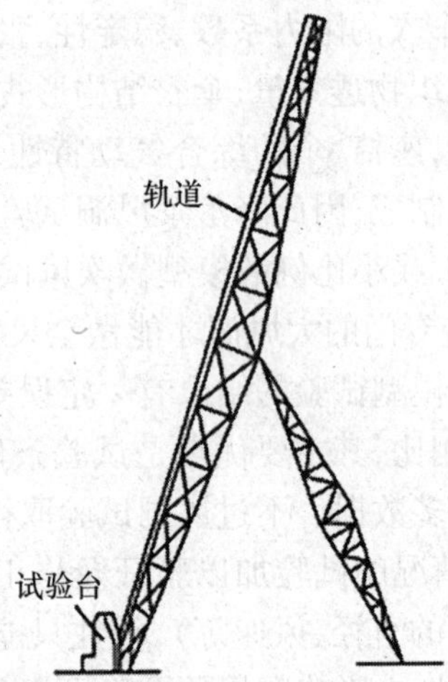

图12.1　弹射塔示意图

2. 气动炮发射试验

气动炮发射试验是研究降落伞的一种方法。气动炮以压缩空气为动力，将试验弹以一定速度从炮膛内射出，然后用引导伞将试验伞从试验弹体中拉出工作，通过遥测和自动记录仪器测定其工作参数。气动炮试验可在跨声速条件下研究伞的开伞程序、动载、强度和稳定性等。它的优点是试验成本低、效率高、测试简便、受气候条件影响小，特别适合于人用伞的初步设计试验。

气动炮由炮身、射击开关、试验弹、压紧盘、空气压缩机、高压气瓶和操纵装置等部分组成。炮身分气膛和炮膛两部分。试验弹内装试验伞及测试仪表，并和压紧盘一起装入炮膛，由锁闭机构打开，使试验弹在压缩空气推动下，在炮膛内加速、射出，并在空中完成伞的试验（图12.2）。

3. 火箭发射试验

火箭发射试验分空中发射和地面发射两种。空中发射属于空中试验。地面火箭发射试验与气动炮试验相类似，只是试验弹的发射动力为火箭，它也主要用于伞的试验研究。火箭发射试验的速度比气动炮试验速度更高，常用来研究超声速减速稳定伞。但火箭发射成本高，测试技术复杂。

图12.3为一种柔性滑轨的火箭发射试验。在地面上将试验动力（火箭或导弹）架装于两根柔软的钢丝绳滑轨上，在滑轨中间的某一位置装置好被试验用的降落伞，当火箭开

图 12.2 气动炮试验图

动达到规定速度时,即带动被试伞,达到超声速试验的目的。

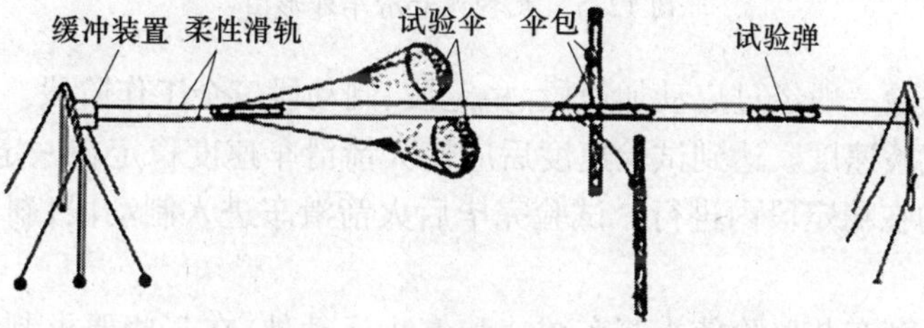

图 12.3 火箭柔性滑轨试验

12.2.4 火箭滑车试验

1. 火箭滑车试验装置

火箭滑车是研究救生设备的重要试验装置。火箭滑车试验是利用火箭发动机(或喷气发动机)推动一个特制的滑车,沿地面滑轨高速运动,以模拟飞行情况。

火箭车的滑轨铺设在钢筋水泥的路基上;轨道宽度在 0.9 ~ 2m 范围内,轨道长度则由试验要求而定,长的可达 10km 以上,短的则只有 150m。英国马丁 - 贝克公司的试验滑轨长 1828m;美国霍洛曼高速试验滑轨长 15.5km。中国襄樊的滑轨全长 3km,无钢轨接缝,直线精度达 0.2mm 以内。在这条滑轨上滑行的 4t 重滑橇可达超声速,最大速度为 1.2 马赫。由于亚洲仅此一座滑轨,该试验场又被喻为亚洲第一轨。继 1993 年第一次成功试验之后,中国成为继美、英、俄、法之后拥有这种重要航空试验设备的第五个国家。

火箭滑车靠滑块在轨道上滑行,有时滑块上还安装滚柱。滑块从三个方面包在滑轨上部,如图 12.4 所示,以便承受工作时的载荷。火箭车本身的尺寸大小和形状则取决于它的试

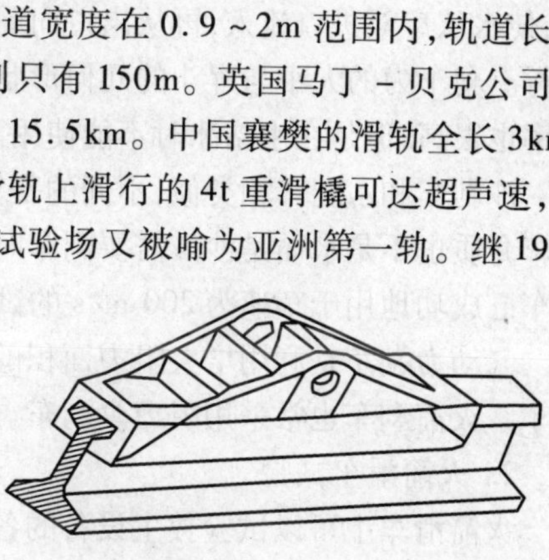

图 12.4 火箭车滑块

验任务。作气动力试验的火箭车应使试验对象置于被扰动的气流之外。

火箭滑车一般使用固体火箭组作为动力，大型火箭滑车也可用技术较复杂而经济性好的液体火箭发动机。图 12.5 为几种火箭滑车的外形。

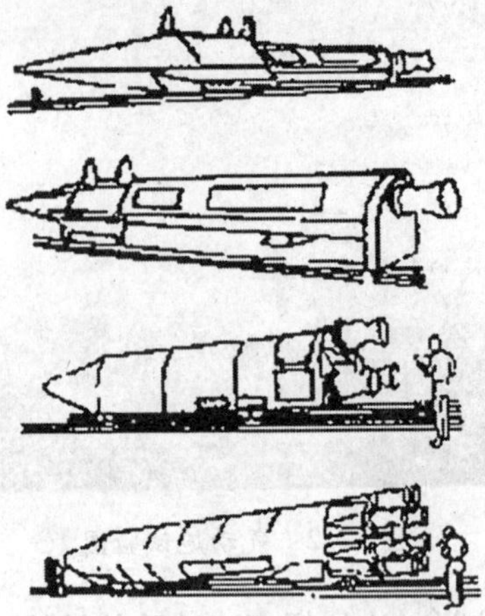

图 12.5　几种火箭滑车外形图

火箭滑车试验一般经过启动加速段、稳定段、制动段三个工作阶段。启动加速段是为了获得必要的试验速度。达到试验速度后应使火箭滑车速度稳定在一定范围内（即稳定段），一般试验均在稳定段内进行。试验完毕后火箭滑车进入制动段，刹车减速直到完全停下来。

火箭滑车的刹车装置除使火箭车减速和停止运动外，在某些要求制动过载的试验中还可以靠它模拟要求的制动过载值。刹车装置的种类很多，目前常用的是水力刹车，此外还有沙力刹车、气动阻力刹车和反推力火箭刹车等。

图 12.6　火箭水刹车原理图

水力刹车的原理如图 12.6 所示。水刹车用水作为刹车介质。在轨道之间设有储水槽，火箭滑车上装有戽斗。当需要刹车时，将戽斗放下伸进水槽浸入水中，使水从戽斗进口流入，再从出口向前喷出，从而产生很大的制动力，使车体减速和停止滑行。刹车力的大小与戽斗的几何形状、进水量和滑车速度等有关。这种装置结构简单，效率也很高，但是在水结冰时不能使用。

沙刹车和水刹车相类似，不同的是其刹车装置不是戽斗，而是一个实心探头；轨道间刹车介质也不是水而是沙。需要刹车时，将探头伸进沙中，便可使车速减小直至静止。沙刹车已成功地用于车速为 200 m/s 的试验中。

气动力刹车是利用增大阻力面积的原理来实现的。需要刹车时，将刹车板打开即可刹车。火箭刹车也常采用阻力伞刹车。

2. 火箭滑车试验

火箭滑车上可以试验救生设备的各主要部件，如降落伞试验、座舱盖抛放试验、座椅弹射试验、弹射过载试验、气流吹袭试验及座椅稳定性试验等。在试验中，为了测量和记录试验结果，使用了各种自动记录仪、遥测设备和自动摄影装置。这些设备，有的安装在火箭滑车上或被试验的对象上,有的放置在地面上。它们能精确测出火箭车的速度、加速度(包括制动过载);弹射座椅及降落伞系统所受的力和变形;弹射座椅的速度、运动轨迹及姿态变化。进行生物试验时,还可以测量有关的生理数据。

火箭车降落伞试验主要是拖曳试验。图 12.7 示出了拖曳试验原理图。当火箭滑车达到预定速度时,伞舱打开,引导伞拉出受试降落伞在高速气流中试验。这种拖曳试验可以达到超声速,适于高强度大速度下的降落伞的试验。

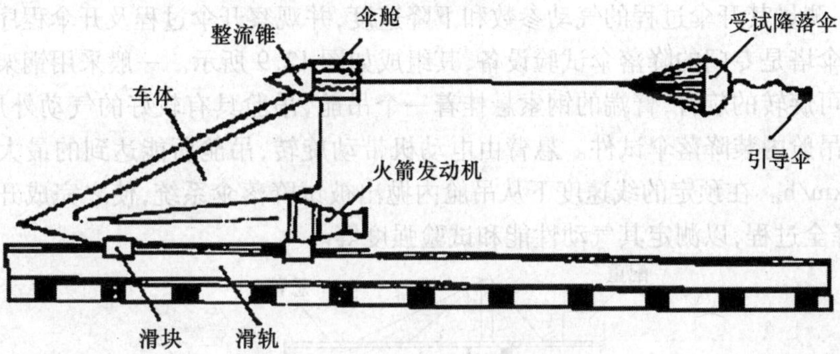

图 12.7 火箭滑车拖曳试验

火箭滑车抛盖试验和弹射试验是弹射救生设备高速地面试验。此时,火箭滑车的试验舱应具有与真实飞机座舱相同的外形和主要尺寸,座舱在轨道上要有足够的高度,以减小地面效应和火箭喷流的影响。图 12.8 是弹射试验滑车及其试验情况。在有乘员的试验中应使用具有典型飞行员重量和重心的人作假人,其四肢也应能活动。火箭滑车试验可以鉴定弹射救生系统的工作性能,评价各子系统的工作情况,同时能评价弹射救生是否满足生理耐限要求,还可以检验数学模型或计算机程序的正确性。

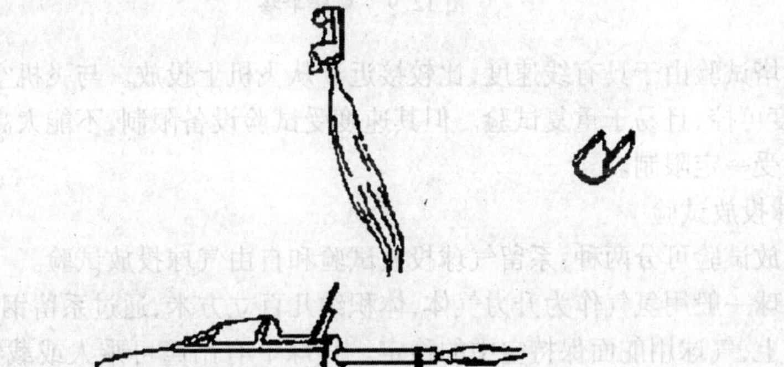

图 12.8 弹射试验滑车及试验情况

火箭滑车具有用途广泛、模拟真实、流场干扰小等优点。但也存在一些问题,例如火箭车速度调节复杂,设备及试验费用昂贵以及模型在车上的强烈振动等等。

12.2.5 空中试验

在进行了地面试验之后,救生设备各部件及系统还需要作空中试验,在实际飞行或接近真实空中运动的情况下,试验它们的工作性能及使用情况。通常用飞机来进行试验,有时也可利用其他飞行器如气球、火箭等进行试验。

1. 降落伞空中试验

1）伞塔试验

降落伞空中试验主要有空投试验、空中拖曳试验和空中发射试验等。伞塔试验属于空投试验。伞塔空投又分为普通运动伞塔和旋转伞塔两种。普通伞塔是供跳伞训练用的，高度可达40～80m。在普通伞塔上可作小型伞及伞模型的空投试验。把试验伞从伞塔上投下，测量其开伞过程的气动参数和下降速度，并观察开伞过程及开伞程序。

旋转伞塔是专门的降落伞试验设备，其组成如图12.9所示。一般采用钢架结构。顶部有一个可旋转的旋臂，臂端的钢索悬挂着一个吊舱，吊舱具有较好的气动外形，保证运动稳定。吊舱内装降落伞试件。悬臂由电动机带动旋转，吊舱所能达到的最大线速度为400～800km/h。在预定的线速度下从吊舱内抛出被试降落伞系统，使之完成开伞、拉直、张满、下降全过程，以测定其气动性能和试验强度等。

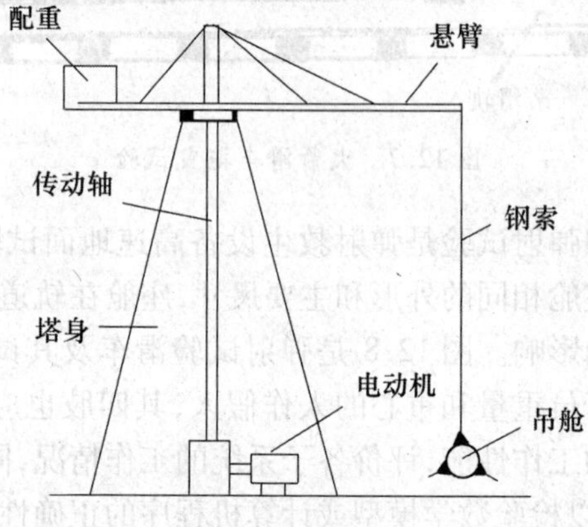

图12.9　旋转伞塔

旋转伞塔试验由于具有线速度，比较接近于从飞机上投放。与飞机空投相比，它的费用较低，速度可控，且易于重复试验。但其速度受试验设备限制，不能太高，被试验系统的重量尺寸也受一定限制。

2）气球投放试验

气球投放试验可分两种：系留气球投放试验和自由气球投放试验。

系留气球一般用氢气作为升力气体，体积约几百立方米，通过系留钢索和绞盘固定在地面的汽车上，气球用舵面保持空中的稳定。气球下有吊筐可乘人或载物。系留气球一般供跳伞训练或跳伞表演用。用作空投试验时，可试验降落伞的开伞程序、稳定性、下降速度及低空性能等。系留气球的高度、载重量以及试验时的天气、地点等都有一定限制。

自由气球可以自由飞行，一般用氦气作为升力气体，可进行高空投放试验，从高空投下的物体能达到很大的速度。采用自动开伞控制机构使降落伞在不同的高度速度下开伞，从而完成不同要求的试验。

3）飞机空投试验

飞机空投试验是目前最广泛采用的降落伞试验方法。通常采用的机种有运输机、歼击机和轰炸机等。可以根据要求的试验条件来选择机种，救生伞试验常在运输机上进行。利用真人或假人从运输机上跳伞降落，同时测定其轨迹（高度、速度）、姿态、开伞程序、开伞动载及稳定下降速度等参数，即可鉴定伞系统的工作性能。飞机空投还可试验其他类型伞，如稳定伞、阻力伞、投物伞等等。

飞机空投试验的特点是可以较真实地模拟降落伞实际使用条件，试验的高度和速度范围很广，每次飞行可以试验数量较多的降落伞，因此在设计、研究以及生产检验中得到广泛的应用。

4）空中拖曳试验

空中拖曳试验有飞机拖曳和火箭拖曳两种。飞机拖曳是把降落伞拖在飞机后部，靠飞机的空中飞行速度或地面滑跑速度来试验伞的性能。飞机拖曳常用来试验高空或高速下工作的伞系统。

空中火箭拖曳适于高强度大速度降落伞试验，又称为火箭空中发射试验。图 12.10 示出了从歼击机上发射超声速火箭试验弹的情况和试验弹的总体布置图。空中发射还可以利用高空（同温层）气球进行。空中火箭拖曳不能像飞机拖曳那样保持一定速度飞行，因此它着重于动态试验研究。

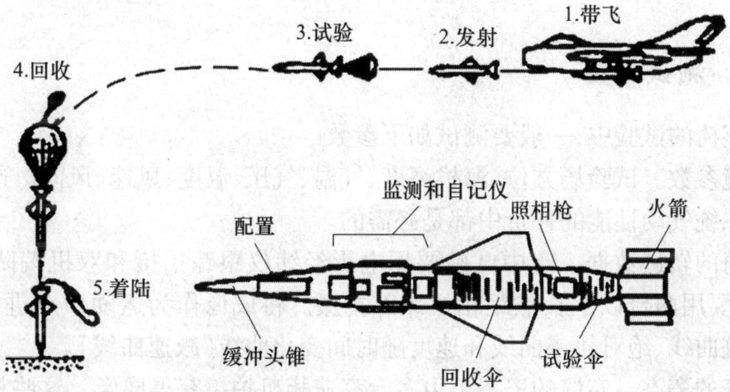

图 12.10　空中发射试验和试验弹

2. 空中抛盖及弹射试验

座舱盖空中抛放试验是在完成地面抛放试验后，在空中进行的验证试验。它可以检查舱盖系统在飞行中的连接强度，检查抛盖系统工作的可靠性及舱盖抛放后的运动轨迹。

弹射座椅空中弹射试验是全面检查弹射救生系统工作性能的试验。它可以检查座椅弹射初速、弹射过载、气流吹袭及制动过载的情况，以及检查弹射后人椅系统在空中的运动轨迹、运动稳定性等。此外还可检查各子系统的工作情况，例如人体保护装置的工作可靠性、自动机构工作情况等。当人椅分离后还可检查降落伞系统的工作情况。

空中抛盖和弹射试验的主要设备是空中弹射试验机。弹射试验机一般为双座或多座飞机。其飞行速度应能满足试验速度要求。试验机上除飞行员座舱外，还应有一个试验座舱。被试弹射座椅系统安装在试验座舱内，在一定高度和速度下弹射出舱进行空中试验。

另外，试验机上还安装了许多测量记录设备，可以测量和记录被试验对象的速度、高度、运动轨迹及运动状态、各种力及过载等数据。测量设备有的安装在被试验对象上，如测力和过载的仪器、速度高度仪表和时间记录仪等；有的安装在运载飞机或空中跟踪飞机上，如速度高度仪表、运动轨迹和姿态摄影装置等；有的测量装置安装在地面，如测量速度、高度及轨迹的无线电遥测设备、地面照相设备、经纬摄影仪、雷达等。选择足够数量的适用的测量仪器对空中试验有重大意义。这不仅是由于空中试验耗资巨大，而且还由于空中试验条件不稳定，要求测定各因素的变化情况，以便对主要数据进行修正。没有足够的测量设备，空中试验就只是一种定性试验，而没有多大意义了。

空中试验大多是综合性的试验，但有时也需先进行单项的空中试验，然后作综合试验。试验一般从低空低速增至高空高速，先采用假人（模型）试验，然后才考虑真人试验，一般不进行真人试验。

空中试验是救生设备设计定型中不可缺少的一个阶段，也是最后检验或鉴定救生设备性能的一种方法。但是空中试验费用高、设备要求高，试验有一定危险性，因此应严格要求，不宜随便采用。各国在发展弹射救生设备时，先后建立了空中弹射试验设备，这些试验设备在设计和改进弹射救生设备中起了重要作用。

12.3 数据处理和分析

12.3.1 测试参数

在弹射座椅的试验中，一般要测试如下参数：

（1）环境参数。试验场方位、海拔高度、气温、气压、温度、风速、风向。这些参数在火工品性能和系统气动性能的评价中都是必需的。

（2）座椅的轨迹数据。空中试验要用电影经纬仪跟踪拍摄和双机编队方法跟踪拍摄；地面试验要用两台以上长焦距相机跟踪拍摄。将成像作为运动质点进行判读计算。画出相对轨迹曲线、绝对轨迹曲线和速度随时间变化曲线（减速曲线）。

（3）座椅的姿态。座椅的姿态可由多台高速相机拍摄获得成像。这些相机应该安置在不同方位上，以便分辨座椅的转动方向。单方向的投影相片是无法辨别三向转动的。姿态数据还可用遥测记录的三向角速度时间曲线进行数值积分获得，作为考证辅助资料。

姿态摄影还可以提供乘员、伞、座椅、舱盖之间相互干扰的光测数据。必要时还应安装专用短焦距相机来拍摄关键危险部件或事态的动态过程。

（4）生理数据。包括座椅在弹射过程中的垂直、横向、纵向三轴加速度—时间曲线和俯仰、滚转、偏航三向角速度—时间曲线，救生伞和稳定减速伞的开伞动载时间曲线，特定部位（如假人头部）的压力—时间曲线等。这些数据均用遥测设备进行采集。

（5）弹射程序数据。在抛盖联动弹射和多座程序弹射试验中，应该记录下程序特征点的工作情况。程序特征点的参数值可以是时差，也可以是行程或作动筒压力等数据。这些数据可由遥测设备的一个通道或机载数据采集器获得。

（6）假人回收数据。主要包括救生伞张满的时间和离地高度，以及假人的稳降时间和着陆速度。一般用光测记录仪辅以秒表就可获得。

（7）运载器数据。试验飞机的高度、速度、航向、姿态等随时间变化的数据由机载自记器提供。试验滑车的速度、时间、距离数据由试验场专用的测速设备提供。

（8）试验前后的静态摄影。试验开始前，对安装好的试验件要照相，重点是关键部件、连接件的安装关系及其他的装备情况。试验后，对部件的重大损坏情况要照相；对那些有产生故障失效怀疑的部件也应照相；还要拍摄未破坏的现场回收状态。

除上述测试参数以外，根据试验目的或其它特殊要求，试验任务书还可能提供另外一些测试参数。这些参数必须在试验中予以满意地采集。

12.3.2 数据处理

试验的最终结果取之于试验数据。弹射救生装置的测试记录分为两大类，一类是光测记录，另一类是电测记录。

1. 电测记录的处理

电测曲线一般都记录在多线示波器的感光纸带上。典型记录见图 12.11。处理时：

（1）将这些纸带显影和定影。注意标明试验日期、试验名称等，以便查考。

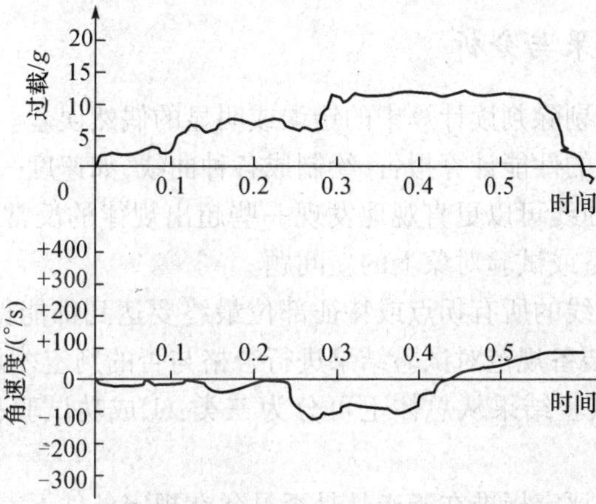

图 12.11 电测记录图

（2）根据弹射救生装置的工作程序，找出曲线上各特征点的位置。包括弹射启动、弹射筒出口、火箭包点火、火箭包熄火、射稳定伞、稳定伞张满、射救生伞、救生伞打开、人椅分离、救生伞张满等。

（3）根据预先标定的曲线幅值比例，求出各特征点的记录数值，即记录值等于幅值比例与幅值之积。将所得数据值与其对应的时间列入试验结果数据表。

（4）根据需要，可对曲线进行数据处理。例如，火箭包推力曲线对时间的一次积分得到火箭包的总冲；座椅角速度曲线对时间的一次积分得到座椅的姿态角等。

现代先进的遥测系统是多路编码式高精度遥测传输系统，地面接收站与电子计算机相联系，能直接处理各种物理量随时间的变化数据，绘制出曲线，并能进一步作相关运算。利用电子计算机取代人工来处理记录数据不仅能及时获得处理结果，还可避免不必要的人工误差，提高数据处理的精度。

2. 光测记录的处理

光测系统的原始记录是摄影胶片。对胶片的判读一般需要人工进行。

度量用的光测记录胶片上必须要伴有参考坐标，否则就无法测量判读。空中试验时用一套（2 台或 3 台）电影经纬仪，进行交会同步跟踪拍摄。在每帧画面上都印有拍摄瞬时镜头相对经纬仪基座的两个转动角度（俯仰角和方位角），以标明拍摄瞬间的光轴空间方位。滑轨试验场的弹射救生装置试验一般不需要使用笨重昂贵的电影经纬仪。因为弹射轨迹离地不高,使用不带坐标输出装置的普通照相机就行了。为使普通照相机拍摄的胶片上留有参考坐标,可以利用各种适宜的地面装置,经过分析计算确定拍摄对象的动态空间三维坐标。

3. 姿态摄影和机载相机记录的处理

其胶卷可在判读仪的显示屏上定性地读出试验对象的工作情况和姿态变化。这些记录画幅有时对试验结果的分析会提供非常有效的证明,尤其是当试验失败或出现某些问题时,利用这些记录,可以直观地找出试验失败的原因,或帮助分析出现问题的性质。即使试验完全成功,从这些记录中仍能发现系统工作中存在的一些不协调或不符合设计要求的问题。这些往往就是系统潜在的危险,可作为修改设计的可靠依据。所以,姿态摄影和机载相机所拍摄的系统工作情况的影片在数据处理中也应该细致地审阅。

12.3.3 试验结果与分析

分析校对的目的是剔除判读计算中的错误或明显的偶然误差。分析校对者根据自己的实践经验和试验对象的性能计算报告,绘制成各种曲线,如速度—时间、姿态—时间、轨迹等,分析校对者通过曲线可以更直观地发现一些超出规律的反常可疑时间,通过推敲,剔除错误,发现试验设备或试验对象上的新问题。

这些试验数据和曲线的所有拐点或特征部位最终要达到都能得到力学解释的程度。只有这样,用弹射救生装备规范对试验结果进行合格与否的判定才是确实的。

弹射救生装备的试验结果从总体上可分为三类:①成功试验;②失败试验;③无效试验。

试验成功或失败的评定标准在于产品是否具备在规定条件下完成全部设计功能。就弹射救生装置应完成的功能而论,大致可分为下列几个方面:

(1) 弹射动力试验。在不超出人体生理耐受极限的规定条件下,满足系统总体的弹道要求。如在弹射程序中,弹射动力应正常工作,以保证足够的脱离飞机的安全距离,不烧坏其它座椅系统,且不影响它们的正常工作等。

(2) 各部件程序试验。弹射操纵、舱盖抛放、约束系统拉紧和释放、人椅分离、稳定与开伞等子系统应工作可靠,程序准确,以保证不因操纵系统失灵而导致救生装置不工作,以及人椅能按时分离等。

(3) 降落伞系统试验。稳定减速伞与救生伞均工作正常;开伞时间和开伞动载在规定指标以内;救生伞经得起开伞冲击,稳定性、着陆速度均满足相应的指标要求等。

(4) 回收能力试验。乘员稳定下降时间不小于规定标准;垂直稳定下降速度不大于规定标准等。

(5) 双座或多座救生装置试验。各座椅先后弹射的时间间隔满足规定标准;各个舱盖、座椅、乘员之间无任何干扰等。

对同一次试验的分析有时会出现结论不尽相同的情况:有的认为试验无效;有的认为试验失败。不同意见的产生是正常的,不管有没有不同意见,正确的符合客观实际的分析结论必然是存在的。因此,对试验人员的要求是做好试验工作,提供详细精确的试验数据,让数据说话,并使分析工作符合客观实际。

弹射救生装置是具有高可靠度的产品。一次成功试验的统计价值仅仅是为计算可靠度提供了一块基石,而失败试验或有其它反常现象的试验则有着更大的统计意义。参加试验的人员必须努力查出这些反映系统或部件性能不良的原因。从试验中发现问题,为改进设计提供依据。

12.4 可靠性估计

弹射救生装置是拯救飞行员生命的最后一套装置。平时不用,一旦用到时,它应可靠地工作。若失效,就不可避免导致飞行员死亡。因此弹射救生系统是一个高可靠性的系统。

12.4.1 可靠性要求

对弹射救生装置的可靠性,各国均有自己的要求。以美国空军为例,在 MIL-S-9479B 军用规范中对向上弹射座椅提出的可靠性要求是:

(1) 置信度下限为 0.9 的可接受的最小成功率为 0.98。

(2) 置信度下限为 0.9,可靠度为 0.9,则应通过圆满地完成 22 次连续成功的系统试验来证明。

其中,可靠度是指一种产品在一定时间内的成功概率,而置信度则是对这一结果的可信程度。

当系统的可靠度指标已定时,则可以根据该指标制定出各子系统的可靠度指标;进而依据子系统的指标定出零部件的可靠度指标。这就是可靠度指标的分配。在指标分配前,首先应列出各子系统或零部件的功能方块图,理顺它们的相互关系及工作次序,确定它们是并联工作还是串联工作,如图 12.12 所示。

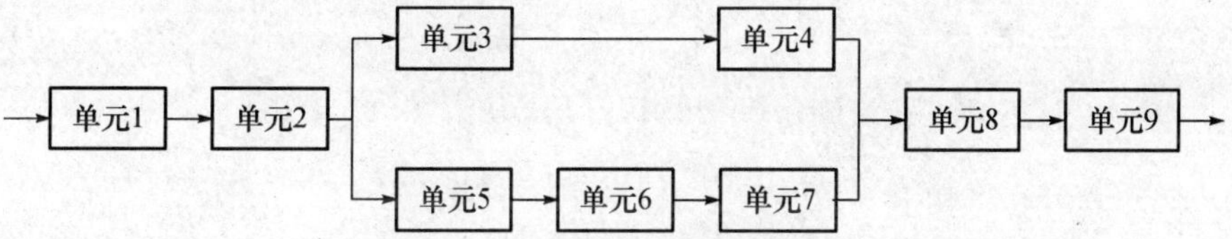

图 12.12 各子单元功能方块图

根据一个已定的系统可靠度可以做出各单元可靠度的多种分配方案,可靠度的分配具有很大的灵活性。一般对各子系统不采用平均分配的方法,而是具体情况具体对待。即根据子系统在系统中所起的作用和它本身的结构复杂程度,作适当的加权处理。

12.4.2 可靠性提高方案

提高系统可靠性有两种方法,一种是余度法;另一种是提高单元可靠度。余度法是提高系统可靠度的简便可行办法,可以大幅度地提高系统可靠度,但也带来增加重量、体积和功耗等不利后果。余度法分为并联工作余度法和备用余度法两种。备用余度法是指一套系统工作,另一套系统后备。当工作的一套系统失效时,后备的一套系统立即参与工作,以保证系统的可靠工作。

改善单元可靠度是提高系统可靠度的理想方法。只要花费的时间和费用在合理的效益范围之内,一般都采用它。当系统中大量使用同一单元时,如电子系统中的电容、电阻和半导体这些元件,提高这些元件的可靠度将会使系统获得很大收益。

有些元件的失效可能是由于承受不了工作环境所施加的应力(如冲击、振动、高低温工作环境等)引起的,则增加余度单元不一定能显著地提高系统的可靠度。当失效真正是随机失效时,则余度法可以大大提高可靠度;当失效是由于应力引起时,余度法多半也无济于事。因此,首要的是找出失效的根本原因,然后才能提出有效的改进计划。

思考题与习题

1. 说明救生设备试验的重要性和试验的一般顺序。
2. 掌握各种试验的原理、方法和适用范围。
3. 弹射救生试验数据处理的方法有哪些?
4. 置信度、可靠性的概念各是什么?提高可靠性的方法有哪些?

第13章 飞行员个体防护技术

13.1 飞行防护服

13.1.1 概述

飞行防护服的作用就是在飞行员周围形成稳定而舒适的环境，以弥补座舱环境控制系统的不足。穿着这些防护服装在正常飞行和应急状态下都不应过分地限制飞行员的工作。

高空战斗机的飞行服的基本要求是：

（1）能满足飞行员在机上执行任务的要求，尽可能少地影响飞行员的操作活动。

（2）在飞机可能发生的各种情况、各个阶段、各个可能发生的区域（海上、沙漠等），均能对飞行员提供有效防护。

（3）应有一定的防伪装要求。

（4）要考虑到飞行手套、飞行靴、头盔等装备的配套要求。

人体暴露在高空会引起三种主要生理反应：缺氧、减压病和严重的冷效应。为了避免严重缺氧，可以向呼吸道输送纯氧气，同时维持肺内绝对压力不低于15.33～19.33kPa；为了避免减压病，要求在过低的气压下，暴露时间不超过几分钟，或者人体不能暴露在低于35.7kPa的气压中；对于高空低温的效应，如果飞行员穿着常规飞行服短时间暴露，经试验不会有严重危险，但如果暴露时间超过10min，暴露部分将会冻伤。

高空飞行为了避免缺氧、减压病和严重的冷效应，就必须对飞行员周围形成稳定而舒适的环境。现在飞机都采用环控气密座舱，它不仅能有效地防护高空飞行时的低气压、缺氧、寒冷、高速气流的影响，还能在舱内创造适当的微气候以保证飞行员有良好的工作环境。但当气密座舱工作不正常时，防护服就成为飞行员必备的防护救生装备之一。

飞行防护服包括全压服和分压服。在较高高度上提供长时间保护，只能用维持身体周围压力等于或大于35.7kPa的气压和维持身体热平衡要求的服装才能满足防护要求，这就是全压服。如果在飞机增压座舱失压后，飞机能快速（2～5min内）下降到安全高度，则低温、低压的危害不会明显降低飞行员的工作效率，这种情况下只要能防止高空缺氧就能对飞行员提供安全保证。因此，仅仅配备加压呼吸设备和相应的代偿呼吸效应的部分加压服即可，这种服装称为分压服，有时又称为高空代偿服。我们希望以最小的身体覆盖加压面积来获得较完善的生理防护。

13.1.2 分压服（高空代偿服）

1. 概述

如果能快速下降到安全高度，则减压病和低温不会明显降低乘员的工作效率，这时，飞行员可以穿分压服。分压服只对身体的部分表面加压，力求以最小的体表覆盖来达到较完善的生理保护。分压服比全压服容易制造，但对飞行员提供的防护高度和持续时间都是有限的，同时对人体可能留下不良的生理负荷。

当飞行高度超过 12km，座舱失去气密性时，即使呼吸 100% 的氧气也不能维持正常的肺泡气氧分压值，必须采用加压呼吸。加压呼吸时，肺内绝对压力高于环境压而产生余压。但是，人体的余压呼吸能力是有限的，主要表现在以下方面：

肺内余压升高时，可引起上呼吸道、胸腔、肺被动扩张，呼吸形式改变，呼气费力，甚至肺部损伤。大多数健康人只能短时间耐受 4kPa 的加压呼吸；若对胸部施加抗压，可耐受 5.3 ~ 6kPa 的余压值；若胸、腹部均施加抗压，使胸壁内外两侧压力相对平衡，腹部也得到一定的支持，则可耐受余压值为 8.0kPa 的加压呼吸。

胸内压的升高，还会造成循环系统功能障碍，使静脉血回流受阻，胸腔内血液大量向外转移，蓄积于四肢静脉血管。若对四肢体表施压，即可克服上述循环障碍，可耐受的余压值能提高到 10kPa。

在使用分压服时，若面罩内余压超过 10kPa，口腔底部、上呼吸道被动扩张，头、颈部充血、肿胀，眼、耳不适及胀痛达到不可耐受的程度。这时，可采用加压头盔对头、颈施加均匀对抗压力，以消除余压的影响。

分压服即是对身体的部分体表进行加压的一种飞行防护服，以确保飞行员的救生及安全飞行。在应急情况下，当氧气调节器对肺部进行加压供氧时，代偿服拉力管或囊的张紧作用在人体外体表（躯干及四肢）形成一个机械反压力（亦称代偿压力），用以抵消肺内外的压力差，使人体内外压力平衡，从而保证加压供氧得以实现。代偿服所施加的压力还具有以下作用：

(1) 对胸廓和腹部呼吸进行代偿，使呼气不致过分用力，保持正常的呼吸节律，保证加压供氧（主要指囊式代偿服）。

(2) 对血液循环系统的代偿，保证了血液能从四肢和躯干回流，从而避免在上述部位造成淤血。

(3) 可预防高空体液沸腾。

飞行高度不同，代偿服与加压供氧面具的配套使用方式亦不同，如表 13.1 所示。

表 13.1　装备配套高度表

序号	装备名称	高　度
1	面罩（不穿代偿服）	≤12km
2	加压面罩和代偿服	12 ~ 18km
3	密闭头盔和代偿服	可达 40 ~ 50km
4	高空密闭服	≥50km

优良的代偿服应具备下列主要性能：

(1) 加于人体整个表面的压力应均匀并且等于肺内的气体压力。

(2) 不应妨碍飞行员的活动，并有一定的舒适度，长时间穿着不应引起明显的疲劳感。

(3) 无余压呼吸时，不给胸部和腹部的呼吸肌增加负荷；而一旦加压时，可减轻这些肌肉的负荷。

(4) 选用材料应具有较好的透气性、吸湿性，具有一定的强度、较小的延伸性及摩擦系数。

（5）穿脱方便迅速，尽量做到无需他人帮助。

（6）结构简单，重量轻。

2. 分压服的结构和工作原理

单纯在胸部加压，会引起横膈膜下移。所以一般要对整个躯干（胸、腹部）加压，并在腹部和下肢也施加对抗压力，以减少从胸部转移过来的血液量，提高心输出量，从而保证血液循环系统的正常工作。

国内外已有多种用于空军的高空代偿服，结构形式多种多样，整体可分为三类：侧管式代偿服（图13.1）、囊式代偿服（图13.2）和代偿服与抗荷系统的联合服（图13.3）。

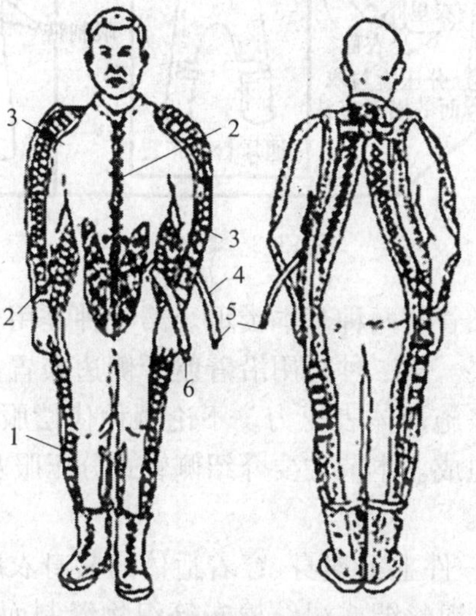

图13.1 拉力管代偿服原理图

1—张紧装置；2—拉链；3—衣服主部；4—张紧装置胶管；5—张紧装置接嘴；6—抗荷服接嘴。

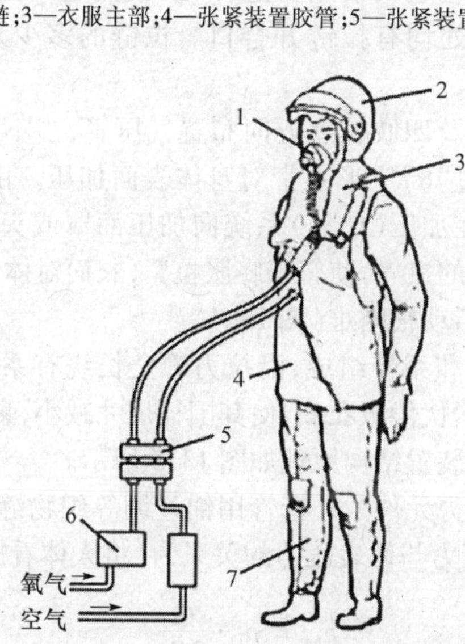

图13.2 囊式代偿服原理图

1—加压呼吸面罩；2—防护头盔；3—救生颈套；4—加压背心；5— 个人装备断接器；6—气压敏感元件抗荷活门；7—抗荷裤。

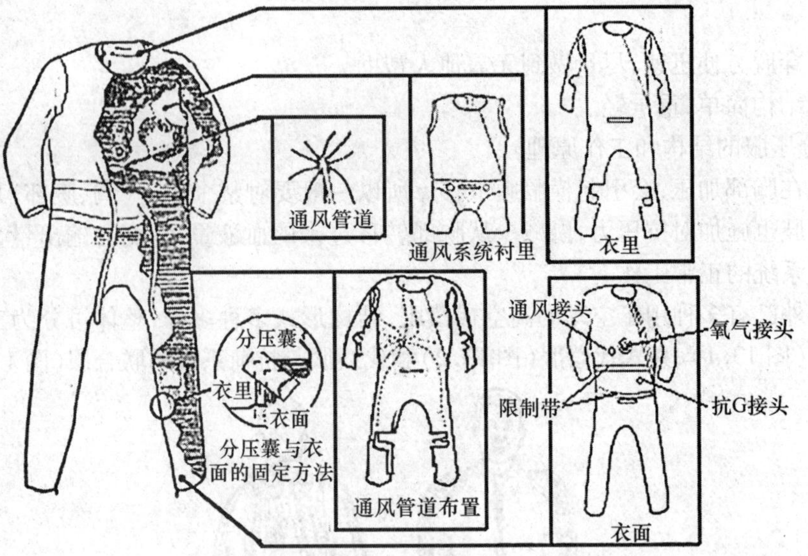

图 13.3　联合服

加压装置又分为囊式和管式两种基本类型。第一种是用橡皮囊包围在躯干上,并在外面覆盖无伸缩性的限制层。第二种是用沿着躯干侧边布置一定直径的气压管,给管内充气鼓胀以拉紧服装衣面来施加体表压力。不论哪种代偿服,均由代偿服衣面(主体)、加压装置和辅助性装置等组成。本节主要介绍侧管式分压服及囊式分压服。

1）侧管式分压服

侧管式代偿服衣面是一件上下连身、穿着适体的紧身衣服,如图13.1所示,前身采用拉链闭合的开襟,衣面由锦丝绸或混纺棉布等织物缝制而成。在躯干及四肢部位沿纵向缝制有调节系统,以便通过调节贴身适体,扩大其适用范围。为使调整好的代偿服穿脱方便,躯干及四肢等处均有拉链开合口。拉链的多少及其位置,由总体设计布局确定。

侧管式代偿服沿着躯干及四肢长度方向布置气压管,当不加压时,服装衣面是松弛的。当管子充气膨胀时,通过"8"字形系带对身体表面加压。由于气压管常布置在服装外侧,常称为侧管式服装。在加压(供氧)系统向加压面罩或头盔输送加压氧气的同时,向管内输送数倍于呼吸压力的氧气,使管子膨胀拉紧,衣面对体表施加对抗压力。拉力管膨胀后变硬,使穿者的身体活动很困难(图13.4)。

管式加压装置由拉力管和系带组成,沿拉力管全长绕有系带。这样,当拉力管充压时,系带可从代偿服外部拉紧代偿服衣面,使其围径尺寸减小,裹紧躯干及四肢,在人体表面产生代偿压力。管式加压装置结构原理如图13.5所示。

拉力管为气密元件和承力元件。外套管用锦丝绸等织物缝制而成,其外形尺寸比内套管(胶管)略小。拉力管压力与体表压力的关系为(将人体看成圆形)

$$p_{bs} = p_t \cdot \frac{d_t}{2R_b}$$

式中:p_{bs}为人体体表压力(Pa);d_t 为拉力管直径(m);p_t 为拉力管压力(Pa);R_b 为人体半径(m)。

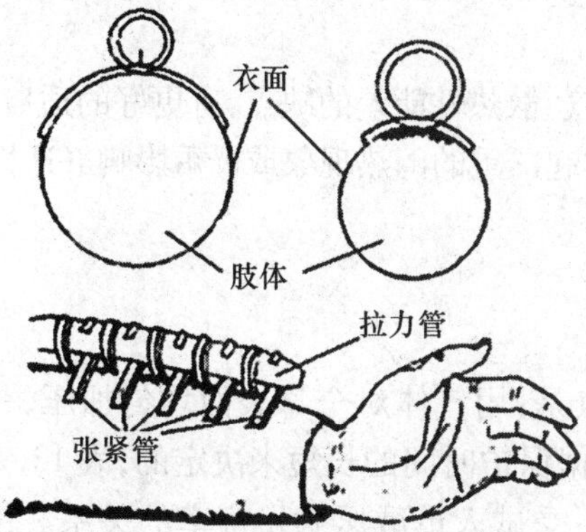

图 13.4 拉力管分压服原理图

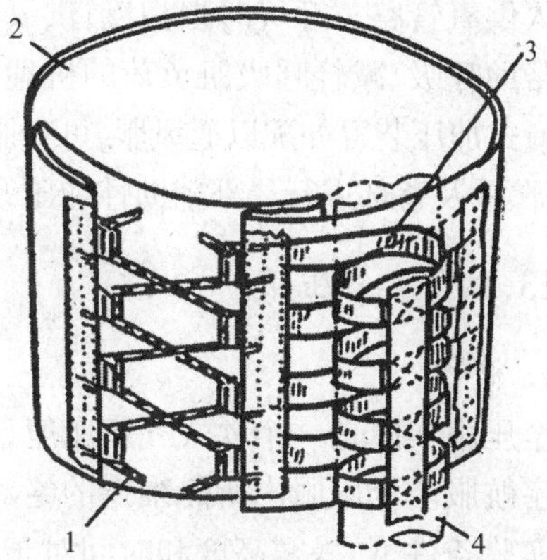

图 13.5 管式加压装置示意图

1—调节绳;2—衣面;3—张紧装置系带;4—胶管。

2）囊式分压服

囊式分压服是在衣面(限制层)和人体之间放置胶囊。胶囊不充气时,衣面松弛地贴在人体上面不影响身体的活动。胶囊充气工作时,胶囊膨胀拉紧衣面,给人体施加压力。囊式分压服的衣面由不透气的涂胶布制成,它和头盔的输氧管道直接相通。穿着者吸气时囊内气压氧气压力下降,减小了对胸部的对抗压力;而呼气时,囊内氧气压力增加,提高了胸部的对抗压力,从而帮助人们吐出气体。这种对呼吸机能的改善,能有效地减轻呼吸肌负荷,使穿着者可以长时间加压呼吸而不感到疲劳。

囊式加压装置的原理如图 13.6 所示。

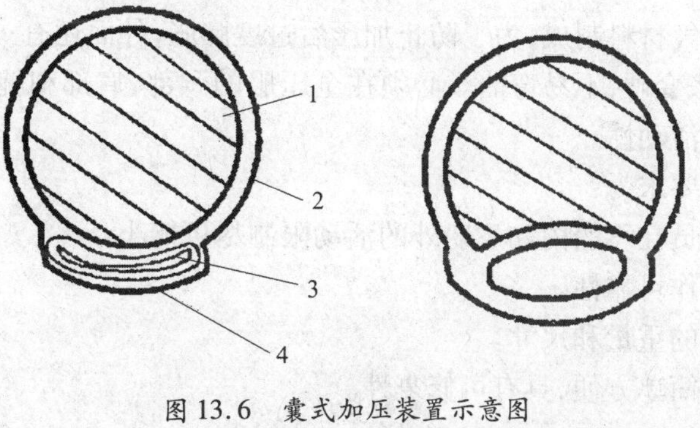

图 13.6 囊式加压装置示意图

1—人体;2—代偿服衣面;3—胶囊;4—张紧装置外罩。

非加压状态时,衣面是松弛的,穿着者可以活动自如;当建立余压时,胶囊膨胀,在对气囊覆盖部分体表直接加压的同时,拉紧代偿服衣面,使未被气囊覆盖部分体表(沿整个周长)亦受到均匀的压力。气囊与供氧管路相通,加压供氧时,气囊获得的余压值和供氧面罩(或头盔)一样。囊式代偿背心也是如此,其加压均匀性远优越于管式代偿服,国外目前采用较多。

如果管式代偿服在躯干部分再配上气背心,则可获得相当满意的加压效果。它的主要特点是吸气时,人体与外套之间的间隙必然随着胸腔的扩大而减小,有使气背心压力升高的趋势。与此同时,供氧管路中的压力由于吸气而趋于降低,于是气背心内的一部分氧气流入供氧管路。呼气时则相反,供氧流量的一部分又补充到气背心内。这就是气背心具有帮助呼吸、减轻呼吸肌负荷的机理。

囊式加压装置如配以通风服,可克服气囊不透气、散热性能差的缺点,有更好的适应性。对腹部、手及背部进行局部辅助性加压,一般不致引起严重的闷热现象或严重影响舒适性。

13.1.3 全压服

1. 概述

全压服实际是一个软式气密座舱,其基本特点是:用气体对全身表面均匀加压,一般用作宇航服。全压服内所需维持的绝对压力是根据保护时间的长短来决定的,表 13.2 是地面实验条件下,暴露高度和时间对于安静状态下受试人员减压病发病率的关系。由此可知,服装内绝对压力为 37.6kPa,足以防止坐姿飞行人员严重的减压病。经验表明,全压服所需的压力为 18.8kPa(用于短时间防护)和 37.6kPa(用于数小时防护)之间。

表 13.2 安静状态受试者的发病率(%)

暴露高度/m	绝对压力/kPa	暴露时间/h		
		1	2	4
7620	37.6	—	—	0.5
8550	32.9	—	2~3	—
10680	24.0	8	20	45
11290	21.7	13	21	—
12200	18.8	20	—	—

全压服由不透气材料制成,为了防止加压后过度膨胀,外面还有一层限制层。当全压服充气时,服装膨胀变硬,不易弯曲。必须在全压服的颈部、肩部和腕部装气密旋转轴承来改善这些部位的活动性。

全压服的通用要求为:

(1) 对飞行人员在飞船内和飞船外的活动限制尽可能小。

(2) 高度的工作可靠性。

(3) 尽可能小的重量和尺寸。

(4) 使用维修简单方便,具有可修复性。

(5) 耐火。

(6) 在机械事故中有尽可能高的生存性。

(7) 抗振性好,在规定温度范围内有良好的热稳定性。

(8) 可人工调节服装内的压力、通风空气的流量和温度。

(9) 具有一定的强度。

(10) 按生理卫生学要求来限制吸入气体的污染物含量。

(11) 能在没有外界帮助下穿、脱服装。

2. 全压服的结构和工作原理

全压服的基本构件是壳体和头盔,其各项装置包括外套、内衣、热防护服、靴、通信设备和救生包。全压服的壳体一般是多层的,包括限制层、气密层和衬里。另外还有限制系统、头盔和手套的断开接头。为了穿脱方便而留下的开口是用高强度气密拉链来封闭起来的。图 13.7 是典型的全压服简图。

全压服的气密层是由不透气的橡胶片或涂胶织物(单层或多层)制成,气密层在两层织物之间。气密层的缝合处要考虑强度和气密性的双层要求,气密层的外部是限制层,它承担服装余压而引起的拉力载荷,由高强度和高抗撕裂性的织物制成。限制系统是一套钢索或强力绳索系统和系带,可以调节服装身长和头盔位置,图 13.8 是典型的限制系统简图。

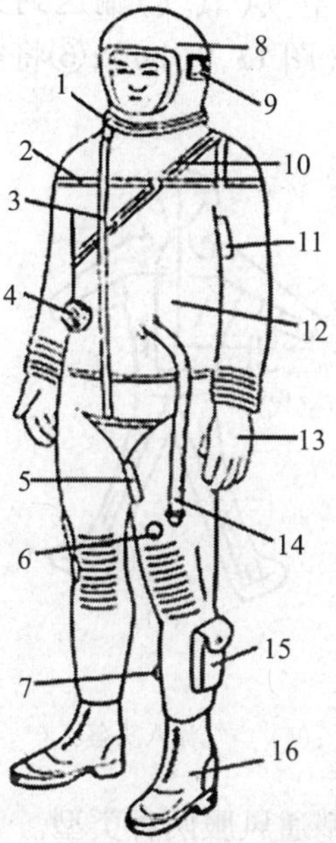

图 13.7　全压服简图

1—颈部接头(气密轴承);2—限制带(张紧带);
3—头盔拉紧带;4—服装压力调节器;
5—放刀的口袋;6—压力指示器;7—安全活门;
8—头盔;9—微型氧气调节器;10—气密拉链;
11—笔记本口袋;12—服装限制层;
13—带手指通风的手套;14—通风空气软管;
15—口袋;16—可卸气密靴。

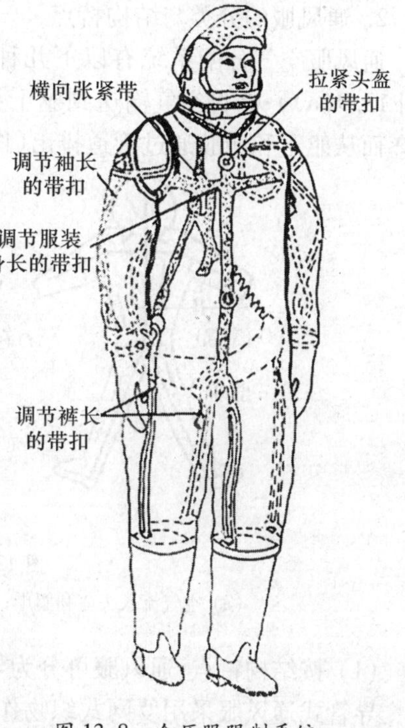

图 13.8　全压服限制系统

活动性是评价全压服的主要指标之一。人在穿着全压服时,必须时刻保持身体和四肢有必要的活动性,同时不应使穿戴者过度疲劳。

13.1.4　通风服

1. 通风服的基本要求

通风服的作用是防止人体过热和排除由皮肤表面蒸发所产生的潮气。它以流量适当的低温和低湿空气吹拂人体表面,在人体表面与服装之间形成一个均匀的流动空气层,以达到对流散热和蒸发身体的汗水的目的,使皮肤保持正常温度,保证人体的热平衡。通风

服是全压服的一个组成部分,其基本要求如下:

(1) 对体表的通风应均匀,分布的面积应尽量大,对身体各部位有不同比例的通风量,在获得最有效的蒸发散热的同时,避免引起局部过热或过冷。

(2) 通风所用空气的流量和温度、湿度适当,以出汗量降至最低为佳。

(3) 通风阻力小,以免造成通风不良。

(4) 结构简单、重量轻。在不通风的情况下,尽量不增加人体的热负荷。

2. 通风服的分类与结构特点

通风服空气分配系统有以下几种不同的形式:①将空气(氧气)输送到头盔和躯干(图 13.9(a));②将空气输送到躯干和四肢从头盔排出(图 13.9(b));③将空气输送到头盔而从躯干和四肢通过管道排出(图 13.9(c))。

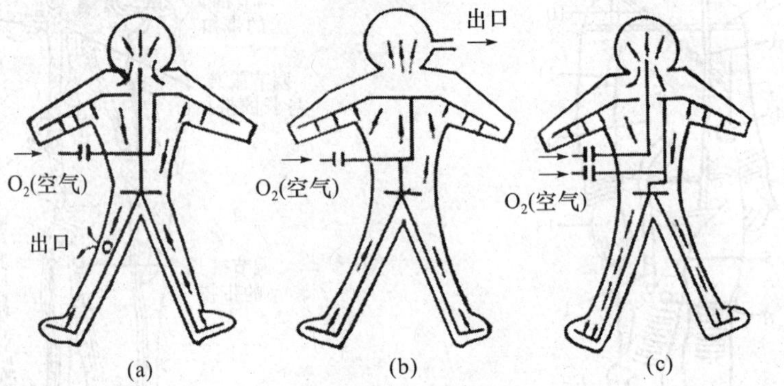

图 13.9　服装通风线路图

(a) 空气流入头盔和躯干;(b) 空气流入四肢和躯干;(c) 空气流入头盔。

(1) 按结构特点,通风服可分为导管式通风服和软型通风服两种类型。

导管式通风服采用罗网式织物作衣面,开有许多小孔的导管系统固定在贴身的一面,小孔径约 1 ~ 1.5mm,导管沿躯干纵向排列。由于人体各部位出汗量不同,因此前胸、后背的导管较为集中。接通气源后,温度较低的空气由总进气管到分支导管,再经小孔,吹在人体表面,直接进行对流散热并促进汗液蒸发进行散热,使服装内微小环境的温度、湿度都得到降低。

此类通风服的最大特点是结构简单。但是,当分支导管数量不足时,将无法给整个身体表面以均匀通风。而且导管系统流阻较大,若为了减少流阻而加大直径或增加支管数量,则可能导致通风服重量增加。

软型通风服由两层带涂层的织物或聚乙烯薄膜等材料制成,两层之间由特种软衬垫或海绵条等支撑,以避免两层发生贴合或皱折而影响空气的流通。通风空气经中央软管流入两层之间的空腔,内层上排列有许多直径为 1 ~ 1.5mm 的小孔,气流再经小孔吹到人体表面,吸收热量及潮气之后,从前胸、领口、大腿和腋下等处排到通风服外,达到通风散热的目的。

此类通风服的降温效果好。但通风空气分布不够均匀是其主要缺点。此外,飞行员处于各种不同姿态或不同状态时,会引起局部夹层堵住。

根据上述两种类型通风服各自特点,通风服发展应该是综合式的,既有通风层,又有分支导管系统,以克服导管式及软型各自的缺点。

（2）根据通风温度的不同，通风服可分为蒸发式和对流式两种。

蒸发式通风服采用干燥的空气吹拂人体表面，靠蒸发汗液带走热量。其主要特点如下：

① 要求气源空气干燥，温度可稍高些，但不得超过人体温度 3 ~ 8℃；

② 吹拂人体表面的空气流量要均匀，如采用导管式通风服，则管路一般比较复杂；

③ 如人体体力消耗较大，出汗较多，则不易保持较好的舒适环境。

④ 如采用座舱的空气进行空中通风，受高度影响较小。

对流式通风服采用低温空气吹拂体表，以对流散热为主。其特点如下：

① 气源温度应低于 33℃，相对湿度可以略高；

② 通风空气流量分布均匀性可适当降低；

③ 空中通风易受高度影响，如易受空调系统空气流量随高度增加而降低以及座舱温度的不稳定性的影响；

④ 比较易于达到舒适性要求。

当外界环境温度不高时，蒸发式通风服可以利用自然空气进行通风。例如某通风背心，允许穿着者在 37.8℃的比较干燥的环境下使用环境空气通风（用引射座舱空气进行个人通风），它可以在较长时间内保持人体的热平衡。但当环境温度为 48.9℃时，采用自然空气进行通风 3h 后，穿着者达到耐力极限。如果采用对流式通风服，用冷空气通风，则情况将大大改善。

因此，通风空气温度应该随外界温度的增高而降低，即需要根据环境温度决定采取蒸发式或对流式通风降温措施。图 13.10 为通风空气温度与环境温度的关系。

应该指出，通风效果除受通风空气温度的影响外，与通风空气的相对湿度也有很大的关系。相对湿度大，蒸发散热效率就低。所以在通风流量一定的情况下，通风空气相对湿度越大，就要求其温度越低。通风流量通常为 12 ~ 24m^3/h，地面通风可借助于地面通风车或空调。

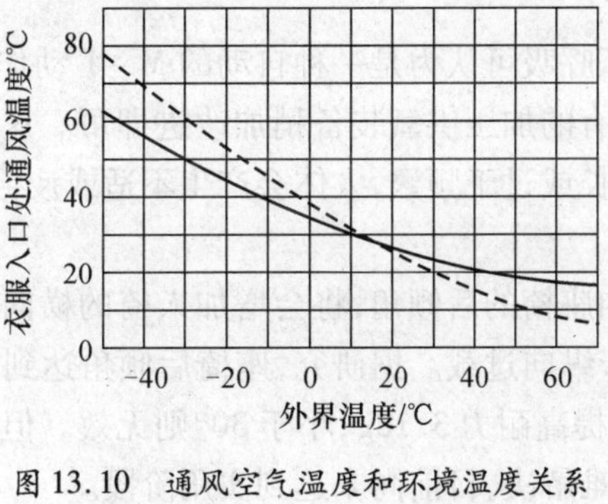

图 13.10　通风空气温度和环境温度关系

—— 空气流量 12m^3/h；- - - - 空气流量 24m^3/h。

13.2　抗荷系统

13.2.1　概述

人类生活在地球引力场中，人体结构和生理功能已经高度适应地球表面的重力条件，然而在航空和航天活动中,由于飞行器作各种机动飞行,人体会承受各种过载的作用,从而对人体造成一系列严重的影响。

飞行员驾驶飞机时,精神高度兴奋,对过载的产生有精神准备。据观察,在精神上有准备的前提下,飞行员抗荷能力比毫无准备时高0.7左右。如果飞行员在过载产生时伴有主动对抗动作,抗荷能力还会有所提高。实践证明,有的抗荷动作可提高耐力至2.4左右。

主动的抗荷动作有:

(1) 肌肉收缩。在早期飞机中进行的试验证明,自主而持续地收缩骨骼肌可提高耐力$2g$或$2g$以上。这种动作有利于增加静脉血向心脏回流,防止下肢血淤积,增加腹内压。这种动作的优点是简便易行,但飞行员必须积极用力,分散了注意力,时间长了,会引起疲劳。

(2) M-1动作。在过载产生时两腿及小腹用力,上身前曲,先深吸气,然后半闭声门用力慢慢呼气,持续5s再重复一遍。这套动作可以增加胸内压,使膈肌升高,可提高耐力$2g$;缺点是需要积极用力,也容易疲劳,且对无线电通信有严重干扰。

靠人体主动对抗动作以提高抗荷耐力,会分散飞行员的精力,反复使用会引起疲劳,同时耐力提高的效果也不大,可靠性差,只能起一些辅助作用。在现代飞机(尤其是战斗机)上,人体的抗过载能力与现代高性能飞机的要求之间存在着相当大的距离,因此抗荷装备是不可缺少的。抗荷系统就是这样的一种装备,可以提高飞行员的抗过载能力。

当前常用的抗荷措施有如下几种:

(1) 使用抗荷服。抗荷服是一种在正加速度作用时,对腹部和下肢加压,从而提高机体对正加速度耐力的服装。充气抗荷服是各国公认的减轻正加速度效应的最合适和最易接受的方法。

(2) 加压呼吸。加压呼吸可认为是一种自动的M-1动作。因为加压呼吸的作用是增加胸内压,且可利用已有的加压供氧装备稍加改进即可。这种方法的优点是飞行员无需动作,然而加压时间过长或过于频繁,人体会产生不适或疲劳。是一种实用有效的抗过载方法。

(3) 后倾座椅。增加座椅的后倾角,将会增加人椅的横向过载,降低纵向过载,而人体的抗横向过载能力强于纵向过载。据研究,座椅后倾角达到45°时,可以提高飞行员抗荷耐力$0.97g$;60°时可以提高耐力$3.18g$;小于30°则无效。但是这种座椅所占座舱空间较大,弹射救生问题也较难解决,目前尚未达到实用阶段。

13.2.2 加压呼吸抗荷机理

加压呼吸抗荷系统由气源、气滤、抗荷调压器和加压服组成,典型的加压抗荷系统如图13.11所示。

抗荷气源可直接引自发动机压气机,也可引自座舱空气调节系统进入座舱前的冷路和热路,还可采用供氧系统的氧源供气。空调系统引气,气源干净,且减少了发动机的引气口;氧源系统供气只需改造供氧装备,但有可能导致耗氧量增大。

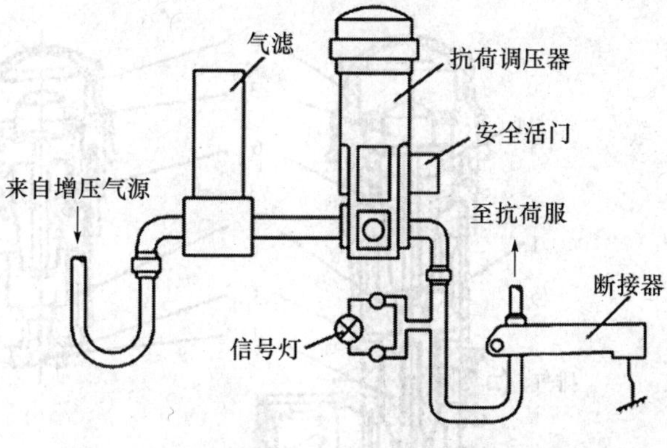

图 13.11 加压抗荷系统

使用不同的气源,气滤的设计也各不相同(气滤也可和调压器组成一体而不作为单独的附件)。气滤必须保证进入抗荷调压器的气流达到一定的洁净度,并有足够的流通能力。

加压服系统的设计要点有:①保持飞行员下肢和腹部受到体表压随过载增大而提高;②保证体表压对过载的跟随性,即减少体表压相对过载的延迟;③要有一定的舒适性,且使用方便。

抗荷调压器的功用是,在正向过载超过一定数值(一般规定的 1.75)时,自动向抗荷服拉力管或气囊充气并保持输出压力符合规定的过载—压力特性。图 13.12 为抗荷调压器的方块图。

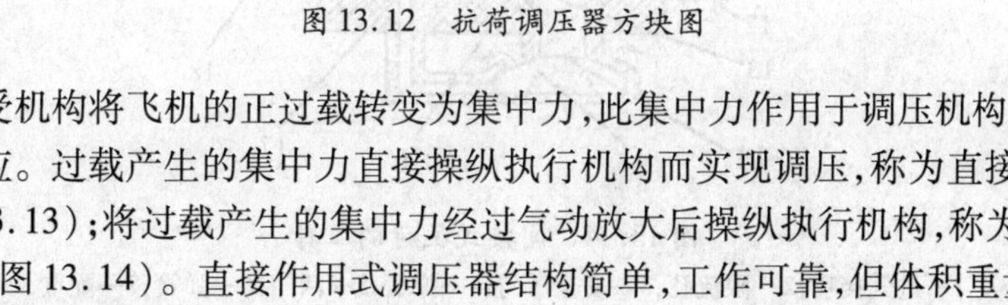

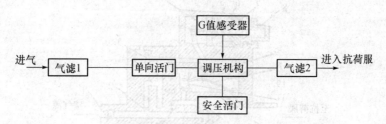

图 13.12 抗荷调压器方块图

过载感受机构将飞机的正过载转变为集中力,此集中力作用于调压机构,使输出压力与过载相对应。过载产生的集中力直接操纵执行机构而实现调压,称为直接作用式抗荷调压器(图 13.13);将过载产生的集中力经过气动放大后操纵执行机构,称为间接作用式抗荷调压器(图 13.14)。直接作用式调压器结构简单,工作可靠,但体积重量大,调压误差大,出口压力明显滞后于过载。间接式调压器结构紧凑,可以增大充压速度,减少压力相对过载的滞后。

13.2.3 抗荷服

抗荷服是一种充气时,对腹部及下肢加压的服装,按其结构,可分为囊式抗荷服和管式抗荷服两种。

囊式抗荷服穿在飞行员身上的情形如图 13.15 所示。

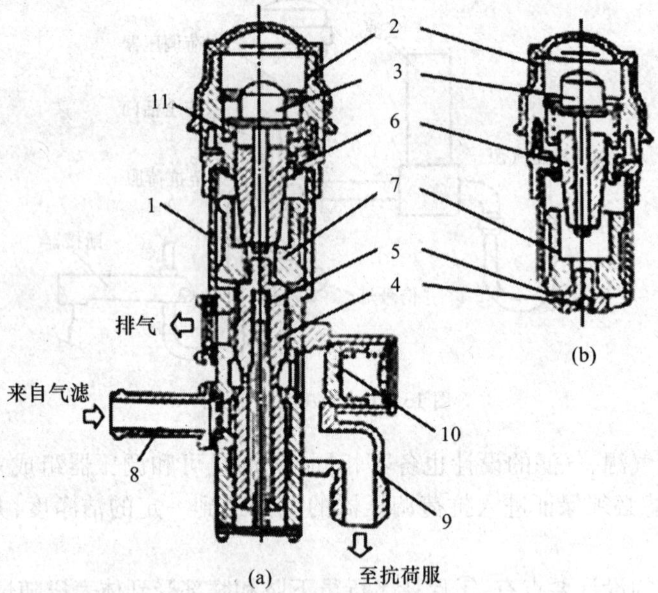

图 13.13　直接式抗荷调压器

(a) 输出高压状态;(b) 输出低压状态。

1—壳体;2—转盖;3—按钮; 4—活塞;5—弹簧;6—上配重;7—下配重;
8—进气接嘴;9—输出接嘴;10—安全活门;11—弹簧。

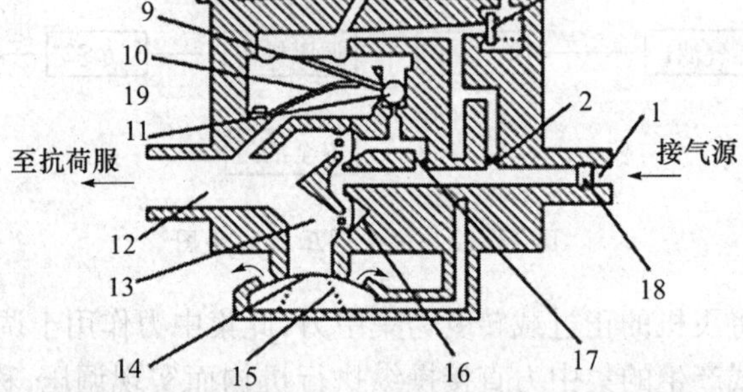

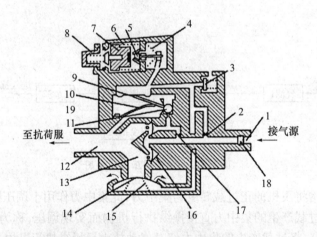

图 13.14　间接式抗荷调压器

1—进气接嘴;2—限流孔;3—安全活门;4—弹簧;5—活门;6—弹簧;7—配重;
8—加压按钮;9—膜片;10—弹簧片;11—活门;12—输出接嘴;13—输出孔;
14—膜片;15—弹簧;16—膜片;17—限流孔;18—过滤器。

囊式抗荷服主要由左、右裤套,裤腰,带套抗荷胶,调节绳及保护布组成的调节系统组件,大腿外侧微调拉链、左右腿大拉链组成的拉链组件构成(图 13.16)。胶囊由棉单面涂胶布制成,外面包裹尼龙布套,有导管可与抗荷调压器连接。胶囊分别可对腹部、大腿和小腿加压,其外形如图 13.17 所示。

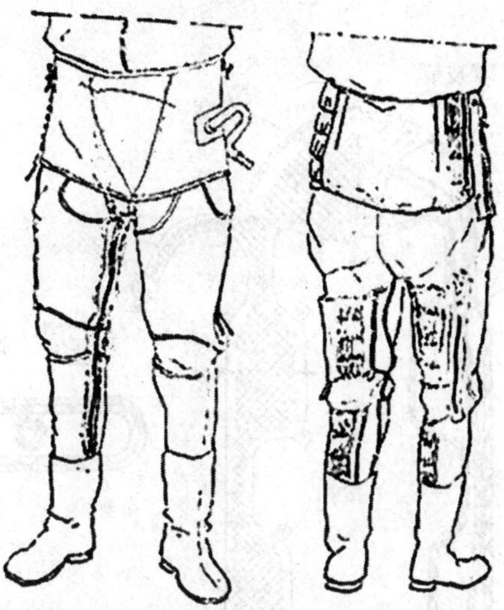

图 13.15　穿在飞行员身上的囊式抗荷服

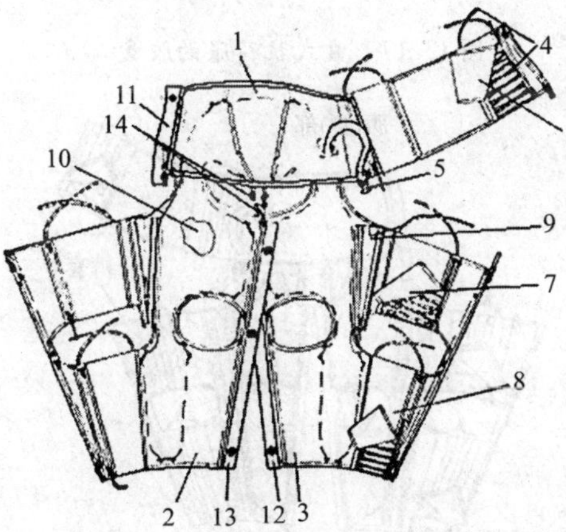

图 13.16　囊式抗荷服组件

1—前、后腰；2—右裤套；3—左裤套；4—调节绳；5—接管嘴；6—上保护布组件；
7—中保护布组件；8—下保护布组件；9—大腿外侧微调拉链组件；10—带套抗荷胶囊；
11—腰部大拉链组件；12—左腿大拉链组件；13—右腿大拉链组件；14—吊带。

胶囊应具有足够的强度和气密性。囊式服的胶囊并不覆盖着腹部及大小腿的整个面积。以周长计算，腹部覆盖约 1/3，大腿覆盖约 2/5，小腿覆盖不大于 1/3。气囊覆盖与不覆盖部位的体表受压不一致。由于加压不均匀，在压力较高并且加压时间较长的情况下，易引起疼痛，甚至产生皮下出血点。有时下肢活动也受到一定影响。夏季使用时，气囊妨碍散热，冬季穿在棉飞行裤外面则影响抗荷效果。

侧管式抗荷服主要由左、右裤套、裤腰、拉力管张紧装置、胶囊、调节绳及保护布组件合成的调节系统和拉链等组件构成（图 13.18）。拉力管张紧装置设在下肢外侧，其工作原理与侧管式分压服相同。抗荷服拉力管还可与侧管式分压服的拉力管并列装在同一布套内，用共同的张紧带与衣面连接，同时在腹部加一有限制层的气囊，构成代偿—抗荷联合服。侧管式抗荷服对下肢加压较均匀，因此承受较长时间过载也几乎不引起压痛，其抗荷效果比囊式服好。

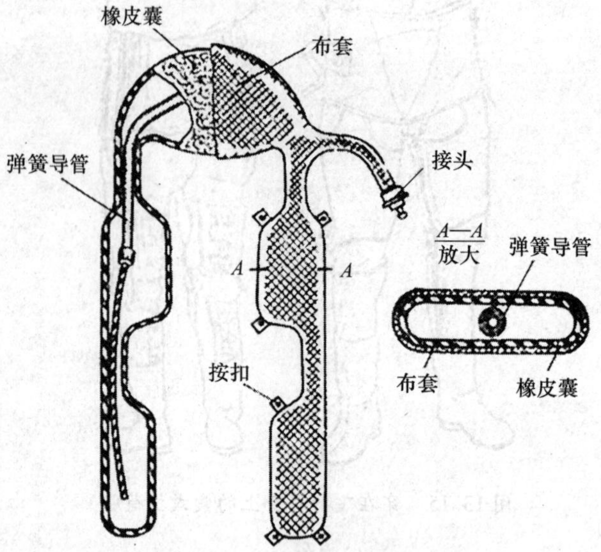

图 13.17 囊式抗荷服的胶囊

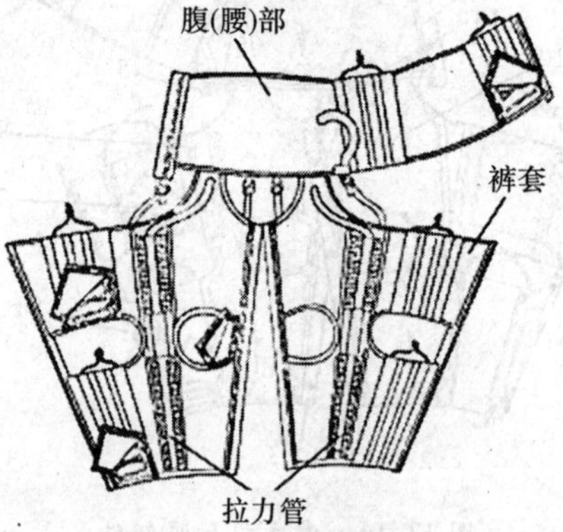

图 13.18 侧管式抗荷服结构图

无论囊式抗荷服还是侧管式抗荷服,适体性对抗荷效果有决定性的影响。适体的抗荷服,应使服装紧贴身体,而未充气时又未有压迫感,不妨碍关节活动;穿着时能通过调节获得合适的拉紧程度。

13.3 保护头盔

13.3.1 飞行中的碰撞及头部损伤

在飞机作机动飞行、起飞着陆和应急弹射离机时,飞行员头部可能和飞机结构件、仪表板、驾驶杆或瞄准具等刚性物体发生碰撞;飞行中产生的负加速度会迫使飞行员离开座位冲向座舱盖。弹射跳伞时,飞行员脸部受到迎面气流的吹袭,头部有可能受到伞绳系统抽打。着陆时,头部和地面可能发生碰撞。这些都会造成人体损伤。战斗机驾驶舱容积小而设备多,发生碰撞的可能性更大。

头部不加保护可能引起的损伤主要有如下几种类型:

(1) 颅骨损伤。头部受到冲击时,颅骨吸收大部分能量,颅骨的受打击部分可能发生骨折或塌陷,同时打击力向四周传播可能发生裂缝。

(2) 脑膜损伤。无论颅骨是否发生骨折,重大的冲击都可能使脑膜撕裂并出现颅内出血,严重时可出现迷乱或暂时的惊恐,不久就陷入意识丧失的状态。

(3) 头部运动而造成的损伤。冲击时由于头部突然位移或突然停止运动,冲击能量被吸收,因此而产生的各种脑外伤。

(4) 脑振荡。有时较轻的头部外伤也可造成脑振荡,脑振荡产生的主要原因是由于加速度作用于脑组织,同时产生压缩和稀疏的应变。

虽然头部碰撞损伤只有少数是致命的,但碰撞往往引起脑功能受损害以致意识丧失,从而可能造成严重的飞行事故。因此,对飞行员的头部防护是非常重要的。

13.3.2 保护头盔

早期的头部防护装备是皮飞行帽,对于高速喷气式歼击机来说,皮飞行帽提供的保护是远远不够的,保护头盔成为必要的防护装备之一。

保护头盔分为联合式头盔(图 13.19)和戴在皮飞行帽上的保护头盔(图 13.20)两类。联合式头盔由保护外壳、减振衬垫、滤光镜固定锁、下腭调节带、后枕带、容腔耳罩、通信系统组成,可以装上氧气面罩。皮飞行帽上的保护头盔由防护外壳、缓冲衬垫、滤光镜、调整带等组成,氧气面罩和耳机装在皮飞行帽上。

保护头盔的作用主要表现在:①防碰撞;②防眩光;③防噪声,保证无线电通信;④防高速气流吹袭;⑤安装供氧面罩。

保护头盔的主要技术要求如下:

(1) 防冲击及防穿透性能。欧洲技术条件规定,5kg 重的撞击器,以不超过 204J 的能量撞击到刚性固定在头型上的头盔样件时,头盔的最大传输力不超过 2000kgf。美国同时规定,在上述条件下冲击时,传到头型上的过载值有如下限制:作用时间 4ms 以上,不大于 150;超过 2ms 时,不大于 200;任何情况下均不得大于 400。重 3kg、端部为尖顶的钢锤从 3m 处落下,不会被击穿。

(2) 防气流吹袭。应能承受 1280km/h 风洞试验和 1220km/h 的火箭滑车试验的气流动压。在气流吹袭试验中,保护头盔和它的面罩在假人头上的位置均应保持不变。

(3) 防碎片袭击性能。一般技术条件规定,重 20g,速度为 120m/s 的子弹射击时,应不发生破裂。

(4) 通信与隔音性能。耳机应和无线电通信系统相匹配,并具有消除噪声功能。

(5) 视界、视力损失、光学畸变和滤光性能。要求对视界的影响尽可能小,上、下视野不小于 50°,左、右不小于 90°。透光率要在 80% 以上,光学畸变不大于 10 分。滤光镜要有足够的吸收紫外线和可见光线的能力,一般吸收率要在 80% 以上。

(6) 重量、重心和转动惯量。保护头盔应尽可能轻,尽可能与头部重心一致,转动惯量不能过大,以免对头颈会造成过大负担。一般用限制外廓尺寸来控制转动惯量,即要求:头盔在佩戴者头顶以上的高度不应大于 5cm,靠近两耳总宽不大于 27.5cm。

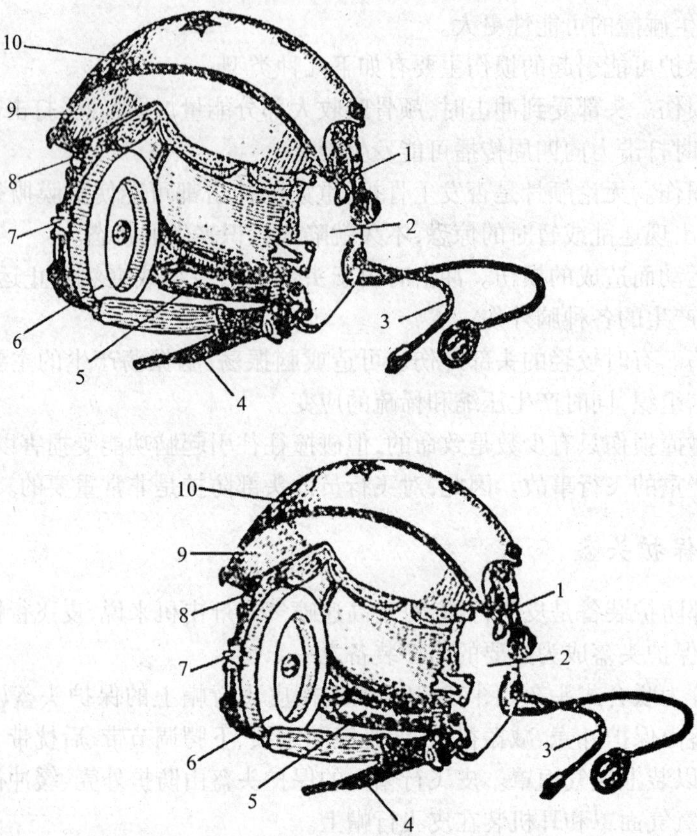

图 13.19　联合式保护头盔

1—滤光镜固定锁;2—防护外壳;3—通信系统;4—下腭调节带;5—后枕带;
6—容腔耳罩;7—氧气面罩挂钩;8—减振衬垫;9—滤光镜;10—滤光镜保护盖。

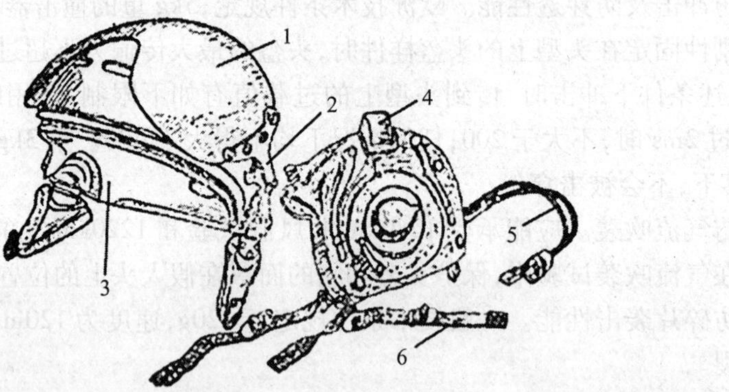

图 13.20　戴在飞行帽上的保护头盔

1—滤光镜;2—滤光镜固定锁;3—防护外壳;4—皮飞行帽;5—通信系统;6—下腭调节带。

(7) 适体性和舒适性要求。保护头盔尺寸应适应各种头型,头盔穿戴应方便,头盔的散热和保暖也必须适当予以考虑。

(8) 保护头盔与供氧面罩应协调。

四代机的头盔将实现头、眼部防护、供氧、通信、激光防护、有源降噪多功能综合。头盔具有隔噪声能力不低于35dB;防激光范围(0.53～1.06)μ。各个国家头盔均有多种型号,图13.21为当前较先进的美国、俄罗斯的飞行员头盔。

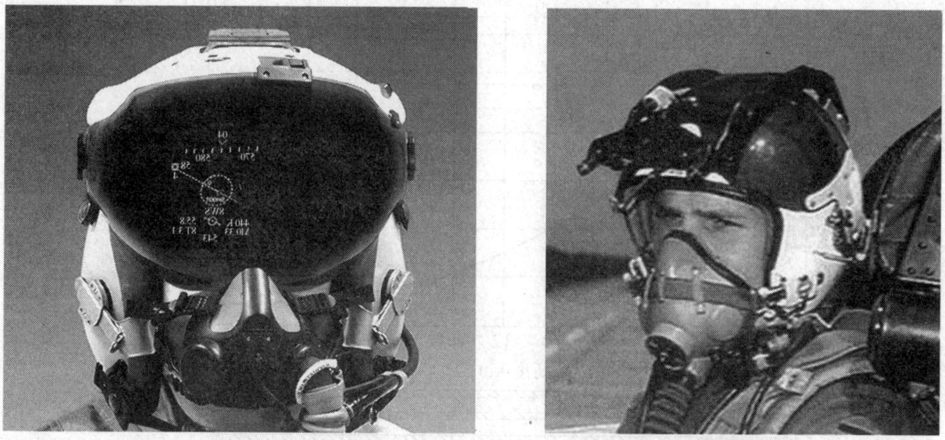

(a) (b)

图13.21 美国、俄罗斯飞行员头盔

(a) 美国飞行员头盔(含头盔显示器);(b) 俄罗斯飞行员头盔。

13.4 供氧系统

13.4.1 概述

大气是由氧、氮、二氧化碳等气体组成。氧气体积含量约占21%,而大气压力则随高度增加而下降。因此,随着高度的增加,大气中氧分压相应降低,从而使得肺泡氧分压降低,引起人体组织缺氧。按照缺氧程度的不同,人体会产生一系列的机能障碍,从头痛、眩晕,直至呼吸、循环机能相继停止。

早在19世纪70年代,人类乘气球升空探险,就试图用供氧装备防止高空缺氧,可惜没有成功。第一次世界大战后期,飞机上已携带有连续的供氧装备;第二次世界大战后,德国发明了肺式调节器,连续供氧装备也得到进一步发展;之后,出现了加压供氧系统。高空气态氧和液态氧是飞机的主要氧气来源。

根据高空生理学研究,人体暴露在不同高度的大气中,工作能力受影响的程度不一样,因此可以将空间区域划分为用氧高度和安全高度。必须使用供氧装备才能保证飞行安全的高度为用氧高度;不使用供氧装备可以保证飞行安全的高度称为安全高度。用氧高度和安全高度随飞行条件和乘员的类型而改变(图13.22)。

为了预防缺氧情况的发生,现代飞机通常采用增压座舱和供氧装备两种技术措施。

增压座舱的空气压力、温度和湿度可以调节,可在一定范围内防止发生缺氧病、高空减压病、体液沸腾等,给飞行员创造一个舒适的气候环境。但是,增压座舱会增加飞机重量,如果在战斗中破坏,具有很大的危险性。因此,就预防缺氧而言,仅有增压座舱是不够的。供养装备则是现代飞机的另一个必备措施。供氧装备的配备,一般要符合下述规定:

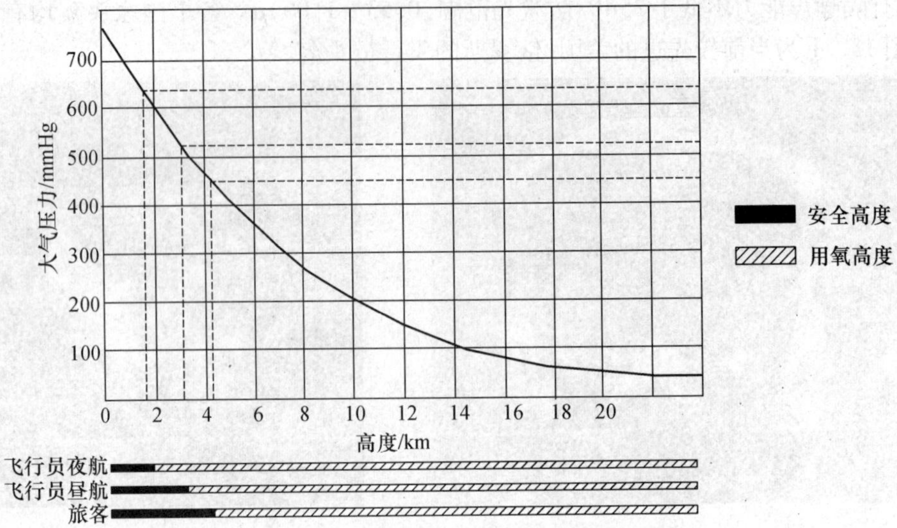

图 13.22 飞机乘员的用氧高度和安全高度

(1) 飞行高度超过 4km 均需设置空勤人员供氧装备;超过 8km 的旅客机,应配有旅客应急供氧装备。

(2) 超过 7km 的飞机(旅客机除外),应为飞行员配备跳伞供氧装备。

(3) 飞机供氧系统按照循环方式的不同可分为两大类:开式循环系统和闭式循环系统。开式循环供氧系统的主要特点是所有呼出气体都从系统中排出,主要包括连续供氧系统和肺式供氧系统两种方式。闭式循环供氧系统是将人体呼出的氧气加以回收,经净化后再供人呼吸。

飞机供氧系统由以下几项组成:

氧源——贮存或产生系统所需要的氧气。有氧气瓶、机上制氧装置等。

调节附件——调节供氧量、供氧压力和含氧浓度。如减压器、氧气调节器等。

操纵附件——根据使用要求来改变系统的工作状态。如氧气开关等。

指示仪表——监测系统的工作状态。如压力表等。

供氧面具——将氧气导入人体的呼吸器官。如供氧面罩等。

导管和连接件。

一个好的供氧系统,必须能在不同的飞行条件下保证飞行乘员的安全,同时减轻使用者的负担。

13.4.2 供氧系统及其主要参数

1. 加压制度

供养装备能够在飞机飞行高度超过 12km 时提供 12km 以下的大气压或供应纯氧,并使体内、外压力处于平衡状态。这在技术上可行,在生理上也是最理想的状态;但这样的装备将很复杂,给飞行员在气密座舱的工作带来不便。因此世界各国都建立了各自的加压供氧制度。图 13.23 为美国军用标准的三种加压供氧标准。其中 a 为国际标准大气压;b 为装于面罩上的供应纯氧的加压供氧制度,它与加压背心配套;c 为加压肺式供氧调节器的供氧制度，仅配加压面罩；d 为用于气密头盔和加压服保持恒定绝对压力的高空加压供氧标准。

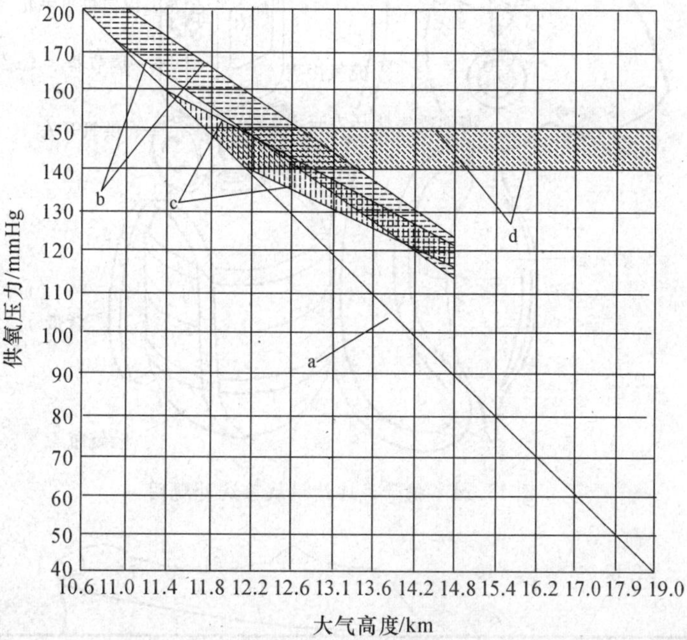

图 13.23 美国军用标准的三种加压供氧制度

2. 供氧系统

现代飞机按供氧方式的不同可分为连续供氧系统、肺式供氧系统和加压供氧系统。

1）连续供氧系统

连续供氧系统是不受使用者的肺换气量和呼吸频率的影响，连续供给一定流量氧气的供氧方式，是航空界最早采用的供氧系统。该系统具有结构简单，使用方便可靠，呼吸阻力小，可集体使用的优点；同时也存在耗氧不经济，不能适应肺换气量要求的缺点。因此，现代航空中的飞行员通常不采用这种方式，而普遍用在旅客、伞兵、或伤病员的集体供氧上。

典型的连续供氧系统有携带式系统（图 13.24）和旅客机集体使用的连续供氧系统（图 13.25）。携带式供氧系统由氧瓶、调节器和面罩组成，并装有背带。旅客集体使用的大型供氧系统对于大型飞机来讲，是一个复杂且庞大的应急供氧系统，它能够在座舱减压后，短时间内保证全体旅客用氧，保障旅客的生命安全。

关于旅客用氧的起始高度，美国规定了 4.0～4.4km 和 4.4～4.7km 两个规范，即保证吸入气氧分压不得低于 11～11.6kPa 和 10.5～11kPa。图 13.25 为波音 707 旅客机的供氧系统原理图。该机实用升限 12km，巡航高度 10km，座舱余压为 58.8kPa，载客量 189～215 人。客舱除固定供氧系统外，还有 12 个携带式供氧系统。该系统有三大特点：

（1）设有三种接通供氧的方式（自动开关 9、电磁开关 14 及服务员手动接通上述两开关），以提高可靠性。

（2）采用大流量双并联的减压器和调节器，提高了系统工作的可靠性。

（3）通过冲激器和面罩箱的配合工作，能迅速自动向每个座位的旅客提供氧气。

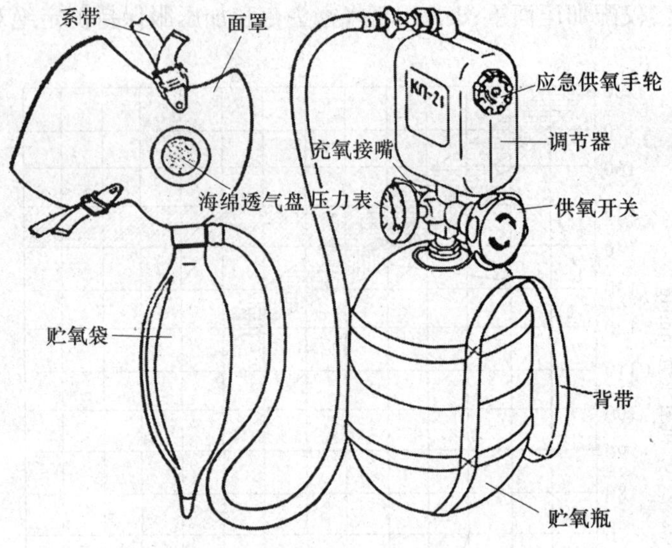

图 13.24　携带式连续供氧系统外观图

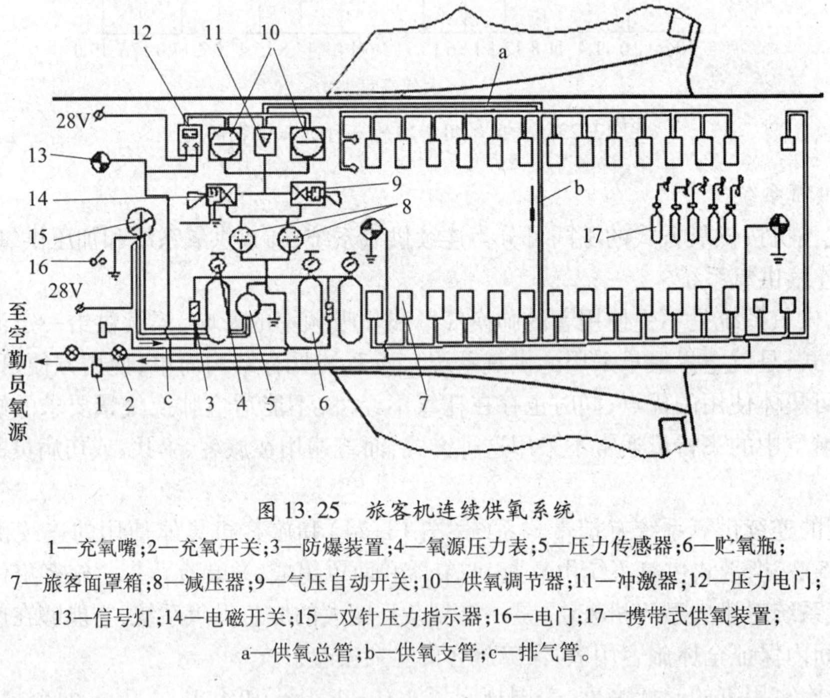

图 13.25　旅客机连续供氧系统

1—充氧嘴；2—充氧开关；3—防爆装置；4—氧源压力表；5—压力传感器；6—贮氧瓶；7—旅客面罩箱；8—减压器；9—气压自动开关；10—供氧调节器；11—冲激器；12—压力电门；13—信号灯；14—电磁开关；15—双针压力指示器；16—电门；17—携带式供氧装置；a—供氧总管；b—供氧支管；c—排气管。

2）肺式供氧

肺式供氧是按照使用者吸气量的大小自动供给氧气（或氧—空混合气）的供氧方式，亦称断续供氧或需求式供氧。肺式供氧方式节省氧气但装备较复杂，呼吸阻力比连续供氧方式大。

图 13.26 为苏 КП－18 肺式供氧系统，它用在米格－15、米格－17 战斗机、伊尔－28轰炸机等机种上，采用 130～150kgf/cm^2 高压气氧源。如图所示，在飞行员呼吸作用下，肺式供氧调节器工作，以吸入纯氧或氧—空混合气。当肺式供氧机构发生故

障时，可打开应急开关 4－1 实现连续供氧，系统的呼气阻力来自于面罩呼气活门弹簧 8－3 的弹力。弹射跳伞时，自动拔出锁针 7－1，弹簧片 7－2 弹出 7－3，供氧软管 9 自动分离，在弹簧7－5作用下，活门 7－4 关闭，活门 7－6 打开，和跳伞供氧系统连通，实行连续供氧。

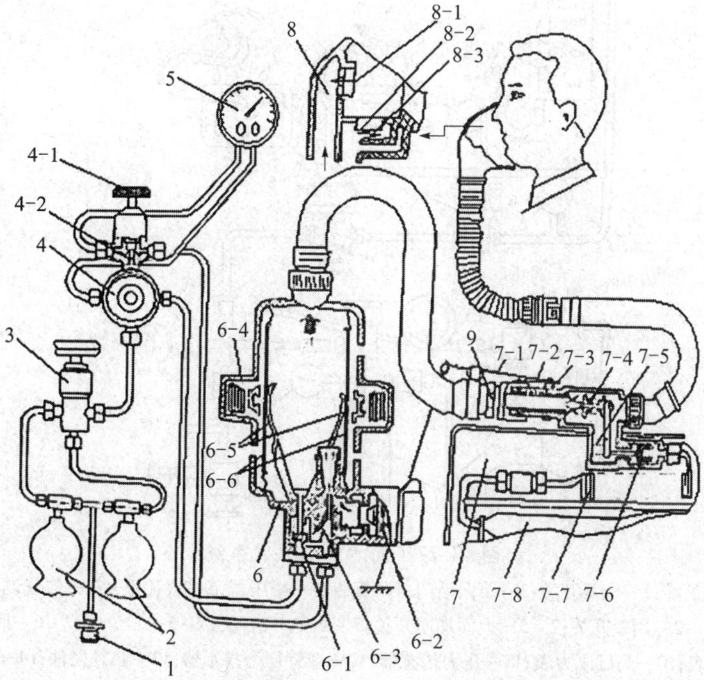

图 13.26　典型肺式供氧系统

1—充氧接嘴；2—氧气瓶；3—高压开关；4—减压器；4－1—应急手柄；4－2—限流孔；5—示流器；6—调节器；6－1—肺式活门；6－2—空气自动器膜盒；6－3—引射器喷嘴；6－4—高变安全余压机构；6－5—摇臂；6－6—肺式膜片；7—跳伞供氧器；7－1—锁针；7－2—弹簧片；7－3—凸块；7－4—单向活门；7－5—弹簧；7－6—单向活门；7－7—毛细管；7－8—氧气瓶；8—供氧面罩；8－1—吸气活门；8－2—呼气活门；8－3—呼气活门弹簧；9—供氧软管。

3）加压供氧系统

使供氧面罩或加压头盔内绝对压力高于环境压力，必要时使人体体表建立相应对抗压力的供氧方式称为加压供氧。加压供氧系统包括非加压供氧和加压供氧两种性能。当座舱高度小于 12km 时，进行长时间的肺式供氧；当座舱高度超过 12km，或飞行高度超过 12km 且气密座舱发生减压时，要实施加压供氧。未给体表施加相应的代偿压力时，人体所能承受的面罩余压不能超过 3.3～4kPa，如果要承受更高余压，供氧系统必须配上适当的加压服给体表建立相应的代偿压力。为防止损伤人体肺脏，一般体表加压应先于面罩内加压。

一般加压供氧系统有如下几种类型：①简单加压供氧系统；②囊式服加压供氧系统；③侧管服加压供氧系统；④联合服加压供氧系统。简单加压供氧系统一般用在民航机上，氧源为高压氧瓶，氧气经减压器减压后再输往调节器，系统中有多台调节器，可同时供多人使用，系统的使用高度根据调压器的加压特性来确定（图 13.27）。

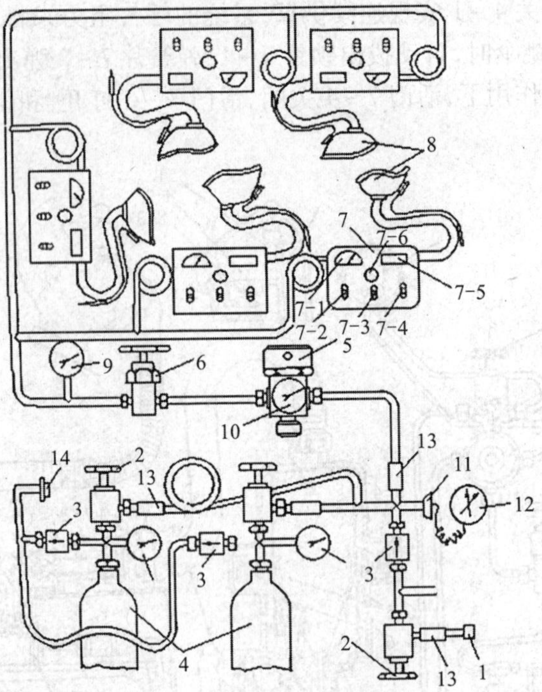

图 13.27　简单加压供氧系统

1—充氧嘴;2—充氧开关;3—单向活门;4—氧瓶;5—减压器;6—输氧开关;7—氧气调节器;

7－1—压力表;7－2—用氧开关;7－3—地面加压开关;7－4—空气开关;7－5—示流器;7－6—照明灯;8—面罩;

9—压力表;10—高压压力表;11—压力传感器;12—双针压力指示器;13—热补偿件;14—保险盘。

囊式服加压供氧系统(图 13.28)和囊式防护服配套使用。它可采用液氧源或高压气氧源,减压器出口压力大约在 5 个大气压左右。安装在椅侧的调节器由主调节器(正常情况下使用,可供混合气)和副调节器(跳伞时使用,只供纯氧)并联组成,可靠性及使用性能均较高。

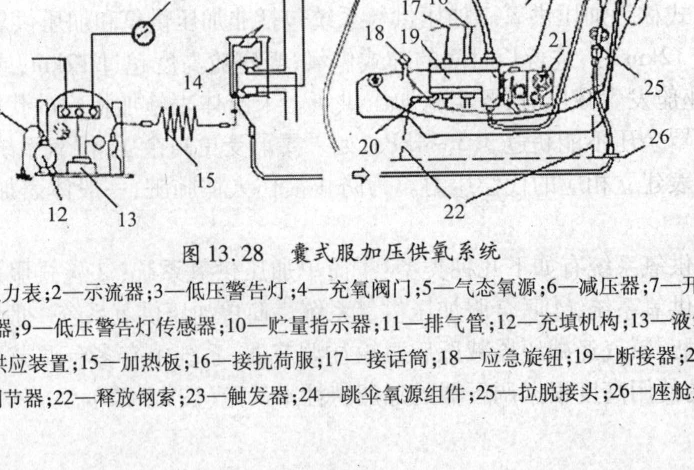

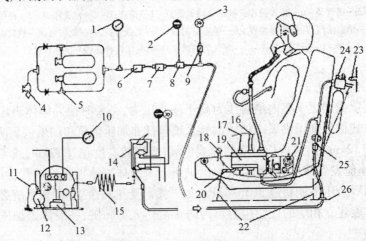

图 13.28　囊式服加压供氧系统

1—压力表;2—示流器;3—低压警告灯;4—充氧阀门;5—气态氧源;6—减压器;7—开关;

8—流量传感器;9—低压警告灯传感器;10—贮量指示器;11—排气管;12—充填机构;13—液氧贮存装置;

14—氧气供应装置;15—加热板;16—接抗荷服;17—接话筒;18—应急旋钮;19—断接器;20—锁柄;

21—调节器;22—释放钢索;23—触发器;24—跳伞氧源组件;25—拉脱接头;26—座舱地板。

侧管服加压供氧系统和侧管服配套使用(图 13.29),一般采用高压气氧源,氧气调节器固定在飞机上,跳伞时,由压力比调节器来调节面具余压和侧管服压力。座舱发生减压时,由氧气调节器和压力比调节器保证面具快速卸压以保护肺脏,同时按顺序快速地向拉力管和面具充压。转入正常加压供氧后,由氧气调节器输送连续流量,由压力比调节器控制面具余压,并保持面具余压和侧管服拉力管压力为 1:10 的关系。

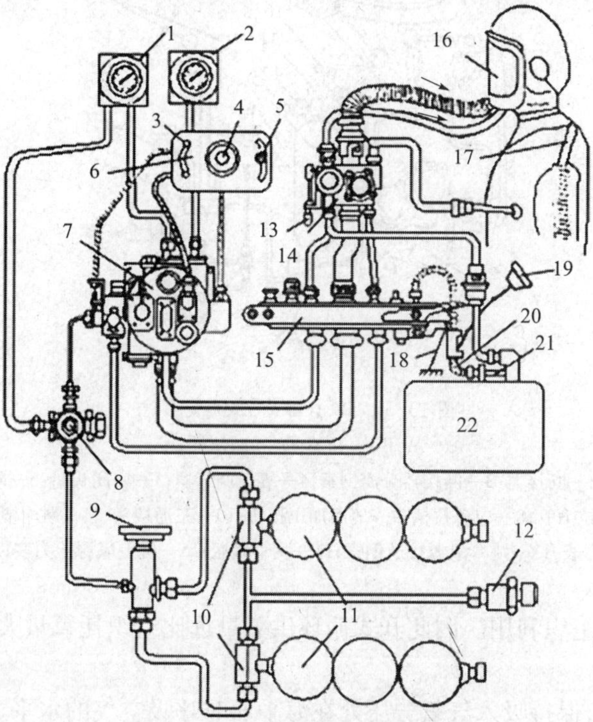

图 13.29　侧管服加压供氧系统

1—示流器;2—余压表;3—选择手柄;4—加压手轮;5—连续供氧手柄;6—手控装置;7—氧气调节器;8—减压器;9—开关;10—单向活门;11—贮氧瓶;12—充氧接嘴;13—卸装手柄;14—压力比调节器;15—断接器;16—头盔;17—侧管服;18—弹射分离钢索;19—跳伞供氧接通手柄;20—接通手柄;21—锁针;22—跳伞供氧装置。

联合服加压供氧系统以气背心给人的躯干加压,以侧管服给四肢加压。采用这种联合加压服,改善了加压呼吸条件,有利于保证高空减压后长时间飞行。图 13.30 为某型联合服加压供氧系统,小型氧气调节器和跳伞供氧装置一起装在救生箱内,机上和跳伞供氧均由该调节器担负。从地面开始就保持头盔和气背心一定的余压,以便利用气背心帮助呼吸,减少输氧软管直径。座舱减压后,调节器保证面具和气背心逐渐卸压,直至满足一定高度下的面具内的压力制度标准,同时给侧管服充压,并控制面具余压和拉力管表压为 1:5 的关系。

3. 主要设计参数

1) 供氧量

供氧系统在使用过程中某状态下的单位时间氧气消耗量,称为供氧量。对闭式循环供氧系统,人体氧气消耗量即为供氧量。而对于开式循环供氧系统,每次吸气只有极少部

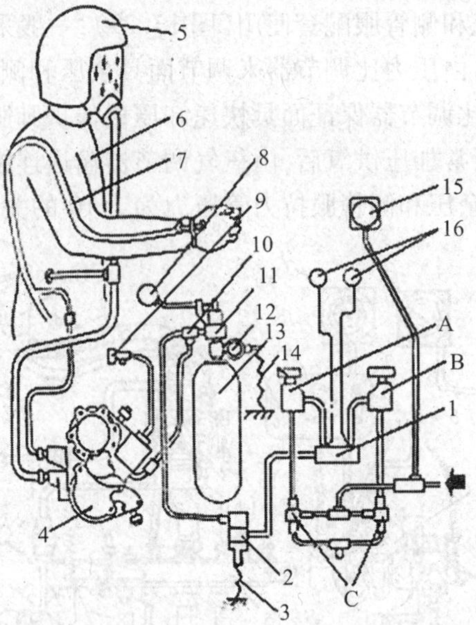

图 13.30　联合服加压供氧系统

A,B — 开关;C — 减压器;

1—汇集器;2—断接器;3—断接器分离钢索;4—氧气调节器;5—密闭头盔;6—附加气背心;

7—侧管服拉力管;8—应急拉柄;9—地面加压按钮;10—三通接头;11—跳伞氧源减压器;

12—跳伞氧源压力表;13—跳伞氧源接通钢索;14—跳伞氧瓶;15—机上氧源压力表;16—低压警告灯。

分氧气进入血液供组织利用。因此开式循环供氧量远比组织耗氧量大。

2) 氧分压

在高空飞行时,保持吸入气氧分压处在海平面时呼吸空气的水平,则可保证飞行人员不发生缺氧。此时,吸入含氧百分比应满足下式:

$$F_{O_2} = \frac{p_0 - 6.3}{p_H - 6.3} \times 21\% \qquad (13-1)$$

式中:F_{O_2}为吸入气的含氧百分比;p_0 为海平面的大气压力;(101.3kPa) p_H 为高度 H 上的大气压力(kPa)。

当 F_{O_2}为 100% 时,即供应纯氧。经上式计算,在 10km 高空,若要保证海平面的气氧分压(13.7kPa),必须供应纯氧,势必造成供氧量增大。而从缺氧角度看,并不需要达到海平面的氧分压。为了节省氧气,也可用保持肺泡内氧分压为 10kPa(1524m)或 8.7kPa (2438m)的标准。图 13.31 分别给出了保持在海平面(氧分压为 13.7kPa)、1524m(氧分压为 10kPa)和 2438m(氧分压为 8.7kPa)处肺泡氧分压所需的含氧百分比曲线。

3) 呼、吸气阻力

吸气时,肺内相对体表的最大负压称为吸气阻力;呼气时,肺内相对体表的最大余压称为呼气阻力。以上统称为呼吸阻力,呼吸阻力越大,所要付出的呼吸功也越大,越容易引起人体疲劳。

一般,吸气阻力包括氧气调节器阻力、面罩阻力和输氧软管阻力之和。要求供氧系统在中等肺换气量下,吸气阻力不得超过 392Pa,大换气量下不超过 880Pa;呼气阻力则相应在 39 ~ 664Pa。

4）供氧规律

供氧规律是指供氧系统根据不同飞行高度，按人体生理需要供给混合气或纯氧的压力、流量等变化规律。不同的高度范围，供氧规律也不一致。但供氧系统必须满足如下两条基本要求：

（1）按照人体生理需求，保证足够的氧气。

（2）保证人体内、外压力基本相等。

一般，在下面三个不同高度上，实施不同的供氧规律：

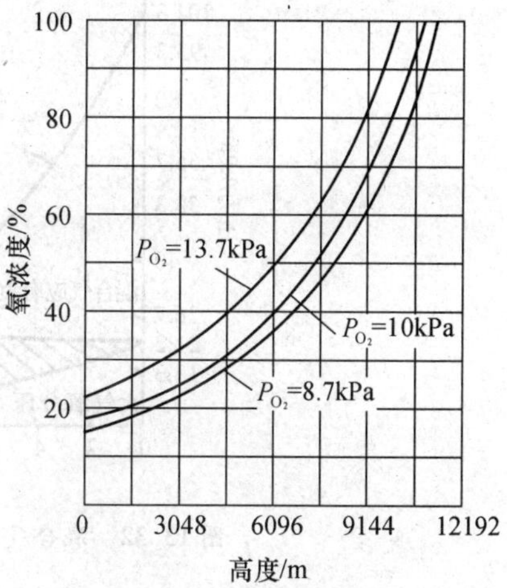

图 13.31 不同高度上吸入气所需的氧浓度

（1）高度为 0 ~ 10000m。这个高度上，供氧系统供应混合气。混合气的压力基本等于大气压力，保证人体内、外压力基本相等。混合气的含氧百分比随高度升高而增加，氧分压基本保持在 14.7kPa，从而满足人体生理需求。

混合气含氧百分比的计算公式为

$$F_{O_2} = \frac{p_{AO_2} + p_{ACO_2}}{p_H - 6.3} \times 100\% \qquad (13-2)$$

式中：F_{O_2} 为混合气的含氧百分比；p_{AO_2} 为肺泡氧分压（14.7kPa）；p_{ACO_2} 为肺泡二氧化碳分压（5.3kPa）；p_H 为高度 H 上的大气压力（kPa）。

根据以上计算，混合气应有的含氧百分比和氧分压与各高度的对应关系如表 13.3 所示，混合气应有的氧分压随高度的变化规律如图 13.32 所示。

表 13.3 0 ~ 10km 高度的供氧规律

高 度 /km		0	1	2	3	4	5	6	7	8	9	10
大气压力 /mmHg		760	674	596	529	462	405	354	308	267	231	198
大气压力 /kPa		101.4	89.9	79.5	70.6	61.6	54.0	47.2	41.1	35.6	30.8	26.4
混合气体	含氧百分比/%	21	24	27	31	36	42	49	57	68	82	100
	氧分压/mmHg	160										
	氧分压/kPa	21.3										

（2）高度为 10000 ~ 12000m。高度从 10000m 开始，至 12000m 高度上，大气压力继续降低，供氧系统供给的纯氧压力等于所在高度的大气压力，则必然会造成氧分压降低。但在 12000m 以下，缺氧现象并不严重，尚能满足人体生理需求而进行长时间飞行。该高

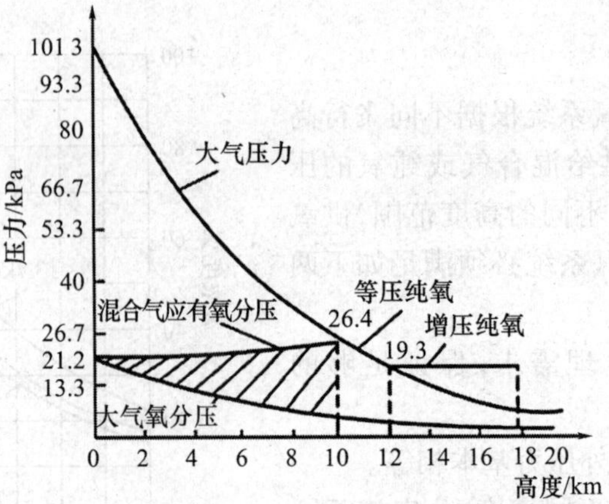

图 13.32 混合气应有氧分压随高度变化的规律

度上的供氧规律为等压、纯氧。

(3) 高度大于 12000m。在 12000m 以上,大气压力继续降低,如果此时的纯氧压力仍采用相应高度上的大气压力,则人体将会出现越来越严重的缺氧。为了满足人体的生理需求,供氧系统所供氧气压力应高于所在高度的大气压力(加压供氧),并采用连续供氧方式。

如果采用加压供氧,可以解决人体的缺氧问题,但同时会使人体内部压力高于外部压力,人体内、外压差将会对人体生理产生不良影响。当压差达到 3.3kPa 时,胸腔的收缩会受到阻碍,导致呼吸困难;达到 5.3kPa 时,呼吸和血液循环受到影响;若达到 10kPa 左右,人的听觉、视觉均会受到影响。为了解决这个问题,必须增大人体的外部压力。常用的加压方式有氧气加压背心、带面罩的加压服、带头盔的加压服等。通过对人体外部施加压力,使人体内、外压力相等。

在 12000m 高度以上,一般采取连续供氧。这是因为供氧时间一般比较短,而且要求吸气阻力尽可能地小。图 13.33 为 12km 高度以上吸用氧气压力与高度的关系。

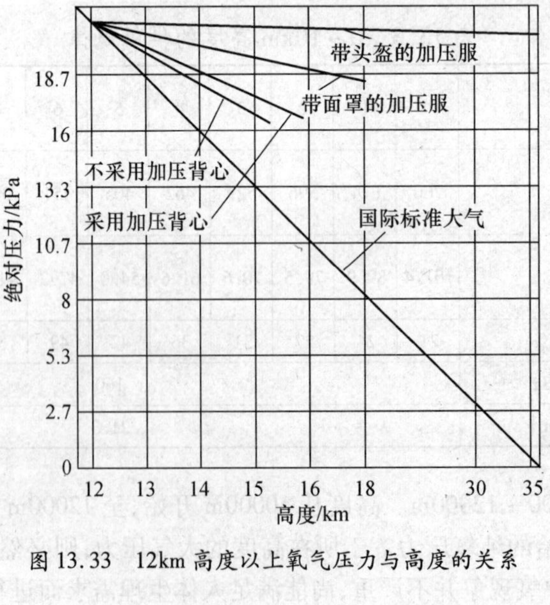

图 13.33 12km 高度以上氧气压力与高度的关系

有些供气系统为了改善其性能，在 4～12km 高度范围内，保持面罩内的压力稍大于外界大气压力。目的是为了防止面罩与人的面部贴合不紧而吸入外界空气，从而降低吸入气含氧百分比。这样面罩内就有余压，不过这种余压值很小，一般不超过 392Pa。为了与加压供氧时的余压值有所区别，通常将这种余压称为小余压（或安全余压）。

13.4.3 氧源

氧源的功用是贮存和供给氧气以保证供氧系统正常工作。符合生理卫生需求的航空呼吸用氧，应具有一定纯度，有害气体含量小于一定值。我国航空用氧要保证在 -60℃以下工作时，供氧系统不会出现水滴冻结结冰，从而妨碍系统正常工作。机上氧源包括气态氧源、液态氧源和固态氧源三种。

1. 气态氧源

气态氧源是用氧气瓶将氧气贮存在飞机上，有低压氧气瓶和高压氧气瓶两种。常见的氧气瓶形状如图 13.34 所示。提高贮存压力可以减小氧气瓶的重量和体积。

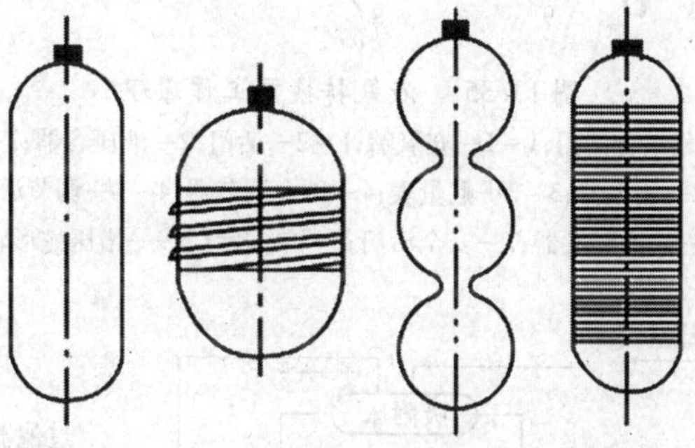

图 13.34 氧气瓶形状

(a) 圆柱形高压氧气瓶；(b) 低压氧气瓶；(c) 球形高压氧气瓶；(d) 加强形高压氧气瓶。

2. 液态氧源

液氧是极易蒸发的液体，液态氧源的主要缺点是贮存困难。液氧容器应设计成双层壁的隔热容器，两壁之间保持 10^{-6}mmHg 的高真空度。液氧转换器是贮存并将液氧转换成气氧的装置，它由液氧瓶、蒸发器和增压器等组成，其典型工作原理如图 13.35 所示。

3. 固态氧源（或机上产氧）

液态、气态氧源都存在着贮氧量有限、影响现代飞机长距离续航的问题，还有后勤保障和易燃易爆等弊端。因此，各国都在发展机上直接制取氧气的方案，固态氧源便是其中一种。固态产氧有以下几种方案：

(1) 氧烛。采用碱金属氯酸盐（氯酸钠、氯酸钾等），通过加热分解产生氧气。

(2) 采用碱金属超氧化物（K_2O_2，K_2O_4 等）。在人体呼出 CO_2、H_2O 和一定的温度的情况下，通过化学变化产生氧气。

(3) 氟矿物吸附法。氟化矿物理论上能吸附 4.4% 的氧。吸附系统的工作原理如图 13.36所示，包括三个部分：两台并联反应床（从发动机引气中吸附氧气并予以释放）；氧气增压器；空气冷却装置及氧气过滤装置等附件。

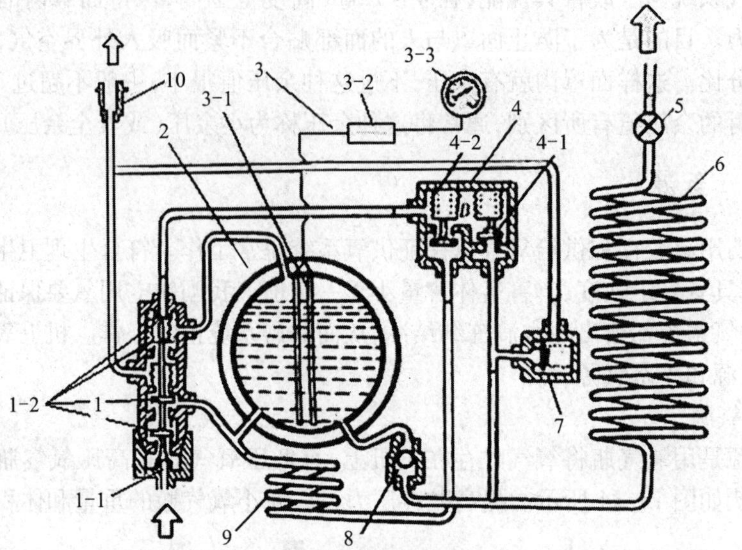

图 13.35　液氧转换器工作原理

1—充氧—增压—排气组合活门;1-1—充氧嘴;1-2—活门;2—液压容器;3—液氧贮量指示器;
3-1—电容器;3-2—放大器;3-3—贮量表;4—压力调节器;4-1—调节活门;4-2—波纹盒;
5—供氧开关;6—蛇形蒸发器;7—安全活门;8—单向活门;9—增压蛇形管;10—放气嘴。

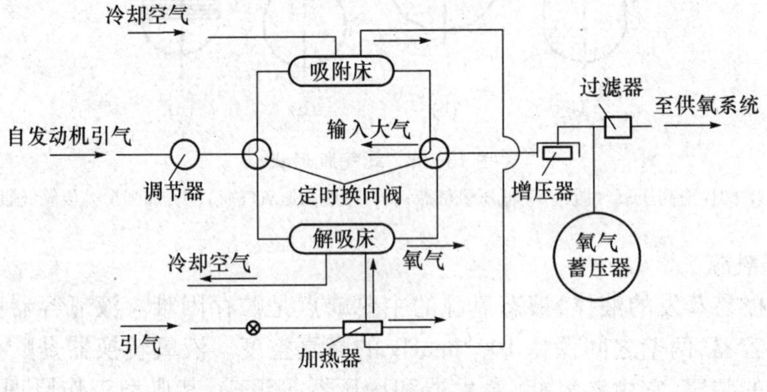

图 13.36　氟矿物吸附系统原理图

(4) 电化学制氧。采用空气浓缩法制氧。这种方法的主要原理是在电极上施加电压,通过阴、阳极的离子交换产生氧气。这种方法耗电量比较大,系统也较为复杂。

(5) 分子筛变压吸附法产氧。利用分子筛分离空气产生富氧气体,制成产品气。该方案简单,装置重量轻,体积小,被广泛应用。

机载分子筛氧气系统由产氧和供氧设备组成,从其结构组成上又可分为氧源、监控指示和供气调节部分,其原理图如 13.37 所示。

机上供氧系统的核心部分是装有分子筛床的产氧器。分子筛床内装有晶态铝硅酸盐化合物,亦称沸石,这是一种多孔材料。极性大的分子被吸附在分子筛内,而物理尺寸较小的、极性弱的分子则通过分子筛跑出。分子筛吸附分子的作用力是范德华力。由于空气中氧分子的尺寸和极性均比氮、二氧化碳、水汽分子略小,较易通过分子筛,从而在分子

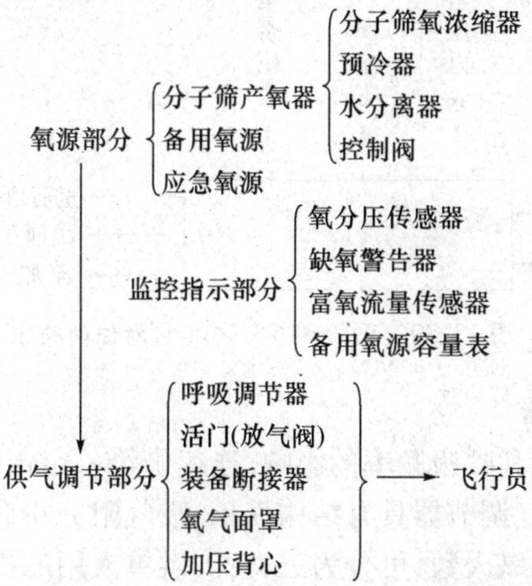

图 13.37　分子筛氧气系统原理图

筛出口处会获得一定纯度的氧气。由于这种吸附作用力为较弱的范德华力，因此通过变压循环又可使吸附过程逆向进行，从而解吸掉氮分子，使分子筛再生。

分子筛只能产生最高达95%纯度的氧气。这是因为空气中的氩分子和氧分子具有类似的尺寸和极性，所以不可避免地有5%的氩气存在于产品气中。图13.38是两床分子筛工作原理图，两床周期性地交替加压吸附产氧，降压再生，并利用部分产品气逆向冲洗解吸床。两床的交替工作由直流电机驱动的旋转片状阀控制。图示状态为旋转阀使Ⅰ床为吸附床，Ⅱ床为解吸床。Ⅰ床吸附氮气而产氧，部分产品气由Ⅰ床出口，流经带限流环的导管（冲洗定径孔）进入Ⅱ床，用富氧气体对该床反向冲洗，使之再生。

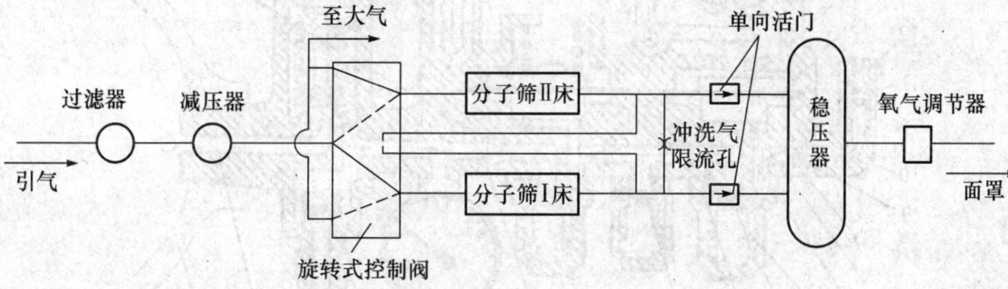

图 13.38　两床分子筛产氧器工作原理

分子筛产氧系统大大减少了地面维护工作量，由于排除所有与使用液氧有关的危险和使用高压气氧的爆炸起火危险，提高了使用的安全性和可靠性。同时还可以增加续航时间，不会因为氧源使用时间有限而被迫降低飞行高度或中止飞行。

13.4.4　氧气调节器及其主要机构

氧气调节器是呼吸供氧系统的重要组成部分，它与其它附件的关系如图13.39所示。

按供氧方式的不同，氧气调节器可分为连续式和肺式（需求式）两类；按调节方式不同，氧气调节器又可分为直接式和间接式两类。

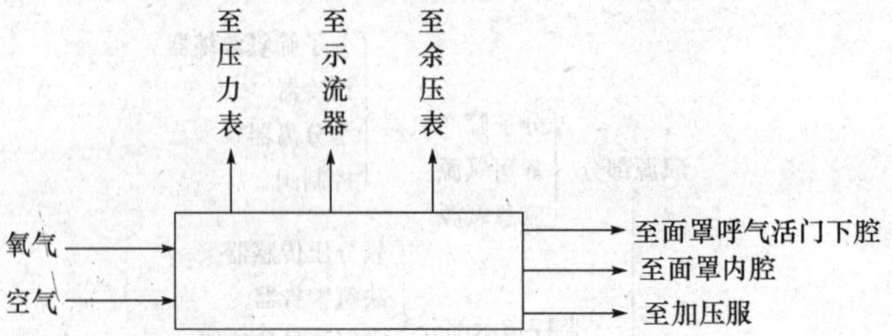

图 13.39　氧气调节器与其它附件的关系

1. 连续式氧气调节器

不受使用者肺通气量和呼吸频率的影响,连续供给一定流量氧气的调节装置为连续式供氧调节器,连续式氧气调节器具有结构简单、吸气阻力小、可集体使用的优点。连续供氧系统按安装方式和供氧人数,可分为三类:①供单人用的携带式系统;②供多人用的可移动式系统;③供旅客集体用的固定式系统。

个人调节器所需供氧量小,一般用直接式。集体用氧气调节器输出流量大,以采用间接式调节器较为理想。

1）个人用直接式调节器

图 13.24 中的氧气调节器便是个人用直接式氧气调节器,图 13.40 为该氧气调节器的原理图。

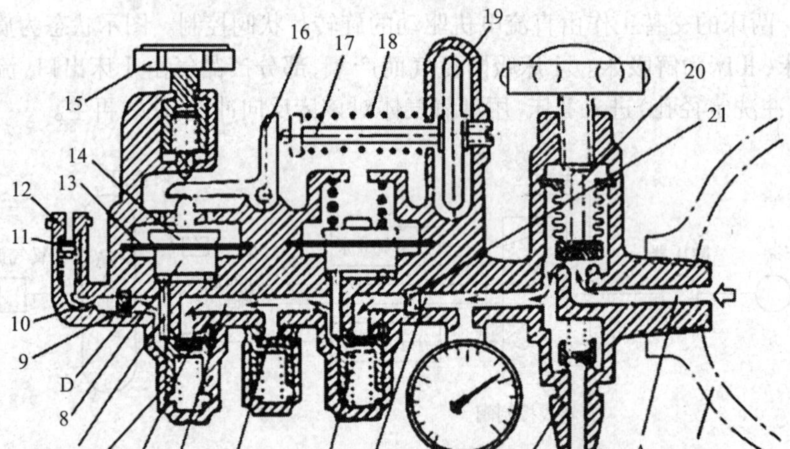

图 13.40　直接式连续供氧调节器工作原理

1—充氧接嘴;2—压力表;3—减压器;4—安全活门;5—二级减压活门;6—活门弹簧;7—顶杆;8—下硬中心;9—过滤嘴;10—限流孔;11—单向活门;12—输出接嘴;13—膜片;14—上硬中心;15—应急开关;16—摇臂;17—顶杆;18—弹簧;19—膜盒;20—使用开关;21—限流孔;22—贮氧瓶。

当个别旅客戴上氧气面罩后,输氧软管与接嘴 12 相连,连接的同时,活门 11 被顶开,并手动打开开关20。此时,减压器 3 维持一定压力,D 腔压力由膜盒 19 调节,随高度升高而增大。于是,由限流孔 10 输出的流量随高度升高而增大。

2）集体用直接式调节器

图 13.41 为波音 707 旅客机使用的氧气调节器，每台氧气调节器可供 110 人用氧。

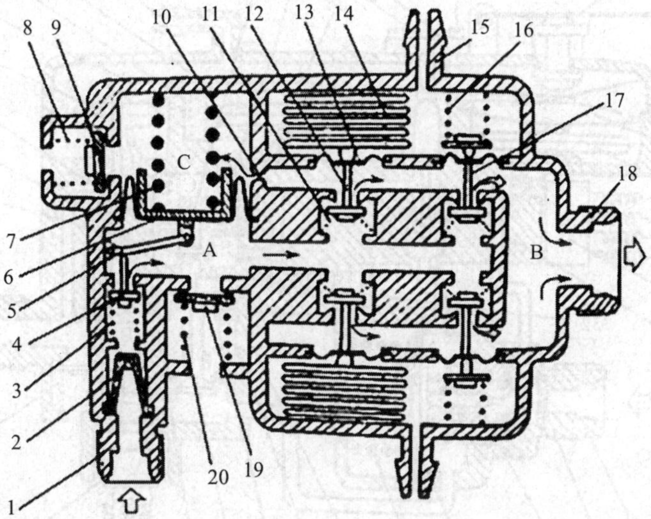

图 13.41　P/N17970－4 集体用直接式氧气调节器工作原理图

1—进口接嘴；2—过滤嘴；3—活门弹簧；4—减压活门；5—摇臂；6—减压器膜片；7—减压弹簧；8—安全活门弹簧；9—安全活门；10—限流孔；11—活门弹簧；12—高度调节活门；13—膜片；14—波纹盒；15—感压接嘴；16—余压弹簧；17—活门；18—输出接嘴；19—安全活门；20—弹簧。

在 5km 高度以下，波纹盒 14 与膜片 13 不接触，高度调节活门 12 在弹簧作用下关闭。5km 高度以上，活门 12 打开，向乘员供氧。供氧量随高度升高而增加。

3）集体用间接式调节器

图 13.42 是波音 727 飞机用的氧气调节器，是一款间接用氧气调节器。

当座舱高度为 4000m 以上时，膜盒 29 使弹簧 28 翻转，通过杠杆 27 使活门 31 开启，E 腔压力迅速升高。由于限流孔 22 的限流，C 腔压力上升缓慢，膜片在 C、E 腔的压差作用下，压缩弹簧 23 向上移动，使活门 14 开启，使 D 腔压力升高而接近于 E 腔压力。此压力作用于膜片 8，使活门 9 开启而由 A 腔向 B 腔和调节器出口大量输出氧气。当 C 腔压力升高后将活门 14 关闭。D 腔压力降低，大量供氧停止，输出压力开始按高度调节。

活门 14 关闭后，由限流环 32 向 D 腔输入控制气流。座舱高度升高则膜盒 20 伸长，使活门 15 关小，于是 D 腔压力升高，活门开启量增大，流入 B 腔流量增大。当 B 腔压力超过所在高度的压力额定值时，此压力作用于膜盒 17 使活门 15 开大，从而 D 腔压力减小，活门开启量减小，流入 B 腔的气流减小。于是 B 腔压力降低保持额定值。

若在规定座舱高度上调节器不能自动接通，可对电动接通机构 25 通电，以其顶杆打开活门 31。每次自动接通工作结束后，应按下按钮 26 使弹簧片 28 复位。

2. 肺式氧气调节器

按照使用者吸气量的大小自动供给氧气（或氧气—空气混合气）的调节器称为肺式氧气调节器。

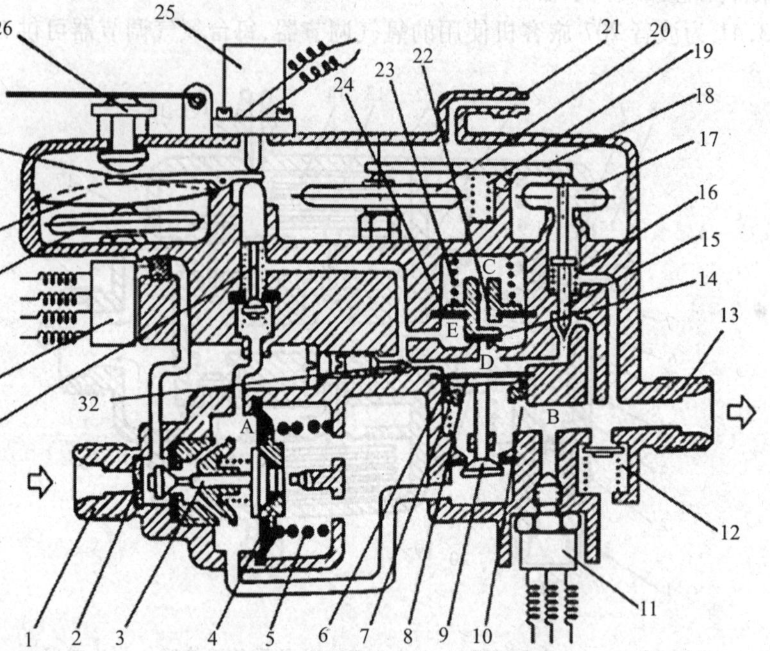

图 13.42　P/N22504 系列调节器的工作原理

1—进口接嘴；2 —过滤器；3—减压活门；4—膜片；5—减压弹簧；6—开口挡圈；7—托架；8—膜片；9—供氧活门；10—活门弹簧；11—压力电门；12—安全活门；13—输出接嘴；14—时间控制活门；15—引导活门；16—活门弹簧；17—膜盒；18—杠杆；19—弹簧；20—膜盒；21—感压接嘴；22—限流环；23—弹簧；24—膜片；25—电动接通机构；26—复位按钮；27—杠杆；28—弹簧片；29—膜盒；30—压力传感器；31—接通活门；32—可调限流孔。

图 13.43 为一款直接式非加压肺式氧气调节器。来自减压器后的氧气由接嘴 1 输入，调节器出口以软管与供氧面罩连接。使用者吸气时，A 腔压力降低，薄膜组件 5 向内弯曲，摇臂 6 绕轴 4 转动使活门 2 开启，氧气进入 B 腔。接嘴 15 将 B 腔压力传至示流器，使其唇片张开，显示调节器供氧。B 腔压力升高的同时，氧气由喷嘴 9 高速喷射出来使 C 腔产生真空度。如果开关 13 处于开启状态，空气经活门 11 和单向活门 10 而流入 C 腔，与氧气混合，并被高速喷射出的氧气流带入 A 腔，然后经接嘴 14 流向面罩，当 B 腔压力过高时，喷嘴 9 克服弹簧压力离开活门座，使 B 腔卸压。

呼气时，A 腔真空度消失，膜片 5 向外弯曲，在弹簧 3 的作用下，活门 2 关闭，中止供氧。活门 10 防止氧气流向外界。

膜片 5、摇臂 6、活门 2、弹簧 3 组成肺式机构。由于膜片 5 的面积和摇臂 6 的传动比很大，A 腔出现微小真空度就足以克服 3 的作用力使活门开启。真空度一消失，活门 2 立即关闭。这就实现了调节器输出量随使用者需要而变化。

真空膜盒 12 随高度升高而伸长使活门开启量减小，从而使调节器输出气的含氧浓度增高。在约 8.5km 的高度上，活门 11 完全关闭，调节器供纯氧。关闭空气开关 13 可在任何高度上供应纯氧。

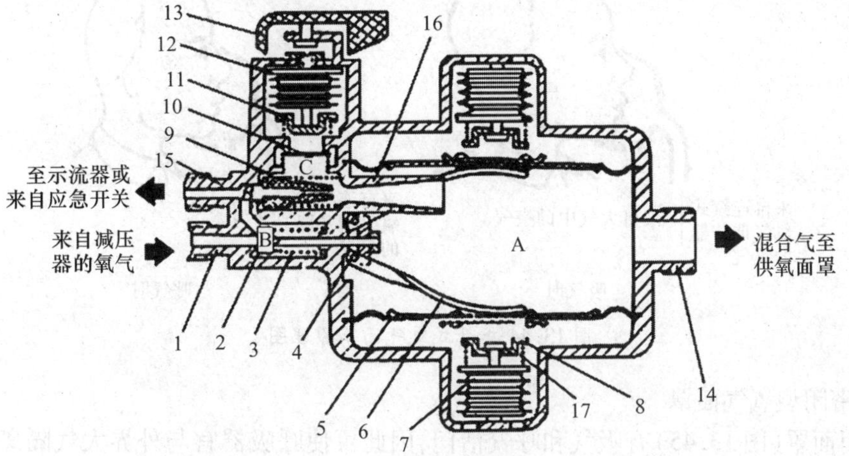

图 13.43　кп-18 型肺式氧气调节器工作原理图

1—进口接嘴;2—肺式活门;3—弹簧;4—转轴;5—肺式膜片;6—摇臂;7—安全余压膜盒;8—托盘;9—引射器接嘴;10—单向活门;11—空气自动器活门;12—空气自动器膜盒;13—空气开关;14—输出接嘴;15—感压接嘴;16—引射器;17—弹簧。

膜盒组 12、活门 11 和单向活门 10 组成空气自动器。喷嘴 9 和混合器 16 组成引射器。调节器的含氧浓度,由引射器与空气自动器相配合来调节。

随高度升高,膜盒组 7 伸长,使托盘 8 压迫膜片组件 15 使其向内弯曲转动摇臂 6,开启活门 2。于是,尽管 A 腔没有出现真空度,氧气也能流入 A 腔。若供氧面罩保持气密,当使用者呼气时,A 腔压力将大于环境压力,此余压对膜片 5 的作用力与托盘 8 对膜片的作用力相平衡时,膜片 5 回到平衡位置,供氧停止。若面罩佩戴不气密,则调节器始终输出氧气以补偿泄漏。使用者吸气时,膜盒组 7 可避免在面罩内腔出现真空度,防止空气渗入面罩内而降低吸入气的含氧浓度。

若飞行员打开减压器上的应急开关,则调节器成为气流通道,系统实施连续供氧。

13.4.5　氧气面罩

氧气面罩的功用是将供氧系统输来的呼吸气体导入人体呼吸器官,并将呼吸器官和周围大气隔开以保持呼吸气应有的氧气浓度及应有的呼吸气余压。按照使用高度及工作原理,氧气面罩可分为开式、密闭型和加压呼吸型三类。

1. 开式氧气面罩

这种氧气面罩和连续供氧系统配套使用。它的内腔与外界大气相通,所以它只有将供氧系统输送的呼吸气导入人体呼吸器官的功能,其工作原理如图 13.44 所示。吸气时,连续供氧调节器不断输送的氧气进入人体肺内,呼气时,人体吐出的气体和调节器输送的氧气都由通气孔排出。这种面罩呼吸阻力很小,但是用氧不经济,不能保证吸入气的含氧浓度。

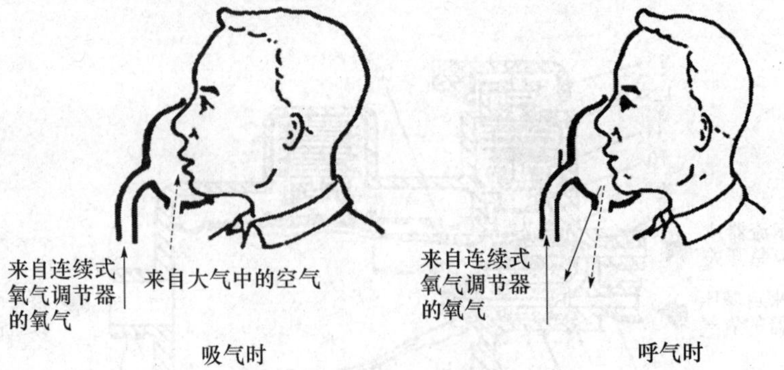

图 13.44　开式氧气面罩原理图

2. 密闭型氧气面罩

密闭面罩(图 13.45)有吸气和呼气活门,因此可使呼吸器官与外界大气隔离而保证呼吸气应有的含氧浓度。这类面罩和肺式供氧系统配套使用,使用高度可达 12km。使用者吸气时,面罩腔 A 内的压力下降,吸气活门在面罩管腔 B 和面罩腔 A 之间的压差作用下打开,使肺式调节器输送的呼吸气进入面罩腔供人呼吸。这种呼气活门在弹簧作用下关闭,由肺式调节器的供氧特性保证人的不同肺换气量要求。呼气时,面罩腔 A 内压力升高,使吸气活门关闭,调节器供气中止。而同时在面罩腔 A 与外界大气之间的压差作用下,使呼气活门克服弹簧力开启,排出人体呼出的气体。

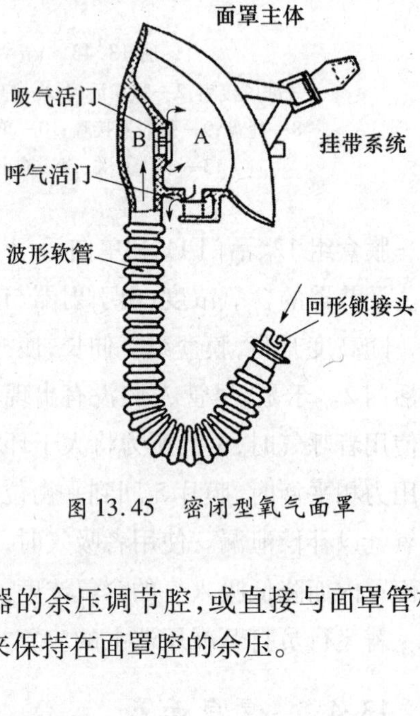

图 13.45　密闭型氧气面罩

3. 加压供氧型氧气面罩

这类氧气面罩和加压供氧系统配套使用。加压氧气面罩最大的特点是采用了特制的补偿呼气活门。这种活门组件的补偿腔通过一根细管与调节器的余压调节腔,或直接与面罩管相通,使得在加压供氧时,给呼气活门以相应的关闭力来保持在面罩腔的余压。

13.5　航天员防护系统

13.5.1　航天环境特点

载人航天是航天技术的重要组成部分,也是航天事业发展的标志性阶段。与无人航天器相比,载人航天器的不同之处在于:它必须创造适宜人长期生存和工作的环境,确保人的健康和安全,同时还要具备航天器发射、返回和再入大气层等过程中的安全措施等。为此,必须首先了解航天环境的特点。

1. 真空环境

在宇宙空间中,只有极少数的空气分子及一些电子和离子,大气压力极低,呈真空状态。航天员暴露在这样的真空环境中,会引起缺氧、体液沸腾、气胀和减压病。由于宇宙航行时间较长,必须对载人舱及航天服建立相应的压力制度。图 13.46 为载人航天系统的四种压力制度。图中四种压力制度的总压分别为 100%、50%、33.3%、25% 的大气压力,各化学符号表示气体组成,% 表示各气体的百分比。其中 100%、33.3% 用于载人舱的压力制度,25% 的大气压力制度用于航天服。

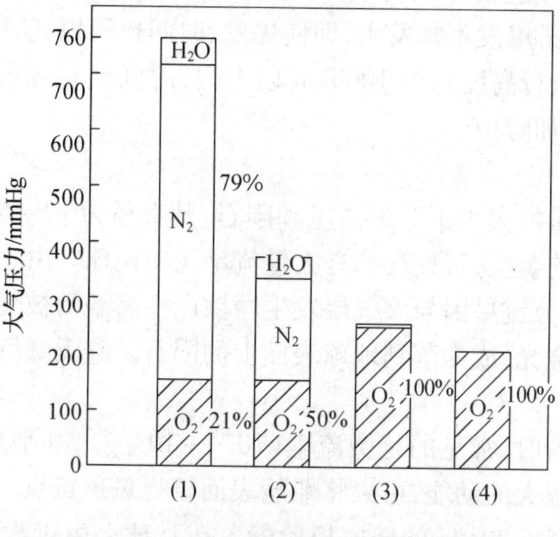

图 13.46　载人舱与航天服的四种压力制度

航天服压力制度的确定,需要考虑以下几种因素:

(1) 选择航天服压力制度的生理基础,是在不发生减压病、缺氧症与氧中毒的前提下,尽量采取较低的压力。这样,既有利于各种活动的需要,又有利于服装的结构设计。

(2) 当前,载人舱大多采用一个压力制度(即舱内气体组分、压力与地面上一样),而航天服的压力要低于座舱压力。服装压力制度的确定与座舱压力制度密切相关。原则上,服装压力不能低于外界气压的 1/2。

(3) 确定服装压力制度还必须考虑到吸氧排氮的可能性与彻底程度。座舱采用一个大气压力制度时,不必进行吸氧排氮;但在轨道上穿着航天服出舱活动时,为了保证必要的活动和防止过度疲劳,需采用较低的压力制度。

2. 高温与低温环境

在宇宙空间中,主要的舱外热源为太阳辐射热,接收辐射热的多少与表面的特性密切相关。测定结果表明,飞船表面为黑色或白色时,其向阳面的表面温度分别为 +63℃ 及 -42℃,其背阳面的温度均为 -68℃。出现低温的原因,是由于宇宙空间特有的热沉所致。如果将太阳光全部反射,则物体在这种热沉环境的温度将会降到 -200℃ 左右。显然,人在这样的环境中是不容易生存的,单靠船舱的防护是不能满足在各种条件下执行任务的需要的,还必须有航天服的第二次防护。

3. 辐射与宇宙射线

太阳辐射由长波红外线、短波紫外线和 α 射线等组成,同时还包括由高速运动的电子、中子和质子等组成的太阳微粒辐射。在离地球表面 18~40km 高度上覆盖有臭氧层,它几乎将太阳的 X 射线和紫外线全部吸收,只有少量的紫外线穿过臭氧层,它们不但不会伤害人体,反而对人类有利。由于地球表面大气层的保护,太阳射线穿过大气层时,一部分被反射，一部分被吸收，使人类避免了太阳辐射造成的危害。

航天飞行中还将遇到大量的宇宙射线。宇宙射线主要由高能质子（氢原子核）和α粒子（氦原子核）组成，这些粒子以接近光的速度从四面八方飞向航天器。当宇宙射线碰撞到航天器表面时，会发生继发性宇宙射线，对人体也是有害的。

在近地球空间航行（包括月球上停留），由于各种粒子辐射剂量较小，远未来达到人体许可水平，而太阳粒子爆发不常发生，即使爆发，时间也很短，船舱和航天服本身就足以达到防护目的。但在航行高度超过1000km以上，长时间通过辐射带或遇到太阳粒子爆发时期，则必须特别另加防护。

4．流星与微流尘

在宇宙空间有大量的大小不等的流星和陨石，其直径为10～6m到数百米。事实上，地球一直在遭受流星的袭扰，每昼夜都有大量流星飞向地球。由于大气层的保护，流星高速穿过大气层时，大部分流星因与大气层发生摩擦产生高温而被烧毁，只有个别体积和重量较大的流星没有被烧光，成为落到地球表面上的陨石。毫无疑问，流星和陨石也威胁着航天器的安全。

在近地球空间飞行时，常见的是微流尘（10^{-6}～10^{-7}g），其平均速度为30km/s，这些满天飞的微流尘具有很大的动能，可以将船舱表面打得斑斑点点。1mm的粒子若以50～70km/s高速飞行，可穿透20mm的金属板舱壁。在月球上由于没有大气层的屏蔽，极易受到流星和陨石的攻击。

5．失重

航天器在轨航行期间，地球重力对它的作用微小，航天器内部的人员处于失重状态，无法感觉自身的重量，行动稍有不慎就会飘浮起来。航行期间，肌肉不需要用紧张状态的方式来抵抗重力，因此肌肉处于松弛状态，导致血液循环和局部营养状况恶化，将导致宇航员全身肌肉逐渐萎缩。同时在失重状态下，人的协调动作必须从最基本的训练开始。

宇航员克服肌肉萎缩的最佳方法是：增加运动，加强锻炼，做体操，使全身肌肉分区进行有节奏的运动和收缩；还可以采用按摩、电刺激的方法解决这个问题。

人类早已习惯于在重力作用下生活，在日常活动中，相应的肌肉均处于一定程度的收缩和协调中。而在失重状态下，很难控制对肌肉活动的用力要求，动作会偏离常规想象，因此，人的协调动作必须从最基本的训练开始。航天飞行实践证明，在地面，经过大量的模拟失重状态下的训练后，人在空间失重状态下工作，生理机能不发生障碍。

综上所述，并结合高空环境的普遍问题，载人航天必须解决下列问题：

（1）低压及乘员舱压力波动对人体的影响。

（2）高温、低温及温度波动对人体的影响。

（3）低氧、高氧对人体的影响。

（4）压力对人体的影响。

（5）微小环境污染对人体的影响。

（6）航天振动和冲击对人体的影响。

（7）航天声环境对人体的影响。

（8）空间辐射对人体的影响。

（9）失重与其他航天环境因素的综合作用对人体的影响。

(10) 各种航天主要环境因素综合作用对人体的影响。

因此,人类要进行航天飞行,必须要面对与地球上完全不同的、严酷的宇宙空间环境。航天器乘员舱环境控制和生命保障系统就是为了克服由宇宙空间环境造成的困难,保障人类探索宇宙。

13.5.2 航天服

航天服是保证航天员在整个航天过程中生命安全和执行任务的一种个人防护装备,属于一种全压服系统,但是为了某些特殊要求尚有一些功能层,下面仅对其组成部分作简单叙述。

1. 外罩

外罩是舱外服的外保护层,其用途是保护服装不受可能存在的机械损伤,同时能防护空间环境因素的危害。解决好外罩的关键是材料,其主要要求有如下几条:

(1) 具有一定的光学特性,能尽可能地反射太阳的辐射能。

(2) 必须耐热,在高、低温环境时,不改变其物理机械性质。

(3) 要具有良好的防火性,并要考虑织物的燃烧性。织物应不自燃,能自熄。

(4) 具有良好的抗撕裂强度和抗断裂强度。

(5) 织物应尽可能重量轻。

图 13.47 为美国登月服外罩的结构和材料示意图。

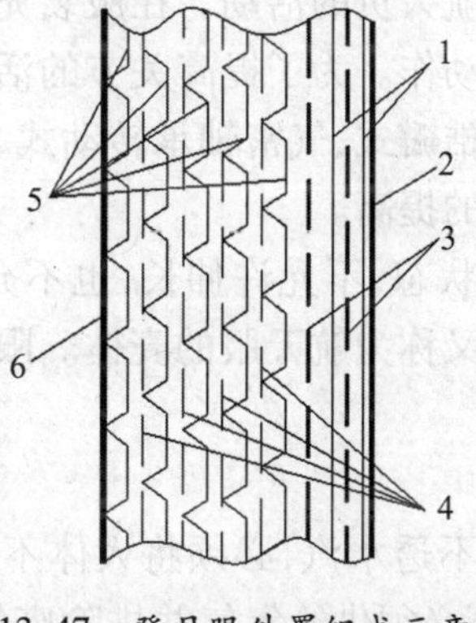

图 13.47 登月服外罩组成示意图

1—镀铝聚酰氨薄膜;2—玻璃布;3—玻璃纱网;4—达可隆纱;5—聚酯薄膜;6—防微尘层。

2. 真空隔热屏蔽层

该层的用途是保护航天员在舱外活动时,不受外界过热或过冷的侵袭。该层是由一系列屏蔽板组成,屏蔽的间隙抽成真空。这种状态下,热量通过三个途径传递:辐射、残余气体的热传导、屏板支撑体的热传导。

真空隔热屏蔽层的结构形式大体上分为两类:一种是有纱网状衬垫材料的真空热屏蔽层,另一种是没有衬垫材料的真空热屏蔽层。屏板用 10μm 厚的铝箔,或用表面镀铝的塑料薄膜制成。用 7~8 层屏板构成的真空隔热屏蔽层可以满足航天员在空间活动所需要的隔热保暖要求。

图 13.48 为真空隔热屏蔽层的结构示意图。

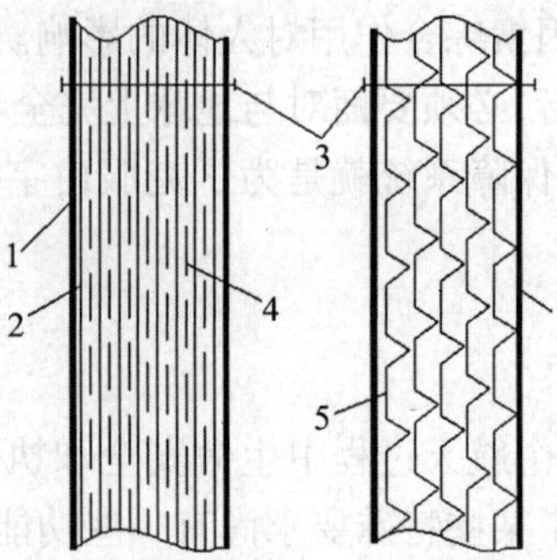

图 13.48 真空隔热屏蔽层结构示意图

1—保护层;2—表面平滑的屏板;3—缝线;4—纱网衬垫材料;5—有棋盘状格纹的平板。

3. 气密限制层

该层包括气密层与限制层两个层次,由于二者是结合在一起的整体结构,故合称为气密限制层。

气密层应选用漏气量甚小的胶片或胶布。采用缝纫成型的软胎胶布时,由于其有一定的漏气量,加上气密断接处较多,胶合处不容易保证气密,整个服装仍具有一定的漏气量。为了减少由地面携带到空间的气体容量,应尽量降低气密层的漏气量。

限制层的关键功能是保证航天员的活动。在服装充气加压的状态,航天员应能够用最少的能量消耗来完成必需的动作。为了提高关节的活动性能,多年来工程设计人员曾试制了波纹管式、网状限制式、桔瓣式、气密轴承转动式、等容关节等多种形式的结构,使航天服的活动性能得到了很大的提高。

气密限制层处于充气加压状态,不允许伸长,也不允许过度膨胀。其外形尺寸的确定,是确定整个服装尺寸基础,又称为航天服的壳体。限制层强度的计算,是确保安全可靠的重要措施。

4. 通风结构和水冷服

由于气密层既不通空气又不透水汽,必须将人体不断排出的热量和水汽排出服装。当戴上头盔或面窗关闭状态,还必须供给氧气并排除废气,以确保航天员呼吸新鲜空气。所有这些生理卫生学要求,必须通过通风服来完成。通风结构应满足如下原则:

(1) 通风气流分布到全身各部位,不应有死区。

(2) 通风气流沿身体表面缓慢流动,以充分带走热量和湿气。

(3) 身体的各个部位,应有不同的流量分配比例。

在确定各部位通风流量比例时,头部应居优先地位。一般头部、上肢、下肢的分流量比例为3:3:4。在各种类型的通风结构中,管道式通风结构的效率最高,通风管道要求耐压不变形,通风阻力小。

当人体活动量大时,通风方式已不能满足散热的要求,最有效的办法是采用通风服和水冷降温联合方式。合理的水冷服每小时能由服装中排出450 ~ 650kcal的热量,因此,散热主要靠水冷服,而通风的重点是排出多余的二氧化碳和水汽等。

水冷服上固定有供水管道,由于水的比热大,又可循环使用,利用水冷服的优越性是很明显的。

5. 保暖层和内衣

保暖层位于气密层和内衣之间，保护航天员在环境温度变动范围不太大的条件下维持舒适状态。应选用热阻大、柔软、重量轻的特制材料，以便既有良好的隔热性能，又不因过厚而妨碍动作。为了保证航天服具有全面的防护性能，服装的层次是很多的，但每一层都不能过厚，以免造成服装臃肿，妨碍动作，这在工程设计中是严禁的。

内衣直接影响人体皮肤温度和贴近内衣的空气层温度，对皮肤的生理功能也会产生直接的影响。故对内衣有如下要求：

(1) 柔软，有弹性，对皮肤无刺激性。

(2) 吸湿性好，在潮湿的状态下不应粘贴皮肤，以免影响汗的排出和蒸发。

(3) 透气率高，有利于皮肤表面与周围空气之间进行气体交换。

6. 加压手套

手套在充分加压后，不应影响手指和手掌活动。手套通常由舒适手套、气密限制层和附件组成。为了改善手指的活动，在手指关节部位增添“桔瓣”式结构；为了限制手套的膨胀，配有限制带；为了脱戴方便，手套固定在腕部断接器上。图 13.49 为常用的航天用加压手套示意图。

7. 航天靴

航天靴的用途是防寒、防潮湿、防低压对人体的危害，同时防止机械性损伤。其设计要求与手套相似，更需合脚，不压迫局部的皮肤、血管和神经；穿着牢靠，不易脱落，重量轻。

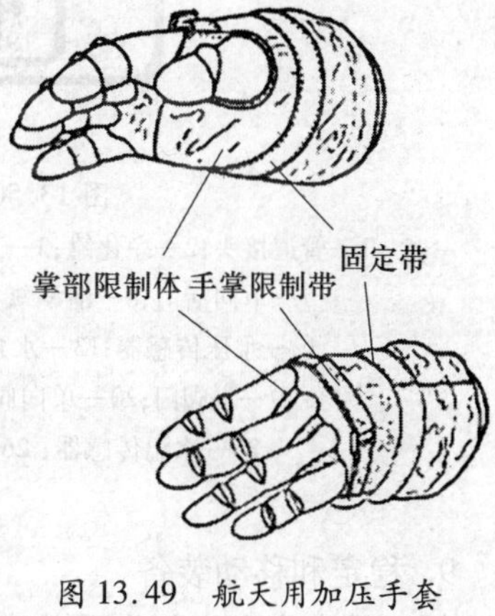

图 13.49　航天用加压手套

航天靴有三种类型。一种是与服装气密层构成整体，不能单独脱下；二是通过断接器可以穿脱的气密靴；三是穿在气密限制层外面的套靴。航天靴与航天服装一样，不是常用装备，仅限于训练和执行任务时穿，靴子的外层应重点保证强度、不变形；既要满足性能要求，又要保证重量轻。

8. 背包生命保障系统

背包生命保障系统是一套复杂的设备，其基本用途是：

(1) 维持航天服规定的压力。

(2) 供给航天员呼吸用的氧气，氧气携带量根据舱外活动时间来定。

(3) 通风散热和除湿，通风量平均应有 200L/min。

(4) 向水冷服提供循环水。

(5) 消除人体排出的废气。

根据上述基本用途设计的生命保障系统应绝对可靠，手动与自动相结合，以自控为主；整个系统紧凑，适合装在背包里。背包的体积越小越好。

背包生命保障系统基于存在和结构形式的不同，存在有多种类型。图 13.50 为实际使用的一种类型，自服装排出的气体通过净化罐 2 后，排出二氧化碳与其它有害气体后，在蒸发式热交换器 3 的一支通路里降温，在除湿器中进行除湿，然后返回服装。由风机 5

推动氧气在系统里循环流动。热交换器的另一支通路是冷却来自水冷服的循环水。水循环系统由水泵、水箱、活门 11 和单向活门 20 组成。气瓶 18 为贮备氧,由减压器 14 和 15 将氧气降低到可供使用的压力。有的类型的贮气瓶为氦氧气瓶,使用氦氧混合气比单独使用纯氧安全,可以防火。

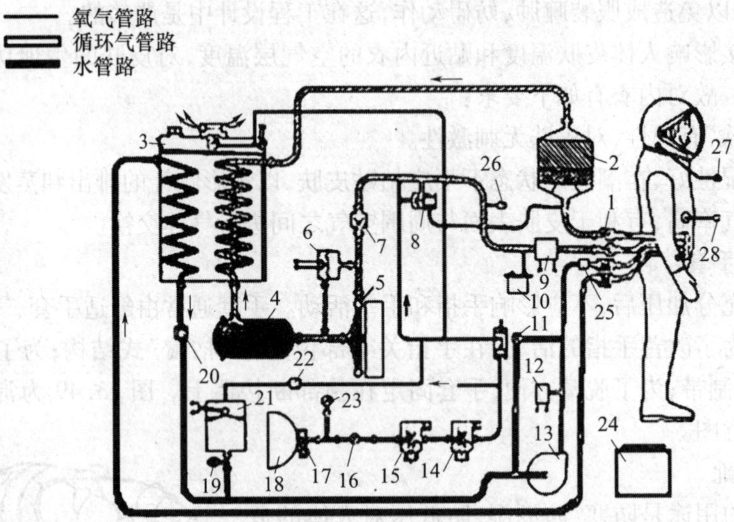

图 13.50 带有水循环的背包生命保障系统

1—管道接头;2—净化罐;3—蒸发式热交换器;4—除湿器;5—风机;6—开动风机的传感器;7—单向活门;8—泄漏氧补偿器;9—二氧化碳分析器;10—氧压传感器;11—活门;12—水压传感器;13—水泵;14,15—减压器;16—活门;17—充氧接嘴;18—氧气瓶;19—水阀门;20—单向阀门;21—水箱;22—单向活门;23—压力计;24—蓄电池;25—水温传感器;26—湿度传感器;27—无线电通信接头;28—遥测接头。

9. 稳定和移动装备

航天员在宇宙空间失重状态下行走,不能如同在地面上随心所欲地行动,并随时均有发生旋转的可能。为了稳定体位并帮助行动,必须使用稳定及移动装备。

反作用手枪是航天员在空间运动的一种简便工具,在上部装有一个向前喷射的喷嘴,手柄上装有扳机。气氧为反作用手枪的工作流体,需要行动时,将喷嘴放在身体重心处,用手按压扳机,起动喷射器,产生推力,便可产生推力。

稳定装备可保证航天员向任一方向移动并稳定体位,该装置通常由三个部分组成:

(1) 动力系统。动力系统推动燃料到推进器各喷嘴中,产生向前、向后、向上、向下的作用力。

(2) 操纵系统。该系统保证航天员在三个平面上移动时体位的稳定,由自动控制系统、电气系统等组成。

(3) 信号警告系统。体位的稳定是通过三个陀螺仪来实现的,自动陀螺仪发出的信号控制喷射器的阀门,如果信息量超过设定水平,喷射器开始工作。此外,该系统对于各关键部件发生故障可预先发出警报信号,以确保安全。

思考题与习题

1. 掌握防护服的类型及工作原理。

2. 简述抗荷服的工作机理。当前的抗荷服有哪两种类型？

3. 保护头盔一般要实现哪些功能？设计时的主要技术要求有哪些？

4. 人体暴露在什么高度会产生缺氧？为什么 10km 以上必须供应纯氧？现代飞机通常采用什么措施来防止人体缺氧？

5. 飞机上采用哪几种类型的氧源？各是如何获得的？试比较它们的优缺点。当前最常用的是哪种形式的氧源？

6. 连续供氧和肺式供氧有何区别？它们各在什么情况下使用？

7. 目前加压供氧有几种制度。当前氧气面罩有哪几种类型？

8. 航天环境有哪些特点？

9. 航天服由哪些部分组成？各起什么作用？

主要符号表

符号	含义	符号	含义
a	加速度;余容	b	伞衣的底边宽度;展长
c	弹性纵波沿伞绳的传播速度;弦长	d	直径
f	火药力;安全系数	g	重力加速度
h	比焓;长度	k	系数
l	弹射座椅沿弹射机构的运动位移	m	力矩系数;质量
n	过载;伞绳数量;修正系数	p	压力
q	速压	r	座椅重心至坐标原点的长度;半径
s	距离,长度	t	时间
u	速度;对地速度	v	速度;对空速度
w	容积;牵连速度	x	弹射座椅安装角;坐标
y	坐标;损失高度	z	坐标
A	面积	C	系数;平均定容比热;转换矩阵
D	直径;当量直径	E	能量;弹性模数
F	作用力;开伞动载	G	重力;燃烧火药量
H	焓;飞行高度;动量矩	I	冲量
J	转动惯量;惯性积	K	修正系数
L	长度;当量直径	M	平均相对分子质量;力矩;伞衣系统总质量
N	伞衣上梯形块、碶形块的数量	P	压力;气动升力;断裂强度
Q	热值;热功当量;气动阻力;广义力	R	火药气体常数;侧力;附加惯性阻力;系统质量比
T	温度;动能;伞绳张力	W	功;透气量
X	X 向投影	Y	Y 向投影
Z	Z 向投影	α	弹射弹容积比指数;迎角
β	侧滑角	χ	座椅安装角
δ	位移	ε	断裂伸长;切口角度
ϕ	翼伞安装角	φ	偏航
γ	比容;滚转角	η	过载丰满系数
λ	常数;展弦比	θ	航迹倾斜角;轨迹角
ϑ	俯仰角	ρ	空气密度;模型阻尼率
σ	人椅系统重心与椅背断点 A 与椅背的夹角;应力	υ	比容
ω	频率;角速度	ψ	航迹偏转角
Δ	火药装填密度	β_t	火箭包安装角

（续）

符号	含义	符号	含义
Δp	压差	m_f	附加质量
R_t	伞衣投影半径	m'_{sh}	伞绳密度
m^*_{sy}	伞衣底边线密度	m'_{sy}	伞衣密度
CA	阻力特征	b'	翼伞气室宽度

下标含义

符号	含义	符号	含义
b	仪表;表观;伞衣底边宽度	c	出舱
f	摩擦;火箭推力;飞机	i	微元
k	弹射筒;开伞;伞孔	m	张满
n	自然的;内部;法向	s	伞;总的
t	切向;投影	w	物体;外部
x	x 向;相对的	y	y 向;火药;座椅
z	z 向;真实;着陆;织物	D	阻力
F	力	H	高度
L	拉直;升力	M	力矩
T	火箭推力	ef	等效
$k0$	弹射初始时刻	sh	伞绳
sk	收口伞	sy	伞衣
ws	稳定伞	wd	稳定下降
xc	下沉	xt	系统
min	最小	max	最大